全国职业技术院校模具制造/模具设计专业教材

模具制造机械加工技术

人力资源和社会保障部教材办公室组织编写

中国劳动社会保障出版社

简 介

本书主要内容包括车削加工、铣削加工、磨削加工、数控车削加工、数控铣削加工、模具零件精密加工。

本书由姚小强主编，王雪峰、王卫国、陈亚岗、范为军、贾大虎参编，余席同主审。

图书在版编目(CIP)数据

模具制造机械加工技术/人力资源和社会保障部教材办公室组织编写. —北京：中国劳动社会保障出版社，2016

全国职业技术院校模具制造/模具设计专业教材

ISBN 978－7－5167－2598－6

Ⅰ.①模… Ⅱ.①人… Ⅲ.①模具-制造-生产工艺-职业教育-教材 Ⅳ.①TG760.6

中国版本图书馆 CIP 数据核字(2016)第 164544 号

中国劳动社会保障出版社出版发行

（北京市惠新东街 1 号　邮政编码：100029）

*

北京谊兴印刷有限公司印刷装订　新华书店经销

787 毫米×1092 毫米　16 开本　22 印张　445 千字

2016 年 7 月第 1 版　　2025 年 8 月第 4 次印刷

定价：39.00 元

营销中心电话：400-606-6496

出版社网址：http://www.class.com.cn

http://jg.class.com.cn

前言

为了更好地适应全国职业技术院校模具类专业的教学要求，全面提升教学质量，人力资源和社会保障部教材办公室组织有关学校的骨干教师和行业、企业专家，对全国中等职业技术学校和高等职业技术院校模具类专业教材进行了修订和补充开发。教材的修订和开发以人力资源社会保障部颁布的《技工院校模具制造专业教学计划和教学大纲（2016）》与《技工院校模具设计专业教学计划和教学大纲（2016）》为依据，充分调研了企业生产和学校教学情况，广泛听取了教师对现行教材使用情况的反馈意见，吸收和借鉴了各地职业技术院校教学改革的成功经验。

教材体系

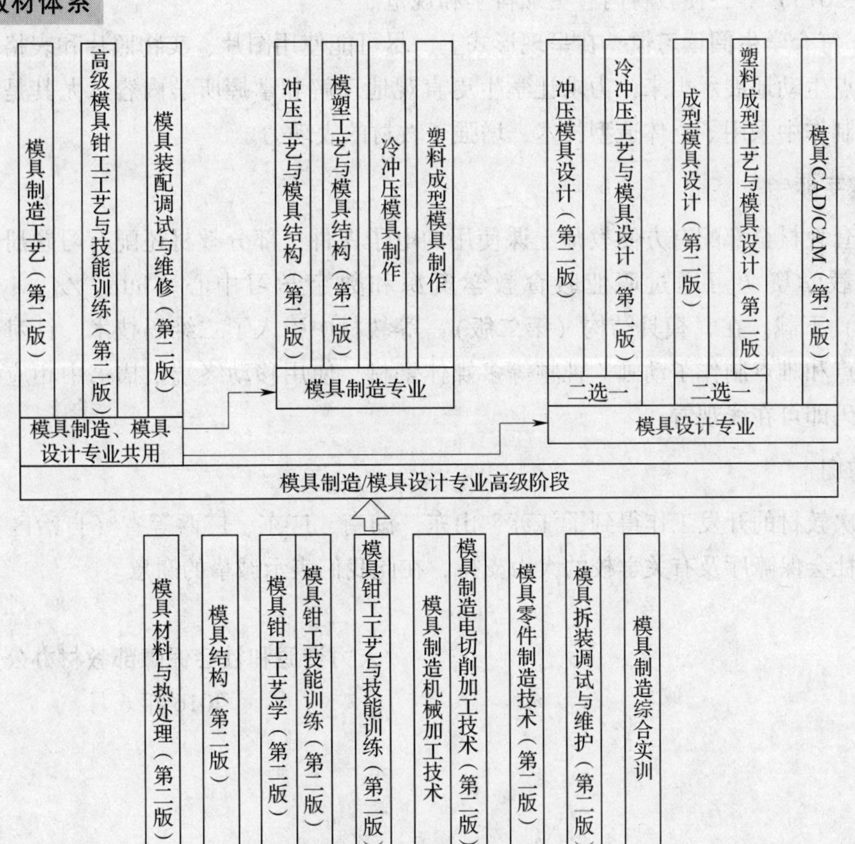

适用对象

模具制造/模具设计专业中级、高级两个层次和以下 3 种学制：

- 初中毕业生 3 年学制培养中级工
- 高中毕业生 3 年学制培养高级工
- 初中毕业生 5 年学制培养高级工

编写特色

◆ **紧贴国家职业标准** 紧密贴合《中华人民共和国职业分类大典（2015 年版）》中对模具工等职业的职业能力要求，同时参照了模具工、工具钳工等国家职业技能标准。

◆ **体现行业技术发展** 根据模具行业的最新发展，在教材中充实模具制造、设计方面的新技术，如模具 CAD/CAM/CAE 技术、快速成型技术、多轴数控加工技术、微细加工技术等，体现教材的先进性。

◆ **更新国家技术标准** 采用最新的国家技术标准，如《工模具钢》（GB/T 1299—2014）、《冲压件尺寸公差》（GB/T 13914—2013）、《冲压件角度公差》（GB/T 13915—2013）等，使教材内容更加科学和规范。

◆ **符合学生阅读习惯** 在呈现形式上，尽可能使用图片、实物照片和表格等形式将知识点生动地展示出来，力求让学生更直观地理解和掌握所学内容。尤其是在教材插图的制作中采用了立体造型技术，增强了教材的表现力。

教学服务

本套教材全部配有方便教师上课使用的电子课件，部分教材还配有习题册，电子课件等教学资源可通过职业教育教学资源和数字学习中心（http：// zyjy. class. com. cn）下载。在《模具结构（第二版）》等教材中引入了二维码技术，针对书中的教学重点和难点制作了动画、视频等多媒体素材，使用移动终端扫描书中相应位置处的二维码即可在线观看。

致谢

本次教材的开发工作得到了江苏、山东、湖南、广东、广西等省（自治区）人力资源和社会保障厅及有关学校的大力支持，在此我们表示诚挚的谢意。

人力资源和社会保障部教材办公室

2016 年 6 月

目　录
Contents

车削加工

课题一　车床基础知识与基本操作

一、车削的基本内容

工件旋转做主运动，车刀做进给运动的切削加工方法称为车削。车削的加工范围很广，其基本内容包括车外圆、车端面、切断和车槽、钻中心孔、钻孔、车孔、铰孔、车圆锥、车成形面、车螺纹、滚花、盘绕弹簧等，如图 1—1—1 所示。如果在车床上装上一些附件和夹具，还可进行镗削、磨削、研磨、抛光等。

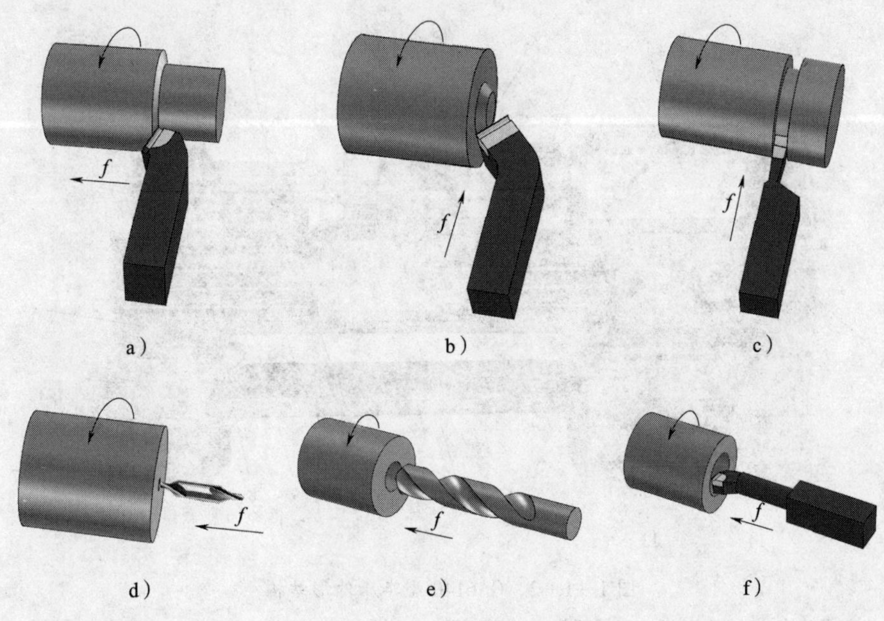

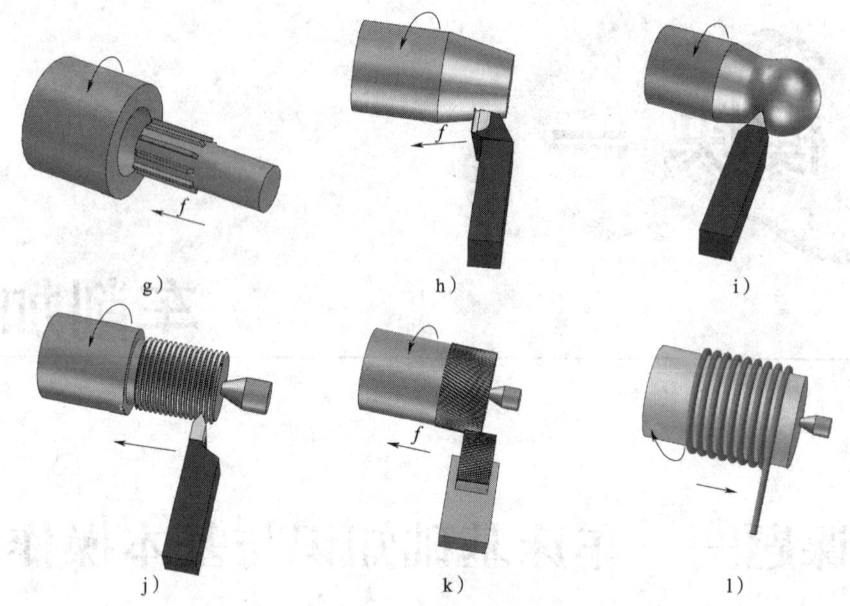

图 1—1—1　车削的基本内容

a）车外圆　b）车端面　c）切断和车槽　d）钻中心孔　e）钻孔　f）车孔
g）铰孔　h）车圆锥　i）车成形面　j）车螺纹　k）滚花　l）盘绕弹簧

二、车床的主要结构

CA6140 型车床是最常用的国产卧式车床，其外形结构如图 1—1—2 所示。它的主要组成部分的名称和用途如下：

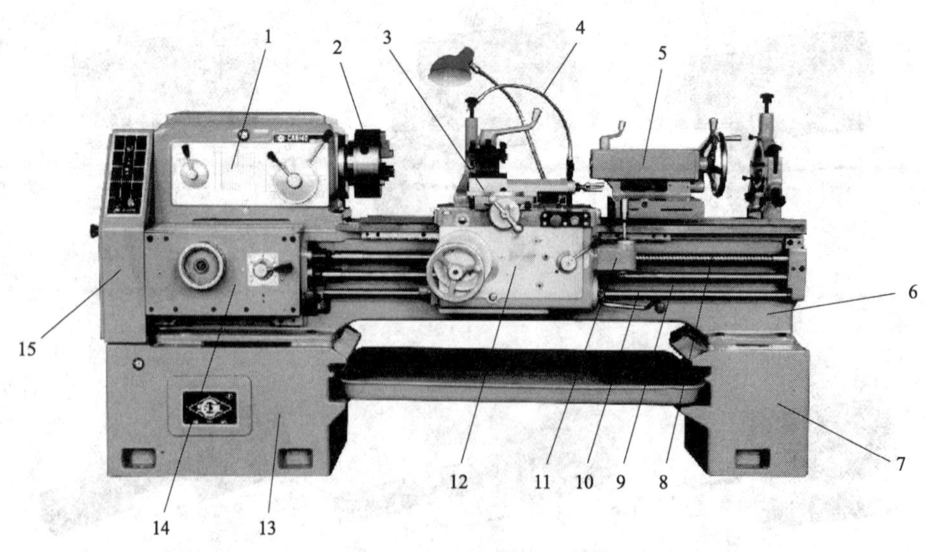

图 1—1—2　CA6140 型车床外形结构

1—主轴箱　2—卡盘　3—刀架部分　4—冷却嘴　5—尾座　6—床身　7、13—床脚　8—丝杠
9—光杠　10—操纵杠　11—快移机构　12—溜板箱　14—进给箱　15—交换齿轮箱

1. 床身

床身 6 是车床的大型基础部件，有两条精度很高的 V 形导轨和矩形导轨，主要用于支承和连接车床的各个部件，并保证各部件在工作时有准确的相对位置。

2. 主轴箱

主轴箱 1 支承主轴并带动工件做旋转主运动。箱内装有齿轮、轴等，组成变速传动机构。变换主轴箱外的手柄位置可使主轴得到多种转速，并带动装在卡盘上的工件旋转，以实现车削。

3. 交换齿轮箱

交换齿轮箱 15 把主轴的旋转运动传递给进给箱。交换齿轮箱接受主轴箱传递的动力，并由此传递给进给箱。它由多级齿轮啮合，通过更换箱内齿轮的搭配并配合进给箱，完成车削螺纹或车削时纵向、横向进给的工作。

4. 进给箱（又称变速箱）

进给箱 14 接受交换齿轮箱传递的转动，并由此传递给光杠或丝杠，完成机动进给，实现旋转表面和各种螺纹的车削。

5. 溜板箱

溜板箱 12 接受光杠或丝杠传递的运动，以驱动床鞍、中滑板、小滑板及刀架实现车刀的纵向或横向运动；操纵箱外的手柄或按钮可以实现机动、手动、车螺纹、快速移动等运动。

6. 刀架部分

刀架部分 3 由床鞍、两层滑板（中滑板和小滑板）与刀架体共同组成，用于装夹车刀并带动车刀做纵向、横向、斜向和曲线运动。沿工件轴线方向的运动称为纵向运动，垂直于工件轴线方向的运动称为横向运动。

7. 尾座

尾座 5 安装在床身导轨上，并沿导轨纵向移动，以调整其工作位置。尾座主要用来装夹后顶尖，以支承较长的工件；也可装夹钻头、铰刀等进行孔加工。

8. 床脚

前后两个床脚 13 和 7 分别与床身前后两端下部连为一体，用以支承安装在床身上的各个部件，并用地脚螺栓（或吸盘）把整台车床固定在工作场地上。

9. 冷却装置

冷却装置主要通过冷却泵将切削液加压后经冷却嘴 4 喷射到切削区域，以降低切削温度，冲走切屑。

三、车床的润滑和维护、保养

1. 车床的常见润滑方式及应用

对车床的所有摩擦部位进行润滑和保养是为了保证车床的正常运转，减少磨损和功率损失，延长使用寿命。CA6140 型车床的不同部位采用了不同的润滑方式，如图 1—1—3 所示。

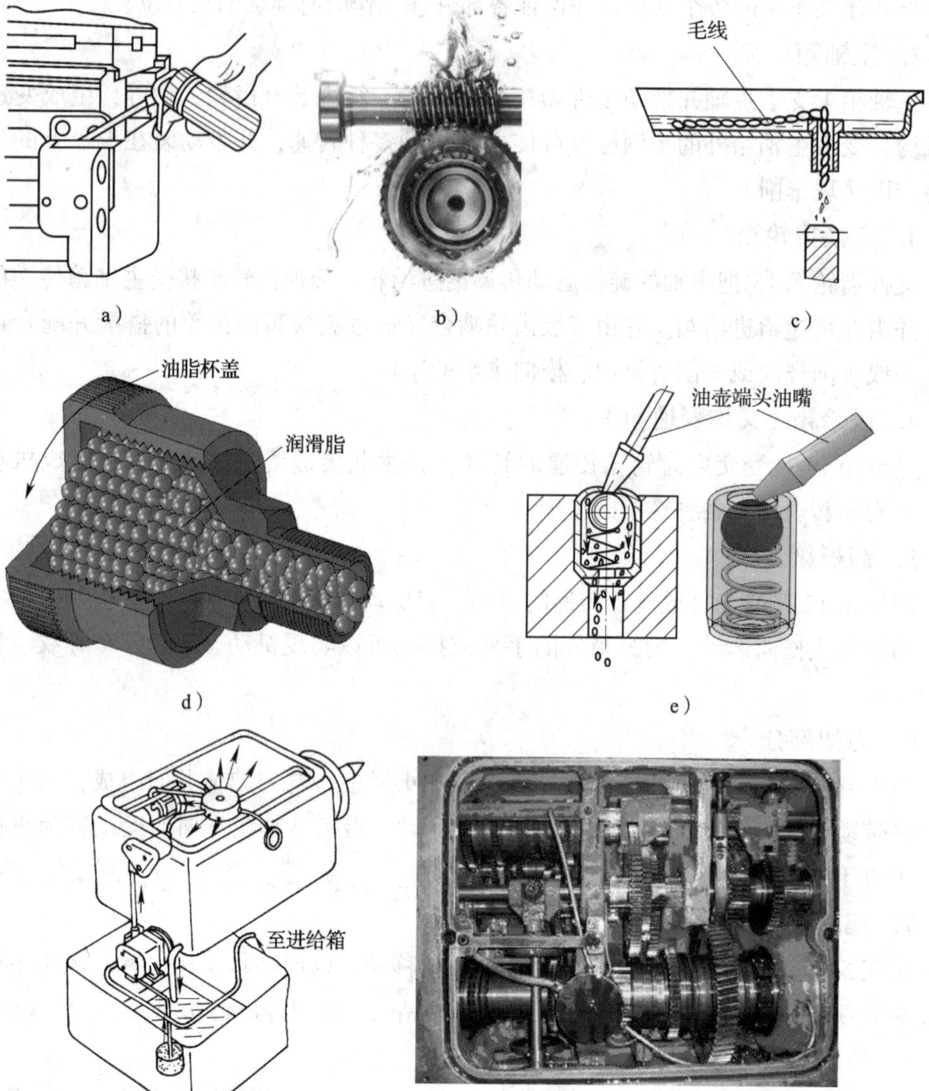

图 1—1—3　车床常用润滑方式

a）浇油润滑　b）溅油润滑　c）油绳导油润滑　d）油脂杯润滑　e）弹子油杯润滑　f）油泵循环润滑

（1）浇油润滑

浇油润滑常用于外露的滑动表面，如床身导轨面、滑板导轨面等。

（2）溅油润滑

溅油润滑常用于密闭的箱体中，如车床主轴箱箱体中的传动齿轮将箱底的润滑油溅射到箱体上部的油槽中，然后经槽内油孔流到各润滑点进行润滑。

（3）油绳导油润滑

油绳导油润滑常用于低、中速的机械上，如进给箱和溜板箱的油池中。

（4）油脂杯润滑

油脂杯润滑常用于交换齿轮箱挂轮架的中间轴或不便经常润滑处。

（5）弹子油杯润滑

弹子油杯润滑常用于尾座、中滑板、小滑板上的摇动手柄及丝杠、光杠、操纵杠支架的轴承处。

（6）油泵循环润滑

油泵循环润滑用于主轴箱、进给箱内的许多润滑点。

2. 车床的润滑系统及操作规程

（1）车床润滑系统

识读 CA6140 型车床的润滑系统标牌（图 1—1—4），可以了解该车床润滑系统的润滑部位、润滑周期、润滑要求和润滑剂牌号。CA6140 型车床润滑系统的润滑要求见表 1—1—1。

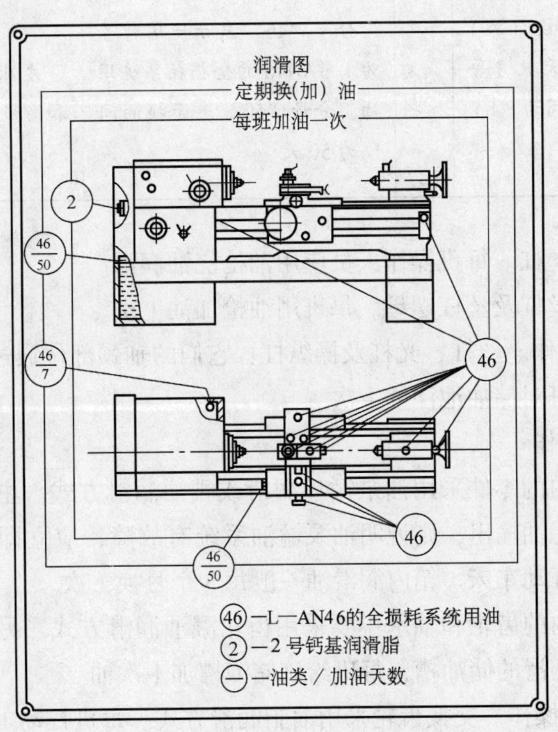

图 1—1—4 CA6140 型车床的润滑系统标牌

（2）润滑操作规程

1）浇油润滑操作

①床身导轨、滑板导轨。每班在车床加工的工作前后，操作人员要擦净床身导轨、滑板导轨，并用油枪加油润滑。

表 1—1—1　　CA6140 型车床润滑系统的润滑要求

周期	数字	意义	符号	含义	润滑部位	数量
每班	整数形式	“○”中数字表示润滑油牌号，每班加油 1 次	②	用 2 号钙基润滑脂进行脂润滑，每班拧动油杯盖 1 次	交换齿轮箱中的中间齿轮轴	1 处
			㊻	使用牌号为 L—AN46 的全损耗系统用油（相当于旧牌号的 30 号机油），每班加油 1 次	多处，如图 1—14 所示	14 处
经常性	分数形式	“(分子/分母)”中分子表示润滑油牌号，分母表示两班制工作时换（添）油间隔的天数（每班工作时间为 8 h）	(46/7)	分子“46”表示使用牌号为 L—AN46 的全损耗系统用油，分母“7”表示加油间隔为 7 天	主轴箱后面电气箱内的床身立轴套	1 处
			(46/50)	分子“46”表示使用牌号为 L—AN46 的全损耗系统用油，分母“50”表示换油间隔为 50 天	左床脚内的油箱和溜板箱	2 处

②刀架和横向丝杠。每班操作人员应用油枪浇油润滑。

③尾座套筒、丝杠及丝杠螺母。每班用油枪加油 1 次。

2）油绳润滑操作。丝杠、光杠及操纵杠：它们的轴颈部位通过后托架储油池内的毛线引油润滑，每班对储油池注油 1 次。

3）溅油润滑操作

①主轴箱。箱内的零件采用油泵循环润滑或溅油润滑方式。主轴箱体上有一个油标，若发现油标内无油输出，则说明油泵输油系统有故障，应立即停车检查断油的原因，待修复后才能开动车床。箱内润滑油一般每 3 个月换 1 次。

②进给箱。箱内的齿轮和轴承主要采用齿轮溅油润滑方式。另外，在进给箱上部还有用于油绳导油润滑的储油槽，每班给该储油槽加 1 次油。

4）油脂杯润滑操作。交换齿轮采用油脂润滑方式。每班拧动 1 次交换齿轮箱挂轮架中间轴端部的塞子，使轴内的 2 号钙基润滑脂供应轴与套之间的润滑。每 7 天加 1 次润滑脂。

5）换油操作。油箱和溜板箱的润滑油在两班制的车间 50 天更换一次。换油时应先将废油放尽，然后用煤油将箱内部冲洗干净，再注入新油。注油时应用网过滤，且油面不得低于油标中心线。

3. 车床的常规保养

为了保证车床的加工精度，延长其使用寿命，保证加工质量，提高生产效率，车工除了能熟练地操作机床外，还必须学会对车床进行合理的维护、保养。

（1）每天工作后，切断电源，对车床各表面、各罩壳、导轨面、丝杠、光杠、各操纵手柄和操纵杠进行擦拭，做到无油污、无切屑且车床外表清洁。

（2）每周按要求保养床身导轨面和中、小滑板导轨面及进行转动部位的清洁、润滑。要求油眼畅通、油标清晰，清洗油绳和护床油毛毡，保持车床外表清洁和工作场地整洁。

四、安全文明生产

坚持安全文明生产是保障生产工人和机床设备的安全，防止工伤和设备事故的根本保证，也是搞好企业经营管理的重要内容之一。它直接影响到人身安全、产品质量和经济效益，影响机床设备和工具、夹具、量具的使用寿命及生产工人技术水平的正常发挥。学生在学习和掌握操作技能的同时，必须养成良好的安全文明生产习惯。对于在长期生产活动中得到的实践经验和总结，必须严格执行。

车削安全操作规程要点如下：

1. 车床使用前应检查其各部分机构是否完好。

（1）主轴箱、进给箱、溜板箱各手柄原始位置是否正确。

（2）手摇各进给手柄，检查进给运动是否正常。

（3）进行车床主轴和进给系统的变速检查，使主轴由低速到高速回转，纵向、横向进给由慢到快，检查运动是否正常。

（4）主轴回转时，通过透油镜检查齿轮箱的溅油润滑是否正常。

2. 工件和车刀必须装夹牢固，以防飞出伤人。卡盘必须装有保险装置。工件装夹好后，卡盘扳手必须随即从卡盘上取下。

3. 装卸工件、更换刀具、变换速度、测量加工表面时，必须先停止车床运转。

4. 不准戴手套操作车床或测量工件。

5. 操作车床时，必须集中精力，注意手、身体和衣服不要靠近回转中的机件（如工件、带轮、传动带、齿轮、丝杠等）。头不能离工件太近。

6. 操作车床时，严禁离开岗位，不准做与操作内容无关的其他事情。

7. 棒料毛坯从主轴孔尾端伸出不能太长，并应使用料架或挡板，防止甩弯后伤人。

8. 车床运转时不准用手摸工件表面，严禁用棉纱擦抹回转中的工件。

9. 高速切削、车削崩屑材料及刃磨刀具时应戴防护眼镜。

10. 应使用专用铁钩清除切屑，不准用手直接清除。

11. 操作中若出现异常现象应及时停车检查；出现故障、事故时应立即切断电源，及时申报，由专业人员检修，未修复前不得使用。

课题二　常用车刀及工件的装夹

一、车刀的种类及用途

车削加工时，根据不同的车削要求，需选用不同种类的车刀。常用车刀的种类及其用途见表1—2—1。

表1—2—1　　常用车刀的种类及其用途

车刀种类	车刀外形图	用途	车削示意图
90°车刀（偏刀）		车削工件的外圆、台阶和端面	
75°车刀		车削工件的外圆和端面	
45°车刀（弯头车刀）		车削工件的外圆、端面和进行45°倒角	
切断刀		切断工件或在工件上车槽	

续表

车刀种类	车刀外形图	用途	车削示意图
内孔车刀		车削工件的内孔	
圆头车刀		车削工件的圆弧面或成形面	
螺纹车刀		车削螺纹	

二、车刀切削部分的材料

1. 车刀切削部分应具备的基本性能

车刀切削部分在很高的温度下工作，经受连续强烈的摩擦，并承受很大的切削力和冲击力，所以车刀切削部分的材料必须具备下列基本性能：较高的硬度、较高的耐磨性、足够的强度和韧性、较高的耐热性、较好的导热性、良好的工艺性和经济性。

2. 车刀切削部分的常用材料

目前，车刀切削部分的常用材料有高速钢和硬质合金两大类。

(1) 高速钢

高速钢是含钨（W）、钼（Mo）、铬（Cr）、钒（V）等合金元素较多的工具钢。高速钢刀具制造简单，刃磨方便，容易通过刃磨得到锋利的刃口，而且韧性较好，常用于承受较大冲击力的场合。高速钢特别适用于制造各种结构复杂的成形刀具和孔加工刀具，如成形车刀、螺纹刀具、钻头、铰刀等。高速钢的耐热性较差，因此不能用于高速切削。高速钢的类别、常用牌号、性质及应用见表 1—2—2。

表 1—2—2　　高速钢的类别、常用牌号、性质及应用

类别	常用牌号	性质	应用
钨系	W18Cr4V (18－4－1)	性能稳定，刃磨及热处理工艺控制较方便	金属钨的价格较高，以后使用将逐渐减少
钨钼系	W6Mo5Cr4V2 (6－5－4－2)	最初是国外为解决缺钨而研制出以取代W18Cr4V的高速钢（以1%的钼取代2%的钨）。其高温塑性与韧性都超过W18Cr4V，而其切削性能却大致相同	主要用于制造热轧工具，如麻花钻等
	W9Mo3Cr4V (9－3－4－1)	根据我国资源的实际情况而研制的刀具材料，其强度和韧性均比W6Mo5Cr4V2好，高温塑性和切削性能良好	使用将逐渐增多

（2）硬质合金

硬质合金是用钨和钛的碳化物粉末加钴作为黏结剂，高压压制成形后再经高温烧结而成的粉末冶金制品。它的硬度、耐磨性和耐热性均高于高速钢。切削钢时，切削速度可达220 m/min左右。硬质合金的缺点是韧性较差，承受不了大的冲击力。硬质合金是目前应用最广泛的一种车刀材料。硬质合金的类别、用途、性能、代号以及与旧牌号的对照见表1—2—3。

表 1—2—3　　硬质合金的类别、用途、性能、代号以及与旧牌号的对照

类别	用途	被加工材料	常用代号	性能		适用于的加工阶段	相当于旧牌号
				耐性磨	韧性		
K类（钨钴类）	适用于加工铸铁、有色金属等脆性材料或冲击性较大的场合。但在切削难加工材料或振动较大（如断续切削塑性金属）的特殊情况时也较合适	适用于加工短切屑的黑色金属、有色金属及非金属材料	K01	↑	↓	精加工	YG3
			K20			半精加工	YG6
			K30			粗加工	YG8
P类（钨钛钴类）	适用于加工钢或其他韧性较好的塑性金属，不宜用于加工脆性金属	适用于加工长切屑的黑色金属	P01	↑	↓	精加工	YT30
			P10			半精加工	YT15
			P30			粗加工	YT5

续表

类别	用途	被加工材料	常用代号	性能		适用于的加工阶段	相当于旧牌号
				耐磨性	韧性		
M类〔钨钛钽(铌)钴类〕	既可加工铸铁、有色金属，又可加工碳素钢、合金钢，故又称通用合金。主要用于加工高温合金、高锰钢、不锈钢及可锻铸铁、球墨铸铁、合金铸铁等难加工材料	适用于加工长切屑或短切屑的黑色金属和有色金属	M10	↑	↓	精加工、半精加工	YW1
			M20			半精加工、粗加工	YW2

三、车刀的几何形状

1. 车刀的组成部分

车刀由刀头（或刀片）和刀柄两部分组成。刀头担负切削工作，故又称切削部分；刀柄用来把车刀装夹在刀架上。

2. 车刀切削部分的几何要素

如图1—2—1所示为车刀的结构，可以看出，刀头由若干刀面和切削刃组成。

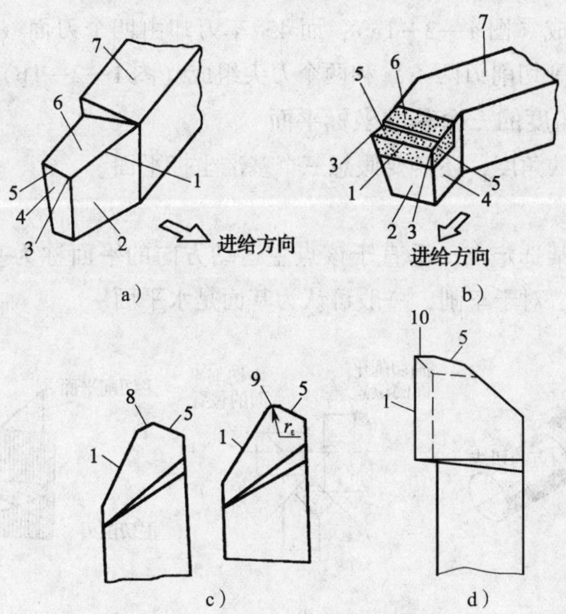

图1—2—1 车刀的结构

a）75°车刀 b）45°车刀 c）过渡刃 d）修光刃

1—主切削刃 2—主后面 3—刀尖 4—副后面 5—副切削刃 6—前面 7—刀柄

8—直线形过渡刃 9—圆弧形过渡刃 10—修光刃

（1）前面 A_γ

刀具上切屑流过的表面称为前面。

（2）后面 A_α

后面分为主后面和副后面。与工件上过渡表面相对的刀面称为主后面 A_α；与工件上已加工表面相对的刀面称为副后面 A'_α。后面一般是指主后面。

（3）主切削刃 S

前面和主后面的交线称为主切削刃。它担负着主要的切削工作，在工件上加工出过渡表面。

（4）副切削刃 S'

前面和副后面的交线称为副切削刃。它配合主切削刃完成少量的切削工作。

（5）刀尖

主切削刃和副切削刃汇交的一小段切削刃称为刀尖。为了提高刀尖强度和延长车刀寿命，多将刀尖磨成圆弧形或直线形过渡刃（图 1—2—1c）。圆弧形过渡刃又称刀尖圆弧，一般硬质合金车刀的刀尖圆弧半径 $r_\varepsilon = 0.5 \sim 1$ mm。

（6）修光刃

副切削刃近刀尖处一小段平直的切削刃称为修光刃。切削时它起到修光已加工表面的作用。装刀时必须使修光刃与进给方向平行，且修光刃长度必须大于进给量，才能起到修光作用，如图 1—2—1d 所示。

所有车刀刀头的上述组成部分数量并不相同。例如，75°车刀由三个刀面、两条切削刃和一个刀尖组成（图 1—2—1a）；而 45°车刀却由四个刀面（其中副后面两个）、三条切削刃（其中副切削刃两条）和两个刀尖组成（图 1—2—1b）。

3. 测量车刀角度的三个基准坐标平面

为了测量车刀的角度，还需要假想三个基准坐标平面。

（1）基面 p_r

通过切削刃上某选定点，垂直于该点主运动方向的平面称为基面，如图 1—2—2 和图 1—2—3 所示。对于车削，一般可认为基面是水平面。

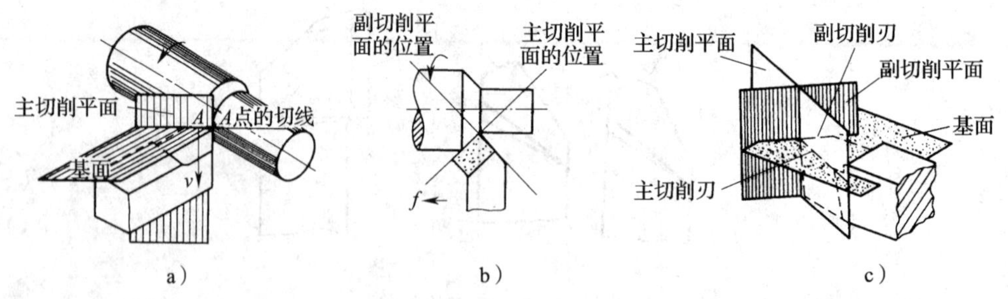

图 1—2—2　基面和切削平面

a）基面和主切削平面　b）主、副切削平面的位置　c）基面和主、副切削平面

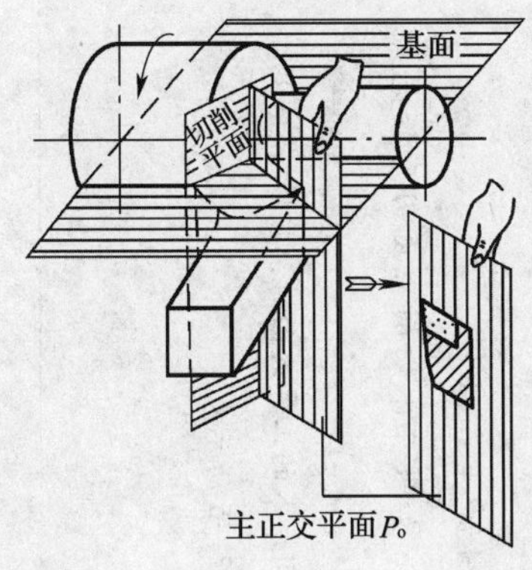

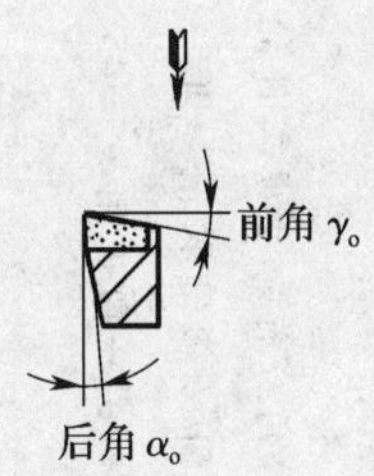

图 1—2—3 测量车刀角度的三个基准坐标平面

（2）切削平面 p_s

切削平面是指通过切削刃上某选定点，与切削刃相切并垂直于基面的平面。其中，选定点在主切削刃上的为主切削平面 p_s，选定点在副切削刃上的为副切削平面 P_s'，如图 1—2—2 所示。切削平面一般是指主切削平面。对于车削，一般可认为切削平面是铅垂面。

（3）正交平面 p_o

正交平面是指通过切削刃上某选定点，并同时垂直于基面和切削平面的平面；也可以认为，正交平面是指通过切削刃上某选定点，垂直于切削刃在基面上投影的平面，如图 1—2—4 所示。通过主切削刃上 p 点的正交平面简称为主正交平面 p_o，通过副切削刃上 p' 点的正交平面简称为副正交平面 p_o'。正交平面一般是指主正交平面。对于车削，一般可认为正交平面是铅垂面。

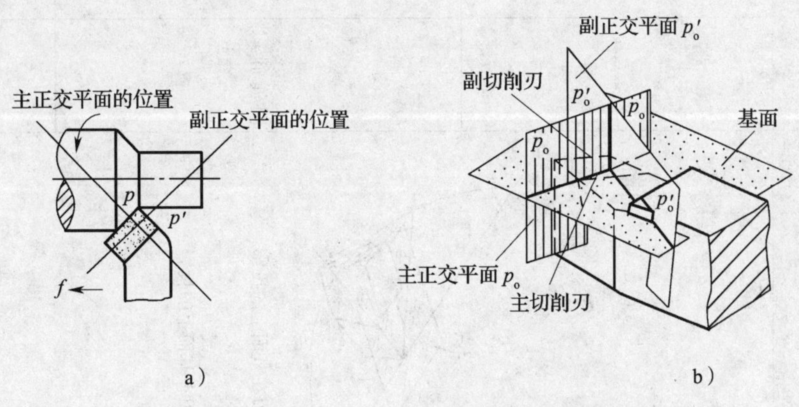

图 1—2—4 主正交平面和副正交平面

a）主、副正交平面的位置 b）基面和主、副正交平面

4. 车刀切削部分的几何角度

车刀切削部分共有六个独立的基本角度，即主偏角 κ_r、副偏角 κ_r'、前角 γ_o、主后角 α_o、副后角 α_o'和刃倾角 λ_s；还有两个派生角度，即刀尖角 ε_r和楔角 β_o。

车刀切削部分的几何角度及其主要作用和初步选择见表 1—2—4。

表 1—2—4　车刀切削部分的几何角度及其主要作用和初步选择

所在基准坐标平面	图示	角度	定义	主要作用	初步选择
基面 p_r	1—主切削刃在基面上的投影 2—基面 3—副切削刃在基面上的投影 f—进给方向	主偏角 κ_r	主切削刃在基面上的投影与进给方向间的夹角 常用车刀的主偏角有45°、60°、75°、90°等几种	改变主切削刃的受力及导热能力，影响切屑的厚度	1. 选择主偏角应首先考虑工件的形状。例如，加工工件的台阶必须选取 $\kappa_r \geq 90°$；加工中间切入的工件表面时，一般选用 $\kappa_r = 45° \sim 60°$，如图1—2—5所示 2. 工件的刚度高或工件的材料较硬，应选较小的主偏角；反之，应选较大的主偏角
		副偏角 κ'_r	副切削刃在基面上的投影与背离进给方向间的夹角	减小副切削刃与工件已加工表面间的摩擦。减小副偏角，可以减小工件的表面粗糙度值；但是副偏角不能太小，否则会使背向力增大	1. 一般采用 $\kappa'_r = 6° \sim 8°$ 2. 精车时，如果在副切削刃上刃磨修光刃，则取 $\kappa'_r = 0°$ 3. 加工中间切入的工件表面时，应取 $\kappa'_r = 45° \sim 60°$，如图1—2—5所示
		刀尖角 ε_r	主、副切削刃在基面上投影间的夹角	影响刀尖强度和散热性能	$\varepsilon_r = 180° - (\kappa_r + \kappa'_r)$

续表

所在基准坐标平面	图示	角度	定义	主要作用	初步选择
主正交平面 p_o	p_r γ_o A_γ p_o 进给方向	前角 γ_o	前面和基面间的夹角	影响刃口的锋利程度和强度，影响切削变形和切削力	前角的数值与工件材料、加工性质和刀具材料有关： 1. 车削塑性材料（如钢料）或工件材料较软时，可选择较大的前角；车削脆性材料（如灰铸铁）或工件材料较硬时，可选择较小的前角 2. 粗加工，尤其是车削有硬皮的铸件、锻件时，应选取较小的前角；精加工时应选取较大的前角 3. 车刀材料的强度和韧性较差时（如硬质合金车刀），应取较小值；反之（如高速钢车刀），可取较大值 一般选择 $\gamma_o = -5° \sim 25°$。车削中碳钢（如45钢）工件，用高速钢车刀时，选取 $\gamma_o = 20° \sim 25°$；用硬质合金车刀时，粗车选取 $\gamma_o = 10° \sim 15°$，精车选取 $\gamma_o = 13° \sim 18°$
	p_s A_γ β_o α_o p_o A_α 进给方向	主后角 α_o	主后面和主切削平面间的夹角	减小车刀主后面与工件过渡表面间的摩擦	1. 粗加工时应取较小的主后角；精加工时应取较大的主后角 2. 工件材料较硬时，后角宜取较小值；工件材料较软时，后角宜取较大值 车刀主后角一般选择 $\alpha_o = 4° \sim 12°$。车削中碳钢工件，用高速钢车刀时，粗车选取 $\alpha_o = 6° \sim 8°$，精车选取 $\alpha_o = 8° \sim 12°$；用硬质合金车刀时，粗车选取 $\alpha_o = 5° \sim 7°$，精车选取 $\alpha_o = 6° \sim 9°$

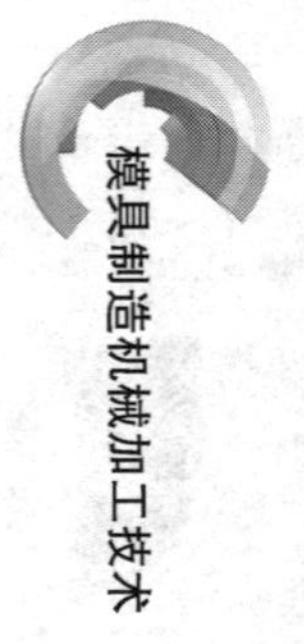

续表

所在基准坐标平面	图示	角度	定义	主要作用	初步选择
主正交平面 p_o		楔角 β_o	前面和主后面间的夹角	影响刀头截面的大小，从而影响刀头的强度	楔角可用下式计算： $\beta_o=90°-(\gamma_o+\alpha_o)$
副正交平面 p_o'		副后角 α'_o	副后面和副切削平面间的夹角	减小车刀副后面与工件已加工表面间的摩擦	1. 副后角 α'_o 一般磨成与主后角 α_o 大小相等 2. 在切断刀等特殊情况下，为了保证刀具的强度，副后角应取较小值：$\alpha'_o=1°\sim2°$
主切削平面 p_s		刃倾角 λ_s	主切削刃与基面间的夹角	控制排屑方向。当刃倾角为负值时，可提高刀头强度，并在车刀受冲击时保护刀头	见表 1—2—6 中的适用场合

5. 车刀部分角度正负值的规定

在车刀切削部分的基本角度中，主偏角 κ_r 和副偏角 κ_r' 没有正负值规定，但前角 γ_o、后角 α_o 和刃倾角 λ_s 有正负值规定。

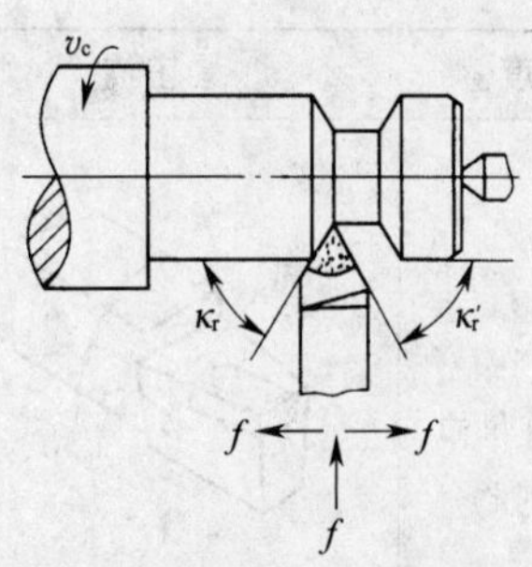

图 1—2—5　加工中间切入的工件表面时的车刀主、副偏角

（1）车刀前角和后角的正负值规定

车刀前角和后角分别有正值、零度和负值三种，见表 1—2—5。

（2）车刀刃倾角 λ_s 的正负值规定

车刀刃倾角有正值、零度和负值三种规定，其排出切屑情况、刀尖强度和冲击点先接触车刀的位置、适用场合见表 1—2—6。

表 1—2—5　　车刀前角和后角正负值的规定

角度值		正值	零度	负值
前角 γ_o	图示	$\gamma_o>0°$	$\gamma_o=0°$	$\gamma_o<0°$
	正负值规定	前面 A_γ 与切削平面 p_s 间的夹角小于 90°时	前面 A_γ 与切削平面 p_s 间的夹角等于 90°时	前面 A_γ 与切削平面 p_s 间的夹角大于 90°时
后角 α_o	图示	$\alpha_o>0°$	$\alpha_o=0°$	$\alpha_o<0°$
	正负值规定	后面 A_α 与基面 p_r 间的夹角小于 90°时	后面 A_α 与基面 p_r 间的夹角等于 90°时	后面 A_α 与基面 p_r 间的夹角大于 90°时

表 1—2—6　　刃倾角正负值的规定及使用情况

角度值	正值	零度	负值
正负值的规定	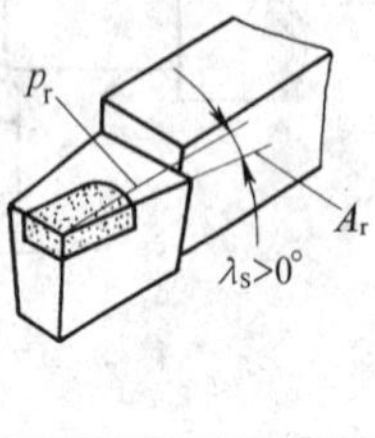	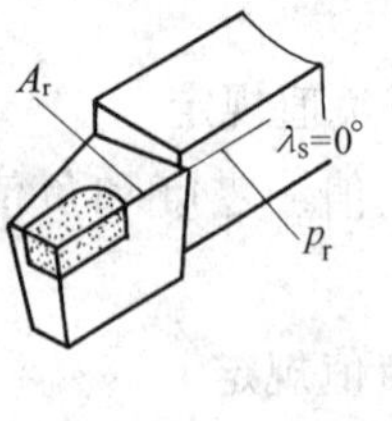	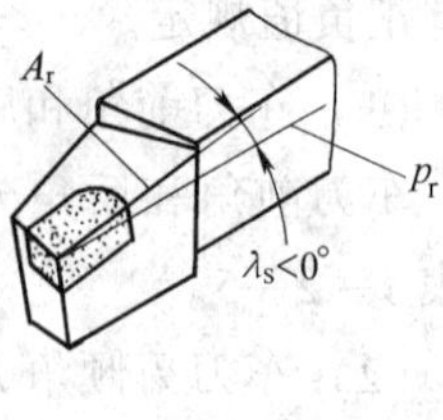
	刀尖位于主切削刃 S 的最高点	主切削刃 S 与基面 p_r 平行	刀尖位于主切削刃 S 的最低点
排出切屑情况	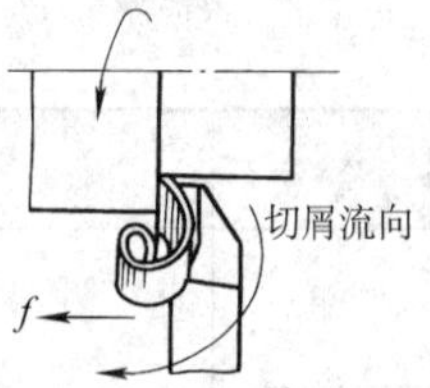	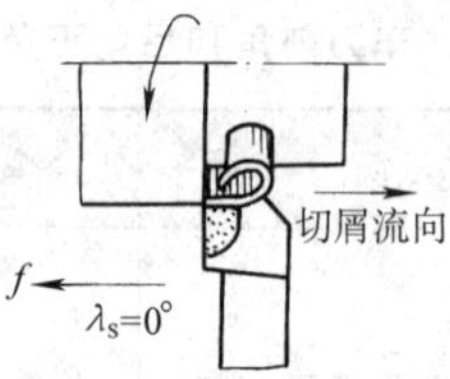	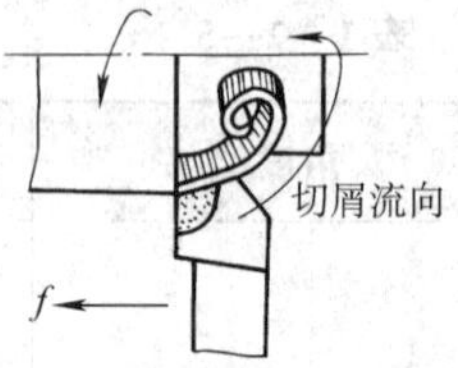
	车削时，切屑排向工件的待加工表面方向，切屑不易擦毛已加工表面，车出的工件表面粗糙度值小	车削时，切屑基本上沿垂直于主切削刃方向排出	车削时，切屑排向工件的已加工表面方向，容易划伤已加工表面
刀尖强度和冲击点先接触车刀的位置	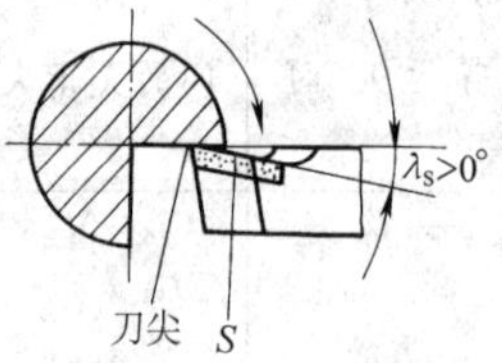	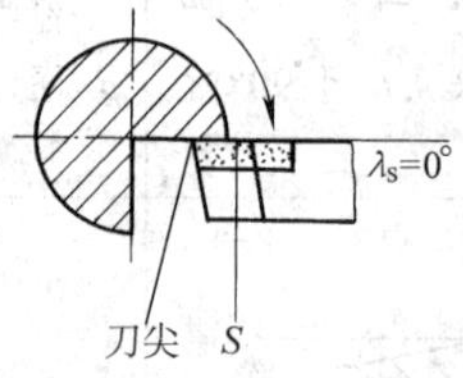	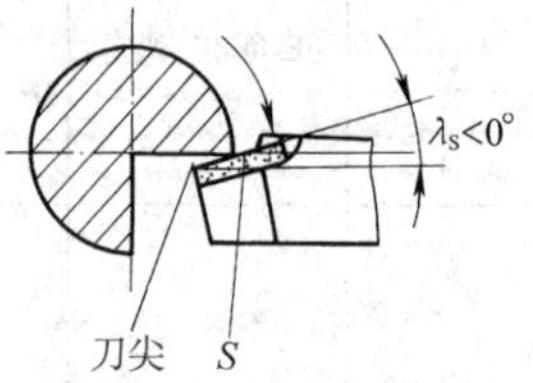
	刀尖强度较低，尤其是在车削不圆整的工件受冲击时，冲击点先接触刀尖，刀尖易损坏	刀尖强度一般，冲击点同时接触刀尖和切削刃	刀尖强度高，在车削有冲击的工件时，冲击点先接触远离刀尖的切削刃处，从而保护了刀尖
适用场合	精车时，λ_s 应取正值，$0° < \lambda_s < 8°$	工件圆整、余量均匀的一般车削时应取 $\lambda_s = 0°$	断续车削时，为了提高刀头强度，λ_s 应取负值，$\lambda_s = -15° \sim -5°$

四、车刀的装夹要求

1. 车刀装夹在刀架上的伸出部分应尽量短，以提高其刚度，伸出长度为刀柄厚度的 1～1.5 倍，如图 1—2—6 所示。如图 1—2—7 所示为车刀装夹错误的情况，包括刀柄伸出太长（图 1—2—7a）和垫片太短（图 1—2—7b）。

车刀下面垫片的数量要尽量少（一般为 1～2 片），并与刀架边缘对齐，且至少用 2 个螺钉平整压紧，以防振动。

图 1—2—6 车刀的正确装夹

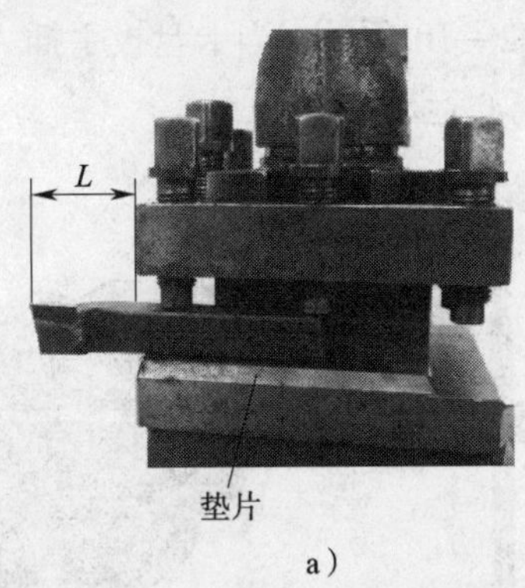

a）

b）

图 1—2—7 车刀装夹错误的情况

a）刀柄伸出太长 b）垫片太短

2. 刀柄中心线应与进给方向垂直或平行，这样就不会改变刃磨好的刀具主、副偏角的正确性，如图 1—2—8 所示。

3. 车刀刀尖应与工件回转中心等高。车刀刀尖高于工件回转中心（图 1—2—9a），会使车刀的实际后角减小，车刀后面与工件之间的摩擦增大，切削效果变差。车刀刀尖低于工件回转中心（图 1—2—9b），会使车刀的实际前角减小，切削阻力增大。车刀刀尖不对准工件回转中心，在车至端面中心时会留有凸头（图 1—2—9）。使用硬质合金车刀时，若忽视此点，车到中心处会使刀尖崩碎。

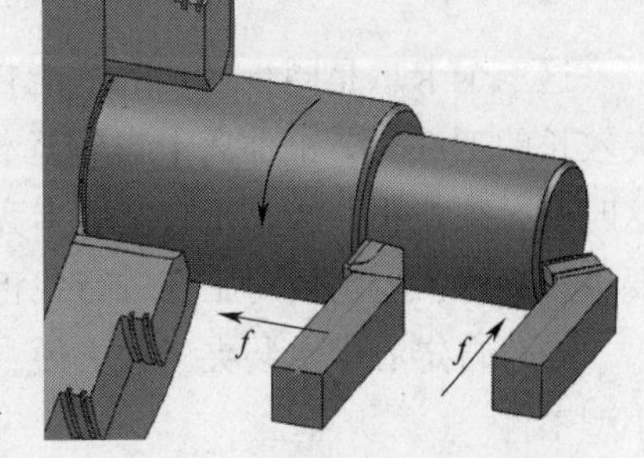

图 1—2—8 刀柄中心线与进给方向的关系

五、工件的装夹方法

由于工件的形状、大小各异，加工精度及加工数量不同，因此，在车床上加工时工件的装夹方法也不同。本课题介绍在车床上加工轴类和盘类工件的常用装夹方法。

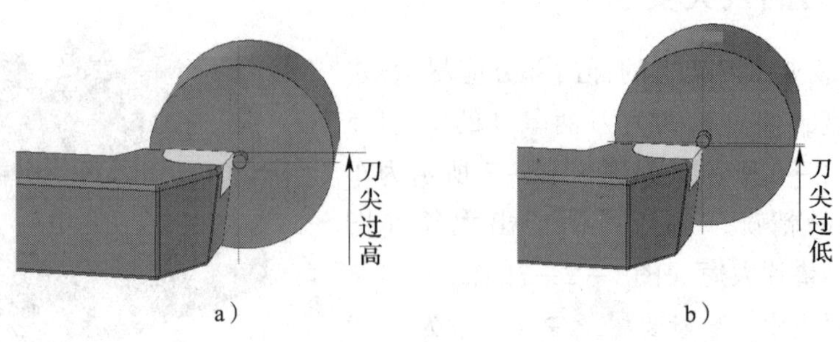

图 1—2—9　刀尖不对中心对加工的影响

1. 三爪自定心卡盘装夹

三爪自定心卡盘的结构及装夹形式如图 1—2—10 所示。当卡盘扳手插入卡盘扳手方孔内转动时，可带动三个卡爪做向心运动或离心运动。

图 1—2—10　三爪自定心卡盘的结构及装夹形式
a）结构　b）装夹形式

这三个卡爪是同步运动的，能自动定心，工件装夹后一般不需找正。但是，在装夹较长的工件时，工件离卡盘较远处的旋转轴线不一定与车床主轴的旋转轴线重合，这时就必须找正。当三爪自定心卡盘使用时间较长导致精度下降，而工件的加工精度要求较高时，也需要对工件进行找正。

三爪自定心卡盘装夹工件方便、迅速，但夹紧力较小，适用于装夹外形规则的中、小型工件。

2. 四爪单动卡盘装夹

四爪单动卡盘的装夹形式如图 1—2—11 所示。由于四爪单动卡盘的四个卡爪各自独立运动，装夹时不能自动定心，因此，必须使工件加工部分的旋转轴线与车床主轴旋转轴线重合后才可车削。

四爪单动卡盘找正比较费时，但夹紧力大，适用于装夹大型或形状不规则的工件。

3. 一夹一顶装夹

车削一般轴类工件，尤其是较重的工件时，可将工件的一端用三爪自定心卡盘或四爪单动卡盘夹紧，另一端用后顶尖支顶（图 1—2—12），这种装夹方法称为一夹一顶装夹。

这种装夹方法安全、可靠，能承受较大的轴向切削力，但对相互位置精度要求较高的工件，掉头车削时找正较困难。

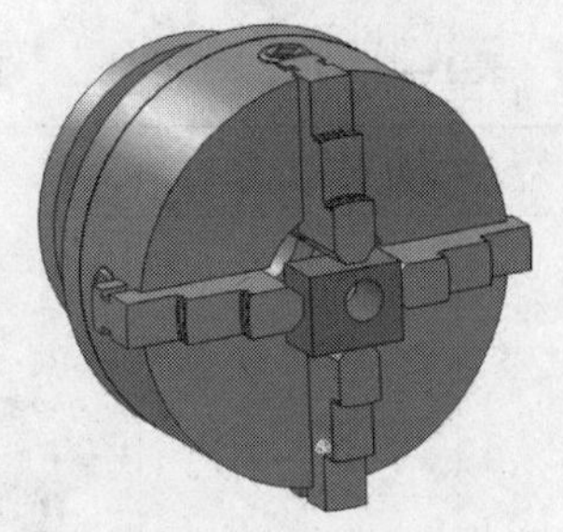

图 1—2—11 四爪单动卡盘的装夹形式

4. 两顶尖装夹

对于较长的工件或必须经过多次装夹才能加工好的工件（如长轴、长丝杠等），或工序较多，在车削后还要铣削或磨削的工件，为了保证每次装夹时的装夹精度，可用车床的前、后顶尖（即两顶尖）装夹。两顶尖的装夹形式如图 1—2—13 所示，工件由前顶尖和后顶尖定位，用鸡心夹头夹紧并带动工件同步运动。

图 1—2—12 一夹一顶的装夹形式

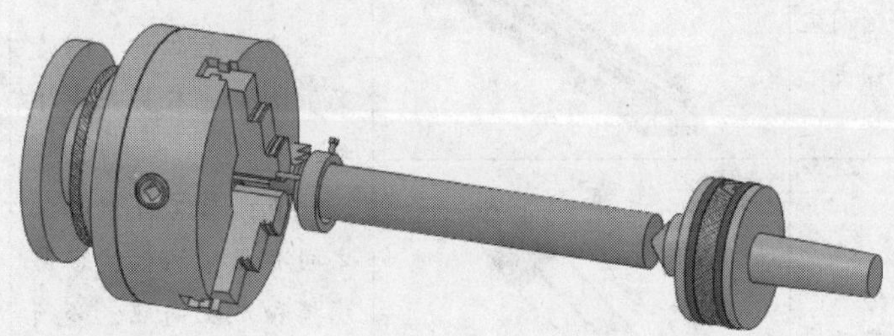

图 1—2—13 两顶尖的装夹形式

顶尖的作用是定中心，承受工件的质量与车削时的切削力。顶尖分前顶尖和后顶尖两类。前顶尖是指安装在主轴锥孔内的顶尖或装夹在三爪自定心卡盘上由钢料自制的顶尖，它随主轴和工件一起回转。插入尾座套筒锥孔中的顶尖称为后顶尖。前顶尖和后顶尖的分类、特点及应用见表 1—2—7。

采用两顶尖装夹工件的优点是装夹方便，不需找正，装夹精度高，但它比一夹一顶装夹的刚度低，影响了切削用量的提高。

表 1—2—7　　前顶尖和后顶尖的分类、特点及应用

分类			图示	特点	应用
前顶尖	带锥柄的标准顶尖		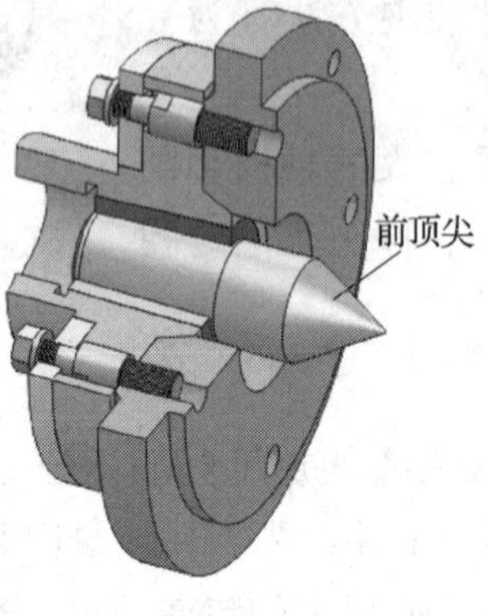	装夹牢靠，可重复使用	锥柄插入主轴锥孔内，直接使用 适用于批量生产
	自制顶尖（锥角 $2\alpha=60°$）		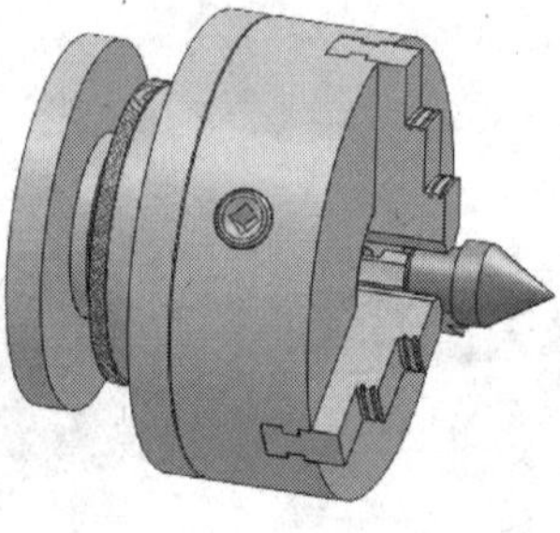	优点：制造、装夹方便，定心准确 缺点：顶尖的硬度较低，容易磨损；车削中如受到冲击，容易移位；重新装夹时必须修整顶尖的锥面	装夹在三爪自定心卡盘上由钢料自制而成 适用于小批量生产
后顶尖	固定顶尖	普通固定顶尖	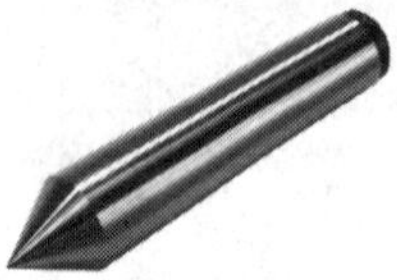	优点：定心好，刚度高，切削时不易产生振动 缺点：与工件中心孔之间有相对运动，容易磨损和产生高热，必须加润滑脂	适用于低速切削
		硬质合金固定顶尖			适用于高速切削
	回转顶尖			优点：不易磨损，避免产生高热，可以承受很高的转速 缺点：其定心精度不如固定顶尖高，刚度也稍低	适用于高速切削

技能训练

一、车刀的装夹

1. 合理选用垫片

（1）将刀架安装面、车刀及垫片用棉纱擦净。

（2）挑选数块垫片重叠垫于车刀下，使车刀的刀尖达到工件中心高（垫片数量应尽量少）。

2. 车刀对中心

要保证车削加工质量，在加工前首先要正确对刀，保证车刀刀尖与车床主轴中心高度一致。常用的对刀方法及操作见表 1—2—8。

表 1—2—8　　常用的对刀方法及操作

对刀方法	对刀操作	图示
目测对刀	1. 将车刀靠近工件端面，目测车刀的高低 2. 夹紧车刀，试车端面 3. 根据端面的中心调整车刀	
测量刀尖高度对刀	1. 将车刀装在刀架上，用钢直尺测量车刀刀尖到床身导轨面之间的距离，看其是否与该车床主轴中心高度一致 2. 若刀尖高度与车床主轴中心高度不一致，则调整垫片厚度，使其相同	
尾座顶尖对刀	1. 将车刀装在刀架上，将刀架转动 45°角后固定 2. 将车刀刀尖对准尾座顶尖的顶端 3. 若刀尖与尾座顶尖不齐，调整垫片厚度，使其刚好对齐	

续表

对刀方法	对刀操作	图示
快速对刀	1. 首次操作时，将车刀对正工件回转中心，在中滑板端面上做好中心高度记号（图示刻线处） 2. 后续加工操作中，装夹车刀时只需将刀尖对准记号处，即完成对刀，可达到快速对刀的目的	刻线处

3. 夹紧

刀架螺栓应交替拧紧，不要依次拧紧。拧紧时用力要均匀。若螺栓拧紧方法不对，刀体底面与垫片就不能紧密接触。

4. 注意事项

（1）车刀的伸出长度不宜过长。通常车削外圆时，在不影响切削和观察的情况下，尽量缩短车刀伸出刀架部分的长度，一般为刀柄厚度的 1.5 倍左右为宜。

（2）在保证车刀高度的情况下，车刀下面的垫片数量不宜过多，而且垫片要平整，并应与刀架前端对齐，以防止车刀产生振动。

（3）为确保车刀装夹可靠，车刀至少要用两个螺钉压紧在刀架上，并轮流逐个拧紧。

（4）刀柄不能歪斜，否则会使车刀的主偏角和副偏角发生变化。如果主偏角增大，会使副偏角减小，容易引起振动，使工件表面产生振纹。如果主偏角减小，则副偏角增大，会影响工件的表面粗糙度，降低表面质量。同时，当工件刚度较低时，易产生弯曲变形。因此，安装车刀时应使刀柄中心线与主轴轴线垂直。

二、在三爪自定心卡盘上装夹工件

1. 装夹工件

在三爪自定心卡盘上装夹工件的方法如图 1—2—14 所示。三爪自定心卡盘的定心精度不高，为 0.05 ~ 0.15 mm。三个卡爪有正爪和反爪之分，有的卡盘将卡爪反装即成反爪，当换上反爪时即可装夹较大直径的工件。

当工件直径较小时，置于三个卡爪之间装夹，如图 1—2—14a 所示；还可将三爪自定心卡盘的三个卡爪伸入工件内孔中，利用卡爪的径向张力装夹盘状、套状、环状零件，如图 1—2—14b 所示；当工件直径较大，用正爪不便装夹时，可将三个正爪换成反爪进行装夹，如图 1—2—14c 所示；当工件长度大于 4 倍直径时，采用“一夹一顶”的方式，即应在工件右端用尾座顶尖支承，辅助三爪自定心卡盘装夹，如图 1—2—12 所示。

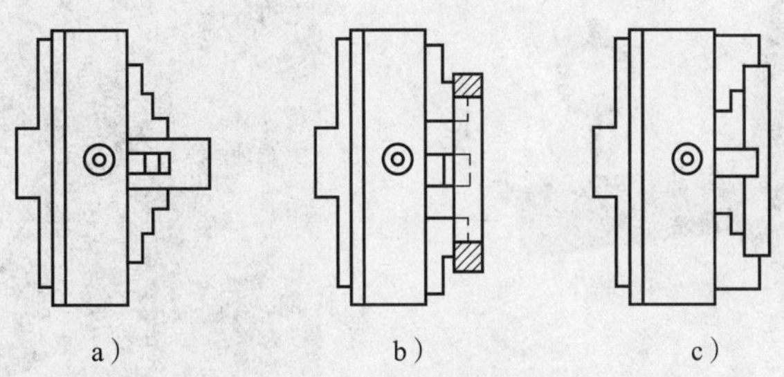

图 1—2—14 三爪自定心卡盘的装夹方法

a）正爪装夹小直径工件 b）利用工件内孔以正爪装夹 c）反爪装夹较大直径工件

2. 找正工件

（1）用划针找正

粗加工时，可用目测和划针校正毛坯表面。

1）如图 1—2—15a 所示，用三爪自定心卡盘轻轻夹住工件，将划线盘放置在适当位置，使划针尖端接近工件悬伸端处圆柱表面。

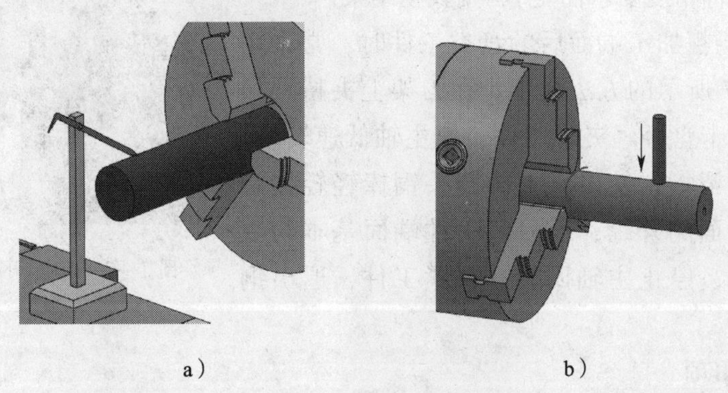

图 1—2—15 用划针找正

a）用划针找正工件外圆 b）用铜锤轻击工件

2）将主轴箱变速手柄置于空挡，用手轻拨卡盘使其缓慢转动，观察划针尖与工件表面间隙情况，并用铜锤轻击工件的悬伸端（图 1—2—15b），直至工件回转一周中划针与工件表面的间隙均匀一致，则找正结束。

3）夹紧工件。

（2）用百分表校正

精加工时，若精度要求较高，需用百分表校正。

1）用卡盘轻轻夹住工件，将磁性表座吸在车床中滑板上，调整表架位置，使百分表触头垂直指向工件悬伸端外圆柱表面，如图 1—2—16a 所示。对于直径较大而轴向长度不大的盘形工件，可将百分表触头垂直指向工件端面的外缘处（图 1—2—16b）。使用百分表时应将触头预先压下 0.5 ~1 mm。

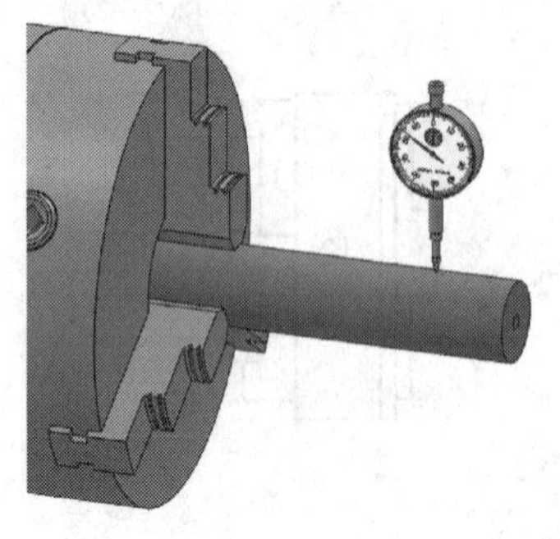

a）

b）

图 1—2—16　用百分表找正

a）用百分表找正工件外圆　b）用百分表找正盘类工件端面

2）将主轴箱变速手柄置于空挡，用手轻拨卡盘使其缓慢转动，观察百分表读数变化情况，并用铜锤轻击工件悬伸端进行找正，直至工件回转一周中百分表读数变化的最大差值在 0.10 mm 以内（或视工件精度要求而定），则找正结束。

3）装夹经粗加工端面后的盘类工件时，常采用如图 1—2—17 所示的方法找正。在刀架上夹持一根圆头铜棒。用卡盘轻轻夹住工件，使主轴低速转动。移动床鞍和中滑板，使刀架上的圆头铜棒轻轻接触及挤压工件端面的外缘，当目测工件端面基本与主轴轴线垂直后，停止主轴回转。夹紧工件，退出铜棒。

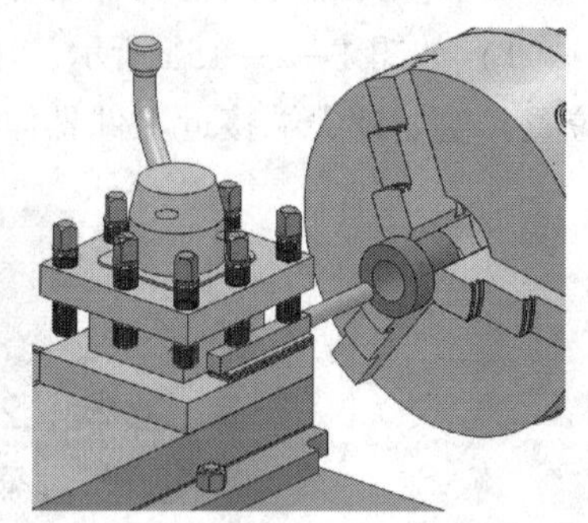

图 1—2—17　用小铜棒进行端面找正

3. 注意事项

（1）在三爪自定心卡盘上装夹工件后，必须校正工件的端面和外圆，两者必须同时兼顾。尤其是在加工余量较少的情况下，应着重注意校正余量少的部分；否则，会使毛坯车削后达不到规定的尺寸而产生废品。

（2）为了防止车削时因工件变形和振动而影响加工质量，工件在三爪自定心卡盘中装夹时，如果工件直径 $d \leqslant 30$ mm，其悬伸长度应不大于其直径的 3 倍；如果工件直径 $d > 30$ mm，其悬伸长度应不大于其直径的 4 倍。而且工件应夹紧，以避免工件被车刀顶弯、顶落而造成打刀事故。

三、四爪单动卡盘装夹工件

1. 装夹工件

四爪单动卡盘有四个各不相关的卡爪，每个卡爪背面有螺纹与夹紧螺杆啮合，四个夹紧螺杆的外端有方孔，用来安装插卡盘扳手的方榫。用扳手转动某一夹紧螺杆时，跟其啮合的卡爪就能单独移动，以适应工件大小的需要。四爪单动卡盘的装夹方法如图 1—2—18 所示。

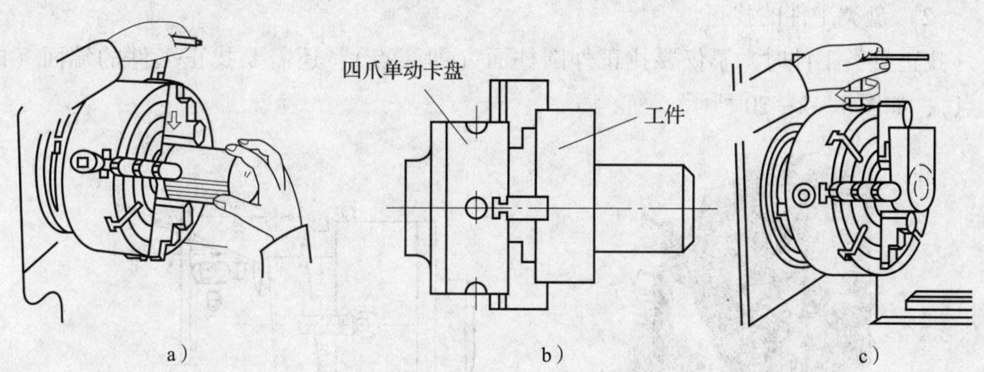

图 1—2—18　四爪单动卡盘的装夹方法

a）正爪装夹小直径工件　b）反爪装夹较大直径工件　c）正、反爪混合装夹不规则零件

2. 找正工件

用四爪单动卡盘装夹工件时找正比较费时，但夹紧力比三爪自定心卡盘大，因此，适用于装夹大型或形状不规则的工件。

（1）轴类工件的找正

找正轴类工件时，通常找正外圆柱面上的 *A*、*B* 两点，如图 1—2—19a 所示。

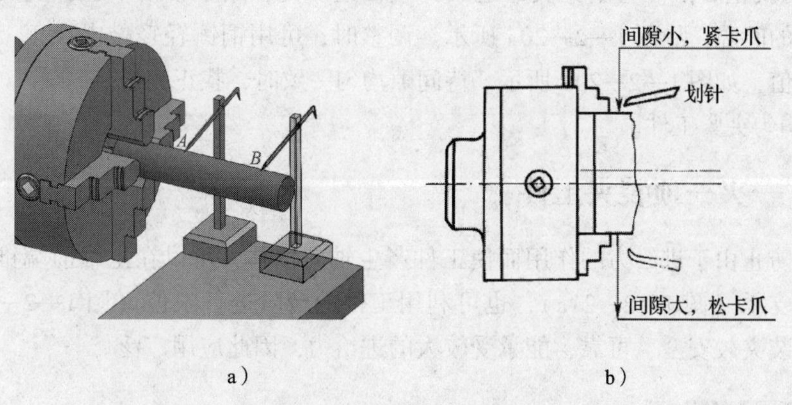

图 1—2—19　轴类工件的找正

a）用划针找正外圆　b）卡爪位置的调整

1）先找正 *A* 点。用划针尖靠近工件外圆表面 *A* 点，用手转动卡盘，观察工件外圆表面与划针尖的间隙大小；然后，根据间隙大小调整两个卡爪的相对位置，调整量为间隙差值的 1/2，如图 1—2—19b 所示。

注意：找正时不能同时松开两个卡爪，以防止工件掉落。待外圆表面间隙均匀一致时，找正完成。

2）再找正 *B* 点。将划针尖移到靠近工件外圆表面的 *B* 点处，观察间隙。此时，不可以调整卡爪位置，应该用铜锤轻轻敲击工件。待间隙均匀一致时，找正完成。

3）均匀夹紧工件。

（2）盘类工件的找正

找正盘类工件时，不仅要找正外圆柱面（即 *A* 点），还需要找正工件的端面（即 *B* 点），如图 1—2—20 所示。

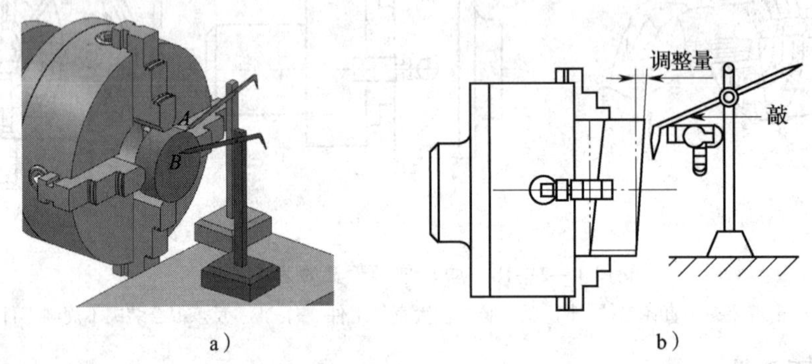

图 1—2—20　盘类工件的找正

a）用划针找正外圆及端面　b）端面位置的调整

1）先找正 *A* 点。用调整卡爪位置的方法调整，与轴类工件 *A* 点的找正方法相同，如图 1—2—20a 所示。

2）再找正 *B* 点。将划针尖靠近工件端面边缘处，用手转动卡盘，观察划针尖与端面之间的间隙，如图 1—2—20a 所示。调整时，可用铜锤轻轻敲击找正，调整量等于间隙差值，如图 1—2—20b 所示。待间隙均匀一致时，找正完成。

3）均匀夹紧工件。

四、一夹一顶装夹工件

为了防止由于进给力的作用而使工件产生轴向位移，可以在主轴前端锥孔内安装一个限位支承（图 1—2—21a），也可利用工件的台阶进行限位（图 1—2—21b）。用这种方法装夹较安全、可靠，能承受较大的进给力，因此应用广泛。

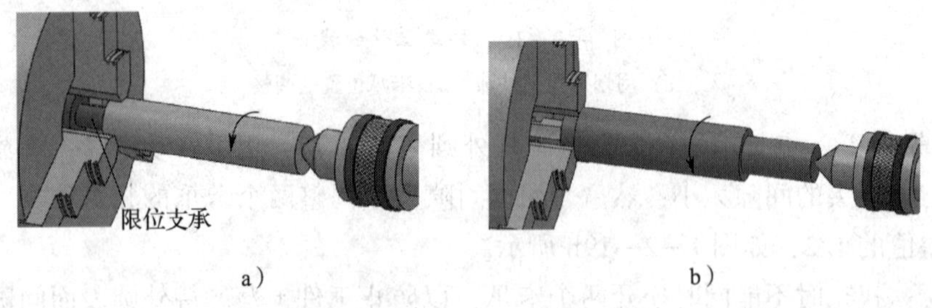

图 1—2—21　一夹一顶装夹

a）使用限位支承　b）利用工件的台阶限位

五、两顶尖装夹工件

1. 安装顶尖并找正

（1）擦净主轴锥孔、尾座套筒锥孔、前顶尖和后顶尖柄部，将前顶尖插入主轴锥孔内，将后顶尖插入尾座套筒锥孔内。

（2）拉动尾座，使其慢慢靠近主轴。待位置合适后，摇动尾座手轮，使尾座套筒带着后顶尖趋近并轻轻接触前顶尖。

（3）分别从正上方（图1—2—22a）、正前方（图1—2—22b）观察前、后两顶尖是否对齐。如果两个顶尖没有对准，就调整尾座的调整螺栓，直至前、后顶尖对齐。

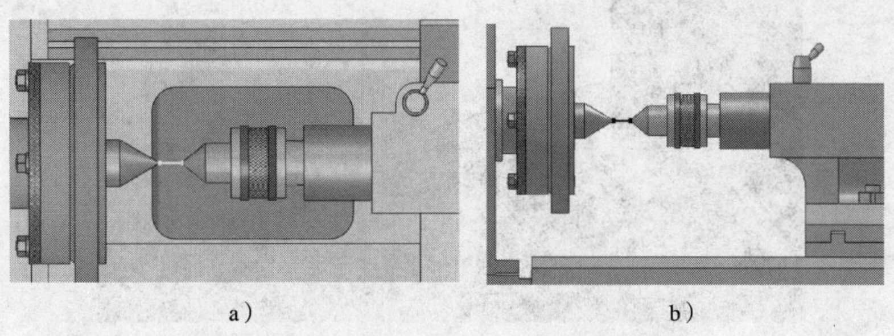

a）　　b）

图1—2—22　前、后顶尖相对位置的找正

a）从正上方观察并找正　b）从正前方观察并找正

2. 装夹工件

（1）用鸡心夹头（图1—2—23a）或平行对分夹头（图1—2—23b）夹紧工件一端，夹紧的位置应保证夹头上的拨杆伸出工件轴端。

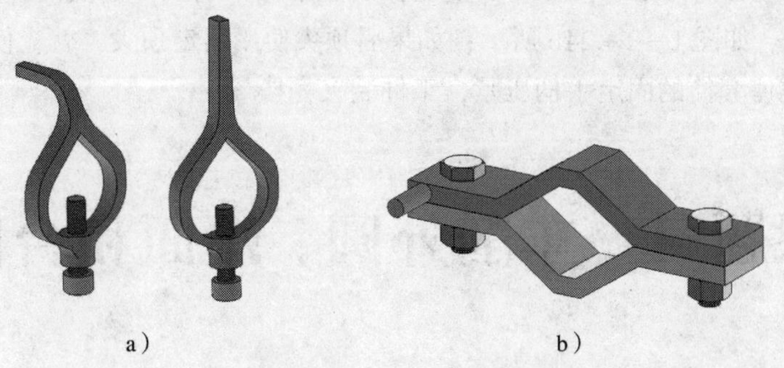

a）　　b）

图1—2—23　夹头

a）鸡心夹头　b）平行对分夹头

（2）根据工件长度调整尾座位置并紧固。

（3）左手托起工件，将工件夹有夹头一端的中心孔放置在前顶尖上，并使夹头的拨杆插入拨盘的凹槽中，可以通过拨盘（或卡盘）带动工件回转，如图1—2—24a所示。如果使用卡盘夹持的前顶尖，就应将夹头的拨杆贴近卡盘的卡爪侧面。

（4）根据工件长度调整尾座位置并紧固。

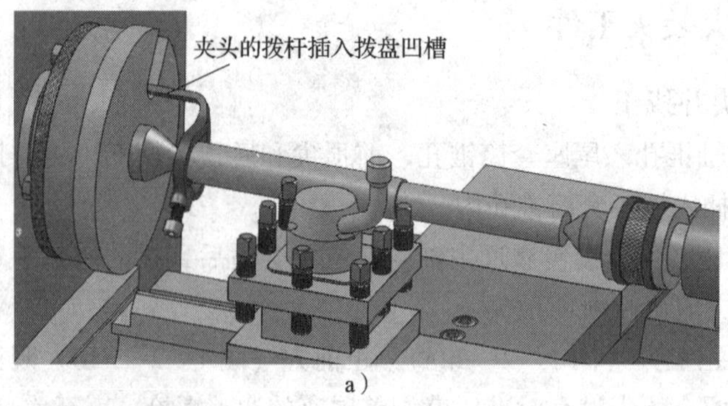

a）

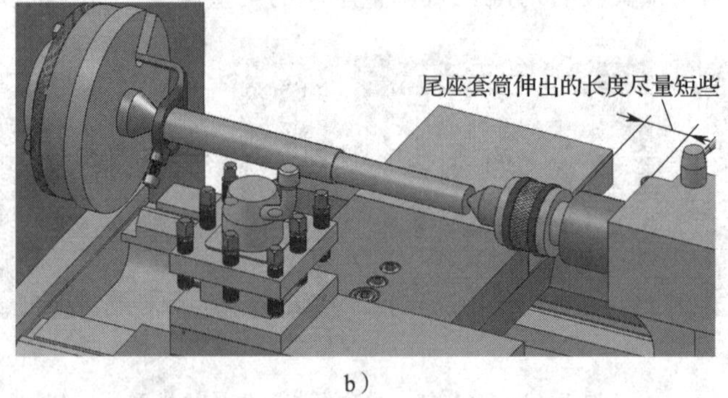

b）

图 1—2—24 两顶尖间装夹工件

a）夹头的拨杆插入拨盘凹槽 b）尾座套筒伸出的长度尽量短些

（5）右手摇动尾座手轮，使后顶尖顶入工件另一端的中心孔，其松紧程度以工件在两顶尖间可以灵活转动而又没有轴向窜动为宜。

注意：尾座套筒伸出的长度应尽量短，只要车刀车削工件端面的过程中滑板与尾座不碰触即可，如图 1—2—24b 所示；如果后顶尖使用固定顶尖，就应使用润滑脂。

（6）将尾座套筒的固定手柄压紧，工件装夹完毕。

课题三 车削外圆、端面和台阶

机械零件都是由外圆、端面、台阶、倒角等基本结构要素组合而成的。在三爪自定心卡盘上装夹工件，车削外圆、端面、台阶和倒角是车削加工的基础。

一、轴类零件的毛坯形式

1. 圆棒料

光轴或直径相差不大的台阶轴一般用热轧圆棒料毛坯（图 1—3—1a）。当成品零件的尺寸精度与冷拉圆棒料相符时，其外圆可不进行车削，这时可采用冷拉圆棒料毛坯。

a）

b）

c）

图 1—3—1　轴类零件的毛坯形式

a）圆棒料　b）锻件毛坯　c）铸造毛坯

2. 锻件毛坯

对于比较重要的轴多采用锻件毛坯（图 1—3—1b），由于毛坯加热锻打后，能使金属内部纤维组织沿表面均匀紧密、分布，晶粒细化，因此能获得较高的强度。

3. 铸造毛坯

少数结构较复杂的轴，如柴油机曲轴等，采用球墨铸铁或稀土铸铁铸造毛坯（图 1—3—1c）。

二、粗车、精车的合理运用

车削工件一般分为粗车和精车两个阶段。

粗车的目的是切除加工表面的绝大部分加工余量。粗车时，对加工表面没有严格的要求，只需留有一定的半精车余量（1 ~ 2 mm）和精车余量（0.1 ~ 0.5 mm）即可。粗车的另一个作用是及时发现毛坯内部的缺陷，如夹渣、砂眼、裂纹等，也能消除工件毛坯内部的残余应力并防止热变形。

精车是指车削的末道加工，加工余量较小，主要考虑的是保证加工精度和表面质量。

1. 粗车与精车分开的原则

在加工零件时，一般采取粗车与精车分开的原则，即先对所需加工的表面全部进行粗车，然后再进行半精车和精车。原因如下：

（1）粗车时，由于背吃刀量 a_p 和进给量 f 较大，切削力很大，因此必须把工件夹得比精车时紧。当一端精车好后，再掉头粗车另一端时，会将已加工表面夹变形。

（2）粗车时容易使工件发热而变形，粗车与精车分开后，可使工件在精车前有冷却的机会，以免因工件发热而影响尺寸精度。

（3）粗车与精车分开可减小内应力对工件加工精度的影响。粗车时，由于切除了毛坯表面较厚的一层材料，会使毛坯内应力重新分布，从而使工件变形。当工件一端精车好后，再掉头粗车另一端时，会引起已精车表面的变形。

（4）粗车后可及时发现毛坯内部的缺陷（如裂纹、砂眼等），以便及时修整或终止加工。

（5）粗车与精车分开后，可以合理地安排车床，粗车可安排在精度低、动力大的机床上进行，精车则可安排在精度高的机床上进行。

（6）由于精车安排在最后，可避免在中途各个环节中碰伤精加工表面。

应该指出，在车削体积较大且精度要求较低的工件时，由于装夹困难，也可以不采取粗车与精车分开的原则。

2. 粗车与精车的工艺特点

（1）粗车的工艺特点

粗车的主要目的是从毛坯上尽快切去多余的材料，而对零件的尺寸精度、几何精度和表面质量要求较低。粗车的公差等级为 IT13 ~ IT11 级，表面粗糙度 *Ra* 值为 50 ~ 12.5 μm。

粗车时，对车床设备的精度要求不高，主要是要求机床功率能满足要求，工具、夹具的强度高，夹紧力大，操作简便，以适应切削力大的需要。

粗车时，应选择强度和刚度高、抗冲击能力强的刀具材料，以适应背吃刀量大、进给量大、排屑顺利的要求。

粗车时，应在机床、夹具、刀具等工艺系统刚度允许的前提下，尽量选用较大的背吃刀量和进给量，选用中等切削速度。

粗车较大的台阶轴时，一般从直径较大的部位开始加工，直径最小的部位最后加工，以使整个切削过程有较高的刚度。

（2）精车的工艺特点

精车主要是保证零件的尺寸精度、几何精度和表面粗糙度达到图样要求。精车的尺寸公差等级为 IT8 ~ IT6 级，表面粗糙度 *Ra* 值为 1.6 ~ 0.8 μm。因此，精车可作为较高精度外圆表面的终加工，也可作为光整加工前的预加工。

精车时，一般选用精度较高的机床，工具、夹具也应根据工件的形状、尺寸和几何公差要求来选用或制作，以确保工件的精度要求。例如，车削一根多台阶轴，当要求台阶外圆与轴线有较高的同轴度精度时，就必须选用两顶尖等方法装夹工件，精车各个台阶外圆和端面。精车时，根据切削速度高、切削力小、刀具耐用度高和要求工件表面粗糙度值小的特点，选用红硬性好的刀具材料。

三、车削外圆常用偏刀

1. 90°偏刀

90°偏刀一般指主偏角 κ_r 为 90°的车刀。它又分为右偏刀和左偏刀，如图 1—3—2a 所示。从车床尾座向主轴箱方向进给的偏刀称为右切偏刀（又称正偏刀、右偏刀）；从主轴箱向尾座方向进给的偏刀称为左切偏刀（又称反偏刀、左偏刀）。

右偏刀可以用来车削外圆、右向台阶、端面。由于它的主偏角较大，因此车外圆时产生的径向力较小，不易把工件顶弯。左偏刀一般用来车削左向台阶，也适用于车削直径较大、长度较短的工件端面和外圆。

2. 45°车刀

45°车刀又称弯头刀，它的主偏角和副偏角都等于45°，如图1—3—2b所示。45°车刀也分左、右两种。45°车刀的刀尖角为90°，刀头强度和散热条件比90°偏刀好，但是45°车刀的主偏角较小，车削时径向力较大，易使工件产生弯曲变形，因此，常用于刚度较高、较短工件的外圆和端面的车削及倒角。

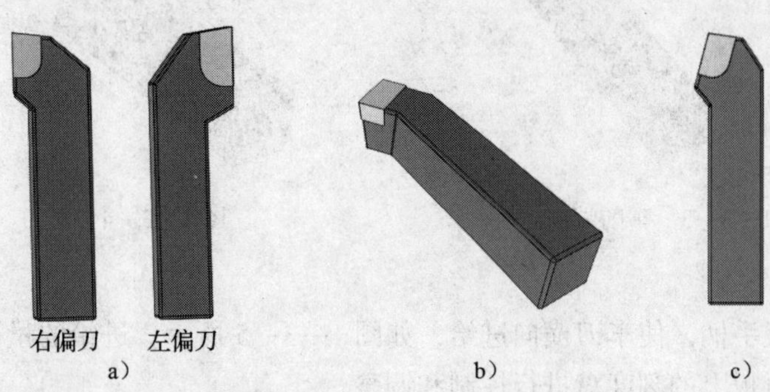

图1—3—2 车削外圆常用偏刀

a）90°偏刀 b）45°车刀 c）75°车刀

3. 75°车刀

75°车刀的主偏角等于75°，75°车刀也分左、右两种。其刀尖角大于90°，刀头强度高，较耐用，因此，适用于粗车轴类工件的外圆以及强力车削铸件、锻件等加工余量较大的工件的外圆，左75°车刀还可以车削铸件、锻件的大端面。75°车刀又称强力车刀。

技能训练

一、基本技能

1. 车削端面

如图1—3—3所示为车削轴的端面。

（1）开动车床，使主轴带动工件旋转。

（2）移动床鞍或小滑板，控制背吃刀量。

（3）摇动中滑板手柄做横向进给，粗车端面。

（4）重复步骤（2）和（3）精车端面。

2. 车削外圆

（1）对刀

开动车床，使工件旋转。左手摇动床鞍手轮，右手摇动中滑板手柄，使车刀刀尖趋近并轻轻接触工件待加工表面，以确定背吃刀量的零点位置，如图1—3—4所示。然后，反向摇动床鞍手轮（此时中滑板手柄不动），使车刀向右离开工件3～5 mm。

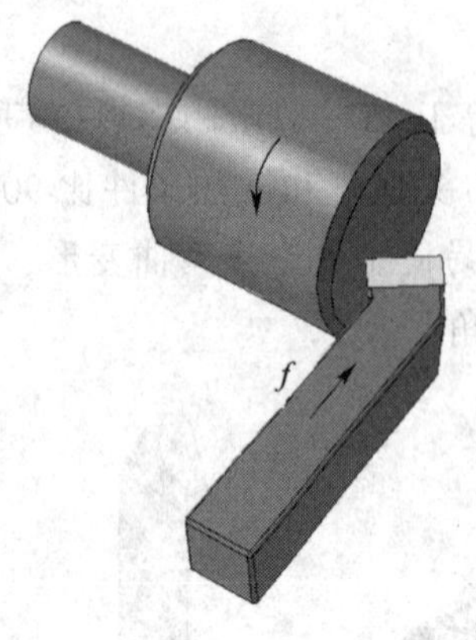

图 1—3—3　车削端面

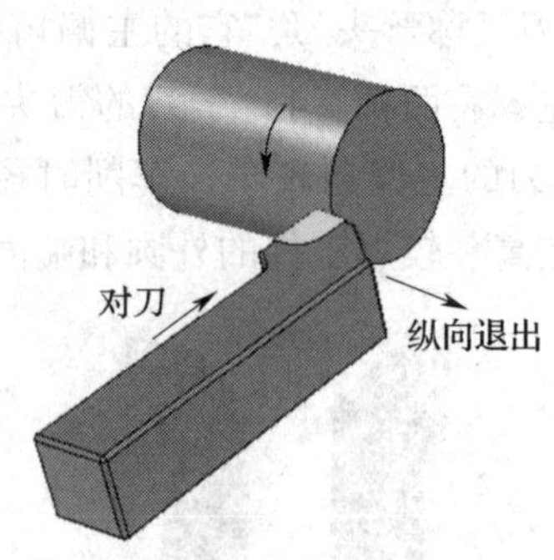

图 1—3—4　对刀

（2）进刀

摇动中滑板手柄，使车刀横向进给，如图 1—3—5 所示。进给的量即为背吃刀量，其大小通过中滑板上的刻度盘进行控制和调整。

（3）试切削

试切削的目的是控制背吃刀量，保证工件的加工尺寸。车刀在进刀后，纵向进给车削工件 2 mm 左右时，逆时针转动床鞍手轮，纵向快速退出车刀（图 1—3—6），停车测量。根据测量结果按背吃刀量再次进刀（或退刀），直至试切的测量结果达到要求为止。

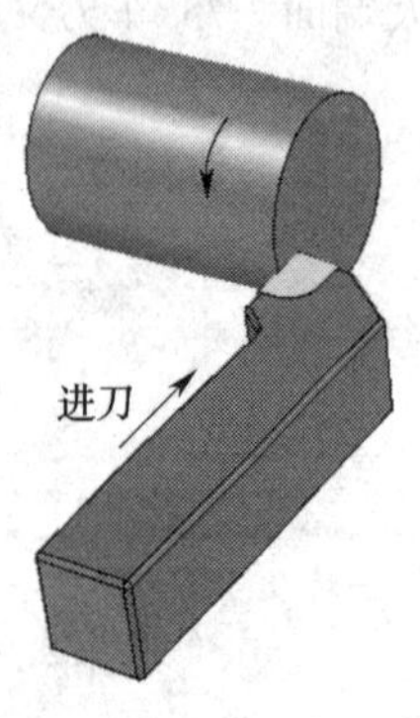

图 1—3—5　进刀

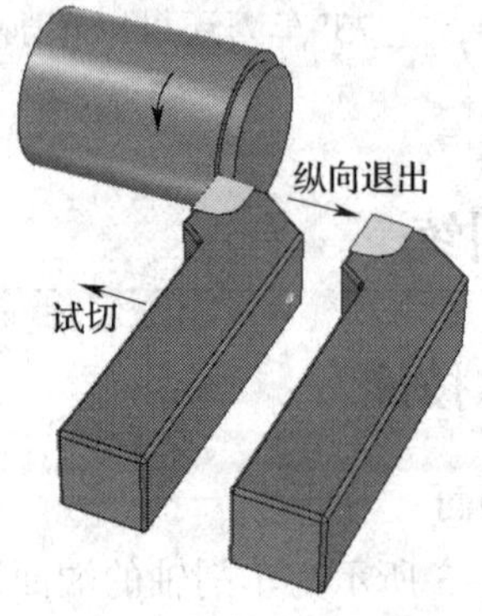

图 1—3—6　试切削

（4）车削外圆

双手均匀摇动床鞍或开动机动进给手柄，使车刀缓慢、均匀地纵向进给，直至所需长度，然后退刀。

3. 车削台阶时长度的控制

（1）刻线法

先用钢直尺或样板量出台阶的长度尺寸，然后用车刀刀尖在台阶的所在位置处刻出一圈细线，如图 1—3—7 所示，再按刻线痕车削台阶。

（2）床鞍（小滑板）控制法

1）车刀刀尖在工件端面对刀。

2）将床鞍的手轮刻度盘（或小滑板刻度盘）调至零位（或记住刻度值）。

3）根据所需长度尺寸移动床鞍（或小滑板）车削外圆，在车外圆的同时将长度控制至要求。

4）应分粗车和精车。粗车时，通过移动床鞍控制尺寸，并留余量；精车时，移动小滑板，微量调整至要求。

4. 倒角

如图 1—3—8 所示，加工该倒角，“*C*2”表示纵向长度为 2 mm，角度为 45°的倒角。

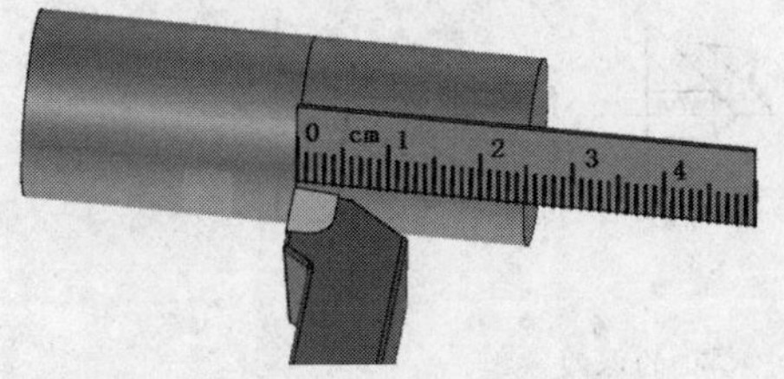

图 1—3—7　用钢直尺粗定台阶位置

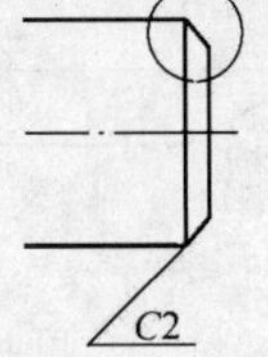

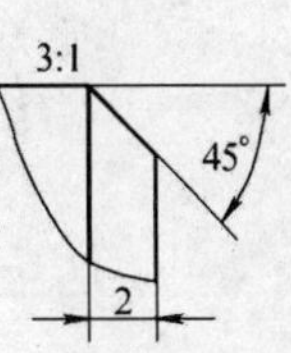

图 1—3—8　倒角 *C*2

（1）方法一（图 1—3—9a）

1）装夹所用车刀，将车刀切削刃与车床主轴轴线的夹角调整至 45°。

2）当切削刃接触到工件尖角时，按倒角的长度 2 mm 控制车刀纵向进给（或横向进给）。

（2）方法二（图 1—3—9b ）

双手同时控制床鞍与中滑板（或小滑板与中滑板），使车刀按 45°角做斜向进给。此方法精度较低，但方便、快捷。

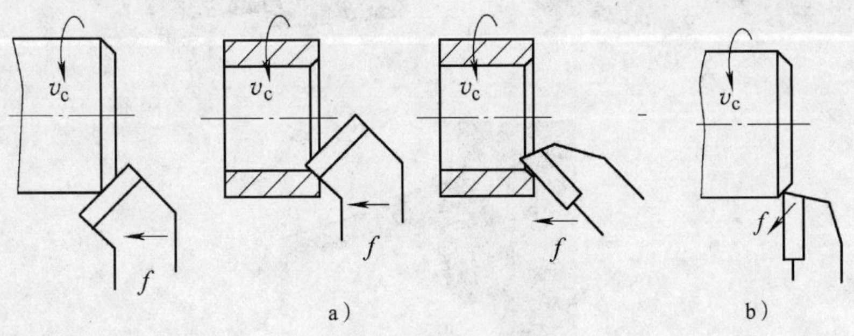

图 1—3—9　倒角的方法

a）方法一　b）方法二

5. 钻中心孔

（1）将钻夹头装在尾座套筒上。

（2）松开钻夹头的夹爪，插入中心钻，用钻夹头钥匙拧紧。

（3）慢慢移动尾座，使中心钻与工件的端面靠近而不相碰，然后将尾座固定于床

身上。若尾座移动太快，则中心钻可能会撞到工件的端面，容易折断。

（4）以中心钻直径最粗的位置为依据，确定车床主轴的转速，调节各手柄。一般高速钢制中心钻的切削速度取 20～30 m/min。

（5）慢慢转动尾座手轮，使中心钻的尖端靠近工件端面。

（6）中心钻的尖端切入工件后，加切削液，并慢慢地钻入工件。

值得注意的是，因中心钻直径小，容易折断，特别是尾座中心与车床主轴中心不重合时更易折断，因此刚开始时应慢慢地钻入并注意观察。

（7）中心钻钻至圆锥部位长度的 2/3 左右深度时比较合适，如图 1—3—10 所示。

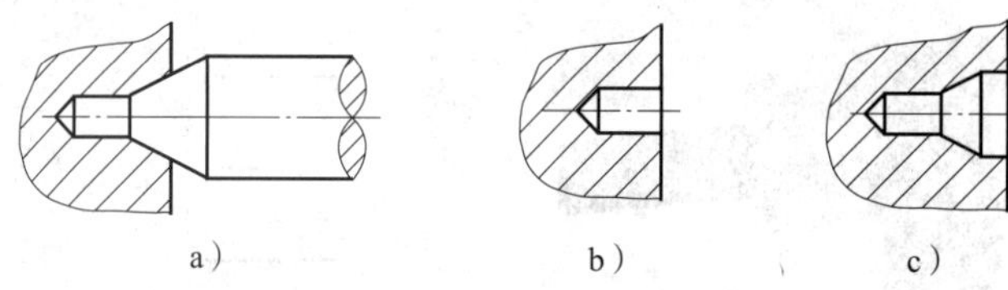
a）　　b）　　c）

图 1—3—10　中心孔的深度

a）孔的深度合适　b）孔过浅　c）孔过深

6. 台阶轴工件的测量

（1）台阶的长度尺寸可用钢直尺（图 1—3—11a）、游标深度尺（图 1—3—11b）或游标卡尺的外量爪（图 1—3—11c）进行测量。

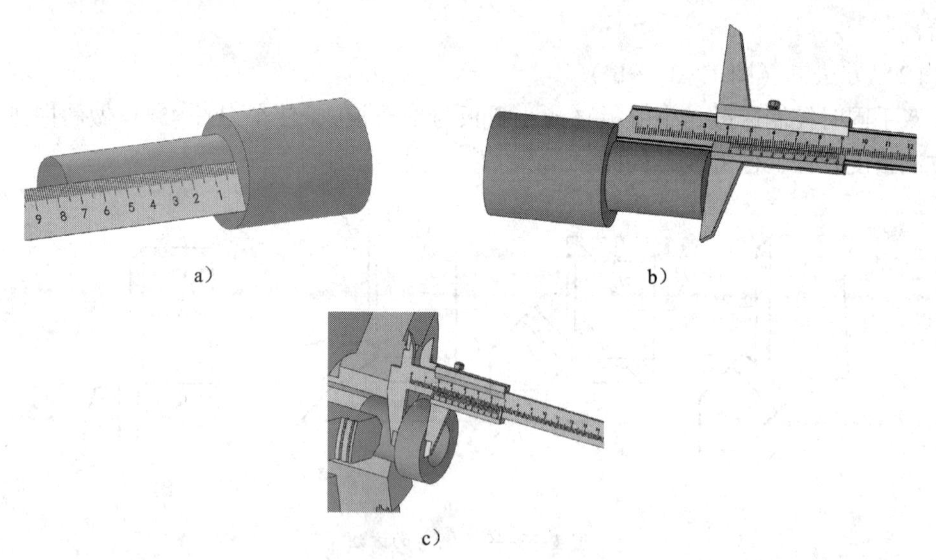

a）　　b）

c）

图 1—3—11　测量台阶长度

a）用钢直尺测量　b）用游标深度尺测量　c）用游标卡尺的外量爪测量

（2）外径可以用游标卡尺或千分尺进行测量

1）用游标卡尺测量。旋松固定游标用的螺钉，即可移动游标调节内、外量爪进行测量。外量爪用来测量工件的外径，如图 1—3—12 所示。

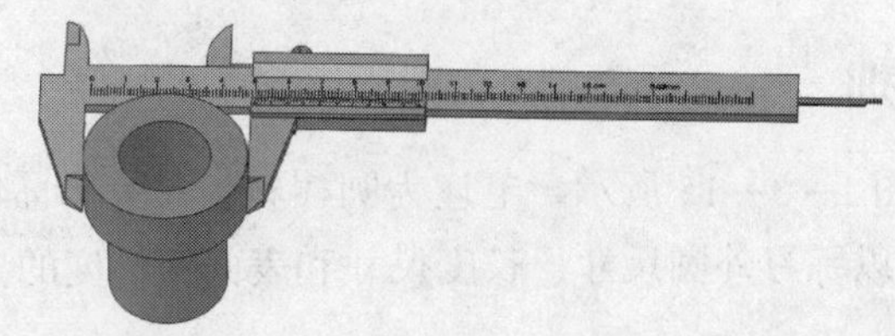

图 1—3—12 用游标卡尺外量爪测量外径

2）用千分尺测量。测量工件的外径前，应检查千分尺的“零位”，即检查微分筒上的零线与固定套筒上的零线基准是否对齐，如图 1—3—13 所示。如果未对齐，应用配套扳手调整。对于 0～25 mm 规格的千分尺，砧座面与测量螺杆平面贴平后即对正“零位”。

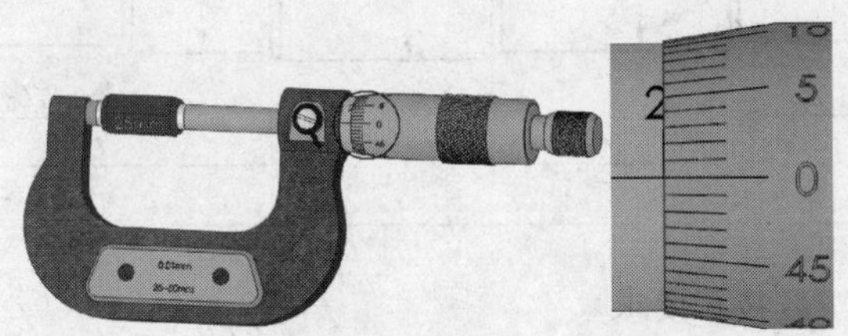

图 1—3—13 零位检查

当工件外径尺寸较小（图 1—3—14a）时，千分尺可单手握。加工中测量（图 1—3—14b）时，千分尺可双手握。当被测工件数量较多或批量生产中小型工件时，也可将千分尺固定在尺架上进行测量（图 1—3—14c）。

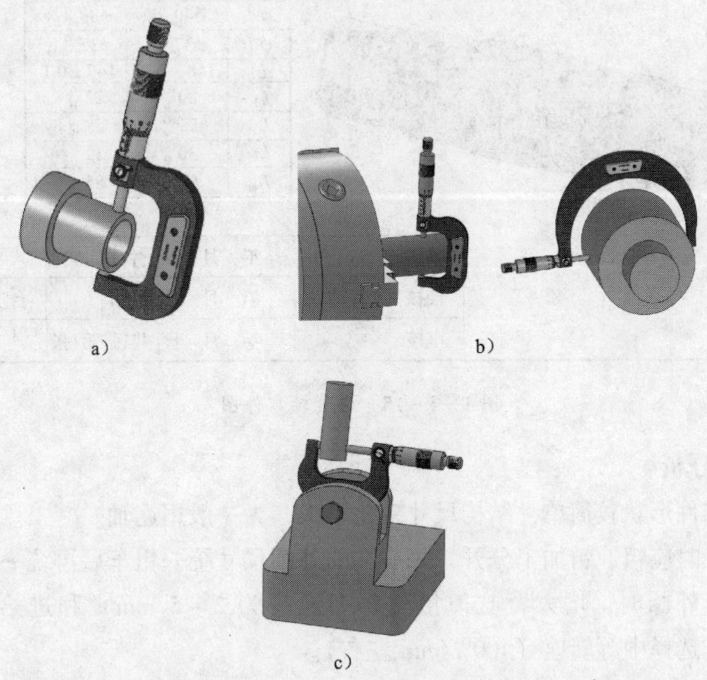

图 1—3—14 用千分尺测量外径

a）测量外径较小的工件 b）加工中测量工件外径 c）批量测量工件外径

二、车削台阶轴

台阶轴零件图如图 1—3—15 所示。毛坯为圆棒料，尺寸为 $\phi45$ mm × 150 mm，材料为 40Cr 钢。本课题以练习外圆尺寸、长度尺寸和表面粗糙度的控制为主要目的。

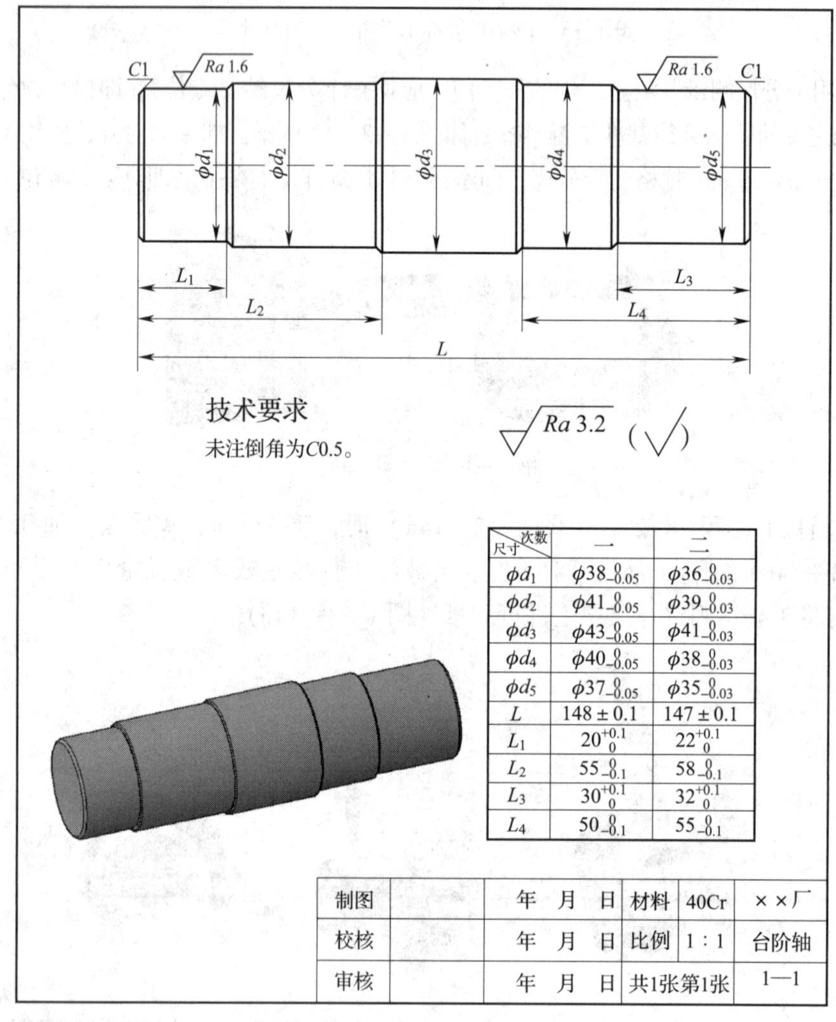

尺寸＼次数	一	二
ϕd_1	$\phi 38_{-0.05}^{\ 0}$	$\phi 36_{-0.03}^{\ 0}$
ϕd_2	$\phi 41_{-0.05}^{\ 0}$	$\phi 39_{-0.03}^{\ 0}$
ϕd_3	$\phi 43_{-0.05}^{\ 0}$	$\phi 41_{-0.03}^{\ 0}$
ϕd_4	$\phi 40_{-0.05}^{\ 0}$	$\phi 38_{-0.03}^{\ 0}$
ϕd_5	$\phi 37_{-0.05}^{\ 0}$	$\phi 35_{-0.03}^{\ 0}$
L	148 ± 0.1	147 ± 0.1
L_1	$20_{\ 0}^{+0.1}$	$22_{\ 0}^{+0.1}$
L_2	$55_{-0.1}^{\ 0}$	$58_{-0.1}^{\ 0}$
L_3	$30_{\ 0}^{+0.1}$	$32_{\ 0}^{+0.1}$
L_4	$50_{-0.1}^{\ 0}$	$55_{-0.1}^{\ 0}$

制图		年 月 日	材料	40Cr	××厂
校核		年 月 日	比例	1∶1	台阶轴
审核		年 月 日	共1张第1张		1—1

图 1—3—15 台阶轴零件图

1. 工艺分析

（1）该零件形状较简单，结构尺寸变化不大，为一般用途轴。

（2）加工时应粗、精加工分开，每一端的外圆尺寸统一粗车后再统一精车。

（3）粗车外圆时，增大背吃刀量（每刀至少为 2 ~ 5 mm）和进给量（0. 20 ~ 0. 33 mm/r），选择中等转速（400 r/min 左右）。

（4）精车外圆时，减小背吃刀量（每刀应为 0. 2 ~ 0. 5 mm）和进给量（0. 08 ~ 0. 15 mm/r），选择较高转速（900 r/min 以上）。

（5）由于台阶轴两端长度较长，因此加工时可采用一夹一顶的形式装夹。

2. 加工步骤及操作

车削台阶轴的加工步骤及操作方法见表1—3—1。

表1—3—1　　车削台阶轴的加工步骤及操作方法

加工步骤	操作方法	图示
准备工作	1. 检查零件毛坯尺寸是否合格 2. 检查车床各部位手柄位置是否在空挡，并调整车床中、小滑板镶条的间隙 3. 90°车刀、45°车刀同时装夹于刀架上 4. 用三爪自定心卡盘夹住工件外圆，伸出30 mm左右的长度，找正并夹紧	 装夹工件
车工艺台阶	车工艺台阶10～15 mm，直径约为40 mm	
掉头车端面、钻中心孔	掉头再次装夹工件，车平一侧端面，钻中心孔	 车平一侧端面  钻中心孔

续表

加工步骤	操作方法	图示
装夹工件	一夹一顶装夹工件	
车台阶轴一侧外圆	粗车、精车 ϕd_1、ϕd_2、ϕd_3，并控制长度 L_1、L_2 至尺寸要求，倒角 $C1$ mm	 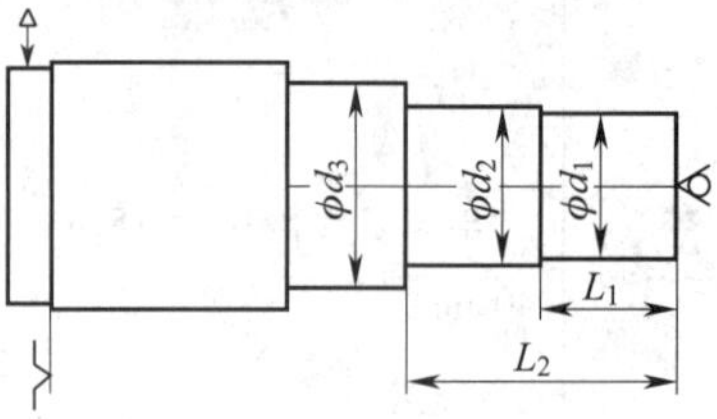 ϕd_3 ϕd_2 ϕd_1 L_1 L_2
掉头车外圆、端面，钻中心孔	检查质量后取下工件，掉头夹 ϕd_3 外圆，校正并夹紧，车平端面，取总长，钻另一个中心孔，用顶尖顶住中心孔	 掉头装夹  车平另一侧端面

续表

加工步骤	操作方法	图示
		 钻另一个中心孔
车台阶轴另一侧外圆	粗车、精车外圆 ϕd_4、ϕd_5，控制长度 L_3、L_4 至尺寸要求，并倒角 $C1$ mm	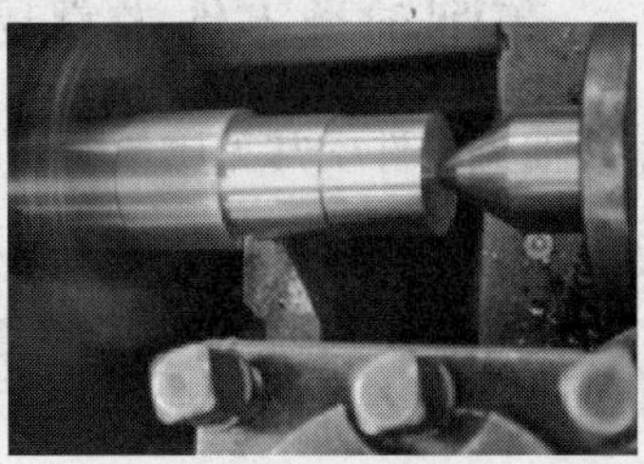 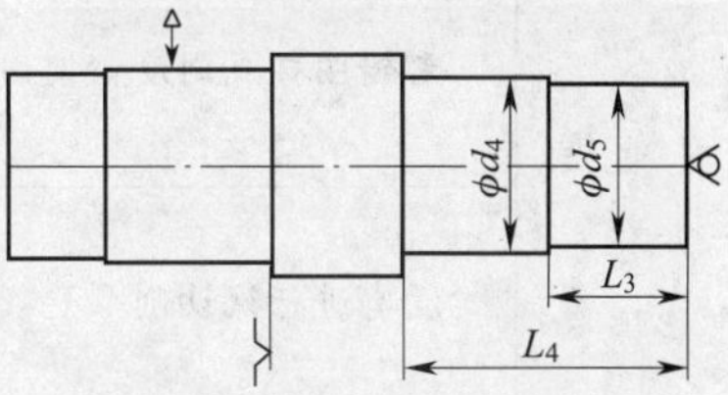
自检	1. 加工完毕，按照图样要求进行自检 2. 正确放置零件，并进行产品交接确认	
结束工作	1. 按照国家环保部门相关规定和车间要求整理现场，正确处置废油液等废弃物 2. 按车间规定填写交接班记录和设备日常保养记录卡	

3. 注意事项

（1）车削前，床鞍应在全行程范围内左右移动，观察床鞍有无碰撞现象。

（2）如果顶尖支顶太松，工件就会产生轴向窜动和径向跳动，车削时易产生振

动，工件外圆的圆度、同轴度将受影响，使外圆出现位置、尺寸缺陷。

（3）随时注意前顶尖是否发生移位，以防工件不同轴而造成废品。

（4）工件在顶尖上装夹时，应保持中心孔的清洁并防止碰伤。

（5）顶尖套筒从尾座伸出的长度应尽量短。

（6）由于粗车时切削用量较大，车刀弯曲变形大，因此，装夹车刀时应使刀尖高度比工件中心稍高些。当车刀因切削力的作用而弯曲时，刀尖高度刚好达到工件的中心高度。

（7）车刀垫片要经过精磨，一般都备有多种厚薄尺寸不同的垫片。

（8）中心钻在钻孔的过程中折断时，可用划针等物将其挖出。若取不出来，则应将工件从卡盘中取下，在其外周用锤子敲打振动，取出中心钻。

三、车削轴类零件中常见质量问题的分析及处理

车削轴类零件中常见质量问题的产生原因及预防措施见表1—3—2。

表1—3—2　　车削轴类零件中常见质量问题的产生原因及预防措施

常见质量问题	产生原因	预防措施
尺寸精度达不到要求	看错图样或刻度盘使用不当	必须看清图样的尺寸要求，正确使用刻度盘，看清刻度值
	没有进行试切削	根据加工余量算出背吃刀量，进行试切削，然后修正背吃刀量
	量具有误差或测量不正确	量具使用前必须检查和调整零位，正确掌握测量方法
	由于切削热的影响，使工件尺寸发生变化	不能在工件温度较高时测量；如必须测量，应掌握工件的收缩情况，或浇注切削液，以降低工件温度
	机动进给没有及时关闭，使车刀进给长度超过台阶长度	注意及时关闭机动进给；或提前关闭机动进给，再用手动进给到要求的长度尺寸
	车槽时，车槽刀主切削刃太宽或太窄，使槽宽不正确	根据槽宽刃磨车槽刀主切削刃宽度
	尺寸计算错误，使槽的深度不正确	对留有磨削余量的工件，车槽时应考虑磨削余量

续表

常见质量问题	产生原因	预防措施
产生锥度	用一夹一顶或两顶尖装夹工件时，后顶尖轴线不在主轴轴线上	车削前必须通过调整尾座找正工件
	用小滑板车外圆时小滑板的位置不正，即小滑板的基准刻线与中滑板的“0”刻线没有对准	必须事先检查小滑板基准刻线与中滑板的“0”刻线是否对准
	用卡盘装夹纵向进给车削时，床身导轨与车床主轴轴线不平行	调整车床主轴与床身导轨的平行度
	工件装夹时悬伸较长，车削时因切削力的影响使前端让开，产生锥度	尽量减小工件的伸出长度，或另一端用后顶尖支顶，以提高装夹刚度
	车刀中途逐渐磨损	选用合适的刀具材料或适当降低切削速度
圆度超差	车床主轴间隙太大	车削前检查主轴间隙并调整合适。如主轴轴承磨损严重，则需更换轴承
	毛坯余量不均匀，车削过程中背吃刀量变化太大	半精车后再精车
	工件用两顶尖装夹时，顶尖与中心孔接触不良，或后顶尖顶得不紧，或前、后顶尖产生径向圆跳动	工件用两顶尖装夹时必须松紧适当，若回转顶尖产生径向圆跳动，需及时修理或更换
表面粗糙度达不到要求	车床刚度低，如滑板镶条太松、传动零件（如带轮）不平衡或主轴太松引起振动	消除或防止由于车床刚度不足而引起的振动（如调整车床各部分的间隙）
	车刀刚度低或伸出太长引起振动	提高车刀刚度，正确装夹车刀
	工件刚度低引起振动	提高工件的装夹刚度
	车刀几何参数不合理，如选用过小的前角、后角和主偏角	选用合理的车刀几何参数（如适当增大前角，选择合理的后角和主偏角等）
	切削用量选用不当	进给量不宜太大，精车余量和切削速度应选择恰当

四、评分标准

车削台阶轴评分标准见表1—3—3。

表 1—3—3　　车削台阶轴评分标准

考核项目	考核内容及要求	配分	评分标准	检测结果	得分
主要项目	ϕd_1	8	每处超差 0.01 mm 扣 2 分		
	ϕd_2	8	每处超差 0.01 mm 扣 2 分		
	ϕd_3	8	每处超差 0.01 mm 扣 2 分		
	ϕd_4	8	每处超差 0.01 mm 扣 2 分		
	ϕd_5	8	每处超差 0.01 mm 扣 2 分		
	L_1	6	每处超差 0.05 mm 扣 2 分		
	L_2	6	每处超差 0.05 mm 扣 2 分		
	L_3	6	每处超差 0.05 mm 扣 2 分		
	L_4	6	每处超差 0.05 mm 扣 2 分		
	L	6	每处超差 0.05 mm 扣 2 分		
一般项目	*Ra*1.6 μm（2 处）、*Ra*3.2 μm（5 处）	7	每处超差扣该项配分		
	倒角 *C*1 mm（6 处）	6	每处超差扣该项配分		
设备、工具、量具、刃具的使用及维护	常用工具、量具、刃具的合理使用与保养	4	使用不当每次扣 2 分 维护及保养不当每次扣 2 分		
	正确操作车床，及时发现设备故障	4	操作不当每次扣 2 分		
	车床的润滑工作	2	每少一处润滑扣 0.5 分		
	车床的保养工作	1	加工后未按要求保养每次扣 1 分		
安全文明生产	正确执行安全技术操作规程	4	每违反一项规定扣 2 分		
	正确穿戴劳动保护用品	2	工作服（帽）等穿戴不整齐不得分		
工时定额	90 min		超过 10 min，从总分中倒扣 5 分；超过 30 min，考核不及格		
总分		100			

课题四　车槽与切断

用车削方法加工工件的槽称为车槽。工件外圆和平面上的槽称为外槽，工件内孔中的槽称为内槽。把坯料或工件切成两段（或数段）的加工方法称为切断。

切断的关键是切断刀几何参数和合理切削用量的选择及切断刀的刃磨。直形车槽刀和切断刀的几何形状相似，刃磨的方法基本相同，只是刀头部分的宽度和长度有些区别。有时车槽刀和切断刀可以通用。

车槽与切断都是车工的基本操作技能，能否掌握好，关键在于车槽刀和切断刀的刃磨。

一、切断刀及其应用

按切削部分材料不同，切断刀分为高速钢切断刀和硬质合金切断刀，如图 1—4—1 所示。高速钢切断刀的切削部分与刀柄为同一材料锻造而成，是目前使用较普遍的切断刀。硬质合金切断刀是由用作切削部分的硬质合金焊接在刀体上而成的，适用于高速切削。

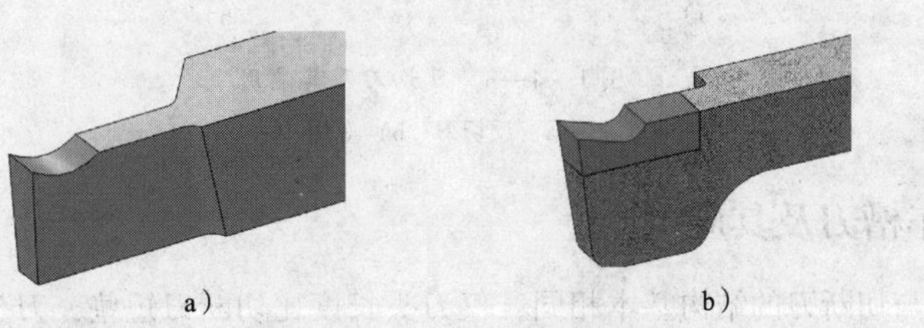

图 1—4—1　切断刀

a）高速钢切断刀　b）硬质合金切断刀

切断刀的主切削刃宽度较窄，一般取 2 ~ 5 mm，若主切削刃宽度太宽，在切削时容易产生振动。切断刀刀头的长度应略大于被切工件的半径。安装切断刀时，要使切断刀的中心线垂直于工件轴线，两副切削刃要对称，刀尖高度要求与工件轴线等高。切断刀的底平面应平整，以保证车削质量。

一般 ϕ50 mm 以下的棒料可在车床上进行切断，大于 ϕ50 mm 的材料不易进行切断。

1. 弹性切断刀及其应用

为了节省高速钢，切断刀可以做成片状，再装夹在弹性刀柄上，如图 1—4—2 所示。弹性切断刀的优点：当进给量过大时，弹性刀柄会因受力而产生变形，由于刀柄的弯曲中心在上面，因此刀头就会自动向后退让，从而避免了因扎刀而导致切断刀折断的现象。

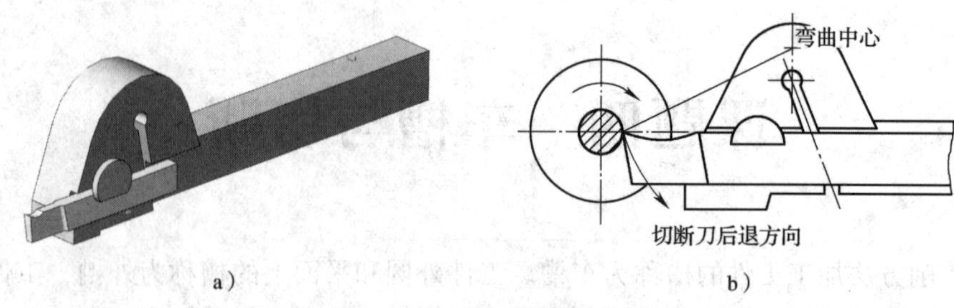

图 1—4—2　弹性切断刀及其应用

a）弹性切断刀　b）应用

2. 反切刀及其应用

切断直径较大的工件时，由于刀头较长，刚度很低，很容易产生振动，这时可采用反向切断法（即工件反转），用反切刀切断，如图 1—4—3 所示。反向切断时，作用在工件上的切削力（F_c）与工件重力（G）方向一致，这样不容易产生振动；而且，切屑向下排出，不容易在槽中堵塞。

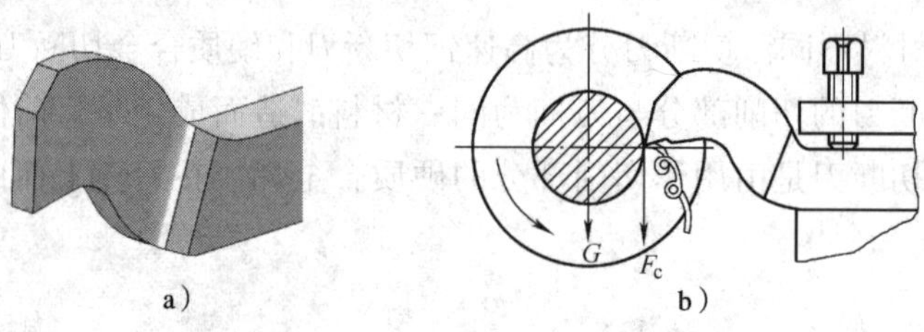

图 1—4—3　反切刀及其应用

a）反切刀　b）应用

二、车槽刀及其应用

车槽刀与切断刀的结构基本相同，仅刀头长度比切断刀短些，刀头强度高些。车 5 mm 以下的狭窄外槽时，可使主切削刃与槽等宽，通过横向进给一次车出，如图 1—4—4a 所示；车较宽外槽时，可先用窄刀车去槽的大部分加工余量，再根据尺寸对槽的两侧和槽底进行精车，如图 1—4—4b 所示。

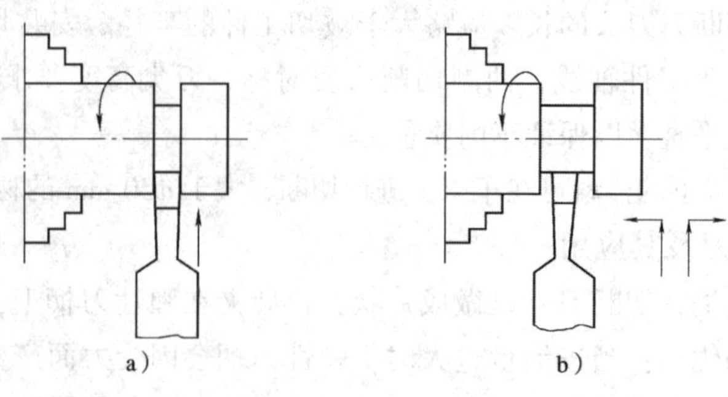

图 1—4—4　车外槽

a）车狭窄外槽　b）车较宽外槽

刀具可达加工要求时，安装时车槽刀不宜伸出过长。车槽过程中横向进给时，主切削刃高度对工件中心的误差控制在（0±0.2）mm 范围内，刀片与工件中心尽量等高，刀片尽量垂直于工件轴线，两个副偏角对称，以保证主切削刃与工件轴线平行。

三、车槽（切断）时切削用量的选择原则

由于车槽刀的刀头强度较低，因此，在选择切削用量时应适当减小其数值。总的来说，硬质合金切断刀比高速钢切断刀选用的切削用量要大，车削钢料时的切削速度比车削铸铁时的切削速度要高，而进给量要略小一些。

1. 背吃刀量 a_p

车槽为横向进给车削，背吃刀量是垂直于已加工表面方向所量得的切削层宽度的数值。所以，车槽时的背吃刀量等于车槽刀主切削刃宽度。

2. 进给量 f

车槽时进给量 f 的选择见表 1—4—1。

表 1—4—1　　车槽时进给量和切削速度的选择

刀具材料	高速钢车槽刀		硬质合金车槽刀	
工件材料	钢料	铸铁	钢料	铸铁
进给量 f（mm/r）	0.05～0.1	0.1～0.2	0.1～0.2	0.15～0.25
切削速度 v_c（m/min）	30～40	15～25	80～120	60～100

3. 切削速度 v_c

车槽时切削速度 v_c 的选择见表 1—4—1。

技能训练

一、基本技能

1. 装夹车槽刀

装夹车槽刀时，刀头轴线应与工件轴线垂直；否则车出的槽壁可能不平直。主切削刃必须与工件中心等高，可用直角尺检查副偏角，如图 1—4—5 所示。

装夹高速钢车刀时，刀架上的螺钉常会夹偏。高速钢车刀窄而长，刚度低，不宜伸出过长。因此，可在刀柄上面与刀架夹紧螺钉之间垫一片垫片，使车削时刀柄受力均匀，提高刀柄强度，如图 1—4—6 所示。

2. 车外圆槽

车削不同形状及精度外圆槽的方法见表 1—4—2。

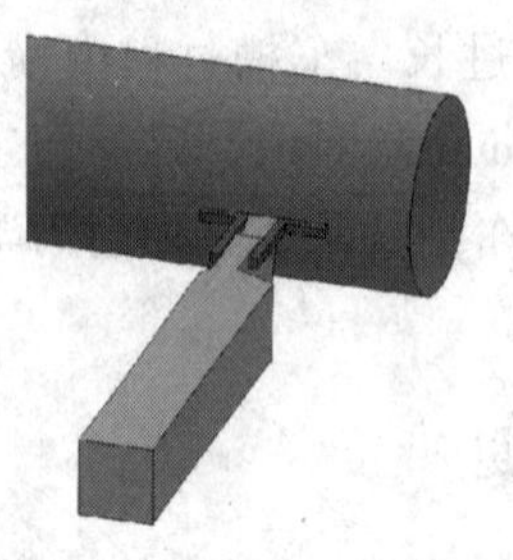
图 1—4—5　用直角尺检查副偏角

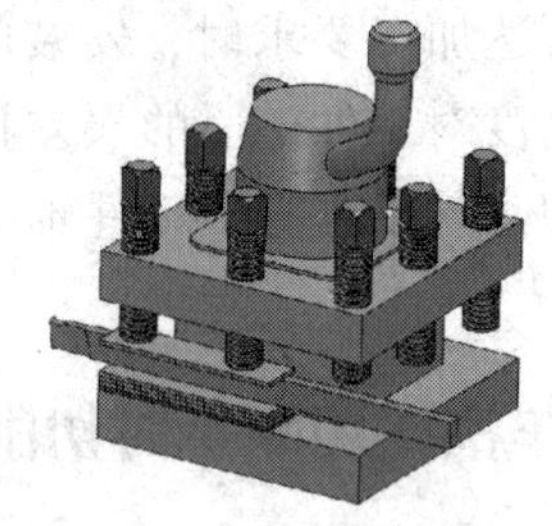
图 1—4—6　高速钢车槽刀加垫片装夹

表 1—4—2　　车削不同形状及精度外圆槽的方法

槽的形状及精度	车槽刀	车槽方法		图示
较窄的矩形沟槽（精度要求不高）	刀头宽等于槽宽	直进法，一次进给车出		
矩形沟槽（精度要求较高）	一次进给，宽度小于槽宽的车槽刀	两次进给	一次进给：用直进法加工，槽壁两侧留有精车余量	工件 刀架
	二次进给，等宽的车槽刀		二次进给：修整	
较宽的矩形沟槽	车槽刀	多次直进法	一次进给（粗车，保证槽底留余量）：车刀每次进给至同样深度，并在槽壁两侧留有精车余量，然后根据槽深和槽宽精车至尺寸要求，最后车刀从槽的右侧（长度基准）退出	

续表

槽的形状及精度	车槽刀	车槽方法		图示
较宽的矩形沟槽	车槽刀	多次直进法	二次进给（半精车，保证端面至槽右侧的尺寸）：测量工件端面至槽右侧的尺寸后，用小滑板在槽右侧对刀，以消除间隙；计算小滑板右移格数，用直进法切入至粗车时的中滑板刻度（即一次进给时车刀车至槽底时的刻度），将车刀横向退出（纵向不动）	
			三次进给（半精车，保证槽宽度）：测量槽宽余量，车槽刀以上一次尺寸的终点为起点，直接用床鞍将刀左移，靠近槽左侧时改为用小滑板移动，对刀并消除间隙，计算好小滑板左移格数，用直进法切入至粗车时的中滑板刻度，将车刀从槽的中间退出	
			四次进给（精车，保证槽的直径尺寸）：测量槽底的直径 d，将车刀在槽径表面对刀，计算好中滑板径向进刀格数，将车刀在槽径上切入并纵向移动，车至尺寸后车刀从槽的中间退出	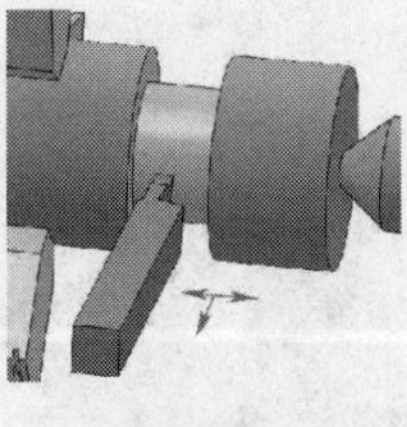
较窄的梯形槽	成形刀	采用一次进给车削完成		
较宽的梯形槽	一次进给，直槽刀	采用两次进给	用直槽刀车削直槽	
	二次进给，梯形刀		用梯形刀采用直进法或左右切削法完成	

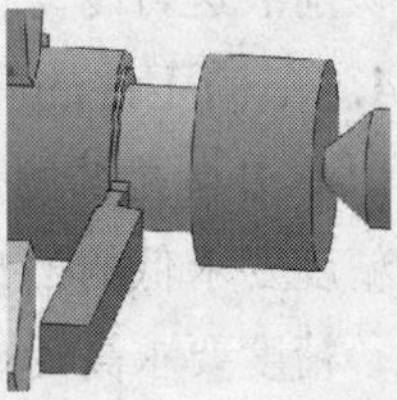

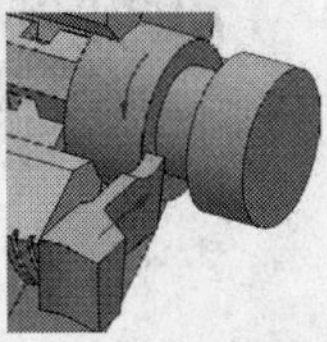

3. 注意事项

因为车槽刀刀头窄而长，强度较低，车削时刀头在工件的内部进行，散热条件较差，排屑困难，所以容易造成刀头脱焊或折断。因此，在车床上进行车槽时对操作者的技能要求较高，必须注意以下几点：

（1）装夹时，车槽的位置在保证安全的前提下应尽量靠近卡盘的卡爪，以提高工件的刚度，从而减小切削时产生的振动。

（2）车槽时，主轴转速应适当低些。用高速钢车刀切断时，转速一般选择在250 r/min左右；用硬质合金车刀车槽时，转速可选得高一些。材料硬、直径大、主切削刃较宽时，车槽的转速可选得低一些；反之，转速可选得略高一些。

（3）车槽时，操作者应该手动、均匀地进给，使车槽刀切入工件，主切削刃不要停留在工件表面不进给。

（4）长时间用硬质合金车槽刀车槽时，由于刀头散热慢，为防止刀头脱焊，一般应加切削液进行冷却；对于高速钢车槽刀，必须加切削液进行冷却。

4. 车槽工件的测量

（1）外圆槽的测量

精度要求低的槽，可用钢直尺测量槽宽度，用外卡钳测量槽直径，如图1—4—7a所示。精度要求高的槽，通常用千分尺测量槽的直径，用样板（塞规）、游标卡尺测量槽宽度，如图1—4—7b所示。

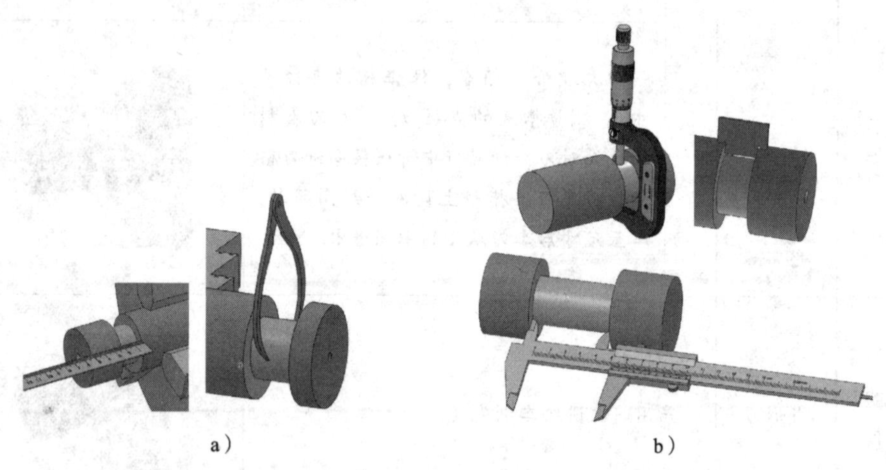

a） b）

图1—4—7 外圆槽的测量

a）测量精度要求低的槽 b）测量精度要求高的槽

（2）平面槽的测量

精度要求低的平面槽，其宽度一般使用卡钳测量，槽内圈直径用外卡钳测量，槽外圈直径用内卡钳测量，槽深则用钢直尺测量，如图1—4—8a所示。精度要求较高的平面槽，其宽度可采用样板、卡板、游标卡尺等检测，槽深可用游标深度尺检测，如图1—4—8b所示。

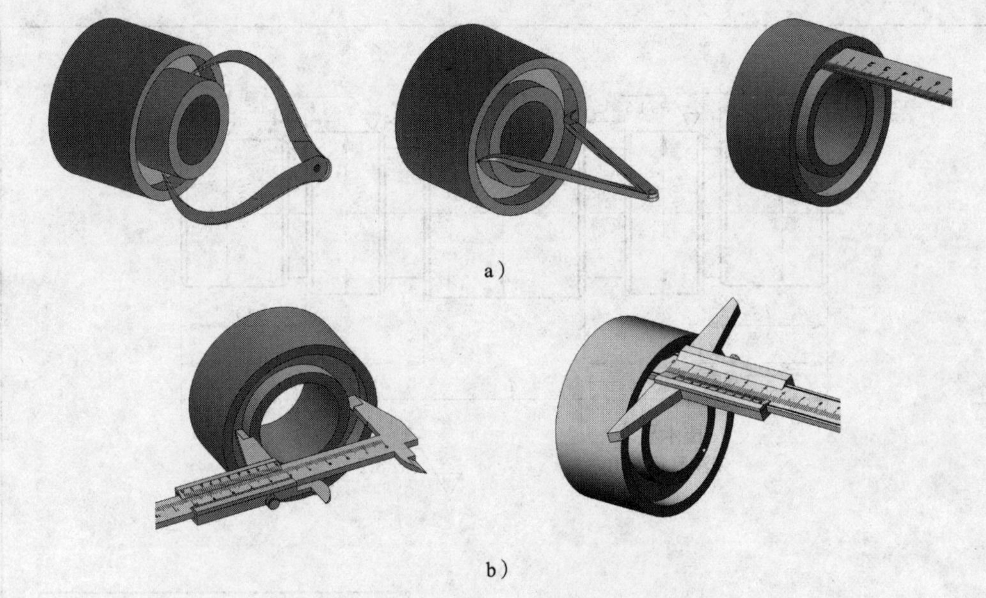

a）

b）

图 1—4—8 平面槽的检测

a）检测精度低的槽 b）检测精度高的槽

二、车削沟槽轴

沟槽轴零件图如图 1—4—9 所示。毛坯为模块一课题三完成的台阶轴。本课题以练习外直沟槽尺寸的控制为主，以复习巩固外圆尺寸、长度尺寸和表面粗糙度的控制练习为辅。该零件形状较简单，结构尺寸变化不大。

1. 工艺分析

（1）加工时每一端的外圆尺寸统一粗、精车，最后统一车槽。

（2）粗车外圆时，增大背吃刀量（每刀至少为 2 ~ 5 mm）和进给量（0. 20 ~ 0. 33 mm/r），选择中等转速（400 r/min 左右）。

（3）精车外圆时，减小背吃刀量（每刀应为 0. 2 ~ 0. 5 mm）和进给量（0. 08 ~ 0. 15 mm/r），选择较高转速（900 r/min 以上）。

（4）车槽时，选择较小的进给量（0. 08 ~ 0. 15 mm/r）及中等转速（400 r/min 左右）。

（5）由于车槽时横向切削力较大，且工件伸出较长，因此加工时应采用一夹一顶的形式装夹。

2. 加工步骤及操作方法

车削沟槽轴的加工步骤及操作方法见表 1—4—3。

3. 注意事项

（1）安装车槽刀时，主切削刃与工件轴线要平行；否则会出现沟槽底一侧直径大、另一侧直径小的现象。

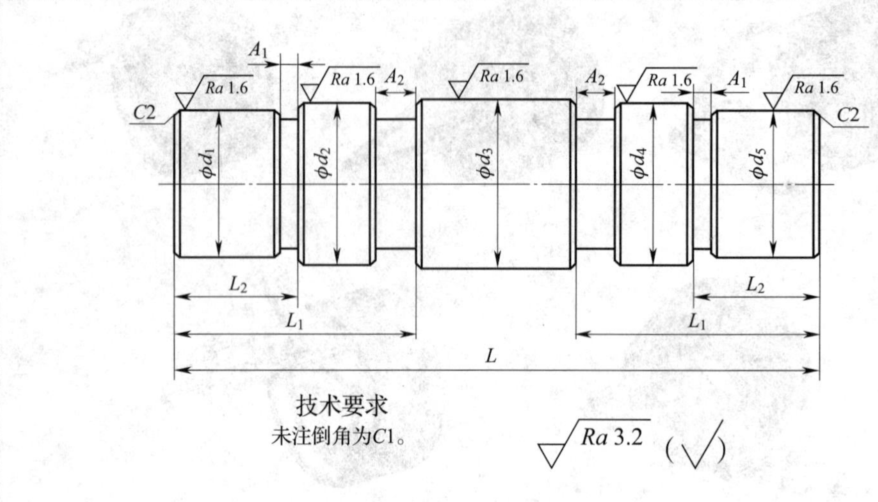

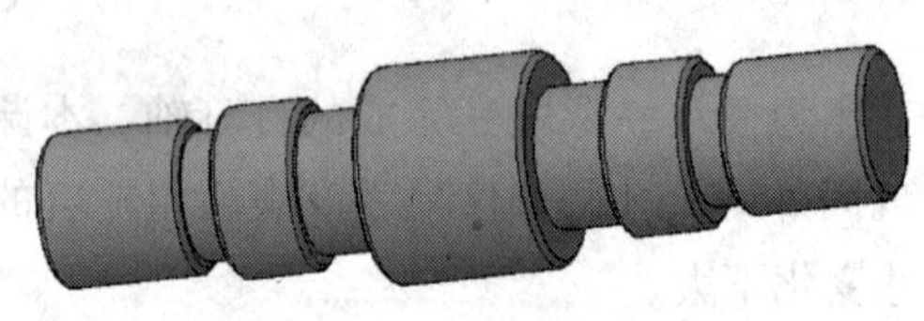

尺寸 \ 次数	一	二
ϕd_1	$34_{-0.03}^{0}$	$25_{-0.03}^{0}$
ϕd_2	$37_{-0.03}^{0}$	$28_{-0.03}^{0}$
ϕd_3	$39_{-0.03}^{0}$	$35_{-0.03}^{0}$
ϕd_4	$36_{-0.03}^{0}$	$28_{-0.03}^{0}$
ϕd_5	$33_{-0.03}^{0}$	$25_{-0.03}^{0}$
L	146 ± 0.1	145 ± 0.1
L_1	$58_{0}^{+0.1}$	$58_{0}^{+0.1}$
L_2	$30_{-0.1}^{0}$	$31_{-0.1}^{0}$
A_1	5×2	6×2
A_2	$10 \times \phi 30_{-0.05}^{0}$	$12 \times \phi 28_{-0.03}^{0}$

制图		年　月　日	材料	40Cr	××厂
校核		年　月　日	比例	1 : 1	沟槽轴
审核		年　月　日	共1张第1张		1—1

图 1—4—9　沟槽轴零件图

表 1—4—3　　车削沟槽轴的加工步骤及操作方法

加工步骤	操作	图示
准备工作	1. 检查零件毛坯尺寸是否合格 2. 将 90°车刀、45°车刀及车槽刀同时装夹于刀架上 3. 检查车床各部位手柄位置是否在空挡，并调整车床中、小滑板镶条间隙及中滑板丝杆与螺母的间隙，防止在车槽时车刀被拉入工件，出现“扎刀”现象	

续表

加工步骤	操作	图示
装夹工件	用三爪自定心卡盘夹住毛坯 ϕd_2 外圆，找正并夹紧	
车端面、修中心孔	将端面车去 0.1～0.3 mm，修中心孔，用顶尖顶住中心孔	
车外圆	粗、精车外圆 ϕd_1、ϕd_2、ϕd_3 至尺寸要求，长度 L_1、L_2 留精车余量 0.3 mm	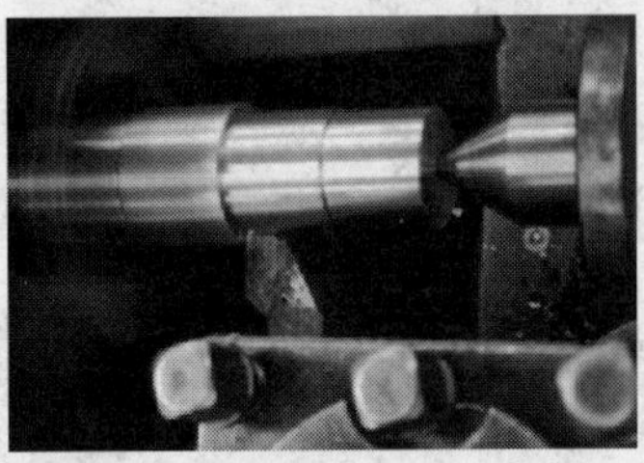
车槽	用车槽刀粗、精加工槽宽 A_1、A_2 及长度 L_1、L_2 至尺寸要求，各处按要求倒角	 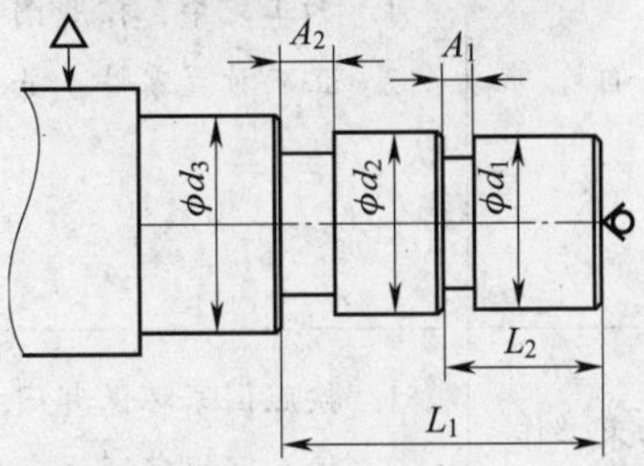

续表

加工步骤	操作	图示
掉头装夹、车端面	检查质量后取下工件，掉头夹住 ϕd_3 外圆，车平端面，取总长	
车外圆	粗、精车外圆 ϕd_4、ϕd_5 至尺寸要求，长度 L_1、L_2 留精车余量 0.3 mm	
车槽	用车槽刀粗、精加工槽宽 A_1、A_2 及长度 L_1、L_2 至尺寸要求，各处按要求倒角	 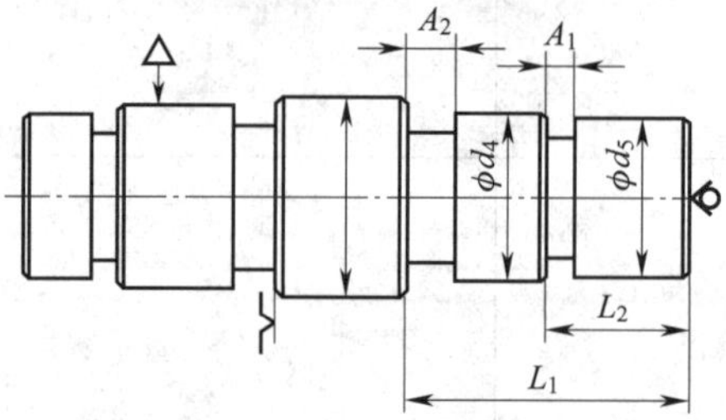
自检	1. 加工完毕，按照图样要求进行自检 2. 正确放置零件，并进行产品交接确认	
结束工作	1. 按照国家环保部门相关规定和车间要求整理现场，正确处置废油液等废弃物 2. 按车间规定填写交接班记录和设备日常保养记录卡	

（2）工件不仅要达到尺寸精度、表面粗糙度要求，还要达到几何精度的要求。

（3）装夹工件时要牢固、可靠，在车削过程中不能产生位移，但要注意不可夹伤工件的已加工表面而破坏工件的表面质量。

（4）不准用手清除切屑，以防割破手指。

（5）加工时应看清图样，按图样要求进行加工。

（6）车槽刀刃口应保持锋利，角度刃磨要正确；否则槽壁与轴线不垂直，内槽狭窄而外口大，呈喇叭形。

三、车削沟槽中常见质量问题分析及处理

车削沟槽中常见质量问题的产生原因及预防措施见表1—4—4。

表1—4—4　　车削沟槽中常见质量问题的产生原因及预防措施

常见质量问题	产生原因	预防措施
沟槽的宽度不正确	车槽刀主切削刃宽度刃磨得过宽或过窄	根据沟槽宽度重新刃磨主切削刃宽度
	测量不正确	正确测量
沟槽的位置不正确	测量和定位不正确	正确定位并仔细测量
沟槽的深度不正确	没有及时测量	车槽过程中应及时测量
	尺寸计算错误	仔细计算尺寸，对留有磨削余量的工件，车槽时必须把磨削余量考虑进去

四、评分标准

车削沟槽轴评分标准见表1—4—5。

表1—4—5　　车削沟槽轴评分标准

考核项目	考核内容及要求	配分	评分标准	检测结果	得分
主要项目	ϕd_1	6	每处超差0.01 mm扣2分		
	ϕd_2	6	每处超差0.01 mm扣2分		
	ϕd_3	6	每处超差0.01 mm扣2分		
	ϕd_4	6	每处超差0.01 mm扣2分		
	ϕd_5	6	每处超差0.01 mm扣2分		

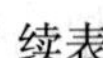
续表

考核项目	考核内容及要求	配分	评分标准	检测结果	得分
主要项目	L_1（2 处）	6	每处超差 0.05 mm 扣 2 分		
	L_2（2 处）	6	每处超差 0.05 mm 扣 2 分		
	A_1（2 处）	8	每处超差 0.05 mm 扣 2 分		
	A_2（2 处）	8	每处超差 0.05 mm 扣 2 分		
	L	4	每处超差 0.05 mm 扣 1 分		
一般项目	Ra1.6 μm、Ra3.2 μm（共 9 处）	9	每处超差扣该项配分		
	倒角（10 处）	10	每处超差扣该项配分		
设备、工具、量具、刃具的使用及维护	常用工具、量具、刃具的合理使用与保养	4	使用不当每次扣 2 分 维护及保养不当每次扣 2 分		
	正确操作车床，及时发现设备故障	4	操作不当每次扣 2 分		
	车床的润滑工作	2	每少一处润滑扣 0.5 分		
	车床的保养工作	2	加工后未按要求保养每次扣 1 分		
安全文明生产	正确执行安全技术操作规程	4	每违反一项规定扣 2 分		
	正确穿戴劳动保护用品	3	工作服（帽）等穿戴不整齐不得分		
工时定额	150 min		超过 10 min，从总分中倒扣 5 分；超过 30 min，考核不及格		
总分		100			

课题五　车　　孔

毛坯上的孔一般是通过铸造、锻造或用钻头钻出的，为了达到图样所要求的几何精度、尺寸精度和表面粗糙度，还需用内孔车刀来车孔。车孔是常用的孔加工方法之一，可作为粗加工，也可作为精加工，加工范围很广。车出的孔表面粗糙度值较低，一般为 $Ra3.2\sim1.6$ μm，精车内孔的表面粗糙度可达 $Ra0.8$ μm；车出的孔尺寸精度较高，车孔精度等级一般可达 IT8 ~ IT7 级，并且能纠正原有孔的直线度误差。

一、常用内孔车刀

内孔车刀可分为通孔车刀和盲孔车刀两种，如图 1—5—1 所示。

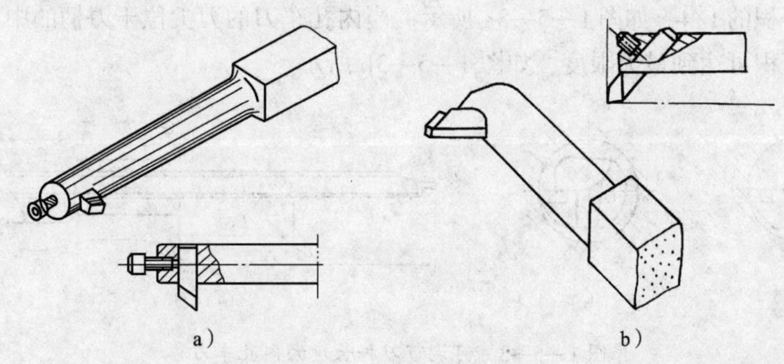

a）　　b）

图 1—5—1　内孔车刀外形图

a）通孔车刀　b）盲孔车刀

1. 通孔车刀

通孔车刀的几何形状基本上与外圆车刀相似，主偏角（κ_r）一般为 60° ~ 75°，副偏角（κ_r'）一般为 15° ~ 30°，如图 1—5—2a 所示。为了防止内孔车刀后面与孔壁摩擦又不使后角磨得太大，一般磨成两个后角，如图 1—5—2a 所示。

2. 盲孔车刀

盲孔车刀是用来车盲孔或台阶孔的，它的主偏角（κ_r）大于 90°（$\kappa_r = 92° \sim 95°$），后角的要求与通孔车刀一样。刀尖在刀柄的最前端，刀尖到刀柄外端的距离 a 小于孔的半径 R，否则无法车平孔的底面，如图 1—5—2b 所示。

二、车内孔的关键技术问题

车内孔的工作条件较差，刀柄刚度低，排屑困难，所以车内孔的关键技术是解决内孔车刀的刚度和排屑问题。

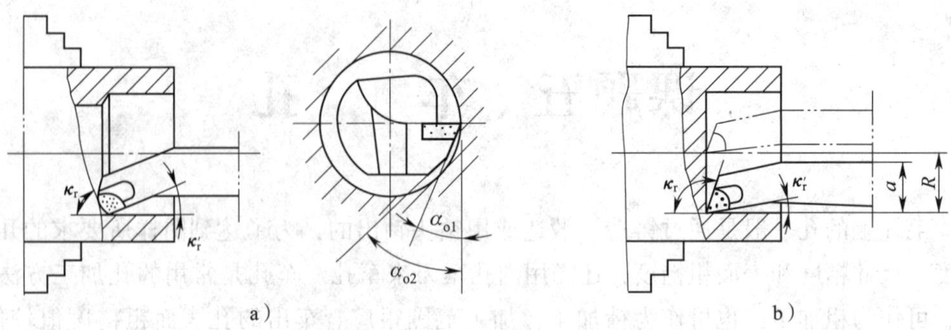

图 1—5—2　内孔车刀的结构

a）通孔车刀及两个后角　b）盲孔车刀

1. 提高内孔车刀刚度的主要措施

（1）尽量增大刀柄的截面积

一般内孔车刀的刀尖位于刀柄的上面，这使车刀存在一个缺点，即刀柄的截面积小于孔截面积的1/4，如图 1—5—3a 所示。当内孔车刀的刀尖位于刀柄的中心线上时，刀柄的截面积可达到最大限度，如图 1—5—3b 所示。

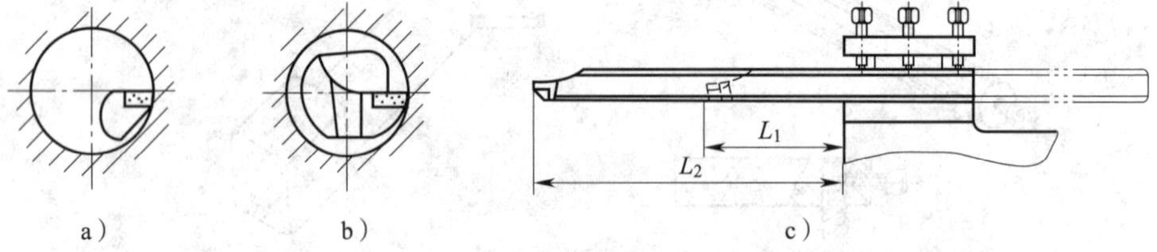

图 1—5—3　可调节刀杆长度的内孔车刀

a）刀尖位于刀柄的上面　b）刀尖位于刀柄的中心线上　c）可调节刀柄伸出长度

（2）尽可能缩短刀柄的伸出长度

刀柄伸出长度应尽可能短，以保证车刀刀柄有足够的刚度，减小切削过程中的振动。刀柄可以制作得很长，使用时可根据不同的孔深调节刀柄的伸出长度（图 1—5—3c），调节时只要刀柄的伸出长度大于孔深即可，这样可使刀柄以最大刚度的状态工作。

2. 解决排屑问题

解决排屑问题，主要是控制切屑流出的方向。精车通孔时，要求切屑流向待加工表面（前排屑），可以采用具有正值刃倾角的通孔车刀，如图 1—5—4 所示。车削盲孔时，应采用具有负值刃倾角的盲孔车刀，使切屑从孔口排出，如图 1—5—5 所示。

三、车削不同形状孔的工艺要点

1. 车直通孔

车直通孔时的切削用量要比车外圆时适当减小些，特别是车小孔或深孔时，其切削用量应更小。车通孔时，先粗车，保留精车余量 0.5 mm，再精车。

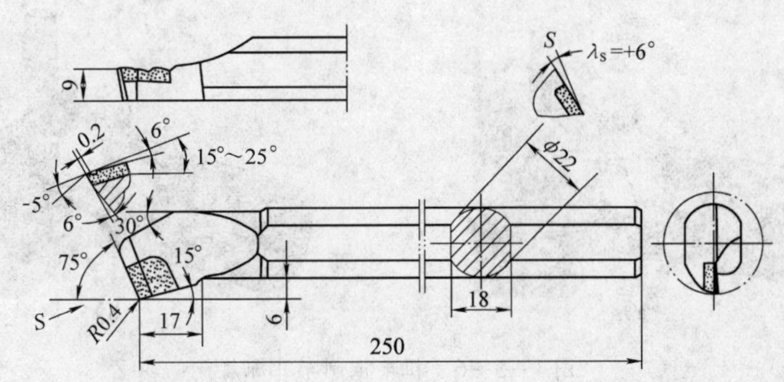

图 1—5—4 前排屑通孔车刀

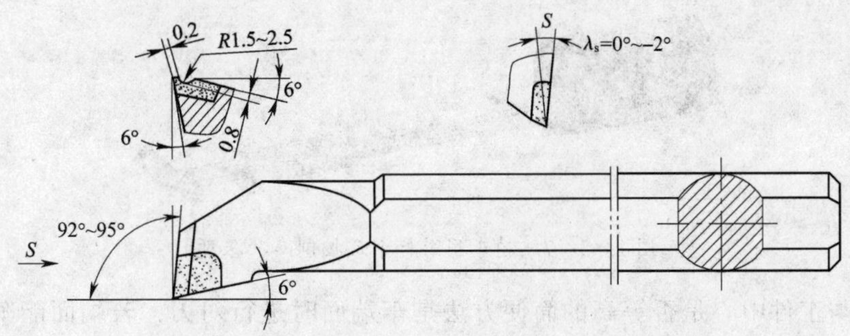

图 1—5—5 后排屑盲孔车刀

2. 车台阶孔

（1）车直径较小的台阶孔

由于观察困难而且尺寸精度不宜掌握，因此常先粗、精车小孔，再粗、精车大孔。

（2）车直径大的台阶孔

在便于测量小孔尺寸而视线又不受影响的情况下，一般先粗车大孔和小孔，再精车小孔和大孔。

（3）车削孔径尺寸相差较大的台阶孔

先粗车，采用主偏角 $\kappa_r=85°\sim88°$的车刀；然后，再用盲孔车刀精车。直接用盲孔车刀车削时背吃刀量不可太大，否则易损坏切削刃。其原因包括：一是刀尖处于切削刃的最前端，车削时刀尖先切入工件，其承受的切削力最大，加上刀尖本身强度低，所以容易碎裂；二是由于刀柄伸出过长，在轴向抗力的作用下，背吃刀量大容易产生振动和扎刀现象。

（4）控制车孔深度的方法

粗车时，在刀柄上刻线痕做记号（图 1—5—6a），或装夹车刀时安放限位铜片（图 1—5—6b），以及用床鞍刻度盘来控制车孔深度等。精车时，需用小滑板刻度盘或游标卡尺（图 1—5—7）等来控制车孔深度。

3. 车盲孔（平底孔）

车盲孔时，内孔车刀的刀尖必须与工件的旋转中心等高，否则不能将孔底车平。

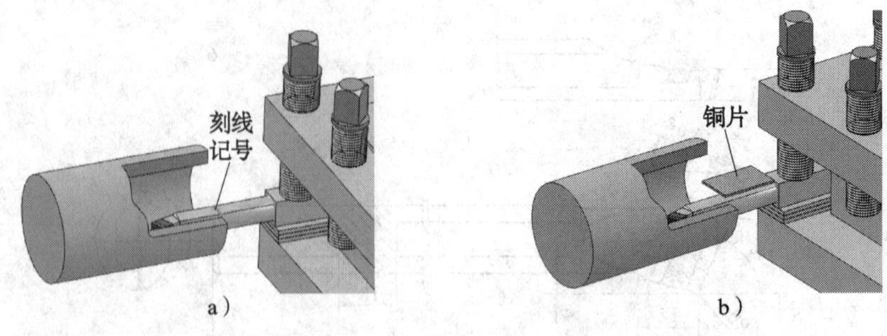

图 1—5—6　粗车控制车孔深度

a）刀柄刻线痕法　b）安放限位铜片

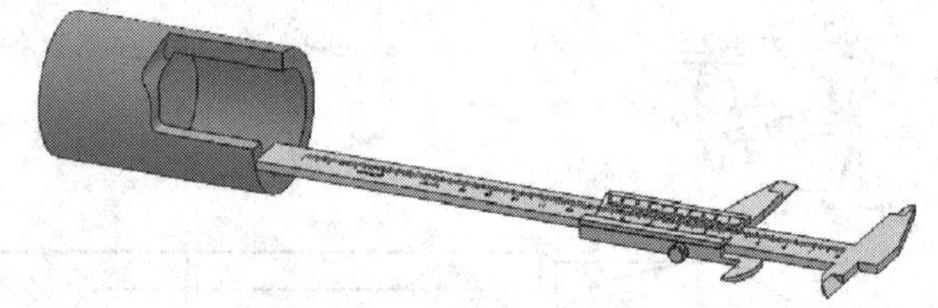

图 1—5—7　精车用游标卡尺控制车孔深度

检验刀尖与工件中心是否等高的简便方法是车端面时进行对刀，若端面能车至中心，则盲孔底面也能车平。同时，还必须保证盲孔车刀的刀尖至刀柄外侧的距离应小于内孔半径 R；否则，车削时刀尖还未车至工件中心，刀柄外侧就已与孔壁相碰。

在使用硬质合金车刀车孔时一般不需要加切削液。车铝合金孔时，不加切削液。因为水与铝容易起化学反应，会使加工表面产生小针孔。在精加工铝合金时，一般使用煤油冷却较好。

车孔时，由于工作条件不利，加上刀柄刚度低，容易产生振动，因此它的切削用量应比车外圆时低些。

四、孔的测量工具

1. 塞规

在成批生产中，常用塞规测量孔径。塞规由通端、止端和手柄组成，如图 1—5—8 所示。塞规是一种专用测量器具，它不能读出被测零件的实际尺寸数值，但是能判断被测零件的尺寸是否合格。塞规的通端尺寸等于孔的下极限尺寸，止端尺寸等于孔的上极限尺寸。测量时，若通端通过而止端不能通过，则说明孔的尺寸合格。

2. 内径千分尺和内测千分尺

（1）内径千分尺

内径千分尺由测微头和各种规格尺寸的接长杆组成，如图 1—5—9 所示。每根接长杆上都注有公称尺寸和编号，可按需要选用。内径千分尺的测量范围为 50 ~ 125 mm、125 ~ 200 mm、200 ~ 325 mm、325 ~ 500 mm、500 ~ 800 mm…4 000 ~ 5 000 mm，其分度值为 0. 01 mm。

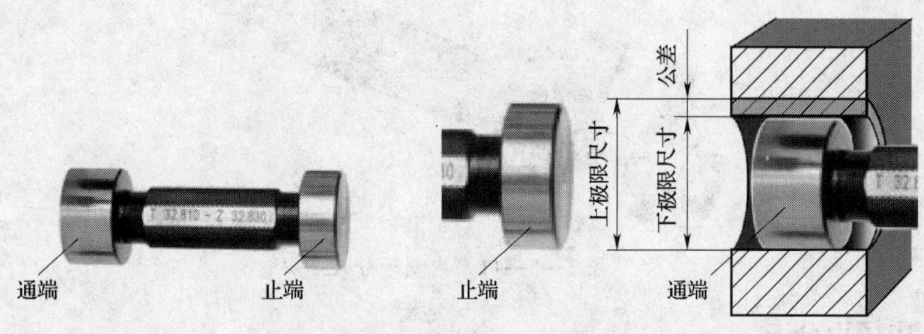

图 1—5—8 塞规

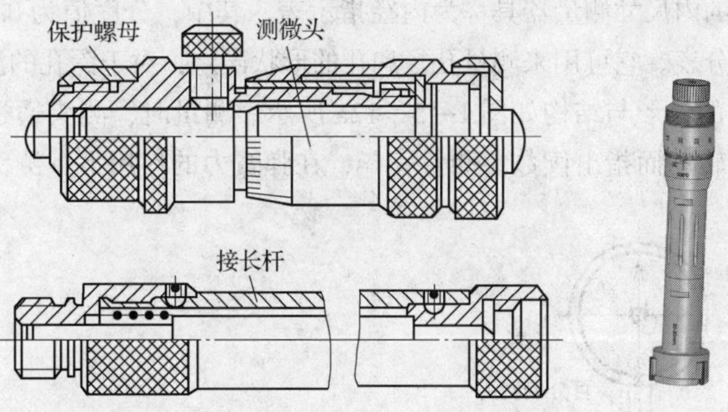

图 1—5—9 内径千分尺的结构

内径千分尺的读数方法与外径千分尺相同，但由于无测力装置，因此测量误差较大。用内径千分尺测量孔径时，必须使其轴线位于孔的径向，且垂直于孔的轴线，如图 1—5—10 所示。

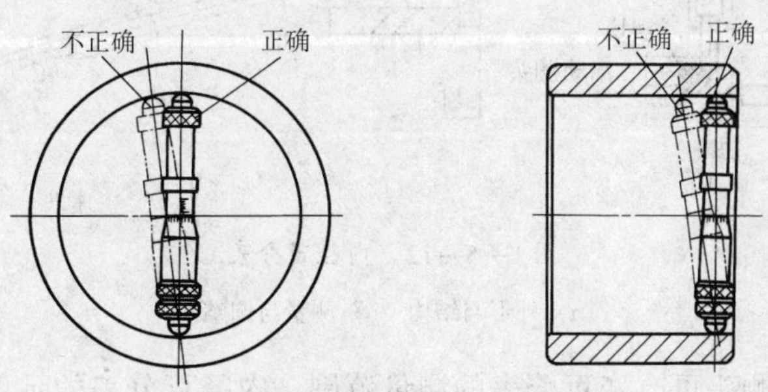

图 1—5—10 内径千分尺的测量方法

（2）内测千分尺

内测千分尺（图 1—5—11）是内径千分尺的一种特殊形式，其刻线方向与外径千分尺相反。当顺时针旋转微分筒时，活动爪向右移动，测量值增大。内测千分尺的测量范围为 5 ~ 30 mm 和 25 ~ 50 mm，其分度值为 0. 01 mm。

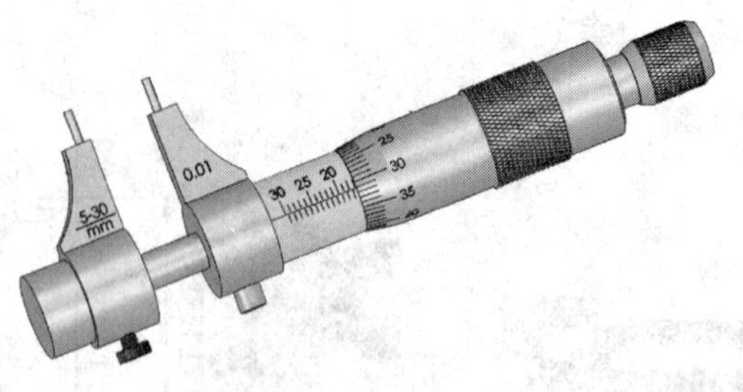

图 1—5—11　内测千分尺

3. 内径百分表

利用机械传动系统，将活动测头的直线位移转变为指针在圆度盘上的角位移，并由圆度盘进行读数的内尺寸测量器具称为内径指示表。其中，分度值为 0.01 mm 的内径指示表称为内径百分表。它可用来测量孔径和孔的形状误差，对于深孔的测量极为方便。

内径百分表的外形与结构如图 1—5—12a 所示。测量时，测头通过摆块使杆上移，推动百分表指针转动而指出读数。测量完毕，在弹簧力的作用下，测头自动回位。

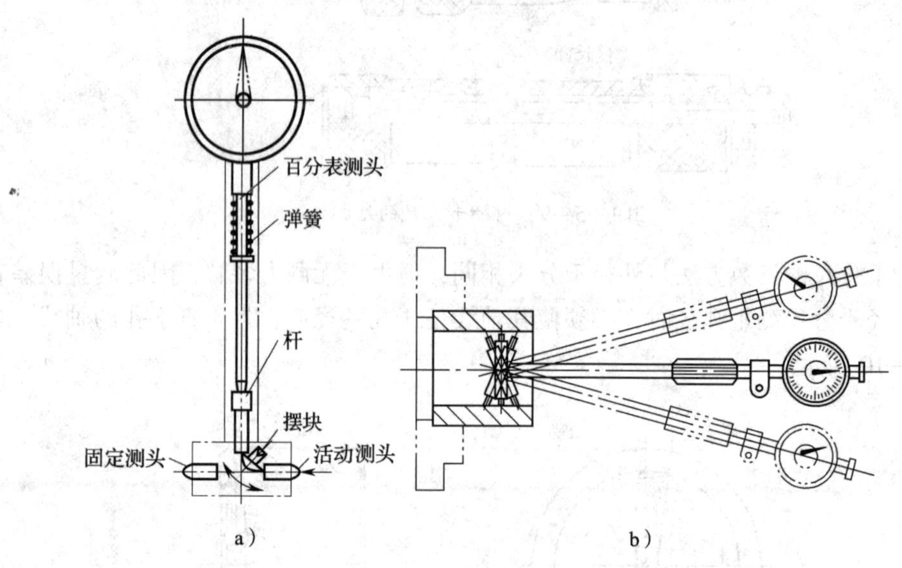

图 1—5—12　内径百分表
a）外形与结构　b）测量与调整

通过更换固定测头可改变百分表的测量范围。内径百分表的示值误差较大，一般为 ±0.015 mm。因此，在每次测量前都必须用外径千分尺进行校对。

（1）安装测头时，要检查测头的测量面是否磨损。如果测量面有棱，就说明测量面已不是圆弧面，这样的测头不能用。

（2）对好零位的内径百分表，不要松动其弹簧卡头，以防零位变化。

（3）在测量时，将内径百分表的测头放入被测孔，一只手拿住绝热套，另一只手托住表杆下部靠近本体的地方。测杆应与环规及被测孔径垂直，即在径向找最大值，在轴向找最小值。使用具有定位护桥的内径百分表测内孔时，应在孔的轴线方向来回摆动，如图 1—5—12b 所示。

技能训练

一、基本技能

1. 装夹内孔车刀

（1）内孔车刀的刀尖应与工件中心等高或比其稍高。若刀尖低于工件中心，则切削时在切削抗力的作用下容易将刀柄压低而产生扎刀现象，并可造成孔径扩大。

（2）刀柄伸出刀架不宜过长，一般比被加工孔长 5 ~ 6 mm，如图 1—5—13 所示，$L_2 = L_1 +$（5 ~ 6）mm。

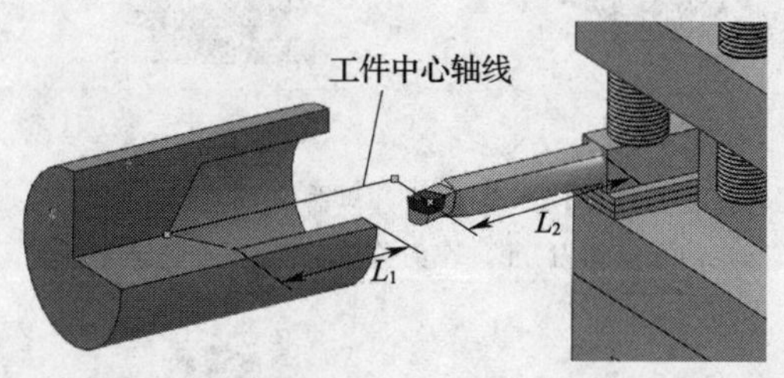

图 1—5—13 内孔车刀的装夹

（3）车刀刀柄应基本平行于工件轴线，否则在车削到一定深度时刀柄后半部容易碰到工件孔口。

应该注意的是，内孔车刀装夹后，在车孔前应先在孔内试走一遍，检查有无碰撞现象，以确保安全。

2. 车直通孔的方法

（1）粗车

开动车床，摇动床鞍、中滑板手柄，使车刀刀尖轻轻碰到工件内孔壁（图 1—5—14a）；然后，摇动床鞍手柄，使车刀往右移离开工件（中滑板静止不动，图 1—5—14b）；再将中滑板按要求横向进给 a_{p1}，采用自动进给或双手均匀摇动床鞍的方法对工件内孔进行车削（图 1—5—14c）。重复操作，直至孔径保留精车余量 0.5 mm。

值得注意的是，直通孔的车削与外圆车削的进刀、退刀方向相反，切削用量的选择比外圆加工要小。

（2）精车

中滑板进给小于 0.5 mm，车削长度大于 5 mm 后，车刀快速纵向退出，如图 1—5—15a 所示。停车，用内径百分表测量孔径，如图 1—5—15b 所示。如果尺寸未达精度要求，则计算好进刀格数，横向微调进给，再试切削、测量，直至符合孔径要求为止。最后，纵向车削至孔全长，如图 1—5—15c 所示。

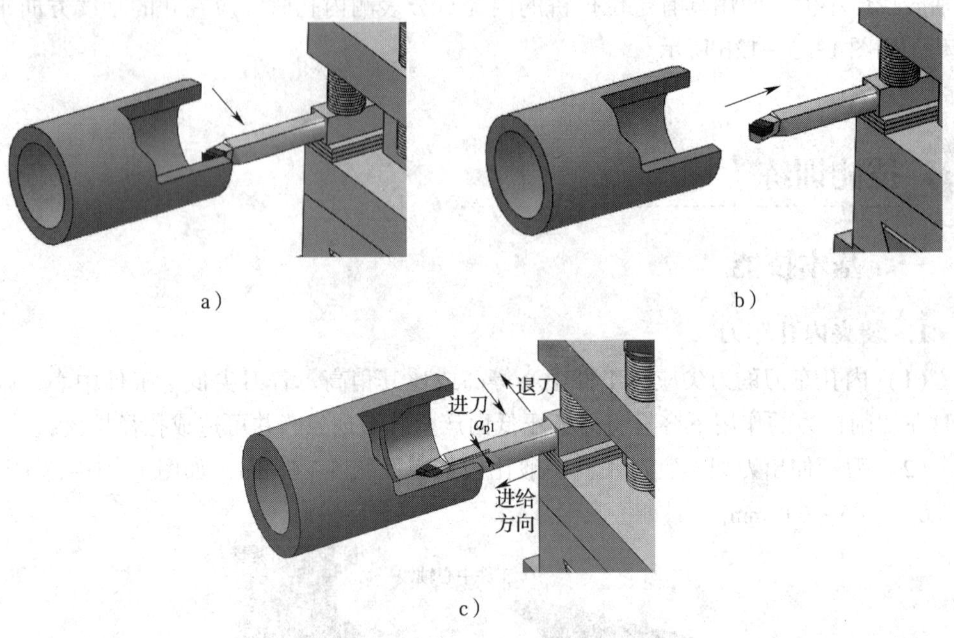

图 1—5—14　粗车直通孔

a）内孔壁对刀　b）车刀移离工件　c）进给并车削

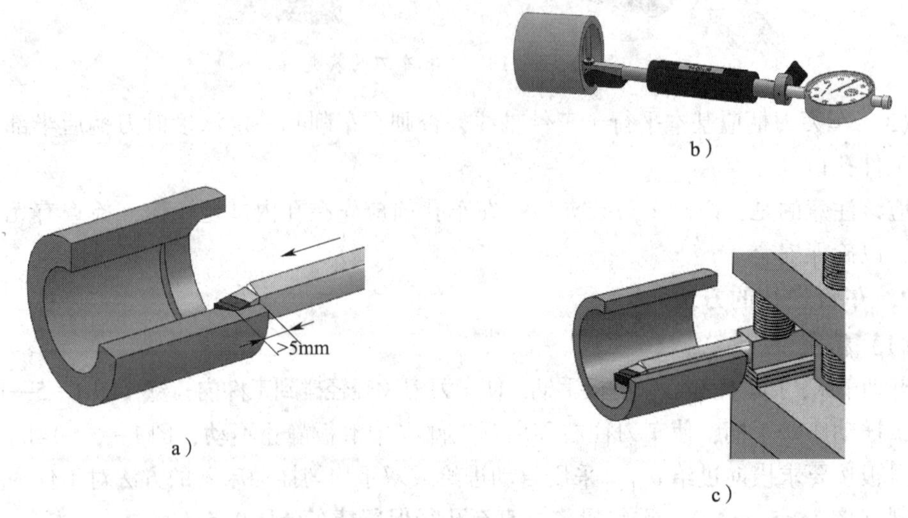

图 1—5—15　精车直通孔

a）车削长度大于 5 mm　b）用内径百分表测量孔径　c）纵向车削至孔全长

二、车削通孔

内孔轴零件如图 1—5—16 所示。毛坯为 $\phi42$ mm × 27 mm 圆棒料；已钻内孔的直径为 18 mm；材料为 40Cr 钢。本课题以控制内孔尺寸的练习为主，以复习巩固长度尺寸和表面粗糙度的控制练习为辅。该零件形状较简单，结构尺寸变化不大。

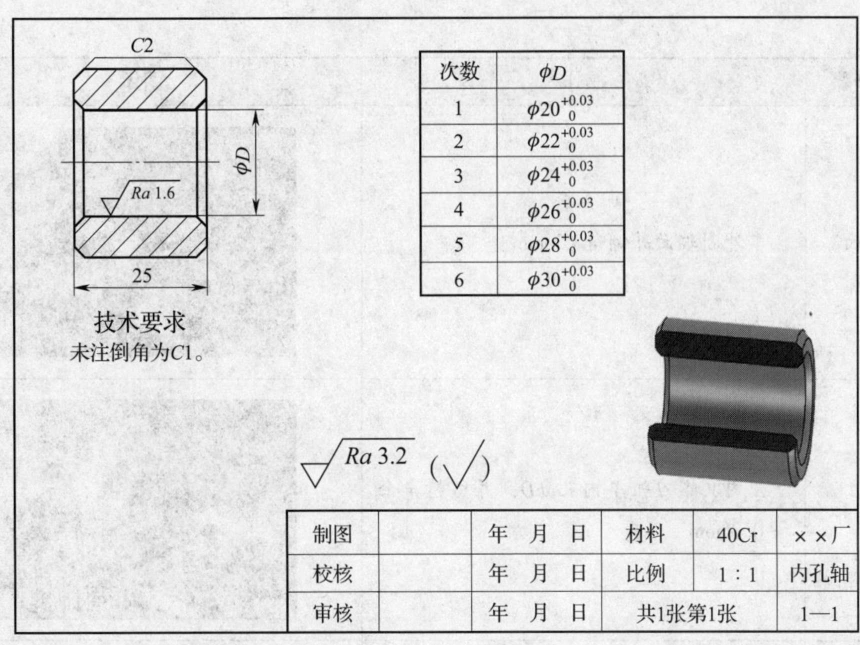

图 1—5—16　内孔轴零件图

1. 工艺分析

（1）外圆不需要加工，只加工总长和内孔尺寸。

（2）粗车内孔时，由于毛坯孔径为 18 mm，留 0.5 mm 左右的精车余量即可，背吃刀量选 1 ~ 1.5 mm，进给量为 0.1 ~ 0.15 mm/r，切削速度选择中等转速（400 r/min 左右）。

（3）精车内孔时，根据粗加工留下的余量确定背吃刀量（0.2 ~ 0.5 mm）和进给量（0.05 ~ 0.1 mm/r），转速可选择略高些（700 ~ 900 r/min）。

2. 加工步骤及操作方法

车削直通孔的加工步骤及操作方法见表 1—5—1。

表 1—5—1　　车削直通孔的加工步骤及操作方法

加工步骤	操作	图示
准备工作	1. 检查零件坯料尺寸是否合格（内孔已钻好，总长留 2 mm 余量） 2. 检查车床各部位手柄位置，并调整车床滑板间隙 3. 将内孔车刀、45°车刀同时装夹于刀架上	
装夹工件	用三爪自定心卡盘夹住工件毛坯外圆，找正并夹紧	

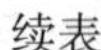
续表

加工步骤	操作	图示
车端面	车外圆端面并倒角 $C2$ mm	
粗车内孔	用内孔车刀粗车内孔 ϕD，并留精车余量 0.3 mm	
精车内孔	精车内孔 ϕD 至尺寸要求，并对孔口倒角 $C1$ mm	
掉头装夹、车削端面	掉头装夹工件，车外圆端面，控制总长，并对孔口倒角 $C1$ mm	
自检	1. 加工完毕，按照图样要求进行自检 2. 正确放置零件，并进行产品交接确认	
结束工作	1. 按照国家环保部门相关规定和车间要求整理现场，正确处置废油液等废弃物 2. 按车间规定填写交接班记录和设备日常保养记录卡	

3. 注意事项

（1）注意中滑板进刀、退刀方向与车外圆相反。

（2）精车内孔时应保持切削刃锋利，不然会产生让刀现象而把孔车成锥形。

（3）车小孔时应注意排屑问题。

（4）车内孔时应防止产生喇叭口和出现试刀痕迹。

（5）用内径百分表测量时，应检查整个测量装置是否正常；测量时不能超过其测量范围，并注意百分表的读数方法。

（6）如果用塞规测量孔径，应保持孔壁清洁，塞规放入孔中不能倾斜。当工件温度较高时不能立即测量，以免造成测量不准确或塞规被卡在孔中。

三、车孔中常见质量问题分析及处理

车孔中常见质量问题的产生原因及预防措施见表1—5—2。

表1—5—2　车孔中常见质量问题的产生原因及预防措施

常见质量问题	产生原因	预防措施
孔的尺寸大	车孔时没有仔细测量	仔细测量及进行试车削
孔的圆柱度超差	车孔时刀柄过细，切削刃不锋利，产生让刀现象，使孔径外大内小	提高刀柄刚度，保证车刀锋利
	车孔时，主轴中心线与导轨不平行	调整主轴中心线与导轨的平行度
孔的表面粗糙度值大	车孔与车轴类工件的表面粗糙度达不到要求的原因相同，具体见表1—3—2，其中内孔车刀磨损和刀柄产生振动尤其突出	具体见表1—3—2，关键要保持内孔车刀锋利及采用刚度较高的刀柄

四、评分标准

车削内孔轴评分标准见表1—5—3。

表1—5—3　车削内孔轴评分标准

考核项目	考核内容及要求	配分	评分标准	检测结果	得分
主要项目	ϕD	40	每处超差0.01 mm扣10分		
	长度25 mm	10	超差0.05 mm扣5分		
一般项目	Ra1.6 μm	5	每处超差扣该项配分		
	Ra3.2 μm（2处）	5	每处超差扣该项配分		
	倒角C2 mm（2处）	10	每处超差扣该项配分		
	倒角C1 mm（2处）	10	每处超差扣该项配分		

续表

考核项目	考核内容及要求	配分	评分标准	检测结果	得分
设备、工具、量具、刃具的使用及维护	常用工具、量具、刃具的合理使用与保养	4	使用不当每次扣2分 维护及保养不当每次扣2分		
	正确操作车床，及时发现设备故障	4	操作不当每次扣2分		
	车床的润滑工作	3	每少一处润滑扣0.5分		
	车床的保养工作	2	加工后未按要求保养每次扣1分		
安全文明生产	正确执行安全技术操作规程	4	每违反一项规定扣2分		
	正确穿戴劳动保护用品	3	工作服（帽）等穿戴不整齐不得分		
工时定额	150 min		超过10 min，从总分中倒扣5分；超过30 min，考核不及格		
总分		100			

课题六　车削模具导套

套类工件是模具零件中精度要求较高的工件之一。套类工件的主要加工表面是内孔、外圆和端面。这些表面不仅有尺寸精度和表面粗糙度的要求，而且彼此间还有较高的几何精度要求，因此应选择合理的装夹方法。

一、尽可能在一次装夹中完成车削

车削套类工件时，如果属于单件、小批量生产，就应尽可能在一次装夹中把工件全部或大部分表面车削完毕。这种方法不存在因多次装夹而产生的定位误差，如果车床精度较高，还可获得较高的几何精度。但是，采用在一次装夹中完成车削的方法时，需要经常转换刀架。车削如图1—6—1所示的工件，需要轮流使用90°车刀、45°车刀、麻花钻、铰刀、切断刀等刀具。如果刀架定位精度较低，则尺寸较难掌握，切削用量也要时常改变。

二、以外圆为基准保证位置精度

在加工外圆直径很大、内孔直径较小、定位长度较短的工件时，多以外圆为基准来保证工件的位置精度。此时，一般应用软卡爪装夹工件。软卡爪使用未经淬火的45钢在车床上车削成形，因而可确保工件的装夹精度。用软卡爪装夹已加工表面或软金属时，不易夹伤工件表面。另外，还可根据工件的特殊形状相应地加工软卡爪，以装夹工件。因此，软卡爪在企业中已得到越来越广泛的使用。软卡爪的形状及制作如图1—6—2所示，车削夹紧工件的软卡爪的内限位台阶时，定位圆柱应放在卡爪的里面，用卡爪底部夹紧。

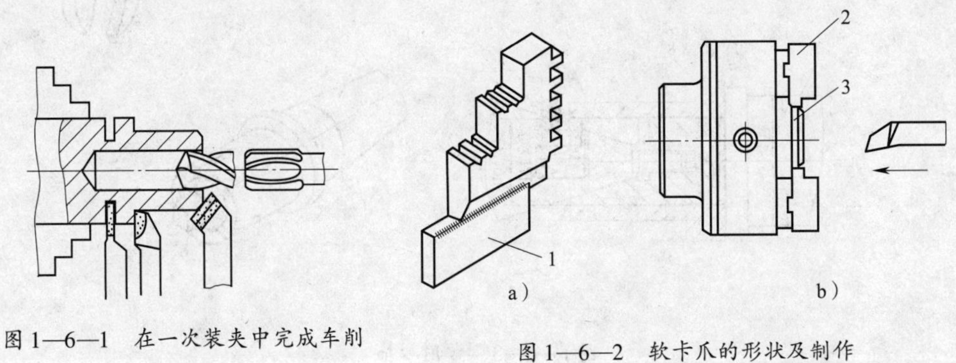

图1—6—1 在一次装夹中完成车削

图1—6—2 软卡爪的形状及制作

a）焊接式软卡爪 b）车削软卡爪的内限位台阶

1、2—软卡爪 3—定位圆柱

三、以内孔为基准保证位置精度

车削中、小型套类工件（轴套、带轮、齿轮等）时，一般可用已加工好的内孔为定位基准，并根据内孔配置一根合适的心轴，再将套装工件的心轴支顶在车床上，精加工套类工件的外圆、端面等。常用的心轴有实体心轴、胀力心轴等。

1. 实体心轴

实体心轴分为不带台阶和带台阶两种。不带台阶的实体心轴又称小锥度心轴（图1—6—3a），其锥度 $C=1:5\,000\sim1:1\,000$。小锥度心轴的特点是制造容易，定心精度高；但是轴向无法定位，承受切削力小，工件装卸时不太方便。带台阶的心轴如图1—6—3b所示，其配合圆柱面与工件孔保持较小的配合间隙，工件靠螺母压紧，常用来一次装夹多个工件。如果装上快换垫圈，装卸工件就更加方便。

2. 胀力心轴

胀力心轴依靠材料弹性变形所产生的胀力来胀紧工件，如图1—6—3c所示为装夹在机床主轴锥孔中的胀力心轴，胀力心轴的圆锥角最好为30°左右，最薄部分的壁厚可为3～6 mm。为了使胀力均匀，槽可三等分。使用时先把工件套在胀力心轴上，拧紧锥堵的方榫，使胀力心轴胀紧工件。长期使用的胀力心轴可用65Mn弹簧钢制成。胀力心轴装卸方便，定心精度高，故应用广泛。

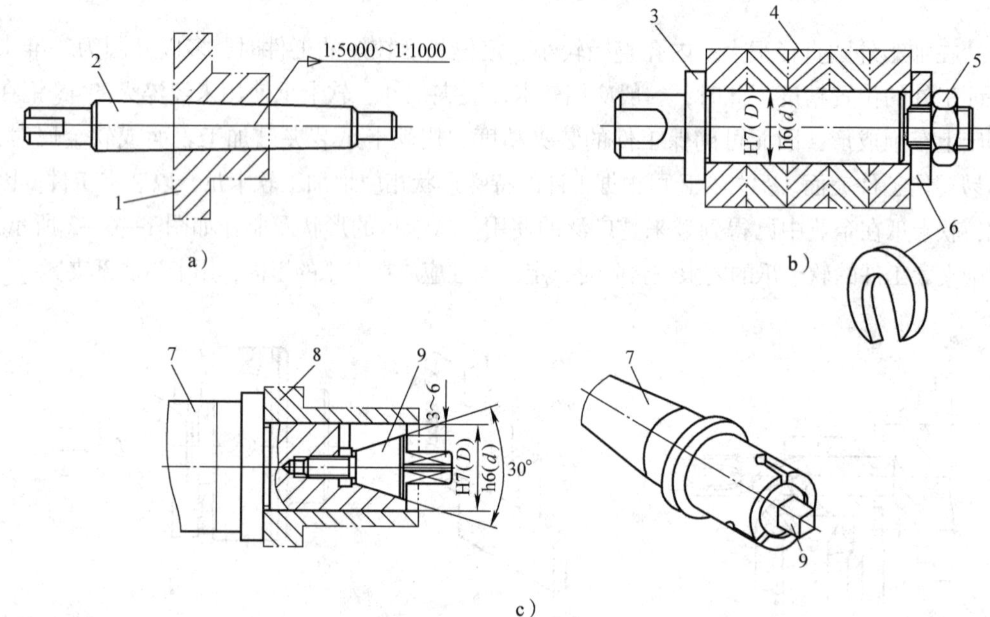

图 1—6—3　常用心轴

a）小锥度心轴　b）台阶心轴　c）胀力心轴

1、4、8—工件　2—小锥度心轴　3—台阶心轴　5—螺母　6—开口垫圈　7—胀力心轴　9—锥堵

四、套类零件的工艺分析

1. 套类零件的主要技术要求

（1）尺寸精度：内、外回转表面的尺寸应达到要求。

（2）形状精度：外圆与内孔表面的圆度、圆柱度等应达到要求。

（3）位置精度：各表面之间的相互位置精度应达到要求，如径向跳动、端面跳动、垂直度、同轴度等。

（4）表面粗糙度：套类零件的各表面应达到设计要求的表面粗糙度。

2. 套类零件加工的特点

套类零件的主要表面是内孔表面。车削内孔要比车削外圆困难得多，原因如下：

（1）内孔加工是在工件内部进行的，不易观察切削情况，尤其是当孔很小时，根本看不见内部的情况。

（2）刀柄刚度低。内孔车刀的刀柄由于受孔径的限制，不能做得太粗，又不能太短，特别是直径小而长的孔，刀柄刚度低的情况更突出。

（3）排屑和冷却困难。

（4）当工件壁较薄时，容易因夹紧力和切削力使工件产生变形。

（5）圆柱孔的测量比外圆柱面的测量困难得多。

技能训练

导套零件图如图 1—6—4 所示。毛坯为圆棒料（外圆及端面已经过初步车削），尺寸为 ϕ42 mm×100 mm，材料为40Cr 钢。本课题为综合技能训练，涵盖了外圆、端面、孔、沟槽的车削及切断。

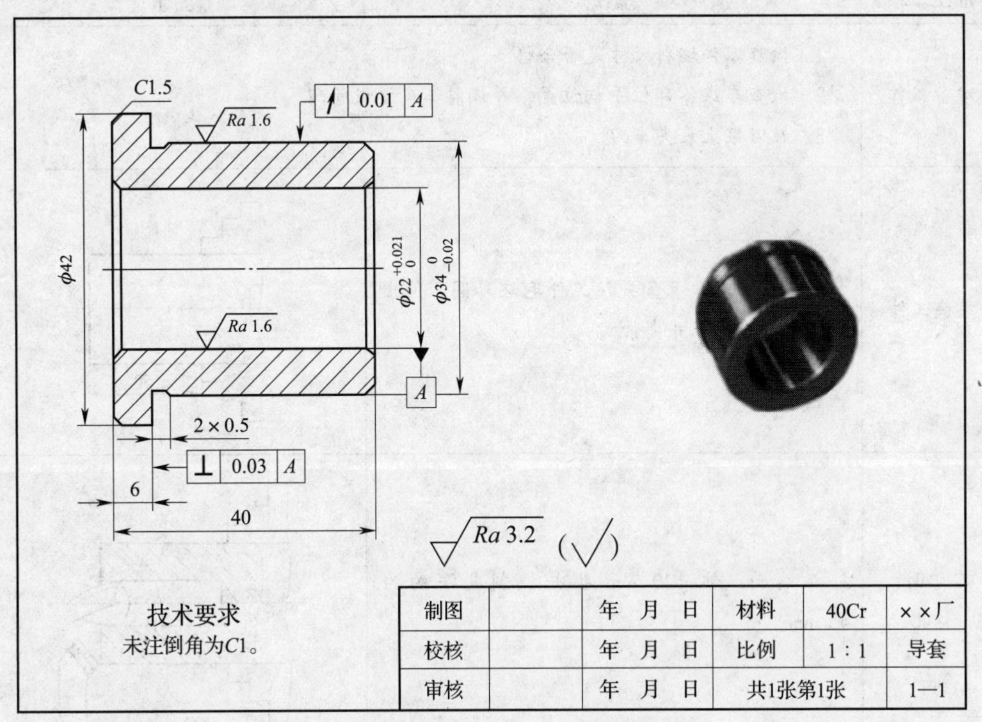

制图		年　月　日	材料	40Cr	××厂
校核		年　月　日	比例	1∶1	导套
审核		年　月　日	共1张第1张		1—1

图 1—6—4　导套零件图

一、工艺分析

1. 本课题以车削典型套类零件的练习为主，在进一步巩固外圆、长度尺寸和表面粗糙度的控制技能的同时，还要考虑保证几何精度，所以在装夹方式上必须仔细分析后再确定。

2. 在车削短而小的套类工件时，为了保证内孔、外圆的同轴度，最好在一次装夹中把内孔、外圆及端面都加工完毕，根据图样可选用一次装夹来车削该导套，即可保证几何精度。

3. 车削精度要求较高的孔可考虑以下两种方案：

（1）粗车端面→钻孔→粗车孔→半精车孔→精车端面→铰孔。

（2）粗车端面→钻孔→粗车孔→半精车孔→精车端面→磨孔。

如果工件以内孔定位车外圆，那么在内孔精车后对端面也应进行一次精车，以保证端面与内孔的垂直度要求。

二、加工步骤及操作方法

车削导套的加工步骤及操作方法见表 1—6—1。

表 1—6—1　　车削导套的加工步骤及操作方法

加工步骤	操作	图示
准备工作	1. 检查零件坯料尺寸是否合格 2. 检查车床各部位手柄位置，并调整车床滑板间隙 3. 在刀架上装夹车刀	
装夹工件	用三爪自定心卡盘夹住工件毛坯外圆，伸出约 50 mm，找正并夹紧	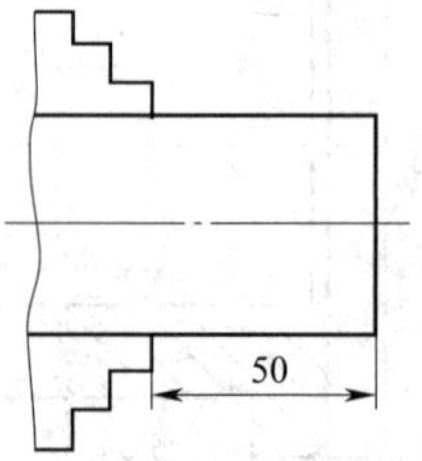 50
车端面、钻孔	车端面，钻 $\phi20$ mm 孔并控制孔深约为 45 mm	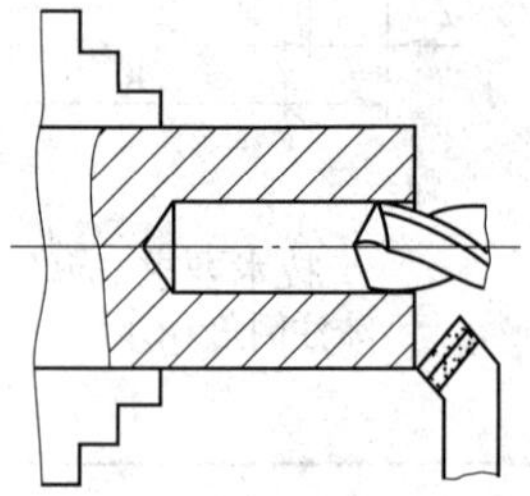
粗车外圆	粗车 $\phi42$ mm、$\phi34_{-0.02}^{0}$ mm 外圆，外圆留精车余量 0.5 mm，长度留精车余量 0.5 mm	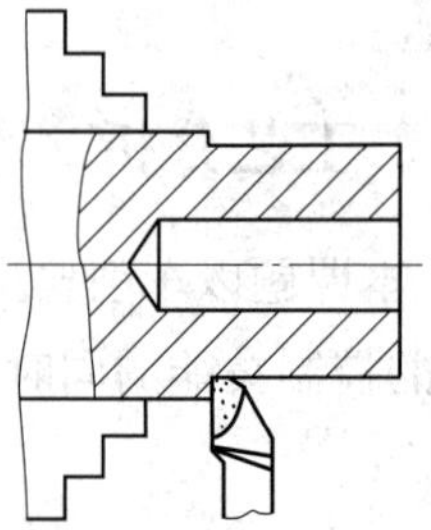
粗车内孔	粗车内孔 $\phi22_{0}^{+0.021}$ mm，留铰削余量 0.3 mm	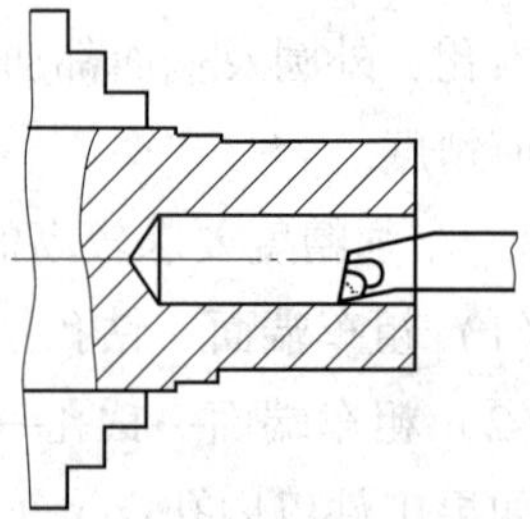

续表

加工步骤	操作	图示
铰孔	铰孔至尺寸要求	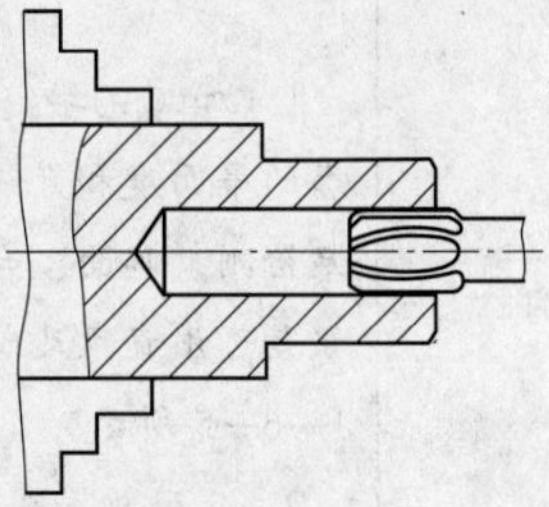
精车外圆、长度	精车 $\phi42$ mm、$\phi34^{\ 0}_{-0.02}$ mm 外圆及长度尺寸至要求，并倒角至要求	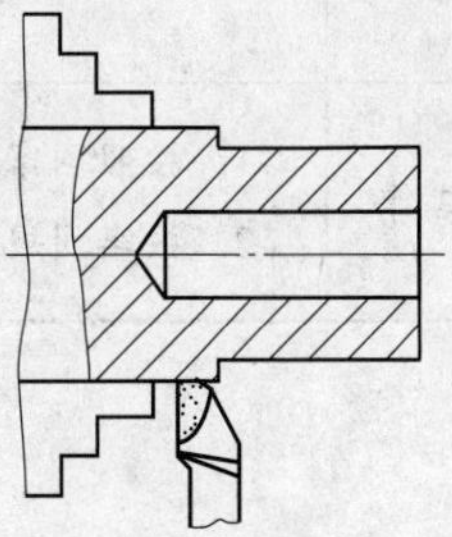
车沟槽	粗、精车外沟槽 2 mm×0.5 mm 至要求，并倒角至要求	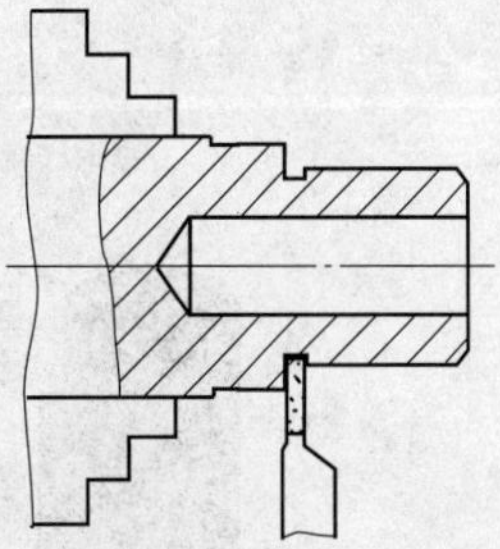
切断	在长度方向上留 0.5 mm 左右余量，用切断刀切断	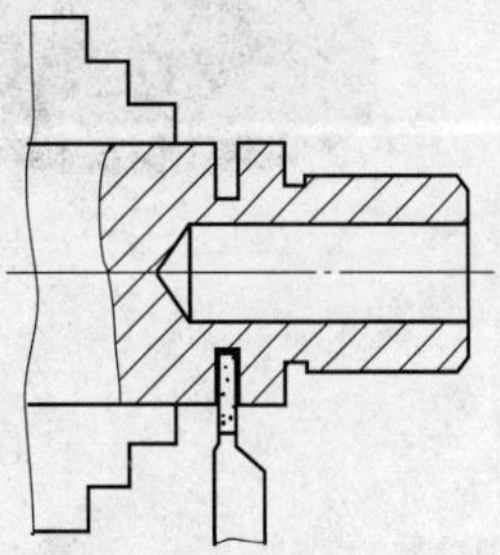
车端面	掉头装夹，车另一侧端面，取总长，并倒角至要求	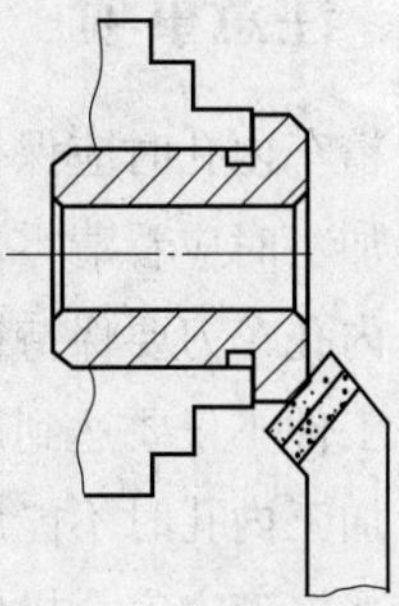

续表

加工步骤	操作	图示
自检	1. 加工完毕，按照图样要求进行自检（导套的平面度和直线度误差可用刀口形直尺和塞尺检测。端面、台阶平面对工件轴线的垂直度误差可用直角尺或标准套和百分表检测，如图1—6—5所示） 2. 正确放置零件，并进行产品交接确认	
结束工作	1. 按照国家环保部门相关规定和车间要求整理现场，正确处置废油液等废弃物 2. 按车间规定填写交接班记录和设备日常保养记录卡	

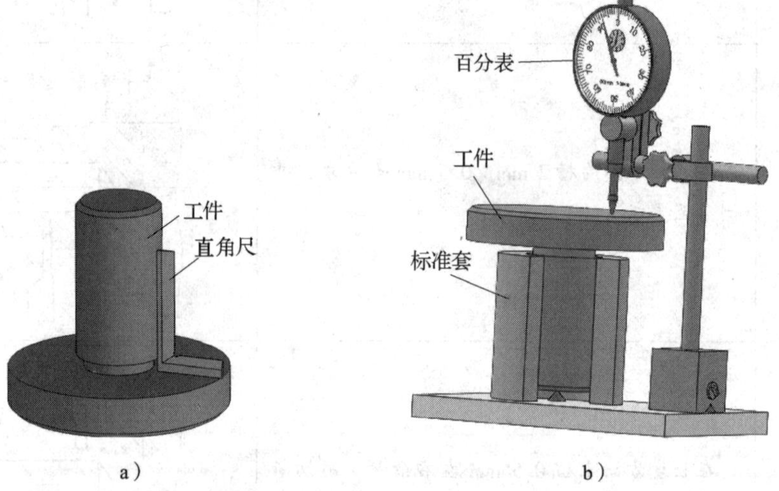

图1—6—5　检测台阶的垂直度

a）用直角尺检测　b）用标准套和百分表检测

三、注意事项

1. 精车内孔时应保持切削刃锋利，不然会产生让刀现象而把孔车成锥形。
2. 加工时应看清零件图样，按图样要求进行加工。
3. 内孔车刀要保持锋利并采用刚度较高的刀柄，以便获得较好的表面质量。
4. 工件不仅要达到尺寸精度、表面粗糙度要求，还要达到几何精度的要求。
5. 加工内孔时不能用手指触摸内孔表面。
6. 严格遵守安全操作规程，不准用手清除切屑，以防划破手指。

四、车削套类零件中常见质量问题及处理

车削套类零件中常见质量问题的产生原因及预防措施见表1—6—2。

表1—6—2　　车削套类零件中常见质量问题的产生原因及预防措施

常见质量问题	产生原因	预防措施
孔的尺寸大	车孔时没有仔细测量	仔细测量和进行试车削
	铰孔时主轴转速太高，铰刀温度上升，切削液供应不足	降低主轴转速，加注充足的切削液
	铰孔时铰刀尺寸大于要求，尾座偏移	检查铰刀尺寸，校正尾座轴线，采用浮动套筒
孔的圆柱度超差	车孔时刀柄过细，切削刃不锋利，产生让刀现象，使孔径外大内小	提高刀柄刚度，保证车刀锋利
	车孔时主轴轴线与导轨不平行	调整主轴轴线与导轨的平行度
	铰孔时由于尾座偏移等原因使孔口扩大	校正尾座轴线，采用浮动套筒
孔的表面粗糙度值大	车孔与车轴类工件表面粗糙度达不到要求的原因相同，具体见表1—3—2，其中内孔车刀磨损和刀柄产生振动尤其突出	具体见表1—3—2，关键要保持内孔车刀锋利和采用刚度较高的刀柄
	铰孔时铰刀磨损或切削刃上有崩口、毛刺	修磨铰刀，刃磨后妥善保管，防止碰毛
	铰孔时切削液和切削速度选择不当，产生积屑瘤	铰孔时采用5 m/min以下的切削速度，并正确选用和加注切削液
	铰孔余量不均匀，铰孔余量过大或过小	正确选择铰孔余量
同轴度和垂直度超差	用一次装夹方法车削时，工件移位或机床精度不高	将工件装夹牢固，减小切削用量，调整车床精度
	用软卡爪装夹时，软卡爪没有车好	软卡爪应在本车床上车出，直径与工件装夹尺寸基本相同
	用心轴装夹工件时，心轴中心孔碰毛，或心轴本身同轴度超差	心轴中心孔应保护好，如碰毛可研修中心孔，如心轴弯曲可校直或更换

五、评分标准

车削导套零件评分标准见表 1—6—3。

表 1—6—3　　车削导套零件评分标准

考核项目	考核内容及要求	配分	评分标准	检测结果	得分
主要项目	轴径 $\phi42$ mm	6	每处超差扣该项配分		
	轴径 $\phi34_{-0.02}^{0}$ mm	8	每处超差 0.01 mm 扣 4 分		
	孔径 $\phi22_{0}^{+0.021}$ mm	12	每处超差 0.01 mm 扣 4 分		
	↗ 0.01 A	12	每处超差扣该项配分		
	⊥ 0.03 A	12	每处超差扣该项配分		
	槽 2 mm×0.5 mm	6	每处超差 0.1 mm 扣 3 分		
	长度 40 mm、6 mm	6	每处超差 0.1 mm 扣 3 分		
一般项目	*Ra*1.6 μm（共 3 处）	9	每处超差扣该项配分		
	*Ra*3.2 μm（共 2 处）	2			
	倒角（共 4 处）	4	每处超差扣该项配分		
设备、工具、量具、刃具的使用及维护	常用工具、量具、刃具的合理使用与保养	4	使用不当每次扣 2 分 维护及保养不当每次扣 2 分		
	正确操作车床，及时发现设备故障	6	操作不当每次扣 2 分		
	车床的润滑工作	2	每少一处润滑扣 0.5 分		
	车床的保养工作	4	加工后未按要求保养每次扣 2 分		
安全文明生产	正确执行安全技术操作规程	4	每违反一项规定扣 2 分		
	正确穿戴劳动保护用品	3	工作服（帽）等穿戴不整齐不得分		

续表

考核项目	考核内容及要求	配分	评分标准	检测结果	得分
工时定额	150 min		超过 10 min，从总分中倒扣 5 分；超过 30 min，考核不及格		
总分		100			

铣削加工

课题一　铣床基础知识与基本操作

一、铣削的概念与特点

铣削加工是以铣刀的旋转为主运动，以铣刀或工件做进给运动的一种切削加工方法，如图 2—1—1 所示。

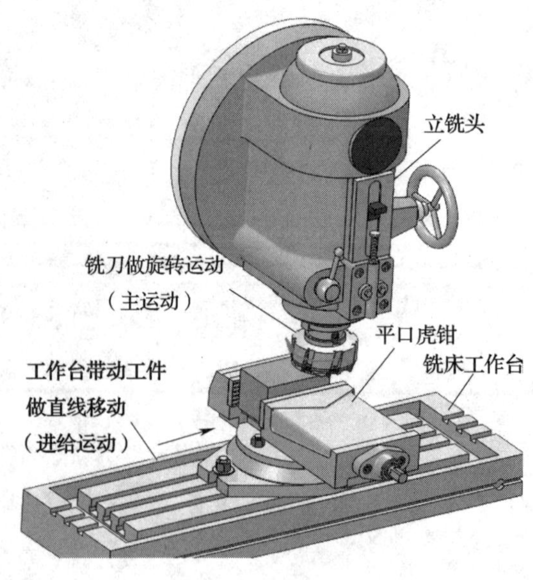

图 2—1—1　铣削

由于铣削采用多刃刀具加工，刀齿轮替切削，因此具有冷却效果好、刀具耐用度高的特点，加之进给运动灵活、附件较多，便于不同类型工件的安装及扩大了铣床的使用范围，使得铣削加工具有生产效率高、加工范围广等特点，特别适合模具等形状复杂的组合体零件的加工。

铣削加工具有较高的加工精度，其经济加工精度一般为IT9～IT7级，表面粗糙度 Ra 值一般为12.5～1.6 μm。精细铣削的精度可达IT5级，表面粗糙度 Ra 值可达到0.20 μm。

二、铣削的工作内容及在模具制造中的应用

在普通铣床上，使用各种不同的铣刀并配合其他设备可以完成的铣削加工内容如图2—1—2所示。

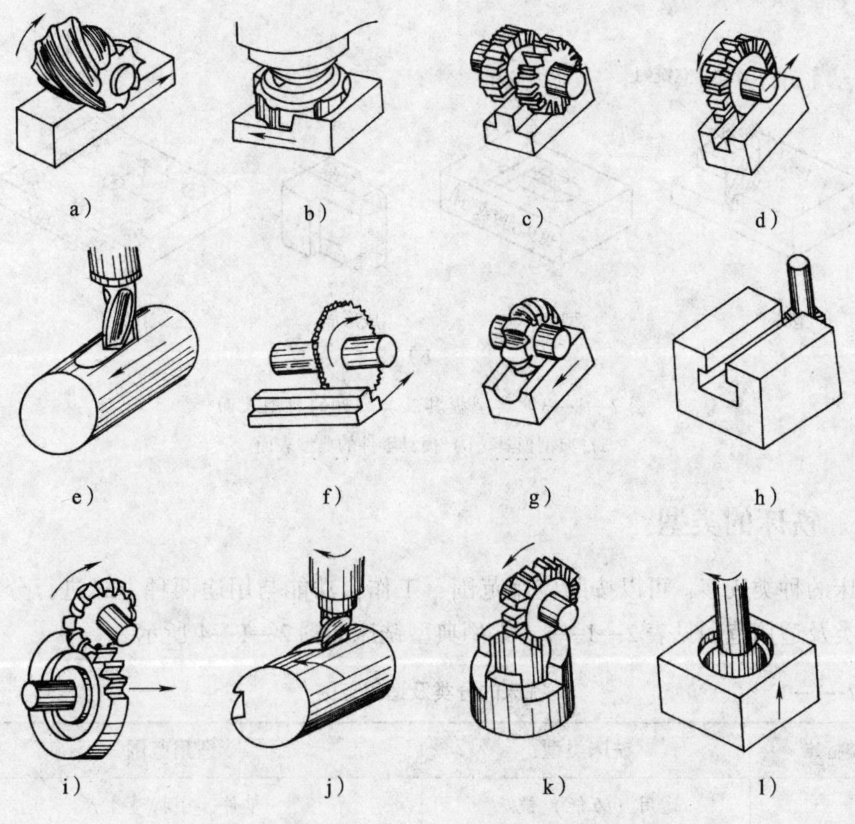

图2—1—2　铣削的加工内容

a）圆柱铣刀铣平面　b）端铣刀铣平面　c）铣台阶
d）铣直角沟槽　e）铣键槽　f）切断　g）铣特形面
h）铣T形槽　i）铣齿轮　j）铣螺旋槽　k）铣离合器　l）镗孔

如图2—1—3a所示为多种典型模具，它们由各种模具零件装配而成。除了标准件外，重要的模具零件，如凸模（型芯）、凹模（型腔）等的形状，主要由平面、孔系、沟槽（包括直槽、V形槽、T形槽、螺旋槽等）、成形面等组成，如图2—1—3b所示。因此，模具大多数零件均需要进行平面加工、孔系加工、沟槽加工、曲面和成形表面加工。由于铣床的进给运动形式和方向较多，因此，可以很方便地加工出凸模和凹模

上的平面（如水平面、垂直面、斜面等）、曲面，并且利用成形铣刀还可以完成成形面及各种沟槽的加工，还可以通过钻削、铰削、镗削等加工方式顺利完成模板上孔系的加工等。所以，铣削加工在模具零件制造中应用较广泛。

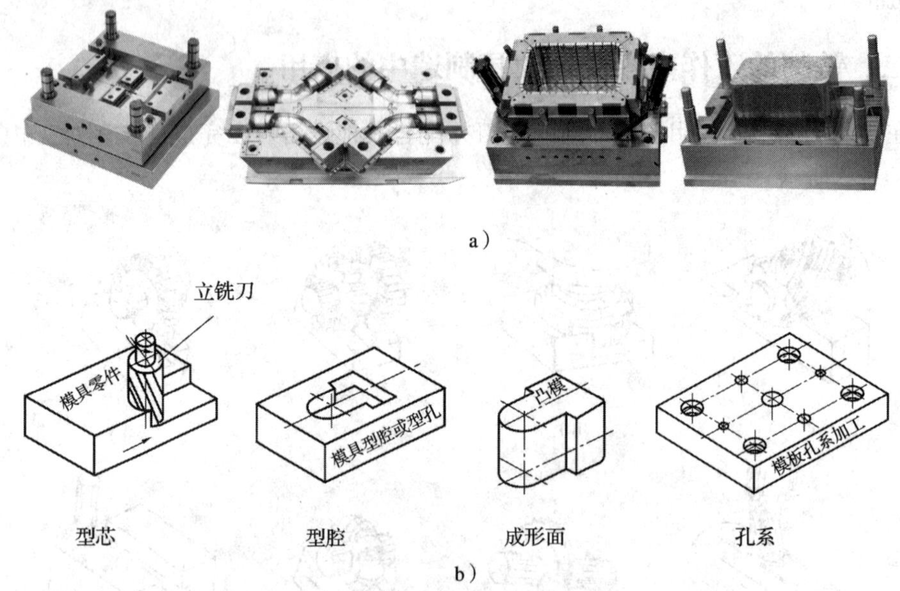

a）

b）

图 2—1—3　典型模具及其零件的典型表面

a）典型模具　b）模具零件的典型表面

三、铣床的类型

铣床的种类较多，可以按照应用范围、工作台功能与用途两种方式进行分类。铣床的分类及适用范围见表 2—1—1。常用典型铣床如图 2—1—4 所示。

表 2—1—1　铣床的分类及适用范围

分类标准	铣床类型	适用范围
应用范围	通用（万能）铣床	单件、小批量生产
	专业化（专能）铣床	各种专业化生产
	专用铣床	大批量生产
工作台功能与用途	升降台铣床	中、小型工件
	工作台不升降铣床	大、中型零件
	工具铣床	形状复杂、尺寸不大的工件
	龙门铣床	形状复杂的大型工件

图 2—1—4 常用典型铣床

a）卧式铣床 b）立式铣床 c）卧式数控铣床

d）立式数控铣床 e）加工中心 f）龙门铣床

四、铣床的结构

现以在模具加工中常用的 X5032 型立式铣床（图 2—1—5）为例，介绍铣床的主要部件及功能，见表 2—1—2。

图 2—1—5 X5032 型立式铣床

1—主轴变速机构 2—床身 3—主轴 4—工作台

5—横向溜板 6—升降台 7—进给变速机构 8—底座

表 2—1—2　　X5032 型立式铣床的主要部件及功能

部件名称	功能	图示
主轴变速机构	主轴变速机构安装在床身内，其功能是将主电动机的额定转速（1 450 r/min）通过齿轮变速，变换成 18 种不同的转速，传递给主轴，以适应铣削的需要	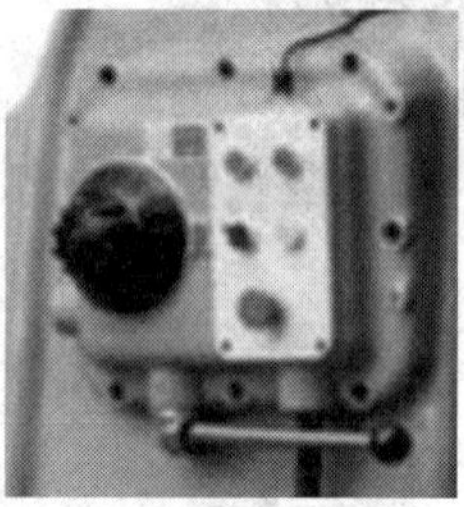
床身	床身是机床的主体，用来安装和连接机床其他部件 床身正面有垂直导轨，可引导升降台上下移动。床身内部装有主轴和主轴变速机构	
立铣头及主轴	主轴位于立铣头上，是一前端带锥孔的空心轴，锥孔的锥度为 7:24，用来安装铣刀 主电动机输出的回转运动经主轴变速机构驱动主轴连同铣刀一起转动，实现主运动。主轴可在垂直面内做 ±45° 范围内的偏转，以调整铣床主轴轴线与工作台面间的相对位置	
工作台	工作台用以装夹需用的铣床夹具和工件，铣削时带动工件实现纵向进给运动	

续表

部件名称	功能	图示
横向溜板	铣削时横向溜板用来带动工作台实现横向进给运动 横向溜板与工作台连接处没有回转盘，所以工作台在水平面内不能扳转角度	
升降台	升降台用来支承横向溜板和工作台，带动工作台上下移动 升降台内部装有进给电动机和进给变速机构	
进给变速机构	进给变速机构用来调整和变换工作台的进给速度，以适应铣削的需要	
底座	底座用来支承床身，承受铣床全部质量，储存切削液	

五、铣床的润滑及保养内容

1. 铣床的润滑要求

铣床的润滑包括轴承、齿轮、导轨、挂架等部位的润滑。在铣床内部的主轴箱、进给箱、主轴等传动部位多采用自动润滑，又称强制循环润滑。只要机床启动，机床内部的油泵就开始工作，将润滑油输送到齿轮、轴承等各个需要润滑的部位。但是，导轨、丝杆、挂架等部位需要每班进行手动滴油润滑。X6132 型卧式铣床、X5032 型立式铣床的润滑图如图 2—1—6 所示。

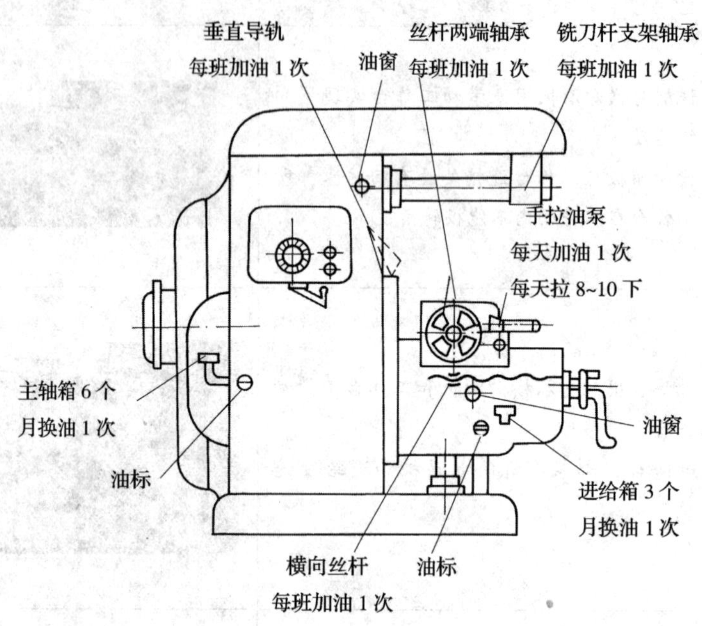

a）

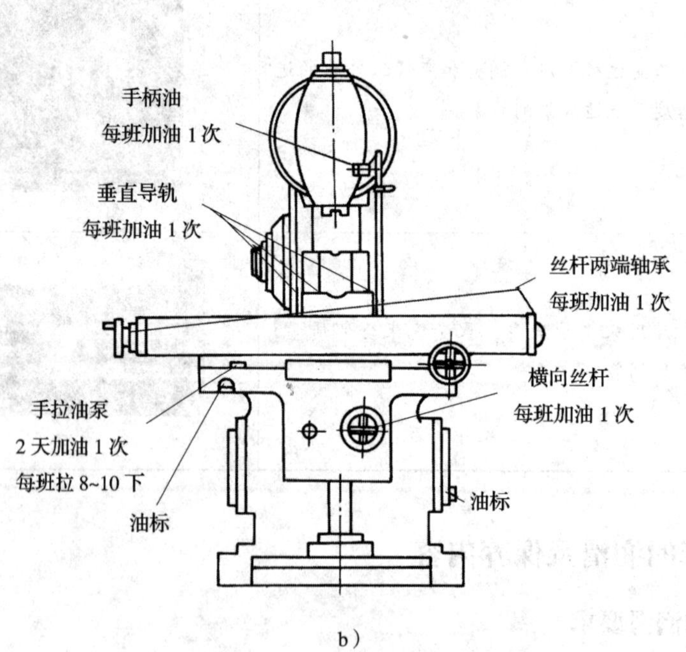

b）

图 2—1—6　典型铣床润滑图

a）X6132 型卧式铣床润滑图　b）X5032 型立式铣床润滑图

2. 铣床的保养内容和要求

铣床日常保养的内容和要求见表 2—1—3。铣床一级保养的内容和要求见表 2—1—4。

表 2—1—3　　铣床日常保养的内容和要求

日常保养（每天）	内容和要求
班前	对重要部位进行检查 擦净外露导轨面并按规定润滑各部位 空运转并查看润滑系统是否正常 检查各油平面，要求不得低于油标以下。如果低于油标，就应该加注润滑油
班后	擦拭机床，保持床身及部件的清洁 清扫切屑，打扫周边环境卫生 清洁工具、夹具、量具 铣床各部件及手柄归位

表 2—1—4　　铣床一级保养的内容和要求

保养部位	一级保养的内容和要求 （机床运行 500 h 后）
床身及外表	擦拭工作台、床身导轨面、各丝杆、机床各表面及死角、各操作手柄及手轮，保持清洁、无油污 导轨面去毛刺 拆卸及清洗油毛毡，清除铁片等杂质 除去各部位锈蚀，保护喷漆面，勿碰撞 停用、备用设备的导轨面、滑动面与各部位手轮和手柄及其他暴露在外易生锈的各部位应涂油覆盖
主轴箱	清洁、润滑良好
工作台及升降台	清洁、润滑良好 调整夹条间隙 检查并紧固工作台压板螺栓，检查并紧固各操作手柄螺钉、螺母 调整螺母间隙 清洗手拉油泵
工作台变速箱	清洁、润滑良好
冷却系统	各部位清洁，管路畅通 切削液槽内无沉淀碎屑
润滑系统	润滑油清洁，油路畅通，油毛毡有效，油标醒目
电气系统	擦拭电动机及电气箱，达到内外清洁

六、铣床安全操作规程

1. 生产前

开始生产前，应对机床进行以下检查工作：

（1）各手柄的位置是否正常。

（2）手摇进给手轮，检查进给运动和进给方向是否正常。

（3）各机动进给的限位挡铁是否在限位范围内，是否紧固牢靠。

（4）进行机床主轴和进给系统的变速检查，检查主轴和工作台由低速到高速运动是否正常。

（5）开动机床使主轴回转，检查油窗是否甩油。

（6）各项检查完毕，若无异常，对机床各部位注油润滑。

2. 生产过程中

（1）不准戴手套操作机床。

（2）必须在停车状态下装卸工件、刀具，变换转速和进给速度，测量工件，配置交换齿轮等。

（3）铣削过程中严禁离开岗位，不允许做与操作内容无关的事情。

（4）工作台机动进给时应脱开手动进给离合器，以防止手柄转动伤人。

（5）不允许两个进给方向同时启动机动进给。

（6）高速铣削或刃磨刀具时必须戴好防护眼镜。

（7）铣削过程中不允许测量工件或用手触摸工件。

（8）操作中如果出现异常现象，应及时停止铣床运行并检查。一旦出现故障、事故，就应立即切断电源，第一时间请专业人员检修。铣床未经修复不得使用。

3. 生产后

铣床不使用时，各手柄应置于空挡位置；各方向进给的紧固手柄应松开；工作台应处于各方向进给的中间位置；导轨面应适当涂抹润滑油。

技能训练

一、铣床的日常保养操作

1. 清洁铣床

（1）关闭或切断铣床外接电源，以防止触电或造成人身和设备事故。

（2）用毛刷将工作台面及导轨等处的切屑清理干净，避免擦拭机床时切屑将手刺伤。

（3）从上到下用棉纱或软布擦洗床身各部位，包括横梁、挂架、各导轨、主轴锥孔和端面、拨块、底座等各处。

(4) 上、下、左、右移动工作台，清洗升降丝杆和纵向进给丝杆。

(5) 拆下床身后部电动机防护罩，擦拭电动机，清洗冷却泵过滤网，清扫电气箱、蛇皮管，并检查其是否安全、可靠（每月一次）。

(6) 擦洗附件，并按安全文明生产的要求清洁及整理工具箱，保证工具箱内整洁、有序。

(7) 清理机床周围环境，做到干净、整洁，并按要求对机床导轨、丝杆轴承座等处进行润滑。

(8) 将工作台摇到各方向进给的中间位置，各手柄置于空挡位置，把各方向进给的紧固手柄松开，并在导轨面上涂抹润滑油。

2. 铣床的日常润滑操作

对铣床进行润滑是每天必做的一项重要工作，在交接班前后、生产中及生产后根据不同的润滑部位，应采用不同的润滑方式进行操作，具体见表2—1—5。

表2—1—5 铣床的润滑操作

润滑项目	操作	图示
油泵注油润滑	采用手拉油泵对工作台纵向丝杆和螺母、导轨面、横向溜板导轨等注油润滑，每班润滑工作台3次，每次10~15下	手拉油泵　拉动油泵
观察油窗及注油	机床启动后，检查各处油窗是否甩油，铣床的主轴箱和进给箱均采用自动润滑，可在流油指示器（油窗或油标）显示润滑情况。若缺油应立即加油	油窗
油枪注油润滑	工作结束后，擦净机床，然后对工作台纵向丝杆两端轴承、垂直导轨面、挂架轴承等采用油枪注油润滑	丝杠注油　工作台注油

续表

润滑项目	操作	图示
		导轨面注油　挂架轴承注油

二、铣床基本操作（以 X5032 型立式铣床为例）

X5032 型立式铣床各手动进给手柄如图 2—1—7 所示。

1. 铣床的电气控制

铣床的电气控制线路集中在床身上的电气箱里，如图 2—1—8 所示。其电气控制按钮、手柄及开关的基本操作见表 2—1—6。

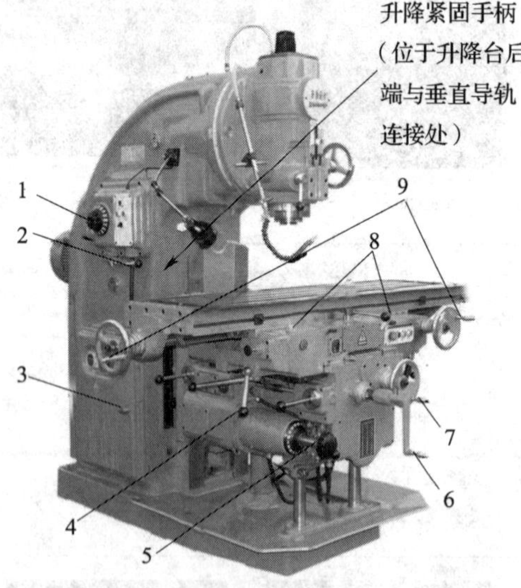

图 2—1—7　X5032 型立式铣床手动进给手柄

1—转速盘　2—主轴转速变换手柄

3—电气箱门手柄　4—横向紧固手柄

5—进给变速手柄　6—升降手动进给手柄

7—横向手动进给手柄　8—纵向紧固螺钉

9—纵向手动进给手柄

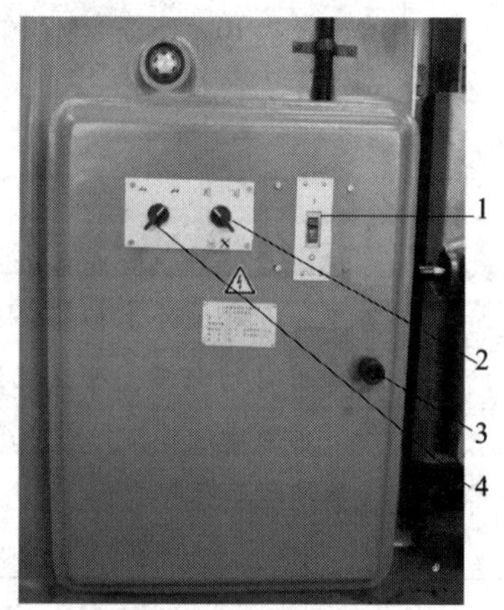

图 2—1—8　铣床的电气箱

1—电源开关

2—主轴正反转变向旋钮

3—电气箱门手柄

4—冷却系统开关旋钮

表 2—1—6　　铣床的电气控制按钮、手柄及开关的基本操作

名称	操作	图示
电源开关	电源开关向上（图示位置），铣床通电；反之，铣床断电 注意：在清扫铣床前应关闭此开关	
主轴正反转变向旋钮	旋钮指向左侧（图示位置），主轴正转；旋钮指向右侧，主轴反转 注意：在主轴旋转过程中不允许旋转此旋钮，以防突然的变向冲击造成机床内部零件损坏	
电气箱门手柄	顺时针旋转打开箱门；逆时针旋转关闭箱门 注意：此门应由专业的机床维修人员打开	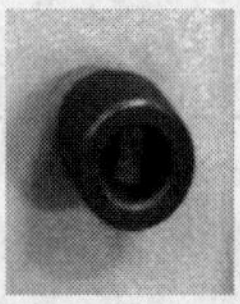
冷却系统开关旋钮	旋钮指向左侧，冷却系统关闭；旋钮指向右侧（图示位置），冷却系统开启	

2. 主轴的基本操作

（1）主轴启停、变速

主轴的启动、停止及变速通过图 2—1—9 所示的主轴箱电气控制面板、变速手柄及转速盘实现控制。

1）主轴的启动与停止操作。主轴箱电气控制面板如图 2—1—10 所示。主轴的启动与停止操作见表 2—1—7。

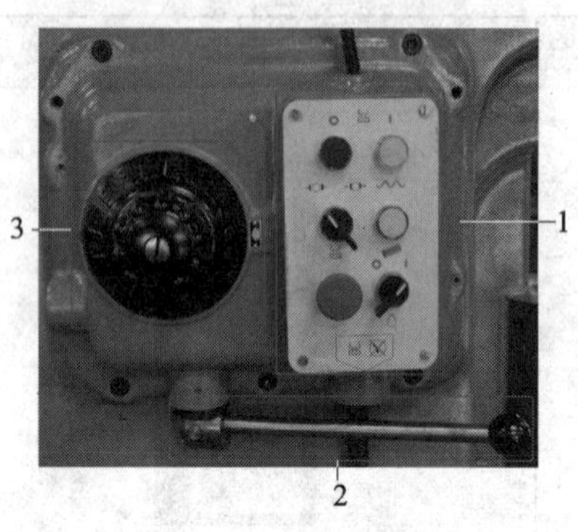

图 2—1—9　主轴箱

1—主轴箱电气控制面板

2—变速手柄　3—转速盘

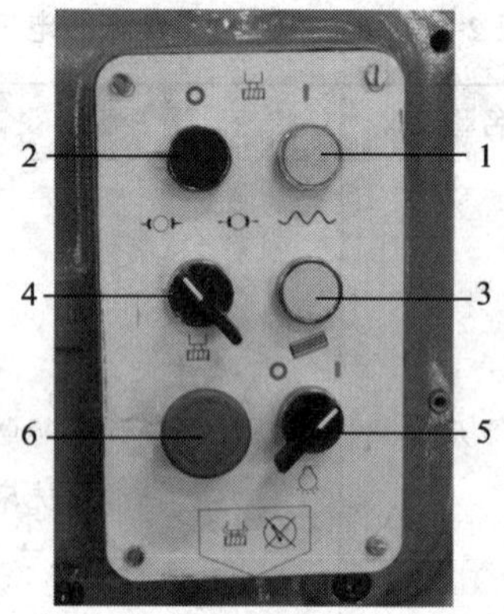

图 2—1—10　主轴箱电气控制面板

1—主轴启动按钮　2—主轴停止按钮

3—工作台快速移动按钮　4—主轴抱闸旋钮

5—照明系统旋钮　6—急停按钮

表 2—1—7　　主轴的启动与停止操作

名称	操作	图示	说明
主轴启动按钮	按下该按钮，电动机启动，主轴旋转		白色
主轴停止按钮	按下该按钮，电动机停止，主轴停止旋转（无制动，靠惯性停止）		黑色
工作台快速移动按钮	当工作台机动进给手柄调至某个位置时按下此按钮，工作台会沿机动进给手柄所调方向快速移动		黄色
主轴抱闸旋钮	旋转至左侧（图示位置），抱闸装置松开，主轴可旋转；旋转至右侧，抱闸装置抱紧主轴，主轴不可旋转		黑色，带主轴铣刀标识
照明系统旋钮	旋转至右侧（图示位置），照明灯亮；旋转至左侧，照明灯熄灭		黑色，带灯泡标识

续表

名称	操作	图示	说明
急停按钮	按下该按钮，电动机停止，主轴停止旋转（内部制动器抱闸，属于紧急制动）		红色
控制面板提示	主轴在旋转时不得调整主轴转速及变换手柄位置		带主轴旋转与禁止扳动标识

提示

在工作台上有与主轴箱电气控制面板上相同的主轴启动按钮、主轴停止按钮、工作台快速移动按钮与急停按钮，如图 2—1—11 所示，其颜色、形状、作用、操作方法等均与主轴箱电气控制面板上的各按钮相同。

图 2—1—11　工作台上的电气控制面板

1—主轴启动按钮　2—主轴停止按钮　3—工作台快速移动按钮　4—急停按钮

2）主轴的变速操作。变换主轴转速时，必须先接通电源，同时主轴停转，才可以进行操作，具体操作方法见表 2—1—8。

表 2—1—8　　主轴变速操作方法

操作方法	图示
1. 手握变速手柄球部下压，使手柄定位滑块从固定环的槽 1 中脱出	
2. 外拉手柄，将手柄顺时针转动，使定位榫块嵌入固定环的槽 2 内，手柄处于脱开的位置I	

续表

操作方法	图示
3. 调整转速盘，将所选择的转速对准指针	
4. 压下手柄，并快速推至位置Ⅱ，即可接合手柄。此时，冲动开关瞬时接通，电动机转动，带动变速齿轮转动，使齿轮啮合	
5. 手柄继续向右至位置Ⅲ，并将其定位滑块送入固定环的槽1内复位。电动机失电，主轴箱内的齿轮停止转动	1—指针 2—螺钉 3—冲动开关 4—变速手柄 5—固定环 6—转速盘

主轴变速操作完毕，按下启动按钮，主轴即按选定的转速旋转。此时，检查油窗是否甩油(若不甩油，则说明油位过低或润滑油泵出现了故障，需及时加油、检修)。

应该注意，由于电动机启动电流很大，主轴连续变速应不超过3次；否则，易烧毁电动机电路。如果必须变速，中间的间隔时间应不少于5 min。

(2) 主轴升降手动进给操作

主轴升降机构如图2—1—12所示，具体操作方法见表2—1—9。

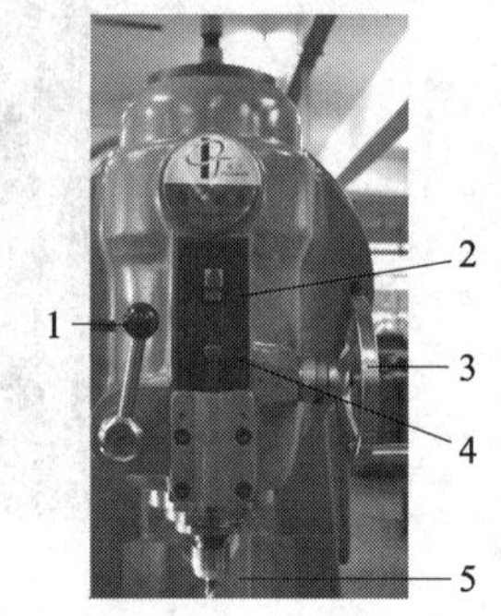

图2—1—12 主轴升降机构

1—主轴进给锁紧手柄 2—挡块 3—主轴升降手轮 4—进给距离调节螺栓 5—主轴

表2—1—9 主轴升降操作方法

名称	操作方法	图示
主轴进给锁紧手柄	顺时针旋转，锁紧主轴（图示位置），主轴可升降进给；逆时针旋转，松开主轴，主轴不可升降进给	

续表

名称	操作方法	图示
进给距离调节螺栓	松开螺母，可调节螺栓的高度，以调节螺栓至挡块间的距离，从而控制主轴进给行程 铣床批量加工工件时，其可以用于长期调节，调节稍微复杂，但行程不易变动	螺栓 螺母
挡块	松开锁紧螺钉，可控制挡块上下移动，以调节挡块与螺栓间的距离，从而控制主轴进给行程。一般在最高位置 在单件、小批量加工时，用于临时调节，快速、方便，但不稳定，行程易变动	锁紧螺钉 挡块
主轴升降手轮	手轮（图 a）逆时针旋转，主轴下降；顺时针旋转，主轴上升 可根据刻度盘（图 b）控制主轴进给行程，刻度盘的圆周刻线为 40 格，每摇一转，主轴移动 4 mm，所以每摇过一格时主轴移动 0.1 mm 松开刻度盘锁紧螺钉后，可旋转刻度盘	刻度盘锁紧螺钉 刻度盘 a）　b）

3. 工作台纵向、横向和升降的手动进给操作

（1）工作台手动进给操纵手柄的操作

X5032 型铣床工作台的操纵手柄（图 2—1—13）用于控制工作台几个方向的进给，如图 2—1—14 所示。它们的具体操作方法见表 2—1—10。与启动按钮一样，为了便于操作者站在不同的位置进行操作，X5032 型铣床各个方向的机动进给手柄都有两副，分别位于机床的正面和左侧，它们是联动的复式操纵机构。

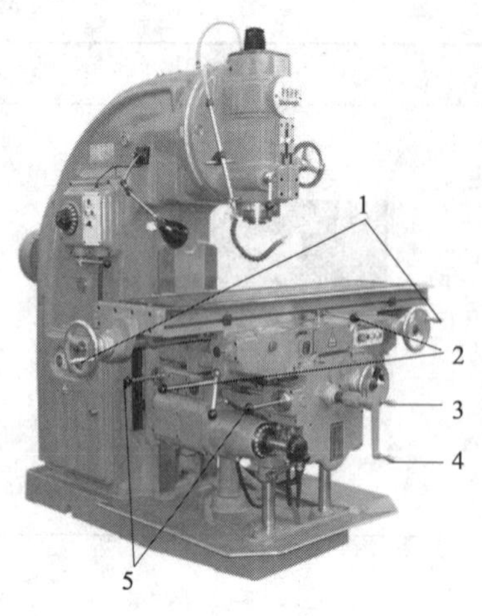

图 2—1—13　X5032 型铣床工作台的操纵手柄
1—纵向手动进给手柄　2—纵向机动进给手柄
3—横向手动进给手柄　4—升降手动进给手柄
5—横向及升降机动进给复式手柄

图 2—1—14　X5032 型铣床的工作台方向

表 2—1—10　　X5032 型铣床工作台的手动操作方法

名称	操作方法	图示
升降手动进给手柄	顺时针旋转，工作台上升；逆时针旋转，工作台下降	
纵向手动进给手柄	顺时针旋转，工作台纵向右移；逆时针旋转，工作台纵向左移 该手柄在工作台正面和侧面各有一个，便于操作者在不同位置操作	
横向手动进给手柄	顺时针旋转，工作台横向前移；逆时针旋转，工作台横向后移	

（2）X5032 型铣床手动进给刻度盘的操作

工作台需要向各个方向准确调整距离时，需借助各向手柄上的刻度盘来完成，具体操作方法见表 2—1—11。

表 2—1—11　　X5032 型铣床刻度盘的操作方法

名称	操作方法	图示
纵向、横向手动进给操纵手柄	锁紧刻度盘后，刻度盘将与手柄同步转动。纵向、横向刻度盘的圆周刻线为 80 格，每摇一转，工作台移动 4 mm，所以每摇过一格时工作台移动 0.05 mm	 
升降手动进给操纵手柄	垂直方向升降刻度盘的圆周刻线为 40 格，每摇一转，工作台移动 2 mm，因此每摇过一格时工作台升（降）0.05 mm	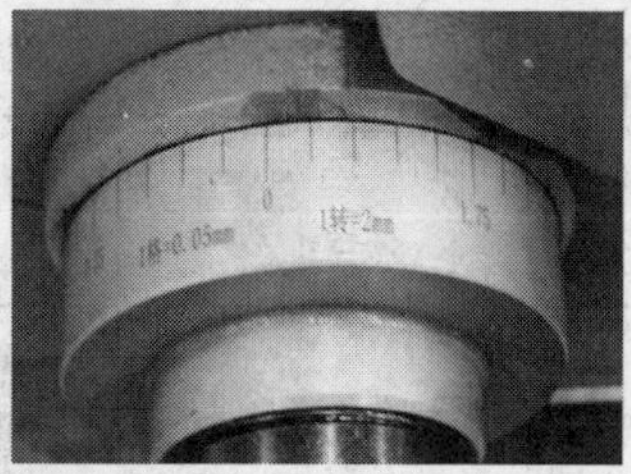 

（3）注意事项

在进行移动规定距离的操作时，若手柄摇过了刻度，不能直接摇回。因为丝杆与螺母间存在间隙，反摇手柄时由于间隙的存在，丝杆并不能马上一起转动，要等间隙消除后丝杆才能带动工作台运动，所以必须将其退回半转以上消除间隙后，再重新摇到要求的刻度位置。

另外，不使用手动进给时，必须将各向手柄与离合器脱开，以免机动进给时手柄旋转伤人。

4．工作台机动进给变速操作

铣床上的进给变速操作是为了满足机动进给时不同进给速度要求所进行的操作。操作者可以按照铣床上安装的进给量变速表进行变速。进给变速操作需在停止自动进给的情况下进行。

（1）向外拉出进给变速手柄，如图 2—1—15a 所示。

（2）转动进给变速手柄，带动进给速度盘转动。将进给速度盘上选择好的进给速度值对准指针位置，如图 2—1—15b 所示。

（3）将进给变速手柄推回原位，即完成进给变速操作。

a）

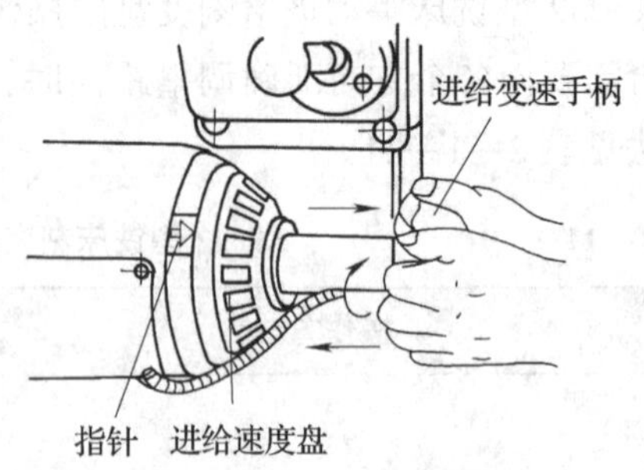

b）

图 2—1—15　进给变速操作方法

a）进给变速手柄　b）进给变速操作

5. 工作台纵向、横向和升降的机动进给操作

（1）操作步骤

工作台纵向、横向和升降的机动进给操作见表 2—1—12。

表 2—1—12　　　工作台纵向、横向和升降的机动进给操作

步骤	操作	图示
通电	打开电源开关	—
检查限位挡块	检查各挡块的位置，确保其安全、紧固。三个进给方向的安全工作范围各由两块限位挡块实现安全限位 注意：如果非工作需要，不得将其随意拆除	纵向　横向 垂直
按照进给方向扳动操纵手柄	工作台的纵向、横向与垂直方向的机动进给操纵手柄都有两副，是联动的复式操纵机构	向右进给 工作台纵向机动进给操纵

续表

步骤	操作	图示
按照进给方向扳动操纵手柄	纵向机动进给操纵手柄有三个位置，即“向右进给”“向左进给”和“停止”。扳动手柄，手柄指向就是工作台的机动进给方向 横向和垂直方向的机动进给由同一手柄操纵，该操纵手柄有五个位置，即“向里进给”“向外进给”“向上进给”“向下进给”和“停止”。扳动手柄，手柄指向就是工作台的机动进给方向	向外进给 工作台横向、升降机动进给操纵

(2) 注意事项

1) 进行机动进给操作前，应先检查各手动进给手柄（特别是升降手柄）是否与离合器脱开，以免手柄转动伤人。

2) 机动进给手柄的设置使操作非常形象化。当机动进给手柄与进给方向处于垂直状态时，机动进给是停止的；若机动进给手柄处于倾斜状态时，机动进给被接通。在主轴转动时，手柄向哪个方向倾斜，即向哪个方向进行机动进给；如果同时按下快速移动按钮，工作台即向该进给方向快速移动。

3) 工作台的向左向右、向里向外、向上向下的机动进给运动是靠各操纵手柄接通电动机的电气开关，使电动机正转或反转获得的。因此，操作时一次只能操纵一个手柄，实现一个方向的机动进给运动。为了保证机床设备的安全，X5032 型铣床的纵向与横向、垂直方向机动进给之间由电气装置保证互锁，而横向与垂向机动进给之间的互锁是由单手柄操纵的机械动作保证的。

4) 铣削时，为了减少振动，保证工件的加工精度，避免因铣削力的作用使工作台在某一进给方向产生位置变动，应对不使用的进给机构予以固定。例如，纵向进给铣削时，除工作台纵向紧固螺钉松开外，横向溜板紧固手柄和垂直进给紧固手柄应旋紧。工作完毕应将其松开。

5) 在纵向、横向和垂直三个进给方向各有两块机动进给限位挡块，其作用是停止工作台的机动进给运动。挡块应安装在限位柱范围内，不准随意拆掉，以防止机床出现事故。

课题二　铣床刀具及工件的装夹

一、铣刀切削部分的材料

常用的铣刀切削部分材料有高速钢和硬质合金两大类。

1. 高速钢

高速钢的强度较高，韧性也较好，能磨出锋利的刃口（俗称为“锋钢”），且具有良好的工艺性，能锻造，易加工，是制造铣刀的良好材料。一般形状较复杂的铣刀都是采用高速钢制造的。切削部分材料为高速钢的铣刀有整体式和镶齿式两种结构。

2. 硬质合金

硬质合金是将高硬度难熔的金属碳化物用钴、钼、钨等作为黏结剂，用粉末冶金方法制成的。它的硬度很高，耐磨性好。因此，硬质合金的切削性能远超过高速钢，但其韧性较差，承受冲击和振动能力差；切削刃不易磨得非常锐利，低速时切削性能差；加工工艺性较差。硬质合金多用于制造用于高速切削的铣刀。铣刀大都不是整体式的，而是将硬质合金刀片以焊接或机械夹固的方法镶装于铣刀刀体上。

二、铣刀的分类与标记

1. 铣刀的分类

常见铣刀的分类和应用见表 2—2—1。

表 2—2—1　常见铣刀的分类和应用

分类	种类	应用
平面用铣刀	 圆柱铣刀 　套式立铣刀 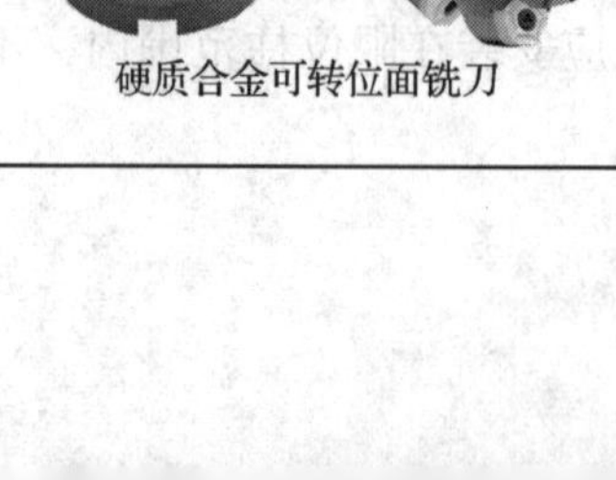　硬质合金可转位面铣刀	粗、精铣各种平面

续表

分类	种类	应用
直角沟槽用铣刀	立铣刀	铣削沟槽、螺旋槽与工件上各种形状的孔；铣削台阶平面、侧面；铣削各种盘形凸轮和圆柱凸轮以及按照靠模铣削内、外曲面
	直齿和错齿三面刃铣刀	铣削各种槽、台阶平面、工件的侧面及其凸台平面
	键槽铣刀	铣削键槽
特形沟槽用铣刀	T 形槽铣刀	铣削 T 形槽
	燕尾槽铣刀	铣削燕尾槽和燕尾

2. 铣刀的标记

为了便于辨别铣刀的规格、材料、制造单位等，在铣刀上一般都刻有标记。标记的内容主要包括以下几个方面：制造厂的商标，各制造厂家一般都有经注册的商标置于其产品上；制造铣刀的材料，一般均标注材料的牌号，如 W18Cr4V；铣刀的尺寸规格，其标注内容随铣刀类型不同而略有区别。

端铣刀、立铣刀、键槽铣刀等一般只以其外圆直径作为其尺寸规格的标记。

角度铣刀、半圆铣刀等一般以外圆直径 × 宽度 × 内孔直径 × 角度（或圆弧半径）表示。如角度铣刀的外径为 80 mm、宽度为 18 mm、内径为 27 mm、角度为 60°，则标记为 80 mm × 18 mm × 27 mm × 60°；凹半圆铣刀的外径为 80 mm、宽度为 32 mm、内径为 27 mm、圆弧半径为 8 mm，则标记为 80 mm × 32 mm × 27 mm × 8*R*。

铣刀标记中的尺寸均为基本尺寸，铣刀在使用和刃磨后会产生变化，在使用时应加以注意。标准铣刀的规格和尺寸系列可查阅有关国家标准。

三、铣刀的安装结构

铣刀是通过铣刀杆安装在铣床主轴上的。铣刀的安装部位有带孔和带柄两种结构，具体见表 2—2—2。

表 2—2—2　　铣刀的安装结构

铣刀形式	安装结构	图示
带孔端铣刀	通过铣刀杆圆柱面上的键槽连接（图 a）	a）　b）
	铣刀杆轴端有内螺孔（图 b），用来装螺钉以紧固铣刀	
带柄铣刀	通过弹簧夹头套筒（图 a）安装直柄铣刀	螺母　弹簧夹头 a）

铣刀形式	安装结构	图示
带柄铣刀	通过过渡套筒（图b）安装锥柄铣刀。其外锥与铣床主轴锥孔相配合，内锥与铣刀锥柄相配合（图c）	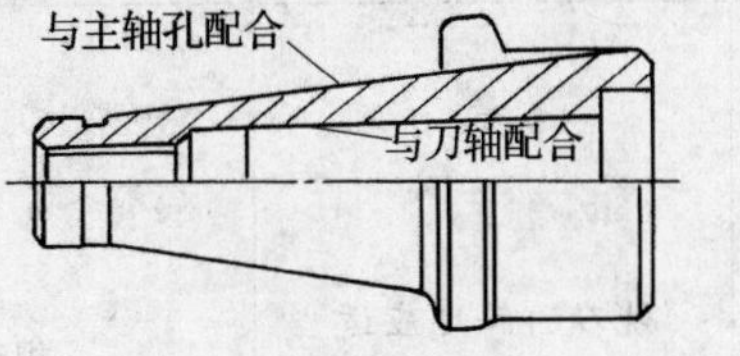 与主轴孔配合 与刀轴配合 b） 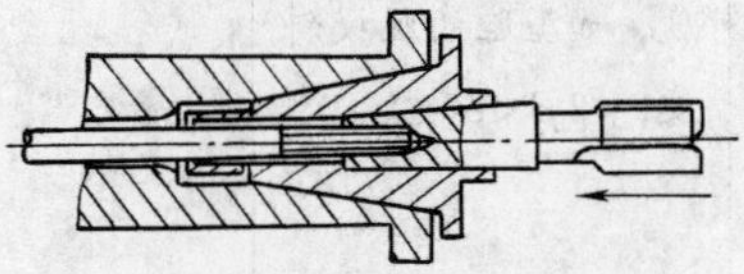 c）

四、铣刀的选择

铣刀的选择根据不同场合、不同零件特征都是有不同要求的，具体见表2—2—3。

表2—2—3 铣刀的选择

项目	说明	图示
铣刀半径的选择	铣刀的半径应与被铣削的型腔或型孔半径相吻合 铣刀的半径应小于或等于型腔圆角半径，即$r \leq R$；否则，将产生过切现象，造成零件报废	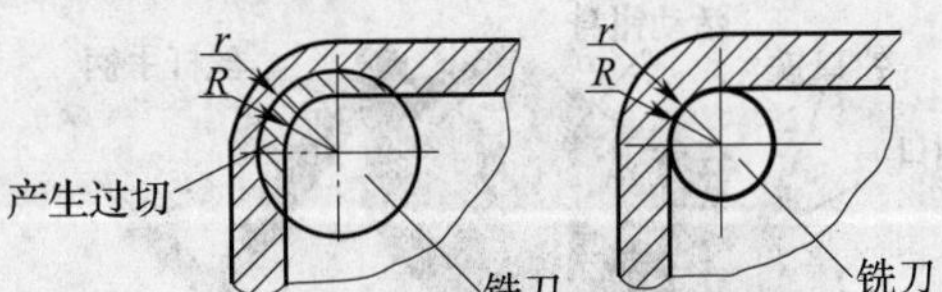 r R 产生过切 铣刀 a）$r>R$，不合理 r R 铣刀 b）$r \leq R$，合理 铣刀半径的选择
	铣削曲面时，铣刀端部球面半径应适当小于被加工型腔的曲面半径，即$r<R$	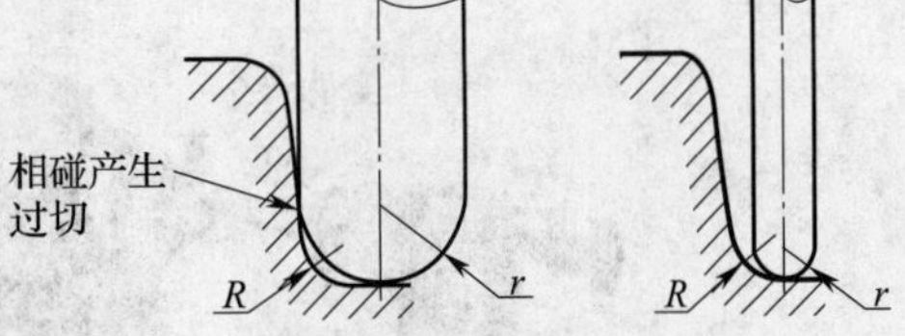 相碰产生过切 R r a）$r>R$，不合理 R r b）$r<R$，合理 铣刀端部球面半径的选择

续表

项目	说明	图示
铣刀斜度的选择	铣刀的斜度应适当小于型孔或型腔的斜度，如型腔的脱模斜度，即 $\beta<\alpha$	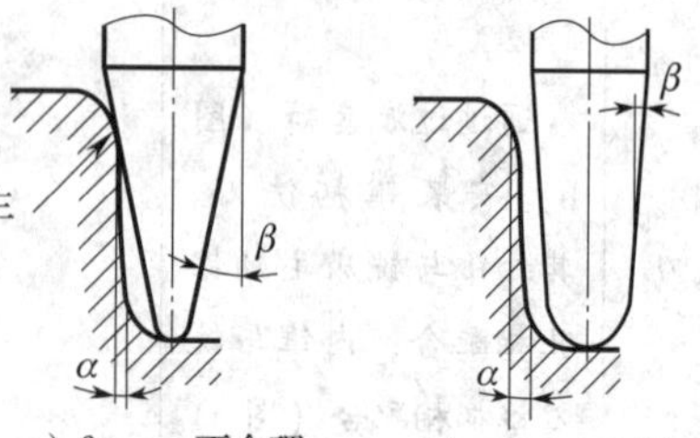 相碰产生过切 β α a）$\beta>\alpha$，不合理　b）$\beta<\alpha$，合理 铣刀斜度的选择

五、铣床用装夹附件

在铣床上常用到机床用平口虎钳（以下简称平口虎钳）（图 2—2—1）、压板（图 2—2—2）和万能分度头（图 2—2—3）等附件装夹工件。对于小型的工件，一般采用平口虎钳装夹；对于大、中型的工件，则多是在铣床工作台上用压板装夹。

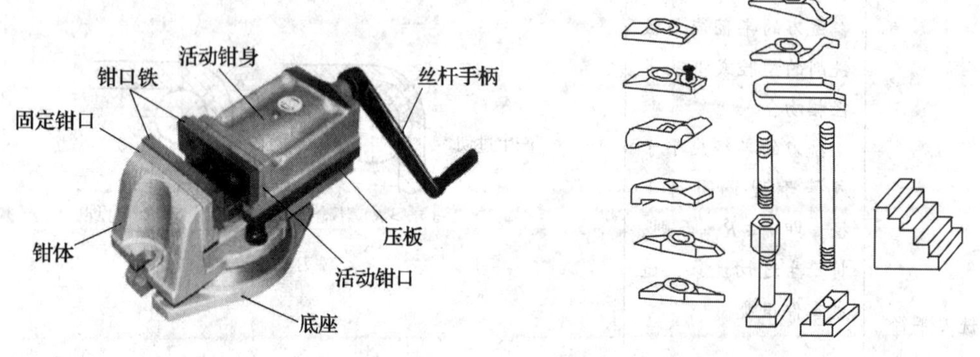

图 2—2—1　平口虎钳的外形与结构

图 2—2—2　压板、螺栓与台阶垫铁

图 2—2—3　万能分度头

技能训练

一、安装铣刀前铣床主轴的校正

1. 立式铣床主轴垂直度（立铣头 “零位”）的检测与校正

（1）用直角尺和锥度心轴检测立式铣床主轴垂直度

用直角尺和锥度心轴检测立式铣床主轴垂直度的具体操作如图 2—2—4 所示。

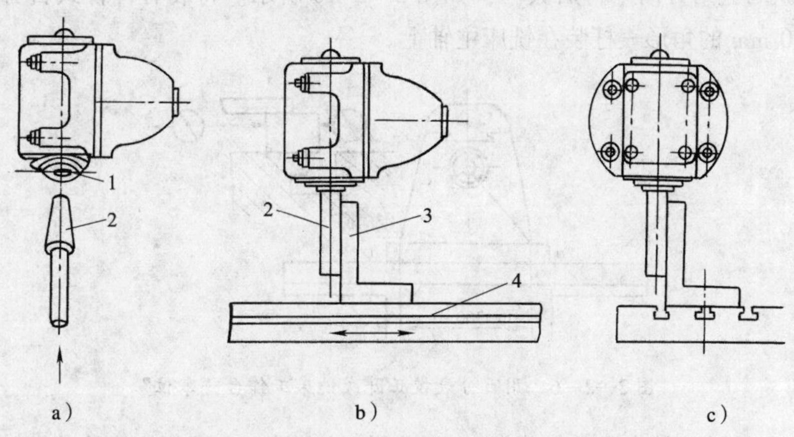

图 2—2—4　用直角尺和锥度心轴检测立铣头 “零位”

a）将锥度心轴插入立式铣床主轴锥孔

b）平行于纵向进给方向的检测　c）垂直于纵向进给方向的检测

1—立铣头主轴轴孔　2—锥度心轴　3—直角尺　4—工作台

（2）用百分表检测立式铣床主轴垂直度

用百分表检测立式铣床主轴垂直度的具体操作如图 2—2—5 所示。

1）关闭主轴电源开关，将主轴转速挂在高速挡位置上。

2）将角形表杆固定在立式铣床主轴上，安装百分表，使百分表测杆与工作台面垂直。

3）首先使百分表测头与工作台面接触，测杆压缩 0.3 ~ 0.5 mm，记下百分表的读数；然后将立铣头主轴扳转 180°，再次记下百分表的读数。

4）比较两次读数，差值在 300 mm 长度上不大于 0.02 mm 时垂直度合格。

（3）校正立铣头 “零位”

校正时，先松开立铣头紧固螺母，用木锤敲击立铣头端部。校正完毕，将螺母紧固，复检，直至垂直度合格，紧固立铣头。

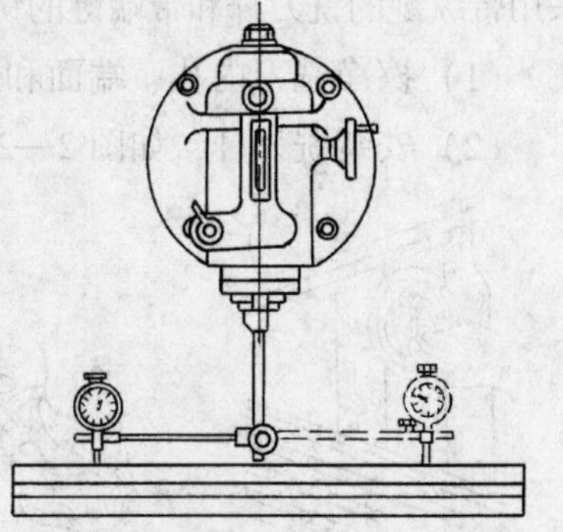

图 2—2—5　用百分表检测立铣头 “零位”

2. 卧式铣床主轴垂直度（工作台 “零位”）的检测与校正

（1）利用回转盘刻度校正

校正时，只需使回转盘的“零”刻线对准鞍座上的基准线，铣床主轴轴线与工作台纵向进给方向即保持垂直。校正操作简单，但精度不高，只适用于一般精度要求工件的加工。

（2）用百分表校正

1）将检验平行垫块安装在工作台上，用百分表将垫块对主轴一侧的检验面校正到与工作台纵向进给方向平行后紧固，如图 2—2—6 所示。将装有杠杆式百分表、回转半径为 250 mm 的角形表杆装在铣床主轴上。

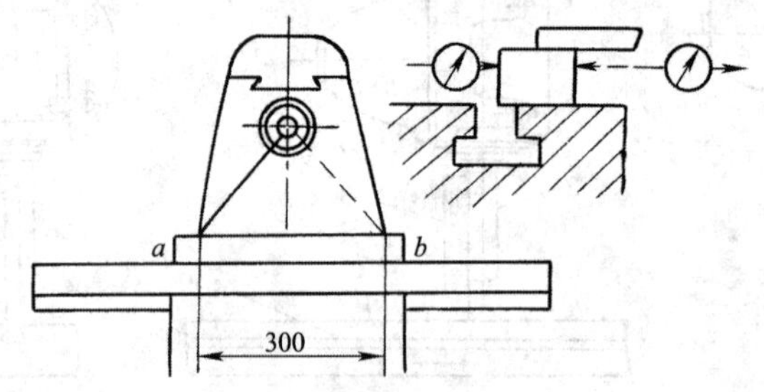

图 2—2—6 用百分表校正卧式铣床工作台“零位”

2）将主轴转速挂在高速挡位置上。用手扳转主轴，在平行垫块检验面的一端压表 0.3 ~0.5 mm 后，将百分表调“零”。再扳转主轴，在平行垫块检验面的另一端压表，读数差值在 300 mm 长度上应不大于 0.02 mm。如果超过 0.02 mm，可用木锤轻轻敲击工作台端部进行调整，直至达到要求为止，然后紧固回转台。

二、铣刀的安装与拆卸

1. 套式立铣刀和套式端铣刀的安装

套式立铣刀与套式端铣刀有内孔带键槽和端面带槽两种结构形式。安装时，分别采用带纵键的铣刀杆和带端键的铣刀杆。套式立铣刀和套式端铣刀的安装操作具体如下：

（1）擦净铣刀内孔、端面和铣刀杆圆柱面。

（2）安装铣刀杆，如图 2—2—7 所示。

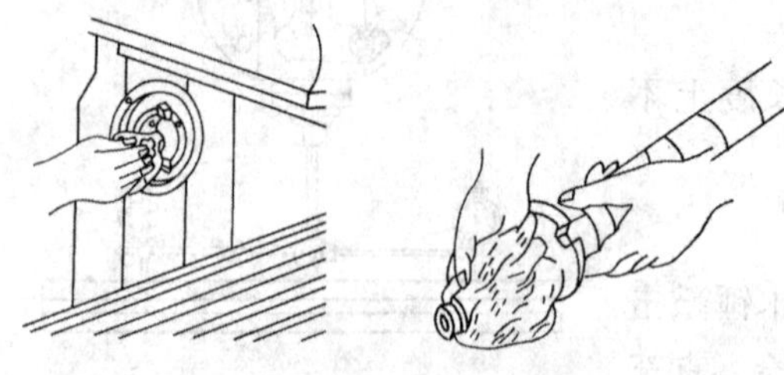

第一步：用棉纱擦净主轴锥孔和铣刀杆锥柄

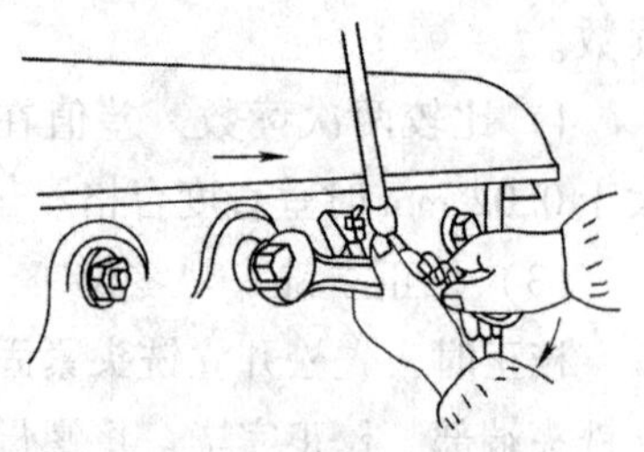

第二步：旋松螺母，调整横梁伸出长度，再紧固

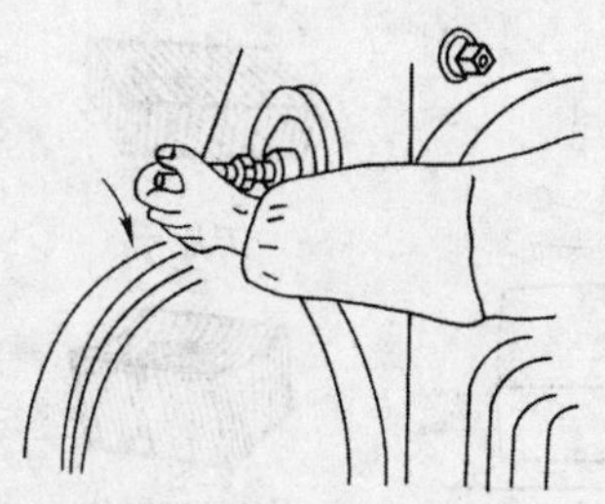

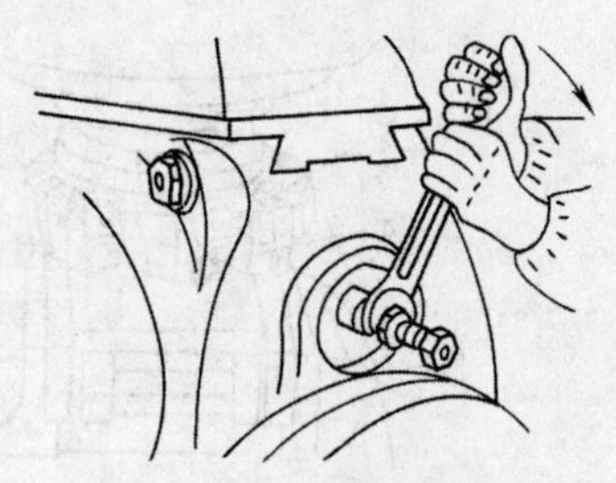

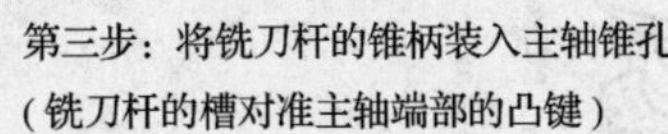

第三步：将铣刀杆的锥柄装入主轴锥孔（铣刀杆的槽对准主轴端部的凸键）

第四步：转动拉紧螺杆，旋入铣刀杆的螺纹孔 6 ~ 7 周

第五步：旋紧拉紧螺杆上的背紧螺母，拉紧铣刀杆

图 2—2—7 安装铣刀杆

（3）安装铣刀，如图 2—2—8 所示。安装内孔带键槽铣刀时，应将铣刀内孔的键槽对准铣刀杆上的键。安装端面带槽铣刀时，应将铣刀端面上的槽对准铣刀杆凸缘端面上的凸键。

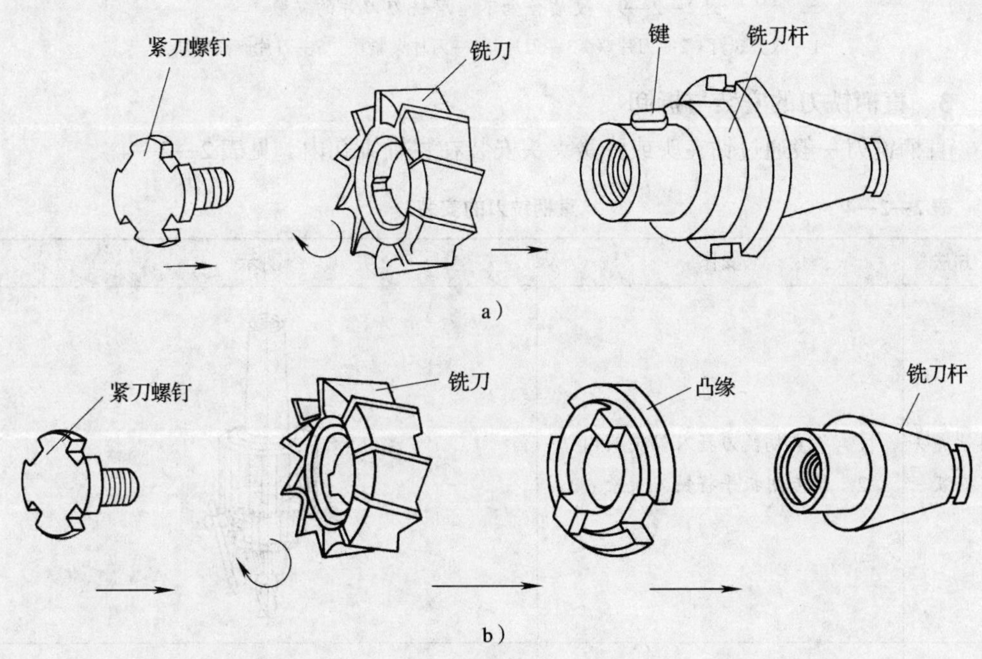

图 2—2—8 安装铣刀

a）安装内孔带键槽铣刀 b）安装端面带槽铣刀

2. 机夹不重磨铣刀刀片的安装

机夹式硬质合金不重磨铣刀不需要操作者刃磨，若铣削过程中刀片的切削刃用钝，只需用内六角扳手旋松双头螺钉，就可以松开刀片夹紧块，取出刀片，把用钝的刀片转换一个位置（待多边形刀片的每一个切削刃都用钝后，更换新刀片），然后将刀片紧固即可。硬质合金不重磨铣刀刀片的安装如图 2—2—9 所示。

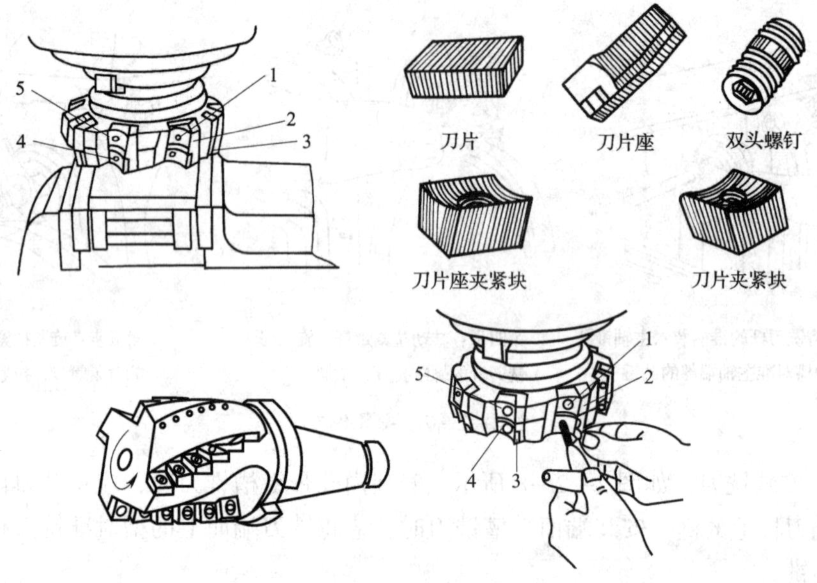

图 2—2—9　硬质合金不重磨铣刀刀片的安装

1—双头螺钉　2—刀片座　3—刀片　4—刀片夹紧块　5—刀片座夹紧块

3. 直柄铣刀的安装与拆卸

直柄铣刀一般通过钻夹头或弹簧夹头安装在主轴锥孔内，见表 2—2—4。

表 2—2—4　　直柄铣刀的安装

方法	操作	图示
用钻夹头安装	1. 将直柄铣刀插入钻夹头内 2. 用专用扳手将铣刀旋紧	
用弹簧夹头安装	1. 按照铣刀直径选择相同尺寸的卡簧 2. 将铣刀刀柄插入卡簧内，再一起装入弹簧夹头的圆锥孔内 3. 用扳手将螺母旋紧，即可将铣刀紧固	螺母　铣刀　卡簧　锥柄 铣刀　螺母　卡簧　锥柄

拆卸直柄铣刀时，先将主轴转速降到最低或将主轴锁紧，然后按照与安装相反的顺序操作，就可以拆卸直柄铣刀。

4. 锥柄铣刀的安装与拆卸

（1）锥柄铣刀柄部的锥度与铣床主轴锥孔的锥度相同

将铣刀锥柄直接放入主轴锥孔中（图 2—2—10a），然后旋入拉紧螺杆，用专用的拉杆扳手将铣刀拉紧（图 2—2—10b）。此时，手只能握在铣刀锥柄外露的端部，以防铣刀伤手。

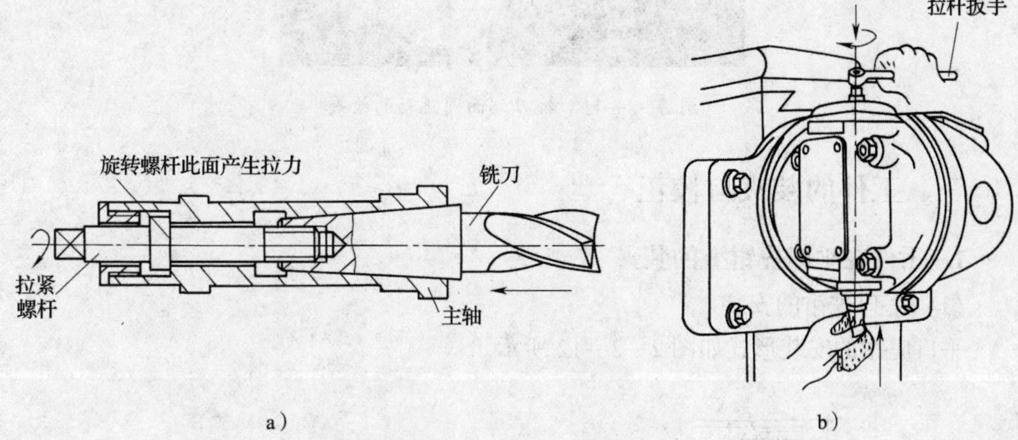

图 2—2—10　锥柄铣刀的安装

a）插入主轴锥孔内　b）拉紧铣刀

拆卸时，先将主轴转速降到最低或将主轴锁紧，然后用拉杆扳手将拉紧螺杆松开，继续旋转拉紧螺杆，即可取下铣刀。

（2）锥柄铣刀柄部的锥度与铣床主轴锥孔的锥度不同

此时，需要借助中间锥套安装铣刀。中间锥套的外圆锥度与铣床主轴锥孔锥度相同，而内孔锥度与铣刀锥柄锥度一致。安装时，先将铣刀插入中间锥套，然后将中间锥套连同铣刀一起放入主轴锥孔中，旋紧拉紧螺杆，紧固铣刀。

拆卸时，将锥柄铣刀和中间锥套一并卸下。如果铣刀落入中间锥套内，可用短螺杆旋入几圈，然后用锤子敲下铣刀。

5. 铣刀安装后的检查

铣刀安装后应做以下几个方面的检查：

（1）检查铣刀装夹是否牢固。

（2）检查铣刀杆支架轴承孔与铣刀杆支承轴颈的配合间隙是否合适。间隙过大，则铣削时会产生振动；间隙过小，则铣削时铣刀杆支架轴承会发热。

（3）检查铣刀回转方向是否正确。铣刀应向着刀齿前面的方向回转。

（4）检查铣刀刀齿的径向圆跳动和端面圆跳动（图 2—2—11），一般其误差应不超过 0.06 mm。

图 2—2—11　铣刀端面圆跳动的检查

三、工件的装夹与校正

1. 工件在平口虎钳上的装夹

（1）平口虎钳的安装

平口虎钳的安装形式如图 2—2—12 所示。

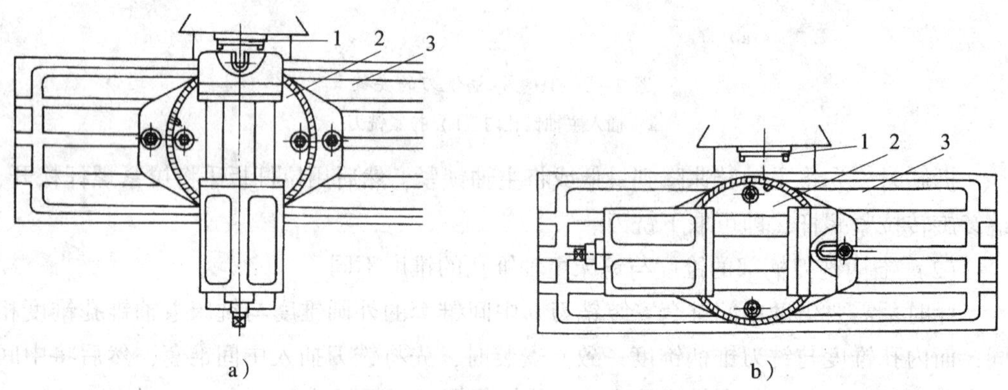

图 2—2—12　平口虎钳的安装形式

a）固定钳口与铣床主轴轴线垂直　b）固定钳口与铣床主轴轴线平行

1—铣床主轴　2—平口虎钳　3—工作台

1）擦净平口虎钳底座面和铣床工作台面。

2）将底座上的定位键放入工作台的中央 T 形槽内，即可对平口虎钳进行初步定位。

3）拧紧 T 形螺栓上的螺母。

（2）平口虎钳的校正

如果加工相对位置精度要求较高的工件，就要求钳口平面与铣床主轴轴线有较高的垂直度或平行度精度，应对固定钳口面进行校正。校正固定钳口面常用的方法有划针校正法、直角尺校正法和百分表校正法，具体方法见表2—2—5。校正平口虎钳时，应先松开平口虎钳的紧固螺母，校正后再将紧固螺母旋紧。

表2—2—5　　平口虎钳固定钳口的校正方法

方法	操作	图示
划针校正法	1. 将划针夹持在铣刀杆垫圈间 2. 调整工作台位置，使划针靠近固定钳口平面 3. 移动工作台，观察并调整钳口平面与划针针尖的距离，使其在钳口全长范围内一致，即可将平口虎钳的紧固螺母紧固 这种方法校正的精度较低	 校正固定钳口与铣床主轴轴线垂直
直角尺校正法	1. 松开平口虎钳紧固螺母，使固定钳口平面与主轴轴线大致平行 2. 将直角尺的尺座底面紧靠在床身的垂直导轨面上 3. 调整钳体，使固定钳口平面与直角尺长边的外测量面密合 4. 紧固钳体，再进行一次复验，以免紧固钳体时发生偏转	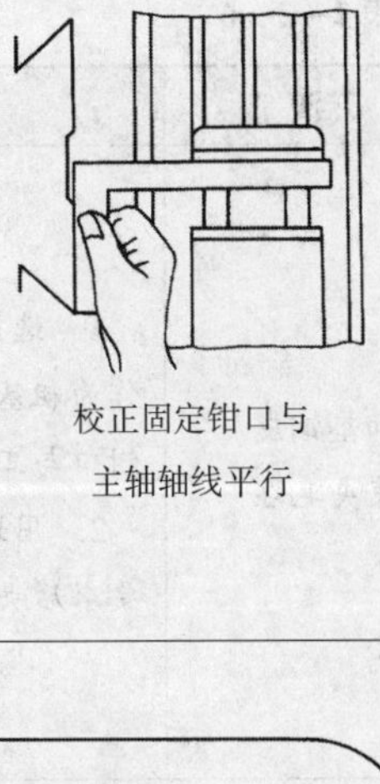 校正固定钳口与主轴轴线平行
百分表校正法	1. 将磁性表座吸附在铣床横梁导轨面上。安装百分表，使其测杆与固定钳口面大致垂直 2. 将百分表的测头接触到固定钳口面上，测杆压缩量调整到1 mm左右	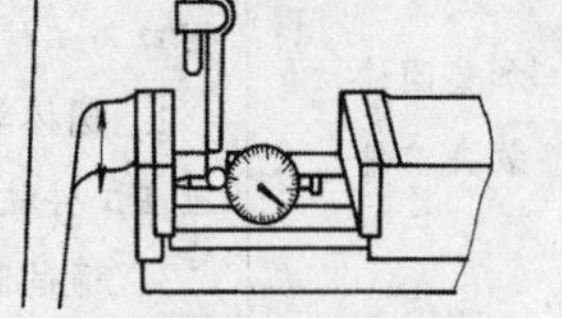 校正固定钳口与主轴轴线垂直

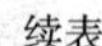
续表

方法	操作	图示
百分表校正法	3. 移动工作台，参照百分表读数来调整钳口平面，使百分表读数的差值在钳口全长范围内均符合规定的要求 这种方法适用于加工较高精度的工件时对固定钳口的精确校正	校正固定钳口与主轴轴线平行

(3) 用平口虎钳装夹工件

铣削长方体工件的平面、斜面、台阶或轴类工件的键槽时，都可以用平口虎钳进行装夹。装夹的方法及操作步骤具体见表2—2—6。

表 2—2—6　　平口虎钳装夹工件的方法及操作步骤

方法	操作步骤	图示
加垫铜皮装夹毛坯	1. 选择毛坯上一个大而平整的毛坯表面作为粗基准，将其靠在固定钳口上，并应在钳口与工件之间垫上铜皮，以防损伤钳口 2. 用划线盘校正毛坯上平面，直到符合要求后夹紧工件	铜皮　工件
加垫圆棒装夹工件	1. 以平口虎钳固定钳口作为定位基准时，应将工件的基准面靠向固定钳口，并在活动钳口与工件间放置一圆棒 2. 圆棒要与钳口的上平面平行，其位置应在工件被夹持部分高度的中间偏上 3. 通过圆棒夹紧工件，能保证工件的基准面与固定钳口密合	工件　圆棒

续表

方法	操作步骤	图示
加垫平行垫铁装夹工件	1. 以平口虎钳的钳体导轨面作为定位基准，将工件的基准面靠向钳体导轨面。在工件与导轨面之间加垫平行垫铁（视工件大小和高度而定） 2. 为了使工件基准面与导轨面平行，工件夹紧后，可用铝棒或铜锤轻击工件上平面，并用手试移垫铁。当垫铁不再松动时，表明工件、垫铁与钳体导轨面三者密合较好	平行垫铁 工件 钳体导轨面

（4）装夹工件时的注意事项

1）装夹工件前，应将平口虎钳各接合面擦净。

2）工件的装夹高度以铣削时铣刀不接触钳口上平面为宜，如图 2—2—13 所示。

3）工件的装夹位置应尽量使平口虎钳钳口受力均匀，如图 2—2—14 所示。必要时可以加垫块进行平衡。

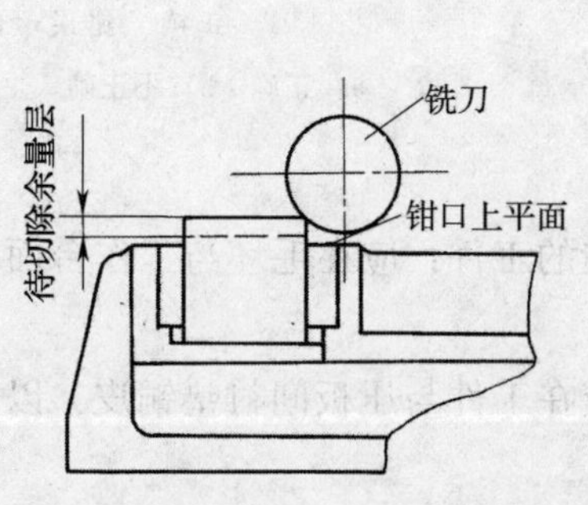

图 2—2—13 余量层应高出钳口上平面

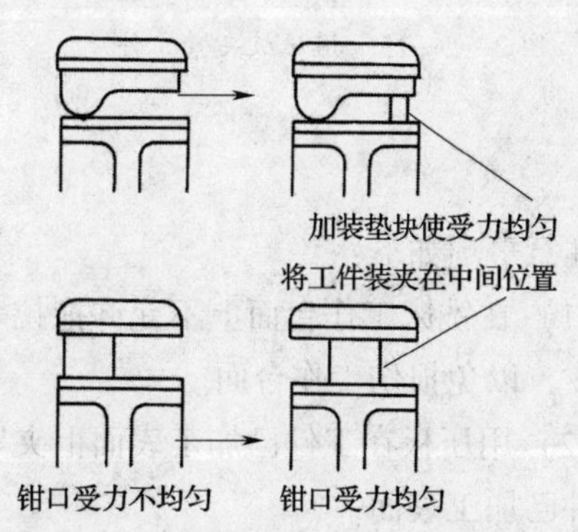

图 2—2—14 钳口受力情况

4）装夹工件时所选垫块的平面度、平行度和垂直度应符合要求，并使垫块表面具有一定硬度。敲击工件时用力要适当，并逐渐减小。

5）校正时工件不宜夹得太紧。

6）平口虎钳装夹精度降低时，应注意活动钳口下面压板的紧固螺钉是否松动。如果松动太大，会使活动钳口受力后上翘。此时应将紧固螺钉适当调紧。

7）严禁采用砸扳手的方法紧固工件；否则，会使平口虎钳的丝杆变形，造成平口虎钳运行不畅，夹紧力减小，甚至损坏平口虎钳。

2. 用压板装夹工件

当工件外形尺寸较大或不便用平口虎钳装夹时，常采用压板装夹的方法将工件压紧在铣床工作台面上，如图 2—2—15 所示。使用压板夹紧工件时，应选择两块以上的压板。压板的一端搭在工件上，另一端搭在垫铁上。垫铁的高度应等于或略高于工件被压紧部位的高度，T 形螺栓略接近于工件一侧。在螺母与压板之间必须加垫垫圈。压板夹紧位置的正确、错误示例如图 2—2—16 所示。

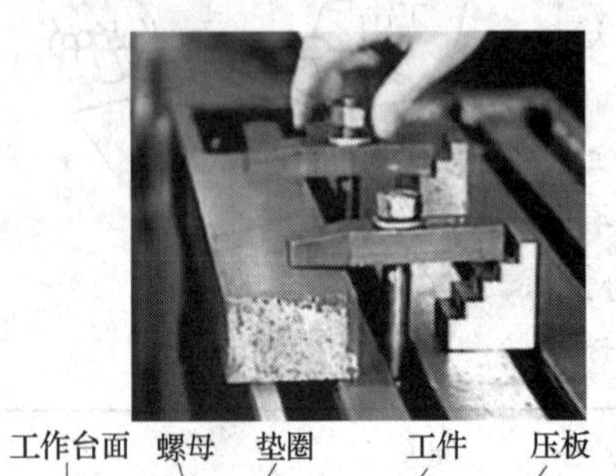

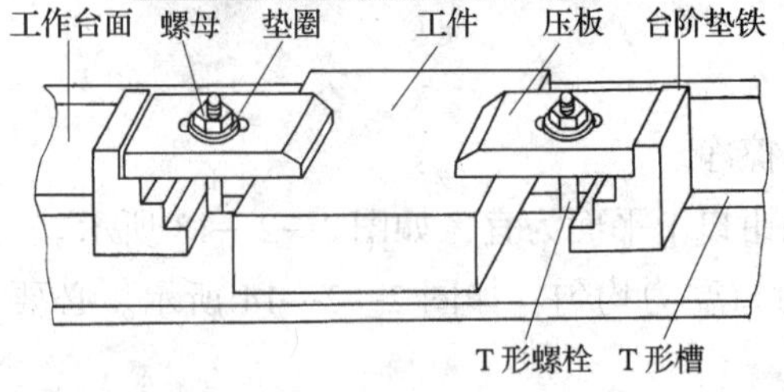

图 2—2—15 用压板夹紧工件

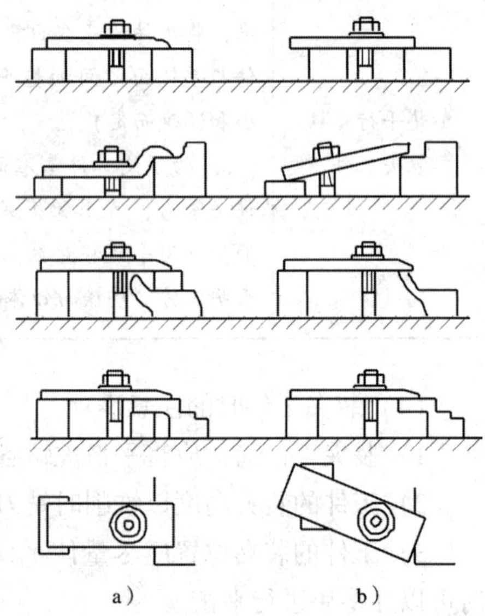

图 2—2—16 压板夹紧位置的正确、错误示例
a）正确 b）不正确

注意事项如下：

（1）在铣床工作台面上不允许拖拉表面粗糙的工件；应在毛坯与工作台面之间衬垫铜皮，以免损伤工作台面。

（2）用压板在工件已加工表面上夹紧时，应在工件与压板间衬垫铜皮，以避免损伤工件已加工表面。

（3）正确选择压板在工件上的夹紧位置，使其尽量靠近加工区域，并处于工件刚度最高的位置。若夹紧部位有悬空现象，应将工件垫实。

（4）压板的螺栓要拧紧，并尽量不使用活扳手拧紧，以防止其滑脱伤人。

3. 定位基准面的校正

当工件不以工作台面作为定位基准时，若工件的基准面窄长，可以采用靠铁进行定位；若工件的基准面宽大，可以采用角铁进行定位。选用的靠铁或角铁必须具有足够的硬度、刚度及较高的制造精度。

用压板将靠铁或角铁轻轻压上，再用百分表校正定位基准表面，如图 2—2—17 所示。压紧螺母后，应再复查一遍，以防压紧螺母时基准产生位移。

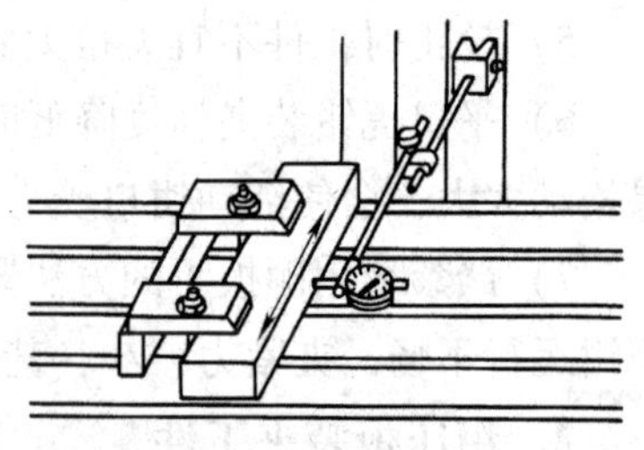

图 2—2—17 用百分表校正定位靠铁

课题三　铣削平面

一、铣削基础知识

1. 铣削的基本运动

铣削时工件与铣刀的相对运动称为铣削运动。它包括主运动和进给运动。铣削运动中，铣刀的旋转运动是主运动，进给运动是工件相对于铣刀的移动、转动或铣刀自身的移动，如图 2—3—1 所示。

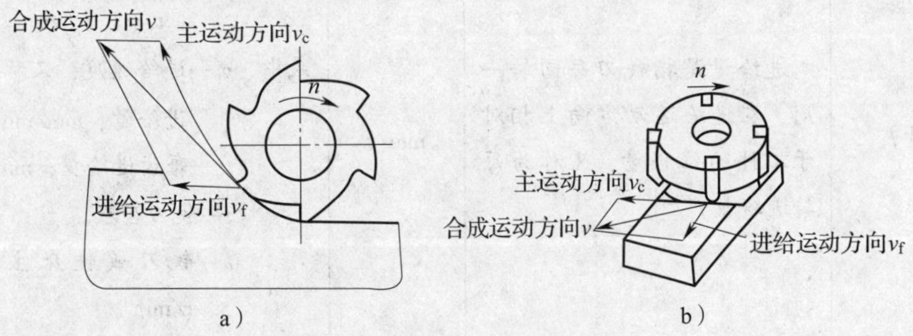

图 2—3—1　铣削运动

a）圆柱铣刀铣削　b）端铣刀铣削

2. 铣削的切削用量

铣削时应合理地选择切削用量，从而保证零件的加工精度与表面质量，提高生产效率，延长铣刀的使用寿命，降低生产成本。铣削用量的要素包括铣削速度（v_c）、进给量（f）、铣削深度（a_p）和铣削宽度（a_e）。如图 2—3—2 所示为用圆柱铣刀进行周铣及用端铣刀进行端铣时的铣削用量。铣削用量的定义、单位及说明见表 2—3—1。

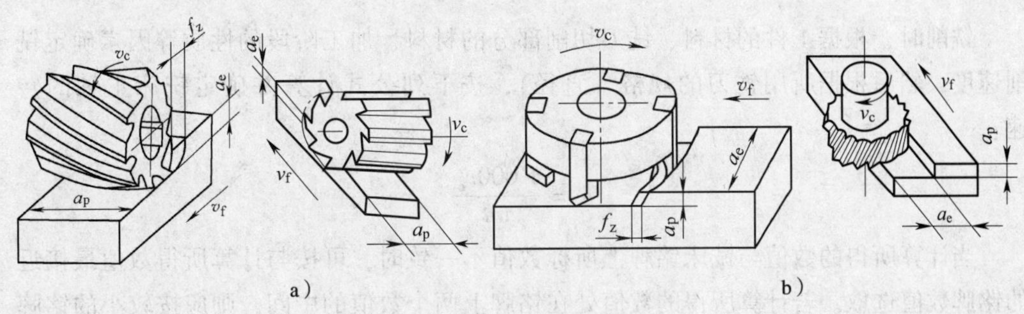

图 2—3—2　铣削用量

a）周铣　b）端铣

表 2—3—1　铣削用量的定义、单位及说明

铣削用量	定义	单位	说明
铣削速度 v_c	铣削时铣刀切削刃上选定点相对于工件主运动的瞬时速度称为铣削速度	m/min	铣削速度为： $v_c = \frac{\pi dn}{1\,000}$ 式中 v_c—铣削速度，m/min d—铣刀直径，mm n—铣刀或铣床主轴转速，r/min
进给量 f	进给量是指铣刀每回转一周，在进给运动方向上相对于工件的位移量，又称为每转进给量 f	mm/r	三种进给量的关系为： $v_f = f_n = f_z zn$ 式中 v_f—进给速度，又称为每分钟进给量，mm/min f_z—每齿进给量，mm/齿 z—铣刀齿数 n—铣刀或铣床主轴转速，r/min
铣削深度 a_p	铣削深度是指在平行于铣刀轴线方向上测得的切削层尺寸	mm	铣削时，由于采用的铣削方法和选用的铣刀不同，铣削深度 a_p 和铣削宽度 a_e 的表示也不同
铣削宽度 a_e	铣削宽度是指在垂直于铣刀轴线方向、工件进给方向上测得的切削层尺寸	mm	

铣削时，根据工件的材料、铣刀切削部分的材料、加工阶段的性质等因素确定铣削速度，然后根据所用铣刀的规格（直径），按下列公式计算并确定铣床主轴的转速：

$$n = \frac{1\,000v_c}{\pi d}$$

当计算所得的数值与铣床铭牌上所标数值不一致时，可按与计算所得数值最接近的铭牌数值选取。若计算所得的数值处在铭牌上两个数值的中间，则应按较小的铭牌值选取。

【例】　用一把直径为 25 mm、齿数为 3 的立铣刀，在 X5032 型立式铣床上铣削，

采用每齿进给量f_z为0.04 mm/齿，铣削速度v_c为24 m/min。试调整铣床的转速和进给速度。

解：已知$d=25$ mm，$z=3$，$f_z=0.04$ mm/齿，$v_c=24$ m/min

$$n=\frac{1\ 000\ v_c}{\pi d}=\frac{1\ 000\times24}{3.14\times25}\approx305.7\ \text{r/min}$$

$$v_f=fn=f_z zn=0.04\times3\times300=36\ \text{mm/min}$$

答：根据机床铭牌上的数值，305.7 r/min在300～375 r/min之间，所以主轴转速应调整到300 r/min，进给量应调整到36 mm/min。

3. 切削液的使用

铣削加工中，切削液通常采用浇注法，即将大流量的低压切削液直接浇注在切削区域上。但是，切削液较难直接浇入切削刃上最高温度处。对铣刀等切削刃较宽的刀具应使用平面液流，切削液喷嘴口的宽度应不小于工件切削层宽度的75%。

二、平面铣削的方法

铣削平面是铣床加工的重要工作之一，也是进一步掌握铣削其他各种复杂表面的基础技能。平面的铣削方法主要包括圆周铣削（图2—3—3、图2—3—4）、端面铣削（图2—3—5）和混合铣削（图2—3—6），具体见表2—3—2。

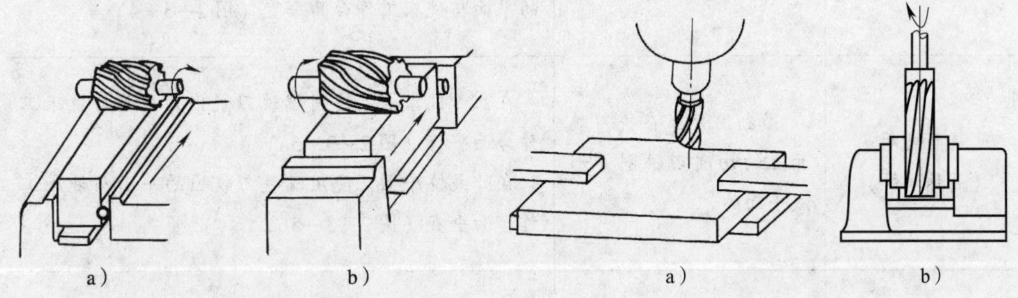

图2—3—3 在卧式铣床上周铣平面

a）固定钳口与主轴轴线垂直

b）固定钳口与主轴轴线平行

图2—3—4 在立式铣床上周铣平面

a）用压板装夹工件

b）用平口虎钳装夹工件

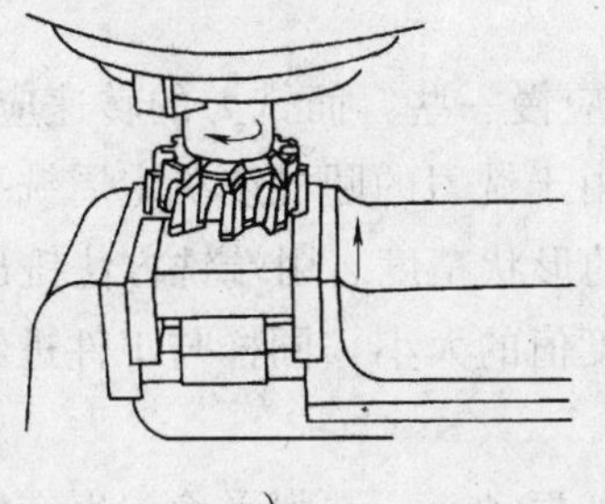

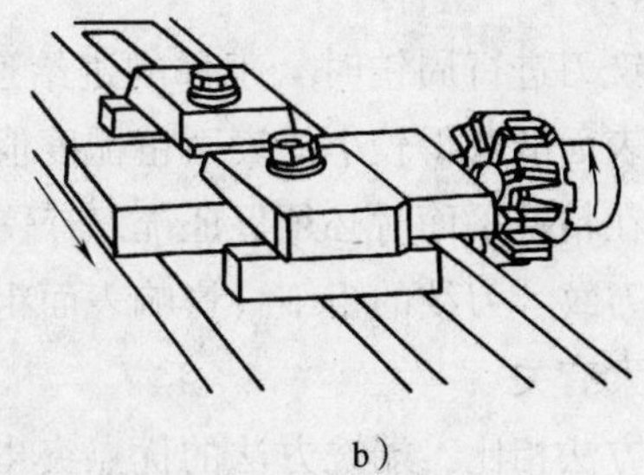

图2—3—5 端铣平面

a）在立式铣床上端铣平面 b）在卧式铣床上端铣平面

图 2—3—6　混合铣削（用立铣刀铣台阶）

表 2—3—2　　平面铣削方法

方法	定义	铣削形成的平面
圆周铣削（简称周铣）	是利用分布在铣刀圆柱面上的切削刃铣削并形成平面的	在卧式铣床上用圆柱铣刀铣平面时，铣出的平面与工作台面平行（图 2—3—3） 在立式铣床上使用立铣刀周铣工件表面时，铣出的平面与铣床工作台面垂直（图 2—3—4）
端面铣削（简称端铣）	是利用分布在铣刀端面上的切削刃铣削并形成平面的	在立式铣床上，使用端铣刀铣出的平面与铣床工作台面平行（图 2—3—5a） 在卧式铣床上，使用端铣刀铣出的平面与铣床工作台面垂直（图 2—3—5b）
混合铣削（简称混合铣）	是指在铣削时铣刀的圆周刃与端面刃同时参与切削的铣削方法	混合铣时，工件上会同时形成两个或两个以上的已加工表面（图 2—3—6）

用圆柱铣刀进行周铣时，工件的进给速度应慢一些，而铣刀的转速应适当增快，以使被加工表面能获得较小的表面粗糙度值。由于铣刀的圆柱度决定周铣平面的平面度，因此，在精铣平面时必须保证铣刀有较高的形状精度。用端铣方法铣出的平面也有一条条的刀纹，刀纹的粗细（影响表面粗糙度值的大小）同样与工件进给速度、铣刀转速等因素有关。

与周铣方法相比，端铣方法的优点突出，如振动小，铣削平稳，生产效率高，表面粗糙度值低，铣削力变化小，大直径端铣刀能一次铣出较宽的表面而不需要接刀等。因此，在铣床上多采用端铣方法铣削平面。

三、铣削的方式

在铣削加工中，根据铣刀的旋转方向和切削进给方向之间的关系划分，铣削方式分为顺铣与逆铣两种。

顺铣是指铣刀对工件的作用力在进给方向上的分力与工件进给方向相同的铣削方式。逆铣是指铣刀对工件的作用力在进给方向上的分力与工件进给方向相反的铣削方式。

1. 周铣时的顺铣与逆铣

周铣时顺铣、逆铣的方式及特点见表2—3—3。

表2—3—3　　周铣时顺铣、逆铣的方式及特点

铣削方式	顺铣	逆铣
图示		
优点	铣刀对工件起压紧作用，因此铣削时较平稳。适合不易夹紧的工件及细长的薄板形工件 铣刀切削刃切入容易 铣刀后面与工件已加工表面的挤压、摩擦小，故切削刃磨损慢，加工出的工件表面质量较高 在进给运动方面消耗的功率较小	铣刀中心进入工件端面后，切削刃沿已加工表面切入工件，铣削表面有硬皮的毛坯件时，对铣刀切削刃损坏的影响小 铣削时，工作台不发生间歇性窜动
缺点	铣削时，工作台会发生间歇性窜动，导致铣刀刀齿折断、铣刀杆弯曲、工件与夹具产生位移，甚至发生严重的事故 铣刀切削刃从工件外表面切入工件，当工件表面有硬皮或杂质时，容易磨损或损坏铣刀	由于工件受到向上铲起的切削分力，因此工件需要使用较大的夹紧力 铣刀切削刃切入工件时的切削厚度为零，并逐渐增到最大，使铣刀与工件的摩擦、挤压严重，加速刀具磨损，降低工件表面质量 在进给运动方面消耗的功率较大

在铣床上进行周铣时一般采用逆铣方式。当丝杆、螺母传动副有间隙调整机构，并将轴向间隙调整到较小（0.03～0.05 mm）时，如果水平方向的切削分力 F_f 小于工作台导轨间的摩擦力，或者铣削不易夹牢和薄而细长的工件，可选用顺铣方式。

2．端铣时的对称铣削与非对称铣削

根据端铣过程中铣刀与工件之间的相对位置不同，铣削方式又可分为对称铣削与非对称铣削两种。同时，端铣也存在顺铣和逆铣。在铣削宽度上以铣刀轴线为界，铣刀先切入工件的一边称为切入边，铣刀切出工件的一边称为切出边。切入边为逆铣，切出边为顺铣。

（1）对称铣削

铣削宽度 a_e 对称于铣刀轴线的端铣称为对称铣削，如图 2—3—7 所示。对称铣削时，切入边与切出边所占的铣削宽度相等，均为 $a_e/2$。当工件铣削宽度 a_e 与铣刀直径 d 相近时，应采用对称铣削。

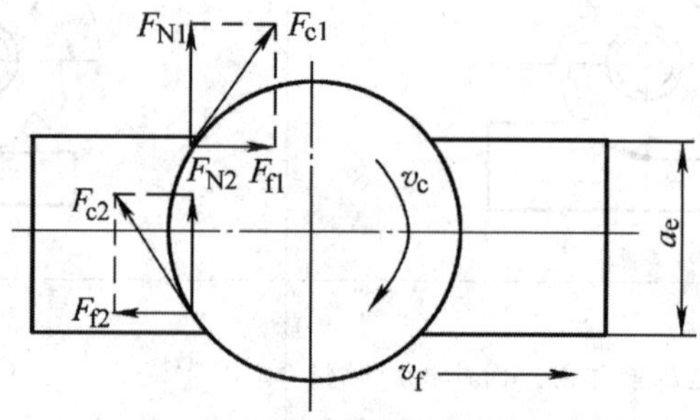

图 2—3—7　端铣时的对称铣削

（2）非对称铣削

铣刀轴线两侧的铣削宽度 a_e 不等的端铣称为非对称铣削，如图 2—3—8 所示。按切入边、切出边所占铣削宽度 a_e 比例的不同，非对称铣削分为非对称顺铣（切出边宽度大）和非对称逆铣（切入边宽度大）两种。

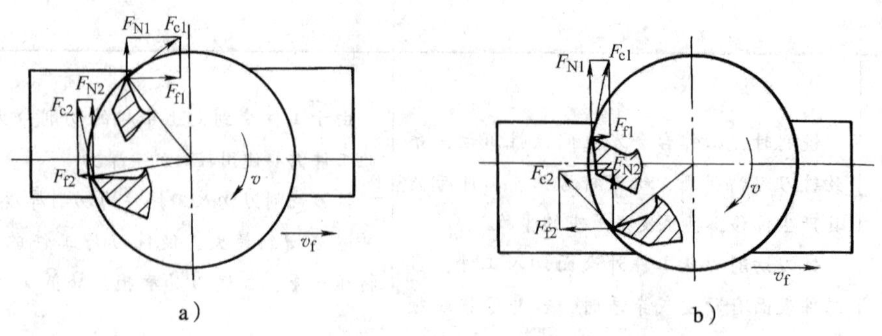

图 2—3—8　端铣时的非对称铣削

a）非对称顺铣　b）非对称逆铣

端铣时，一般采取非对称逆铣方式。只有在铣削塑性和韧性好、加工硬化严重的材料（如不锈钢、耐热合金等）时，为了减少切屑黏附及延长刀具寿命，才采用非对称顺铣。而且，必须调整机床工作台的丝杆螺母副的传动间隙。

四、连接面的铣削方法

工件上有许多不在同一平面上的表面，它们互相直接或间接地交接，这样的表面称为连接面。相对于基准面，连接面之间有平行、垂直和倾斜的位置关系。

垂直面和平行面的铣削既要保证其平面度和表面粗糙度的要求，又要保证相对其基准面的位置精度（垂直度、平行度），以及与基准面间的尺寸精度要求。

1. 端铣垂直面的方法

（1）用平口虎钳装夹端铣垂直面

在立式铣床上，可用端铣的方法铣削较小工件的垂直面，工件一般采用平口虎钳装夹。

1）工件的装夹与检测。保证连接面加工精度的关键是对工件正确定位和装夹。在平口虎钳上装夹工件铣削连接面时，要检测工件对工作台面的垂直度，如图 2—3—9 所示。

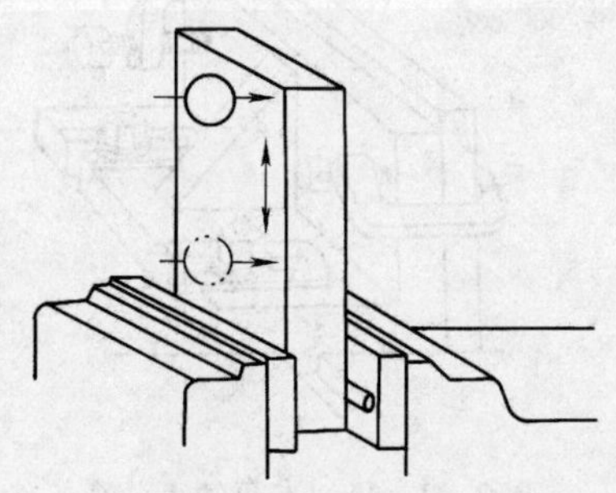

1. 取一块表面磨得很平整、光滑的平行垫铁，将其光洁、平整的一面紧贴固定钳口。
2. 在活动钳口处放置一根检验圆棒，将平行垫铁夹牢。
3. 用百分表测杆指在平行垫铁上与固定钳口贴合的一面，使工作台做垂直运动，在移动 200 mm 的长度上百分表读数的变动量应小于 0.03 mm。

图 2—3—9　校正固定钳口与工作台面的垂直度

2）调整方法。如果百分表读数的变动量超过 0. 03 mm，就应把固定钳口铁卸下进行修磨，或在固定钳口处垫铜皮。所垫铜皮或纸片的厚度可通过试切、测量进行增减。这种方法只在单件生产时作为临时措施使用，加工一批工件只需垫一次。

保证固定钳口与工件基准面贴合的措施：装夹时可在活动钳口处垫一圆棒，具体见表 2—2—6。

3）注意事项。安装平口虎钳时，必须去除平口虎钳底座的毛刺，将平口虎钳底面及工作台面擦拭干净。

（2）在工作台上用压板装夹端铣垂直面

大中型或无法在平口虎钳上装夹的工件，可以使用压板辅助靠铁将工件直接装夹在卧式铣床工作台上进行端铣，如图 2—3—10 所示。注意：装卸工件时，不允许敲打工件或定位元件，并注意观察铣削过程中定位是否可能被破坏。

2. 周铣垂直面的方法

（1）在立式铣床上周铣垂直面

1）用压板装夹。对基准面宽而长、加工面较窄的工件，可以将基准面放在垫铁上，用压板压紧即可，如图 2—3—4a 所示。影响连接面垂直度的主要因素：采用纵向进给时，主要因素为立铣刀的圆柱度；采用横向进给时，主要因素为立铣刀的圆柱度和立铣头主轴轴线与纵向进给方向的垂直度。

2）用平口虎钳装夹。对基准面窄而长、加工面较宽的工件，可以用平口虎钳装夹，并使用垫铁，如图 2—3—4b 所示。影响连接面垂直度的主要因素：除了垫铁的平行度或工件的安装精度外，立铣刀的圆柱度及让刀等因素也会产生一定的影响。

（2）在卧式铣床上周铣垂直面

大中型或无法在平口虎钳上装夹的工件，可以用角铁直接装夹在卧式铣床的工作台上，周铣其垂直面，如图 2—3—11 所示。

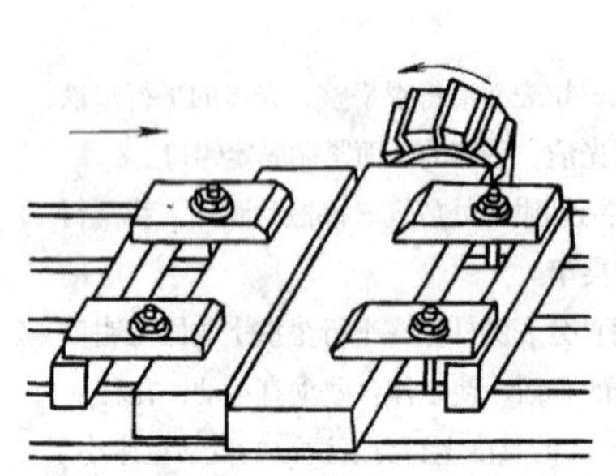

图 2—3—10　用压板辅助靠铁定位装夹工件并端铣

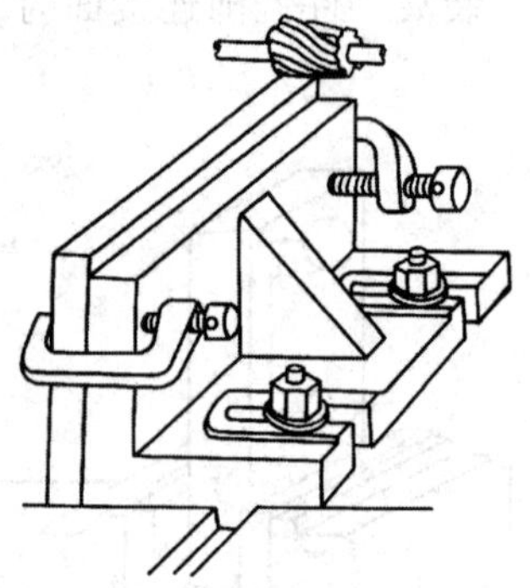

图 2—3—11　在角铁上装夹工件周铣垂直面

3. 端铣平行面的方法

铣削平行面时，除平行度、平面度要求外，还有两个平行面之间的尺寸精度要求。

（1）用平口虎钳装夹端铣平行面

平行度控制方法：周铣尺寸较小工件的平行面时，一般在卧式铣床上用平口虎钳装夹进行铣削。装夹时，可在基准面与平口虎钳钳体导轨面之间垫两块厚度相等的平行垫铁，如图 2—3—12 所示。工件较厚时，可以垫两条厚度相等的薄铜皮。

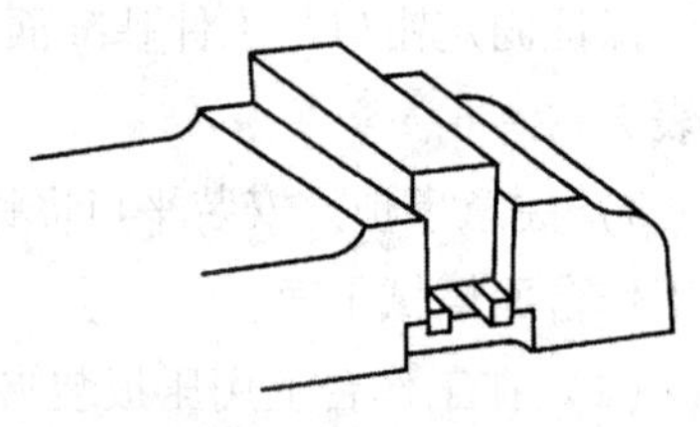

图 2—3—12　用平口虎钳配合平行垫铁装夹端铣平行面

铣削平行面时，还需要保证两个平行平面之

间的尺寸精度要求。在单件生产时，平行面的加工一般采取铣削→测量→再铣削……的循环方式进行，直至达到规定的尺寸要求为止。

在调整工作台上升距离时，应考虑工件受力抬起量的影响。粗铣时切削抗力大，铣刀受力抬起量大；精铣时切削抗力小，铣刀受力抬起量小。当尺寸精度要求较高时，应在粗铣与精铣之间增加一次半精铣（余量以 0.5 mm 为宜），再根据余量大小借助百分表调整工作台升高量。在粗铣或半精铣后测量工件尺寸时，一般应在平口虎钳上测量，不要卸下工件。

（2）用压板装夹端铣平行面

当工件有台阶时，可直接用压板将工件装夹在立式铣床的工作台台面上，使基准面与工作台台面贴合，如图 2—3—13 所示。

大中型工件无台阶面时，可以在卧式铣床工作台的 T 形槽内加装定位键，以其外侧面为基准，将工件靠正，配合压板直接装夹在工作台上端铣平行面，如图 2—3—14 所示。

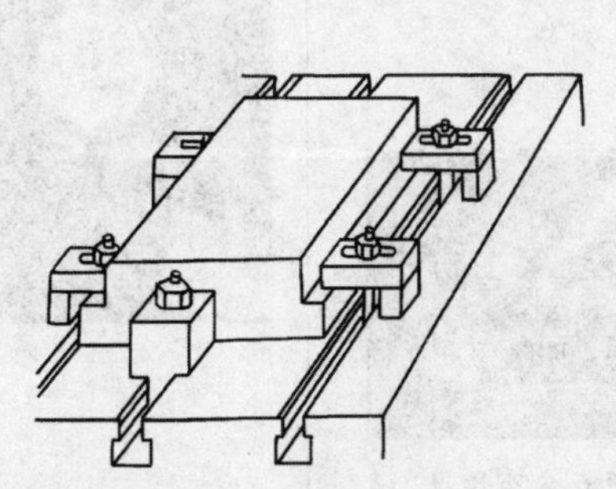

图 2—3—13 压板装夹工件台阶面端铣平行面

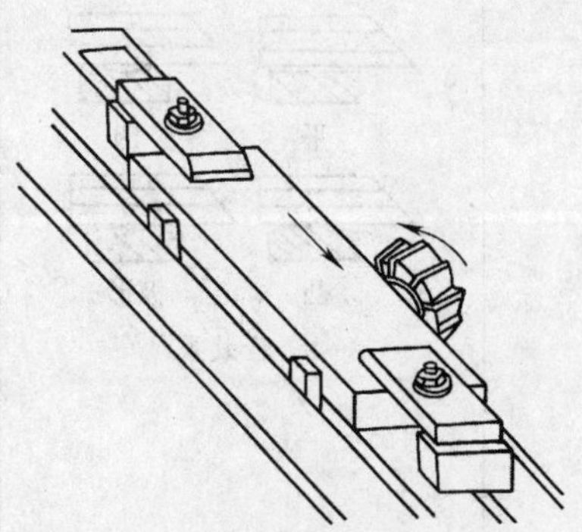

图 2—3—14 在 T 形槽内加装定位键定位端铣平行面

五、连接面的检测

平面质量的好坏主要从平面的平整程度和表面的粗糙程度两个方面来衡量，分别用几何公差项目和表面粗糙度值来考核。

1. 工件表面粗糙度的检验

表面粗糙度的检验一般采用表面粗糙度比较样块（图 2—3—15）与加工表面进行比较的方法。

图 2—3—15 表面粗糙度比较样块

2. 工件平面度的检验

工件平面度的检验方法及评价具体见表 2—3—4。

表 2—3—4　　工件平面度的检验方法及评价

检验方法	用光隙法检验	用涂色法检验	用百分表检测
检验图示	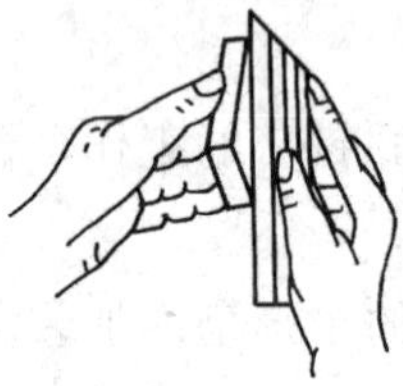 观察缝隙 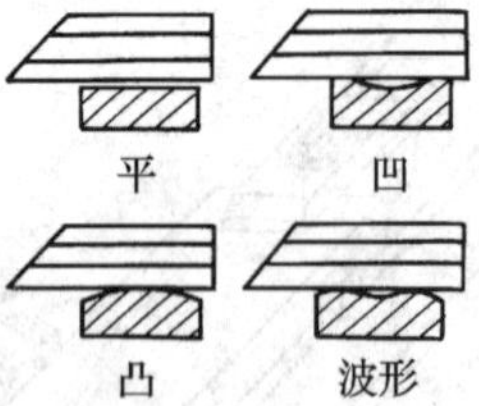 平　凹 凸　波形 检验效果	 涂色 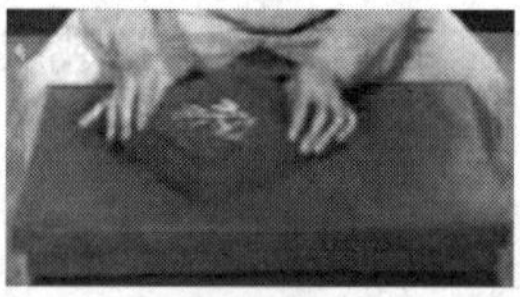 对研  观察研点分布情况	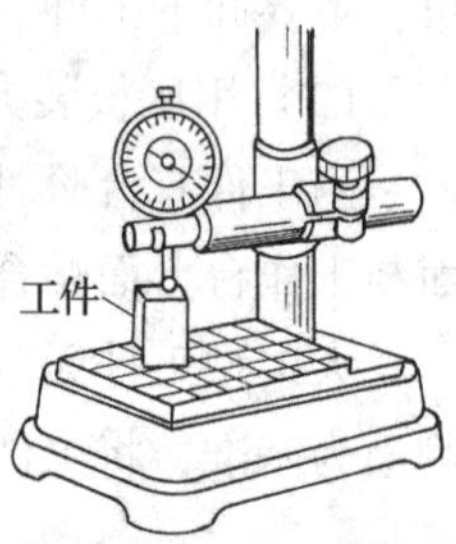  工件
检验结果评价	被检平面缝隙检测效果除了平直以外，凹、凸、波形效果均不合格。如果被检平面的多个位置和方向的缝隙小且均匀，就说明该平面的平面度符合加工技术要求	若平面着色均匀而细密，则表示该平面的平面度高，符合加工技术要求	百分表指针读数的变动量就是这个工件的平面度误差值

3. 工件垂直度的检验

使用直角尺采用光隙法检测较小工件的垂直度。将尺座内侧面紧贴在工件被检表面的基准面上，长边内侧面靠向被检表面，如图 2—3—16 所示。观察长边内侧面与工件被检表面之间缝隙的大小，判断其垂直度是否符合要求。还可以用直角尺和塞尺测量的方法进行垂直度的检验。

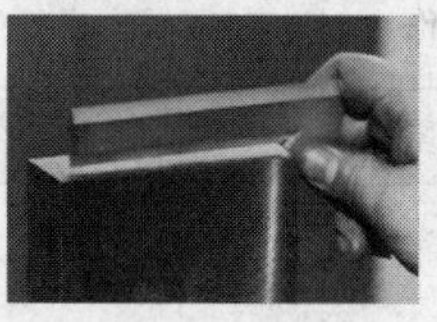

图 2—3—16　用直角尺检测工件的垂直度

4. 工件平行度的检测

用游标卡尺或千分尺直接测量被测两个平面间不同部位的距离，如图2—3—17所示。所测得最大尺寸与最小尺寸之差即可认为是两个平面之间的平行度误差值。但是，这种方法的检测结果会受到基准面的平面度误差的影响，检测结果不准确。

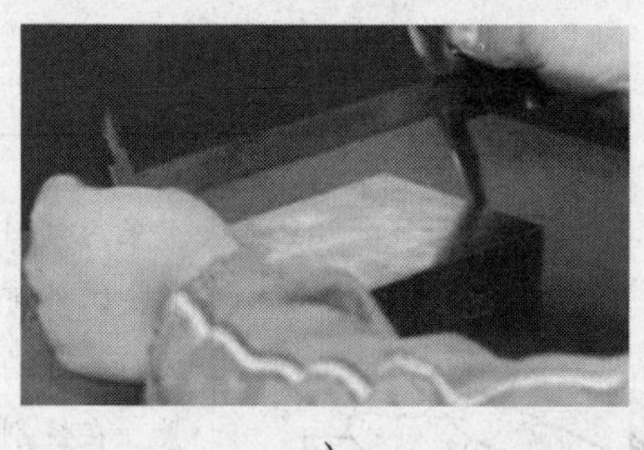
a）

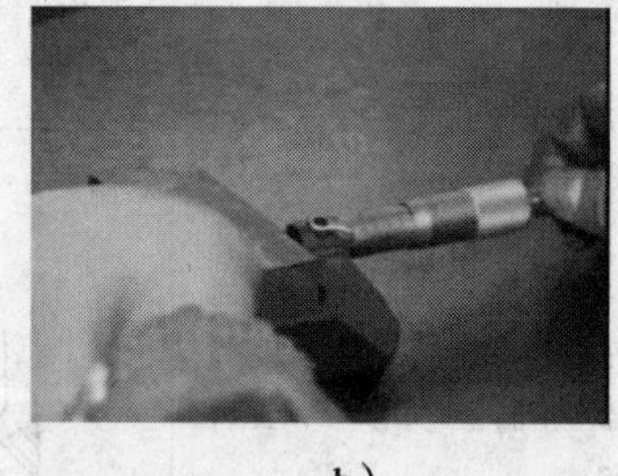
b）

图 2—3—17　直接测量法检测工件的平行度
a）用游标卡尺直接测量　b）用千分尺直接测量

对于精度要求较高的平行平面，可以利用百分表法进行测量，与检验工件平面度的方法相同，见表 2—3—4。

六、倾斜工件铣削斜面的方法

在连接面中，斜面是指与其基准面成倾斜状态的平面。铣削斜面（图 2—3—18）时，必须使工件的待加工表面与其基准面以及铣刀之间满足两个条件：一是工件的斜面平行于铣削时工作台的进给方向；二是工件的斜面与铣刀的切削位置相吻合，即采用周铣时斜面与铣刀旋转表面相切，采用端铣时斜面与铣床主轴轴线垂直。

常用的铣削斜面的方法有倾斜工件铣削斜面、倾斜铣刀铣削斜面、用角度铣刀铣削斜面等。本课题介绍倾斜工件铣削斜面的方法。

将工件倾斜所需的角度安装并进行斜面的铣削，适合于在主轴不能扳转角度的铣床上铣削斜面。常用的铣削方法有按划线装夹工件铣削斜面、用倾斜垫铁或靠铁定位装夹工件铣削斜面、偏转平口虎钳钳体装夹工件铣削斜面等，见表 2—3—5。

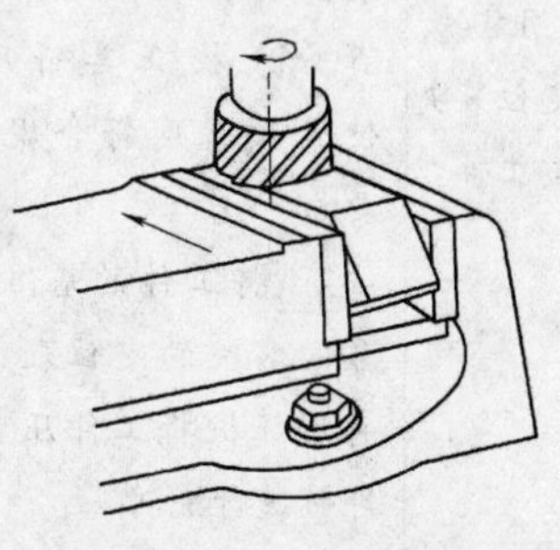

图 2—3—18　铣削斜面

表 2—3—5　　倾斜工件铣削斜面的方法及操作

铣削方法	步骤	图示	适用
按划线装夹工件	1. 在工件上划出斜面的加工线 2. 在平口虎钳上装夹工件，用划线盘校正工件上的加工线与工作台台面平行，再将工件夹紧 3. 对工件进行斜面铣削	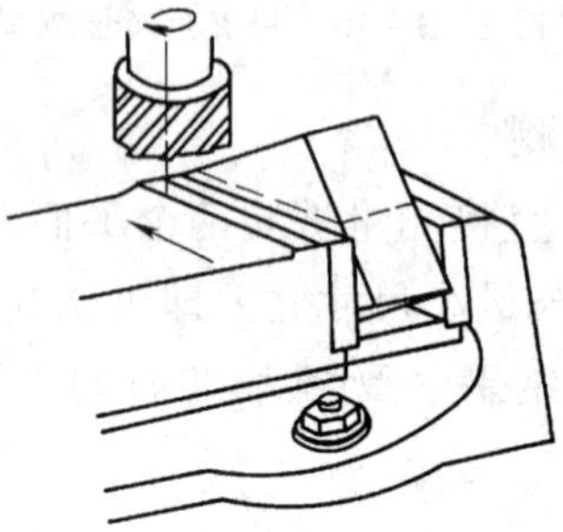	这种铣削斜面的方法在生产中经常采用 此法操作简单，仅适合加工精度要求不高的单件小型工件的生产
用倾斜垫铁定位装夹工件	倾斜垫铁的宽度应小于工件宽度，垫铁斜面的斜度应与工件相同 将斜垫铁垫在平口虎钳钳体导轨面上，用平口虎钳将工件夹紧，即可对工件进行斜面铣削	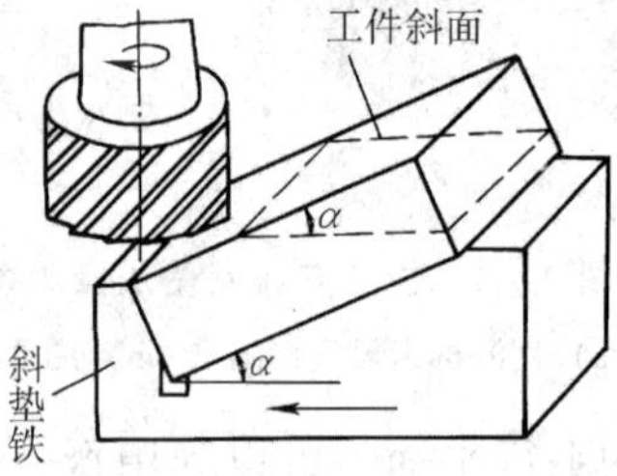	采用倾斜垫铁定位装夹工件可以一次完成对工件的校正和夹紧。在铣削一批工件时，铣刀的高度位置不需要因工件的更换而重新调整，故可以大大提高批量工件生产的效率
用靠铁定位装夹工件	外形尺寸较大的工件在工作台上用压板进行装夹 1. 在工作台面上安装一块倾斜的靠铁，用百分表校正其斜度，使其倾斜度符合规定要求 2. 将工件的基准面靠向靠铁的定位表面，再用压板将工件压紧，即可进行铣削	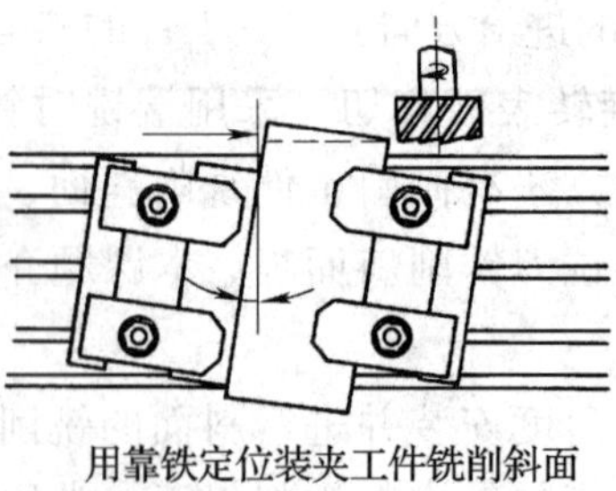 用靠铁定位装夹工件铣削斜面	适用于外形尺寸较大的工件铣削斜面

续表

铣削方法	步骤	图示	适用
偏转平口虎钳钳体装夹工件	1. 将平口虎钳钳体大致扳转一个角度，再用百分表校正固定钳口面的斜度，使其倾斜度符合规定的要求 2. 将钳体固定，装夹工件进行斜面的铣削	斜面与横向进给方向平行 斜面与纵向进给方向平行	适用于斜度较小、外形尺寸较大的工件

技能训练

长方体零件图如图 2—3—19 所示。毛坯为圆棒料，尺寸为 $\phi45\ mm\times60\ mm$，材料为 45 钢。本课题以练习平面铣削，控制平行面、垂直面的铣削为主要目的。

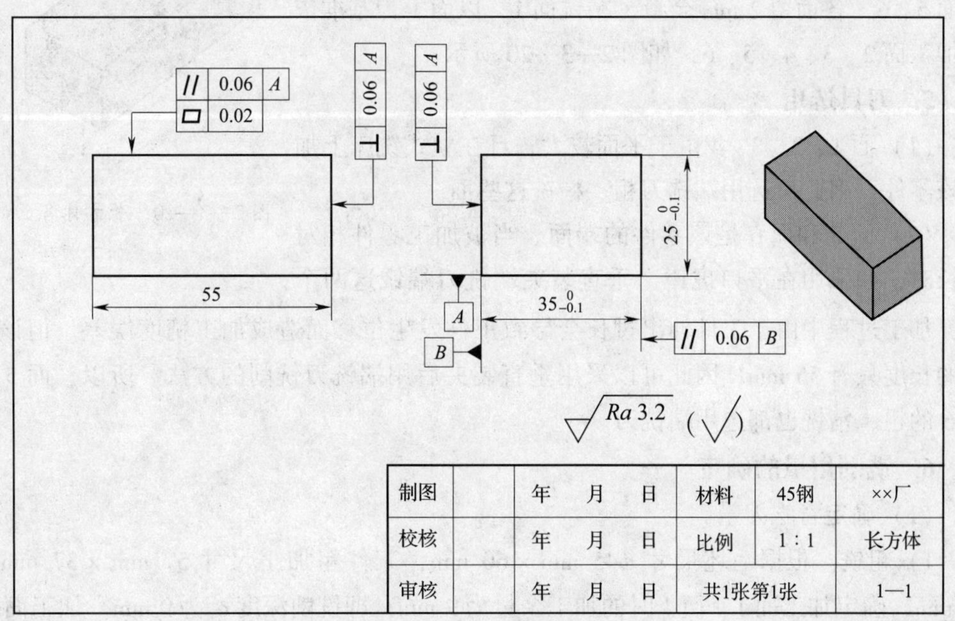

图 2—3—19 长方体零件图

一、工艺分析

1. 读图

看懂零件图样，了解图样上各加工部位的尺寸精度要求、几何精度和表面粗糙度要求，以及其他方面的技术要求。

该工件形状较简单，是由 6 个平面组成的长方体。除长、宽、高的尺寸精度要求外，表面粗糙度为 *Ra*3. 2 μm；上表面有平面度要求 0. 02 mm；上表面、两侧面及一侧端面相对于 *A*、*B* 基准面有垂直度或平行度要求，均为 0. 06 mm。

2. 确定加工余量

对照零件图样检查毛坯尺寸 ϕ45 mm×60 mm 和形状（棒料），在宽度方向上的毛坯余量为 10 mm，平均分布到两个长侧面的余量为 5 mm；长度方向上的毛坯余量为 5 mm，平均分布到两个短侧面的余量为 2. 5 mm；高度方向上的毛坯余量为 20 mm，平均分布到顶面和底面的余量为 10 mm。

3. 确定定位基准面和装夹方式

该长方体属于小型零件，铣削其平面时可以用平口虎钳装夹。加工过程中，定位基准面 1 应靠向平口虎钳的固定钳口或钳体导轨面，以保证其余各加工面对这个基准面的垂直度、平行度要求。

4. 确定加工工序

铣削时一般先粗铣，然后再精铣，以提高工件表面的加工质量。工艺过程：粗铣面 1、2、3、4，用立铣刀粗铣端面 5、6，各面留 2 mm 余量，精铣面 1，以面 1 为基准依次加工面 2、3、4、5、6，如图 2—3—20 所示。

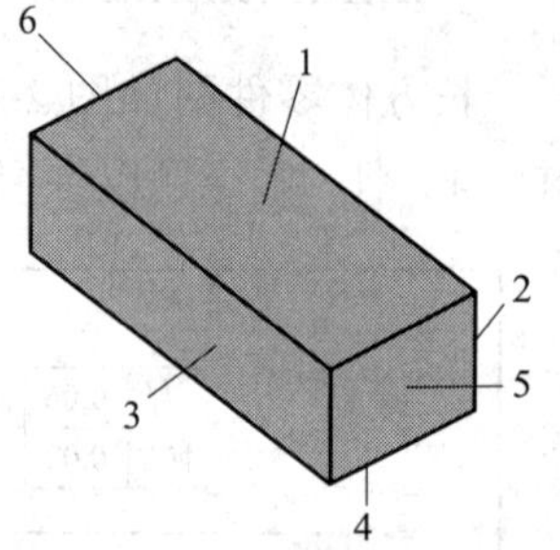

图 2—3—20　长方体各面的加工顺序

5. 刀具选用

（1）面 1、2、3、4 由于平面较大，且在立式铣床上加工该零件，因此可选用端铣刀粗、精铣这些面。

（2）面 5 和面 6 是该零件的端面。当被加工零件相对较长时，如采用在平口虎钳上垂直装夹端铣刀端铣这两个面，加工过程中由于工件伸出过长会导致工件发生位移而造成加工精度误差。但该零件的长度只有 55 mm，因此可以采用垂直装夹后用端铣刀铣削的方法。所以，面 5 和面 6 的粗、精铣也都选用端铣刀。

6. 铣削用量的确定

（1）确定背吃刀量

1）粗铣。根据毛坯尺寸 ϕ45 mm×60 mm，工件粗加工尺寸 57 mm×37 mm×27 mm，确定加工面 1、面 4 时的加工余量为 9 mm，即铣削深度 a_p 为 9 mm。加工面 2、面 3 时的加工余量为 4 mm，即铣削深度 a_p 为 4 mm。加工面 5、面 6 时的加工余量为

2 mm，即铣削深度 a_p 为 2 mm。

2）精铣。根据工件的粗铣尺寸 57 mm×37 mm×27 mm 和工件的最终尺寸 55 mm×35 mm×25 mm，确定各加工面时的加工余量为 1 mm，即铣削深度 a_p 为 1 mm。

（2）选择刀具材料，确定转速与进给量

在切削普通钢件时，高速钢铣刀的铣削速度通常取 15～36 m/min，硬质合金铣刀的铣削速度可取 60～115 m/min，粗铣时取较小值，精铣时取较大值。

进给量的大小在粗铣时通常以每齿进给量为依据，取 0.04～0.3 齿，铣刀及机床系统刚度高时取较大值，刚度较低时取较小值；精铣时的进给量以每转进给量为依据，通常取 0.1～2 mm/r，表面质量要求越高，进给量取值就越小。

因现拟采用 ϕ80 mm 的四刃硬质合金端铣刀，$v_c=60$ m/min，粗加工 $f_z=0.1$ mm/齿，精加工 $f_z=0.05$ mm/齿，则主轴转速及进给速度分别为：

$$n=\frac{1\,000v_c}{\pi d}=\frac{1\,000\times 60}{3.14\times 80}=238.9\ \text{r/min}$$

1）由于 238.9 r/min 介于转速铭牌中 235 r/min 和 300 r/min 之间，按接近选取原则，实际在 X5032 型立式铣床上粗加工采用 235 r/min 的转速。

$$\text{粗加工}: v_f=f_z zn=0.1\times 4\times 235=94\ \text{mm/min}$$

因此，粗加工采用 94 mm/min 的进给量。

2）按上面的原则，精加工采用 300 r/min 的转速。

$$\text{精加工}: v_f=f_z zn=0.05\times 4\times 300=60\ \text{mm/min}$$

因此，精加工采用 60 mm/min 的进给量。

二、加工步骤及操作

铣削长方体的加工步骤及操作见表 2—3—6。

表 2—3—6　　铣削长方体的加工步骤及操作

加工步骤	操作	图示
准备工作	1. 准备检验工具及用品，包括表面粗糙度样块、刀口尺、直角尺、游标卡尺、垫铁、检验圆棒 2. 检查铣床，包括各手柄的原始位置是否正常及各进给方向的停止挡铁是否在限位柱范围内，是否牢靠；然后完成机床润滑、预热等准备工作 3. 安装机用平口虎钳，固定钳口与纵向工作台进给方向平行；校正固定钳口与纵向工作台进给方向的平行度 4. 安装 ϕ80 mm 端铣刀	安装铣刀

续表

加工步骤	操作	图示
准备工作	5. 检查毛坯尺寸 ϕ45 mm×60 mm 6. 将圆棒料装夹在平口虎钳内，装夹工件应高于平口虎钳上平面 12～13 mm	检查毛坯 1 装夹工件
面 1 的铣削	铣削时，应能加工出基准面又不致铣伤平口虎钳钳口表面，控制铣削平面与对面圆弧表面间的距离为 35 mm	1
面 2 的铣削	1. 以面 1 为精基准靠向固定钳口并夹紧工件 2. 进行铣削加工，控制铣削平面与对面圆弧表面间的距离为 40 mm	2 1

续表

加工步骤	操作	图示
面 3 的铣削	1. 工件翻转 180°，仍以面 1 为基准贴合固定钳口，装夹工件 2. 进行铣削加工，控制铣削平面与面 2 间的距离为 35 mm	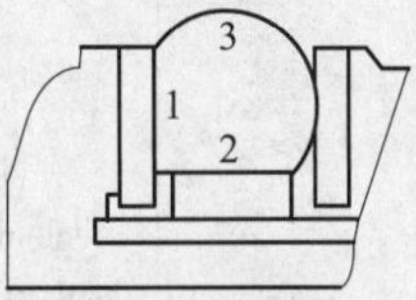 
面 4 的铣削	1. 工件翻转 90°，以面 1 靠向平行垫铁，面 2 靠向固定钳口并夹紧，可在活动钳口处垫一圆棒装夹 2. 工件进行铣削加工，控制铣削平面与面 1 间的距离为 25 mm	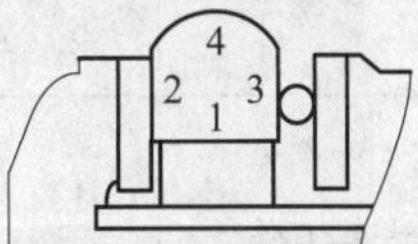 
面 5 的铣削	1. 工件垂直装夹，以面 6 靠向平行垫铁，面 1 为基准靠向固定钳口 2. 用刀口角尺或百分表进行校正并夹紧，在活动钳口处垫一圆棒装夹 3. 工件进行铣削加工，控制铣削的面 5 与面 6 间的距离为 57 mm	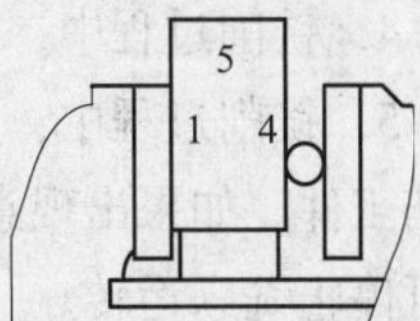 

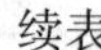
续表

加工步骤	操作	图示
面 6 的铣削	1. 工件翻转 180°，以面 5 靠向平行垫铁，面 1 为基准靠向固定钳口 2. 用刀口角尺或百分表校正并夹紧，可在活动钳口处垫一圆棒装夹 3. 工件进行铣削加工，控制铣削的面 5 与面 6 间的距离为 55 mm	6 1 4 5
自检	1. 加工完毕，按照图样要求进行自检 2. 正确放置零件，并进行产品交接确认	
结束工作	1. 按照国家环保相关规定和车间要求，整理现场，正确处置废油液等废弃物 2. 按车间规定填写交接班记录和设备日常保养记录卡	

三、注意事项

1. 装夹工件时，只能用铜锤、木锤轻击工件，避免损伤工件已加工表面。
2. 铣削前，要确认平口虎钳的扳手已经取下，才能启动铣床进行铣削。
3. 铣削前，应紧固不使用的进给机构，工作完毕再松开。
4. 铣削过程中，禁止用手触摸工件和铣刀、测量工件，变换主轴转速等。
5. 铣削过程中，不允许随意停止主轴旋转和工作台的自动进给，避免损坏刀具，啃伤工件。如果出现意外而必须停止铣削，应先降落工作台，使铣刀与工件脱离接触，方可停止铣床运转。
6. 铣削过程中每次重新装夹工件前和铣削完毕后，应及时用锉刀修整工件上的锐边和去除毛刺，同时避免锉伤工件的已加工表面。

四、平面铣削中常见质量问题的分析及处理措施

平面的铣削质量主要是指平面的平面度、表面粗糙度以及垂直度、平行度和平行面之间的尺寸精度。平面的铣削质量不仅与铣削时所用的铣床、夹具和铣刀的质量有关，还与铣削用量和切削液的合理选用等诸多因素有关。平面铣削中常见质量问题的产生原因及预防措施见表 2—3—7。

表 2—3—7　　平面铣削中常见质量问题的产生原因及预防措施

常见质量问题	产生原因	预防措施
表面粗糙度值大	进给量太大	选择合适进给量
	铣刀不锋利	刃磨或调换铣刀
	铣刀跳动太大	调整铣刀和刀轴
	机床、夹具刚度低引起振动	调整机床、夹具，提高工艺系统刚度
	工作台垫铁调整不当，引起爬行	调整工作台垫铁
	切削液选用不当	选择润滑性好的切削液
	铣刀几何参数选择不当	刃磨或选择几何参数适当的铣刀
出现“深啃”现象	铣削时中途停止进给	铣削时不间断进给
平面度超差	周铣时： 铣刀圆柱度不好 铣刀宽度小于工件宽度，铣削时接刀	刃磨或调换圆柱度好的铣刀 选择宽度大于工件宽度的铣刀
	端铣时： 主轴与进给方向不垂直 铣刀直径小于工件宽度	调整铣床主轴或工作台，使主轴与进给方向垂直 选择直径大于工件宽度的铣刀
	机床导轨的平面度和直线度差，使进给运动不是直线，铣出的平面成波形	修理和校正导轨的平面度和直线度
位置度超差	夹具的定位支承面（如固定钳口）位置不准	提高夹具本身的制造精度 安装时调整准确
	工件基准面与夹具支承面不密合	擦净工件基准面与夹具支承面之间的脏物
	周铣时，铣刀圆柱度不准	刃磨或调换圆柱度好的铣刀
	端铣时，铣床主轴轴线与进给方向不垂直，尤其在立式铣床上作横向进给时更明显	调整铣床主轴与工作台台面相垂直
	精铣时夹紧力太大，使夹具产生变形	夹紧时，使夹紧力适当
	工件基准面质量差，以致定位不准	调整工件或立铣头的转角，使转角准确

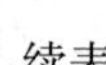
续表

常见质量问题	产生原因	预防措施
尺寸与图样不符	刻度盘摇错 对刀不准确 图样看错 测量错误	工作认真 提高操作水平 认真看图 测量准确
	工件因切削受热膨胀，测量中没有考虑它的影响，冷却后尺寸减小	冷却后测量或浇注切削液

五、评分标准

铣削长方体评分标准见表 2—3—8。

表 2—3—8　　铣削长方体评分标准

考核项目	考核内容及要求	配分	评分标准	检测结果	得分
主要尺寸	$35^{\ 0}_{-0.10}$ mm	12	超差不得分		
	$25^{\ 0}_{-0.10}$ mm	12	超差不得分		
	55 mm	12	超差不得分		
几何公差与表面质量	平面度 0.02 mm	8	每超差 0.01 mm 扣 4 分，扣完为止		
	垂直度 0.06 mm（2 处）	14	每超差 0.02 mm 扣 4 分，扣完为止		
	平行度 0.06 mm（2 处）	14	每超差 0.02 mm 扣 4 分，扣完为止		
	表面粗糙度 *Ra*3.2 μm	18	超差不得分		
设备及工具、量具、刃具的使用维护	常用工具、量具、刃具的合理使用与保养	2	未完成不得分		
	正确操作铣床	2	未完成不得分		
	正确进行铣床润滑	1	未完成不得分		
	正确进行铣床保养	2	未完成不得分		
安全文明生产	正确执行安全技术操作规程	2	酌情提醒或扣分		
	正确穿戴工作服	1	未完成不得分		
总分		100			

课题四 铣 削 台 阶

在模具中，有不少带有台阶的零件，如台阶式键（图 2—4—1）、阶梯式垫铁等，它们通常在铣床上加工，其工作量仅次于铣平面。通常可在立式铣床上用立铣刀或端铣刀和在卧式铣床上用三面刃铣刀铣削零件台阶面。本课题主要介绍在立式铣床上铣削台阶。

一、用立铣刀铣台阶

深度较深的台阶或多级台阶，可用立铣刀在立式铣床上加工，如图 2—4—2 所示。铣削时，立铣刀的圆周刀刃起主要切削作用，端面刀刃起修光作用。立铣刀铣削台阶时，应比用三面刃铣刀铣削时选用的铣削用量小，否则容易产生“让刀”，甚至造成铣刀折断。因此，一般采取分数次粗铣出台阶宽度，最后将台阶的宽度和深度精铣至要求。在条件许可的情形下，应选用直径较大的立铣刀铣台阶，以提高铣削效率。

图 2—4—1 台阶式键

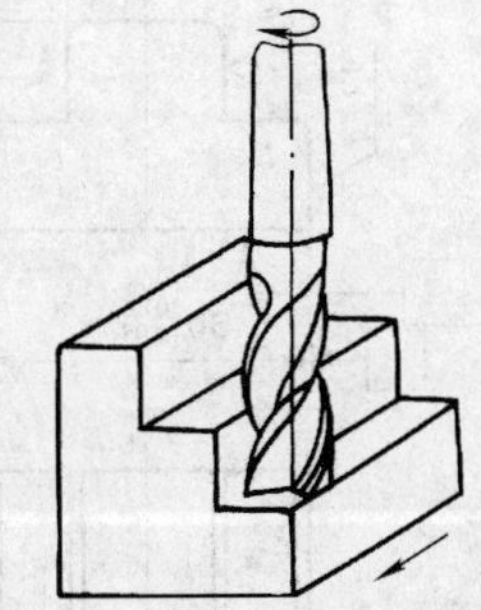

图 2—4—2 用立铣刀铣台阶

二、用端铣刀铣台阶

宽度较宽而深度较浅的台阶，常使用端铣刀在立式铣床上加工，如图 2—4—3 所示。端铣刀刀杆刚度大，铣削时切屑厚度变化小，切削平稳，加工表面质量好，生产效率高。铣削台阶所用端铣刀的直径应大于台阶的宽度，一般可按 $D=(1.4\sim1.6)B$ 选取。

三、台阶的检测

台阶的检测较为简单，台阶的宽度和深度一般可用游标卡尺、游标深度尺检测；双面台阶的凸台宽度，当台阶深度较深时，可用千分尺检测，当台阶深度较浅不便使用千分尺检测时，可用极限量规检测，如图 2—4—4 所示。

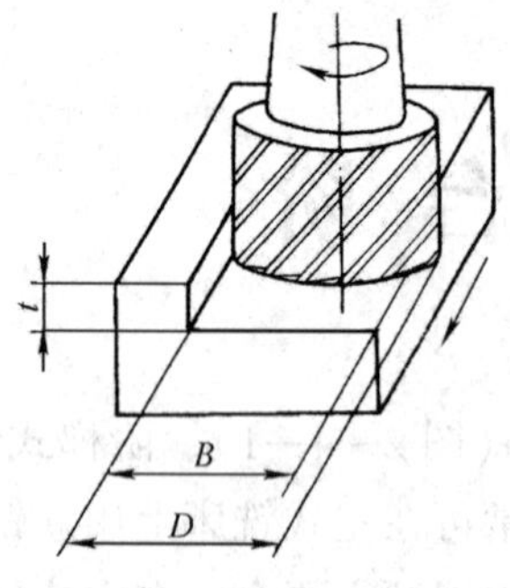

图 2—4—3　用端铣刀铣台阶

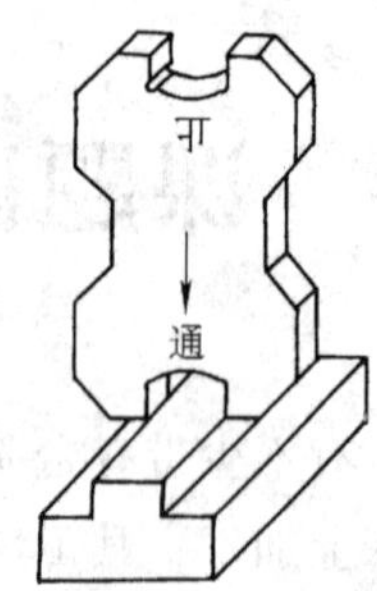

图 2—4—4　用极限量规检测台阶凸台的宽度

技能训练

弯曲模凸模零件图如图 2—4—5 所示。毛坯：板料，尺寸为 55 mm × 35 mm × 25 mm，材料为 45 钢。本课题以练习台阶铣削，控制台阶面对称及垂直的铣削为主要目的。

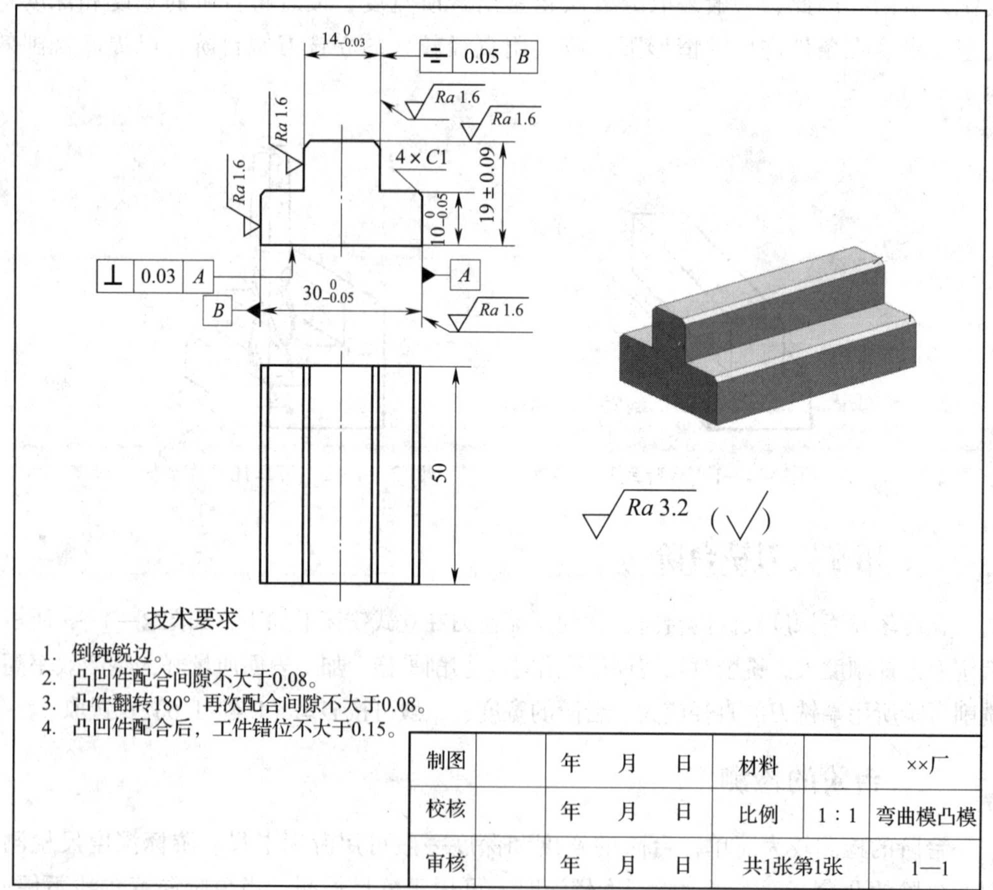

图 2—4—5　弯曲模凸模零件图

一、工艺分析

1. 读图

该凸模形状为台阶，主要由平面组成。这些平面应具有较好的平面度和较小的表面粗糙度；台阶的两侧平面须与其他零件（凹模）相配合，长度、高度方向还须有较高的尺寸精度及较高的位置精度（如平行度、垂直度、对称度等）。

2. 工件的装夹

在 X5032 型立式铣床上用平口虎钳装夹凸模工件。

3. 确定加工工序

工艺过程：粗铣各外形面，各面留 1 mm 余量，精铣底面，以底面为基准依次加工各外形面，用立铣刀粗、精铣两侧台阶。

4. 铣削用量的确定

（1）铣削外形时，选用 ϕ80 mm 硬质合金端铣刀，进给量为 0.2 mm/齿，转速为 180 r/min，铣削深度为 3 mm。

（2）铣削台阶时，选用 ϕ25 mm 高速钢立铣刀，进给量为 0.1 mm/齿，转速为 300 r/min，铣削深度为 1 mm。

二、加工步骤及操作

铣削弯曲模凸模的加工步骤及操作见表 2—4—1。

表 2—4—1　　　　铣削弯曲模凸模的加工步骤及操作

加工步骤	操作	图示
准备工作	1. 准备检验工具及用品 2. 检查铣床，然后润滑、预热 3. 安装平口虎钳 4. 安装 ϕ80 mm 端铣刀，并调整铣床，设置加工参数 5. 检查毛坯尺寸，装夹在平口虎钳内	
铣削凸模外形	按照模块二课题三“技能训练”完成	
划线	取下工件，划出凸模的中心线及凸台部分的轮廓线	
调整铣床	选择合适规格的立铣刀安装到铣床上，并调整主轴转速至所选转速，进给量调至所选数值	
装夹长方体	将工件辅助基准面靠向固定钳口，主基准面放在合适的平行垫铁上，调整好工件位置并夹紧，用铜棒将工件轻轻敲实，直至用手不能晃动垫铁为合适	

续表

加工步骤	操作	图示
铣削台阶面 1	在铣削凸台的一侧（台阶面 1）时，需要计算并间接测量台阶宽度（间接保证对称度 0.05 mm）及台阶深度	
铣削台阶面 2	铣削凸台另一侧（台阶面 2）时，用千分尺测量对称度 0.05 mm 及尺寸精度 $14_{-0.03}^{0}$ mm 若工件毛坯加工有缺陷，此时要认真选择加工面位置，将缺陷区域铣去	
检验双台阶面	检查无误后，卸下工件，用锉刀仔细去除毛刺后，综合检验各项技术要求	
工件倒角	采用倾斜工件法用键槽铣刀依据右图标注的顺序对工件倒角 *C*1 mm	
去毛刺	检查无误后，卸下工件，用锉刀仔细去除毛刺	
检验工件	1. 加工完毕，按照工件图综合检验各项技术要求 2. 正确放置工件，并进行产品交接确认	
结束工作	1. 按国家环保相关规定和车间要求，整理现场，正确处置废油液等废弃物 2. 按车间规定填写交接班记录和设备日常保养记录卡	

三、注意事项

1. 铣床工作台的纵向进给方向应与主轴轴线垂直。

2. 当铣床工作台的纵向进给方向与主轴轴线不垂直时，铣出的台阶两侧容易形成凹面，使台阶产生“上窄下宽”的现象。

3. 立铣头应对准“零位”。在立式铣床上用立铣刀铣台阶时，当立铣头“零位”

不准时，若用纵向进给来铣削，虽然对台阶的两侧面无影响，但台阶的下平面（即水平面）上会产生凹面。

4. 由于台阶精度较高，操作时要注意分粗、精加工，并严格按操作规程进行，以免发生事故。

四、铣削台阶中主要质量问题的分析及处理

铣削台阶中主要质量问题的产生原因及预防措施见表 2—4—2。

表 2—4—2　　铣削台阶中主要质量问题的产生原因及预防措施

主要质量问题	产生原因	预防措施
宽度尺寸超差	立铣刀直径或三面刃铣刀宽度不符合要求	使用前检查铣刀直径或宽度
	刻度盘格数搞错，测量不准确	看清刻度，仔细测量
	丝杠与螺母的间隙方向记错，使工作台移动不到位	记清间隙方向，使工作台移动到位
	立铣刀直径太小，让刀严重，铣刀有摆差	适当减少精铣余量，或使用直径较大的立铣刀，检查铣刀的偏摆量
	铣刀磨损	调换铣刀
	用三面刃铣刀加工时，万能铣床工作台零位未校正	校正工作台零位
	工件装夹不合理，工件变形，影响槽宽	选择合理的装夹方式，注意夹紧力在工件上的作用部位，精铣时适当减小夹紧力
长度或深度尺寸超差	纵向工作台移动距离不对	预先按槽长划线，总长度要减去铣刀直径
	对刀不准确，使深度不准	认真对刀
	工件倾斜，使底部深浅不一	仔细装夹，使工件基准面与工作台台面平行
	直柄立铣刀被落下	尽量采用锥柄铣刀，或用精度较高的弹簧夹头夹持直柄立铣刀，适当减小进给量

续表

主要质量问题	产生原因	预防措施
几何精度超差	基准面搞错	看清图样，认清基准面
	工作台“零位”不准，使台阶上窄下宽，而且台阶侧面被铣成凹面	调整工作台，使工作台对准“零位”
	夹具和工件未校正，使台阶产生歪斜	铣削前检查并校正夹具和工件
表面粗糙度不符合要求	铣刀因磨损变钝	及时调换铣刀
	铣削用量选择不当	合理选择铣削用量
	切削液不合适或浇注量不足	选用合适的切削液，加大浇注量
	工作台垫铁松动，铣削时振动大	调整垫铁与机床的间隙，增大夹具和刀具的刚度
	切屑排除不畅	及时排除切屑

五、评分标准

铣削弯曲模凸模评分标准见表 2—4—3。

表 2—4—3　　铣削弯曲模凸模评分标准

考核项目	考核内容及要求	配分	评分标准	检测结果	得分
主要尺寸	50 mm	8	超差不得分		
	$30_{-0.05}^{0}$ mm	10	超差不得分		
	$14_{-0.03}^{0}$ mm	10	超差不得分		
	$10_{-0.05}^{0}$ mm	10	超差不得分		
	(19 ±0.09) mm	10	超差不得分		
	*C*1 mm（4 处）	8	超差一处扣 2 分		
几何公差与表面质量	对称度 0.05 mm	10	每超差 0.025 mm 扣 5 分，扣完为止		
	垂直度 0.03 mm	10	每超差 0.01 mm 扣 3 分，扣完为止		
	表面粗糙度 *Ra*1.6 μm	10	超差不得分		
	表面粗糙度 *Ra*3.2 μm	4	超差不得分		

续表

考核项目	考核内容及要求	配分	评分标准	检测结果	得分
设备及工具、量具、刃具的使用维护	常用工具、量具、刃具的合理使用与保养	2	未完成不得分		
	正确操作铣床	2	未完成不得分		
	正确进行铣床润滑	1	未完成不得分		
	正确进行铣床保养	2	未完成不得分		
安全文明生产	正确执行安全技术操作规程	2	酌情提醒或扣分		
	正确穿戴工作服	1	未完成不得分		
总分		100			

课题五　铣削直角沟槽

在各种模具中，由于工艺或结构要求，各种槽应用得比较广泛，如凹凸模中的凹模等。一般采用铣削加工模具零件的槽，常用三面刃铣刀、立铣刀、键槽铣刀来铣削直角沟槽。本课题主要介绍用立铣刀、键槽铣刀铣削直角沟槽。

一、槽的种类

按槽的截面形状分，有直角沟槽、键槽、特形沟槽等；按槽的走向分，有直线形、螺旋形、曲线形槽。直角沟槽的种类通常有通槽、半通槽（也称半封闭槽）和封闭槽三种形式，如图 2—5—1 所示。

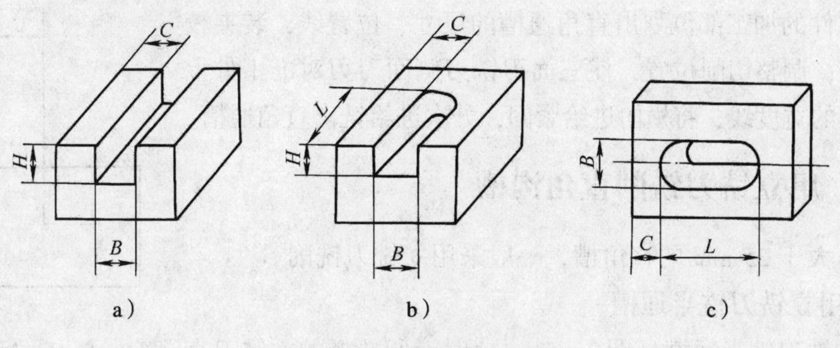

图 2—5—1　直角沟槽的种类

a）通槽　b）半通槽　c）封闭槽

二、直角沟槽铣削时工件装夹与校正

直角沟槽在工件上的位置，大多要求与工件两侧面平行。中小型工件一般都用平口虎钳装夹，大型工件则用压板直接装夹在工作台上。在铣削前，应校正固定钳口相对于纵向进给方向是否满足加工要求，可用万能角度尺进行校正；工件用压板装夹时，可用百分表将其侧面校正到水平位置。

铣削窄长的直通槽时，平口虎钳的固定钳口面应与铣床主轴轴线垂直；在窄长工件上铣削垂直于工件长度方向的直通槽时，平口虎钳的固定钳口面应与铣床主轴轴线平行。这样可以保证铣出的直通槽两侧面与工件的基准面平行或垂直。固定钳口面与主轴轴线平行或垂直，如图 2—5—2 所示。

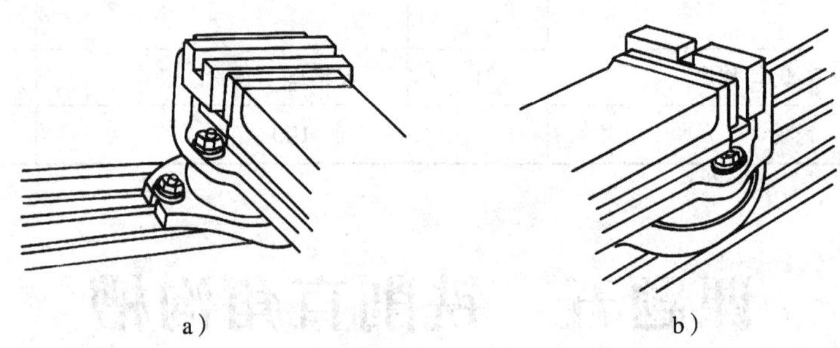

a）　　　　b）

图 2—5—2　用平口虎钳装夹铣直角沟槽

a）固定钳口面与主轴轴线垂直　b）固定钳口面与主轴轴线平行

三、直角沟槽铣削的对刀方法

1. 侧面对刀法

对于直角通槽平行于侧面的工件，在装夹校正后，调整铣床，使回转中的三面刃铣刀的侧面刀刃轻擦工件侧面的贴纸。垂直降落工作台，再横向移动工作台，位移量 A 等于铣刀宽度 L 和工件侧面到槽侧面距离 C 之和，即 $A=L+C$，如图 2—5—3 所示，将横向进给紧固后，调整好铣削宽度 a_e（即槽深 H），铣出直角通槽。

2. 划线对刀法

在工件的加工部位划出直角通槽的尺寸、位置线，装夹校正工件后，调整切削位置，使三面刃铣刀侧面刀刃对准工件上所划通槽的宽度线，将横向进给紧固，分次进给铣出直角通槽。

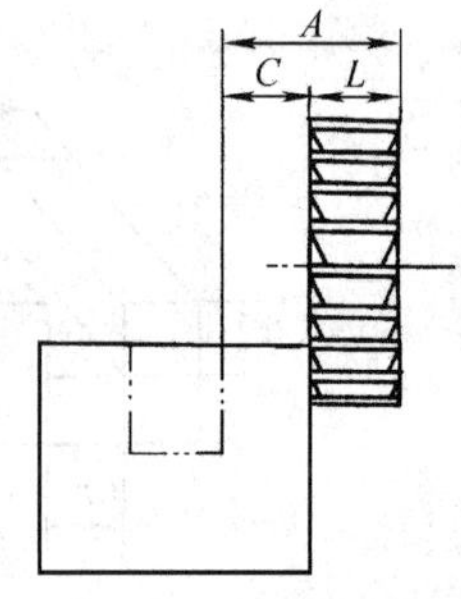

图 2—5—3　侧面对刀铣直角通槽

四、用立铣刀铣削直角沟槽

宽度大于 25 mm 的直角槽，一般采用立铣刀铣削。

1. 用立铣刀铣半通槽

用立铣刀铣半通槽（图 2—5—4）时，所选择的立铣刀直径应等于或小于槽的宽度。由于立铣刀刚度较差，铣削时容易产生“让刀”现象，因此加工深度较深的半通槽时，应分几次铣到要求的深度，以免铣刀受力过大引起折断，铣到要求的深度后，再将槽扩铣到要求的宽度尺寸。扩铣时应避免顺铣，防止扭坏铣刀和啃伤工件。

2. 用立铣刀铣削穿通的封闭槽

用立铣刀铣削贯通的封闭槽（图 2—5—5）时，由于立铣刀的端面刀刃没有通过刀具的中心（与刀具轴线不相交），铣刀中心不能切削，因此，不能直接垂直进给切削工件，铣削前应在封闭槽的一端预钻一个直径略小于立铣刀直径的落刀孔，并由此孔落刀铣削。

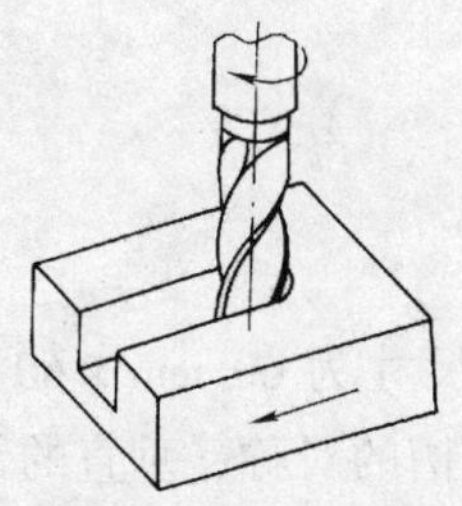

图 2—5—4 用立铣刀铣半通槽

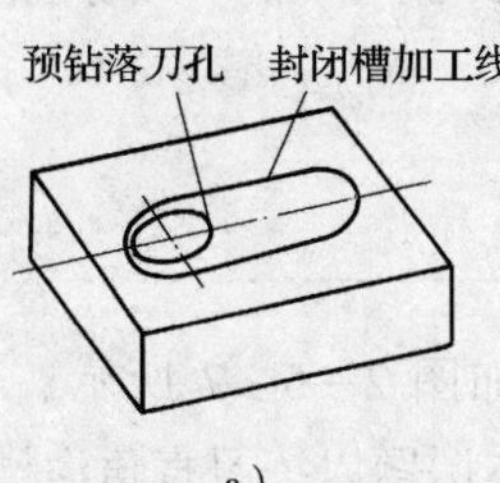

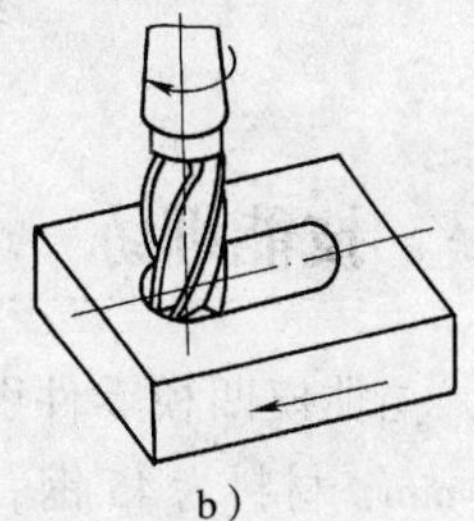

图 2—5—5 用立铣刀铣削贯通的封闭槽
a）预钻落刀孔 b）由落刀孔铣削

五、用键槽铣刀铣半通槽和封闭槽

由于立铣刀的尺寸精度较低，其直径的标准公差等级为 IT14，且端面刀刃只起修光刃作用，不能用于垂直进给切削，因此，精度较高、深度较浅的半通槽和不贯通的封闭槽，一般可用精度较高（直径标准公差等级为 IT8）的键槽铣刀铣削。键槽铣刀的端面刀刃能在垂直进给时切削工件，因此，用键槽铣刀铣削封闭槽时，可不必预钻落刀孔。

提示

在采用直柄立铣刀或键槽铣刀铣削直角沟槽时，铣刀是采用弹簧夹头来装夹的，若装夹得不够紧固，则铣削过程中铣刀在轴向铣削抗力的作用下会被逐渐从夹头中拔出，这一现象俗称“扎刀”。这样就使得沟槽越铣越深，甚至造成铣刀折断和工件报废。所以，用直柄铣刀加工直角沟槽时一定要注意铣刀安装得是否牢固。

六、直角沟槽的检测

直角沟槽的长度、宽度和深度一般使用游标卡尺、游标深度尺进行检测。工件尺寸精度较高时，槽的宽度尺寸可用极限量规（塞规）检测。

直角沟槽的对称度或平行度可用游标卡尺或杠杆百分表进行检测。检测时，分别以工件两侧面为基准面靠在平板上，然后使杠杆百分表的测头触到工件的槽侧面上，

平移工件进行检测，两次检测所得百分表的读数差值就是其对称度（或平行度）误差值，如图 2—5—6 所示。

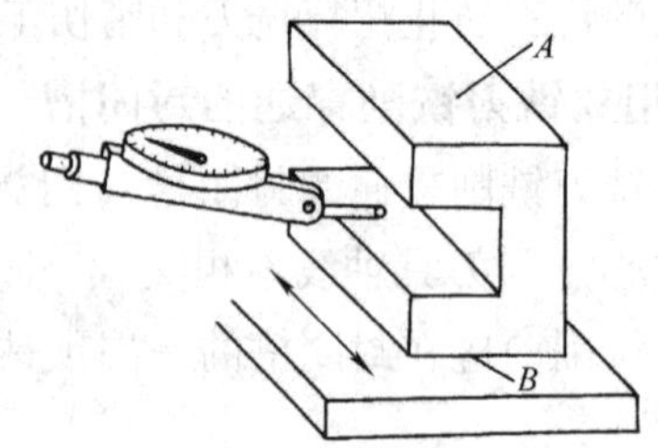

图 2—5—6　用杠杆百分表检测直角沟槽的对称度

技能训练

弯曲模凹模零件图如图 2—5—7 所示。毛坯：板料，尺寸为 60 mm × 60 mm × 45 mm，材料为 45 钢。本课题以练习直角沟槽铣削，控制沟槽的对称、垂直的铣削为主要目的。

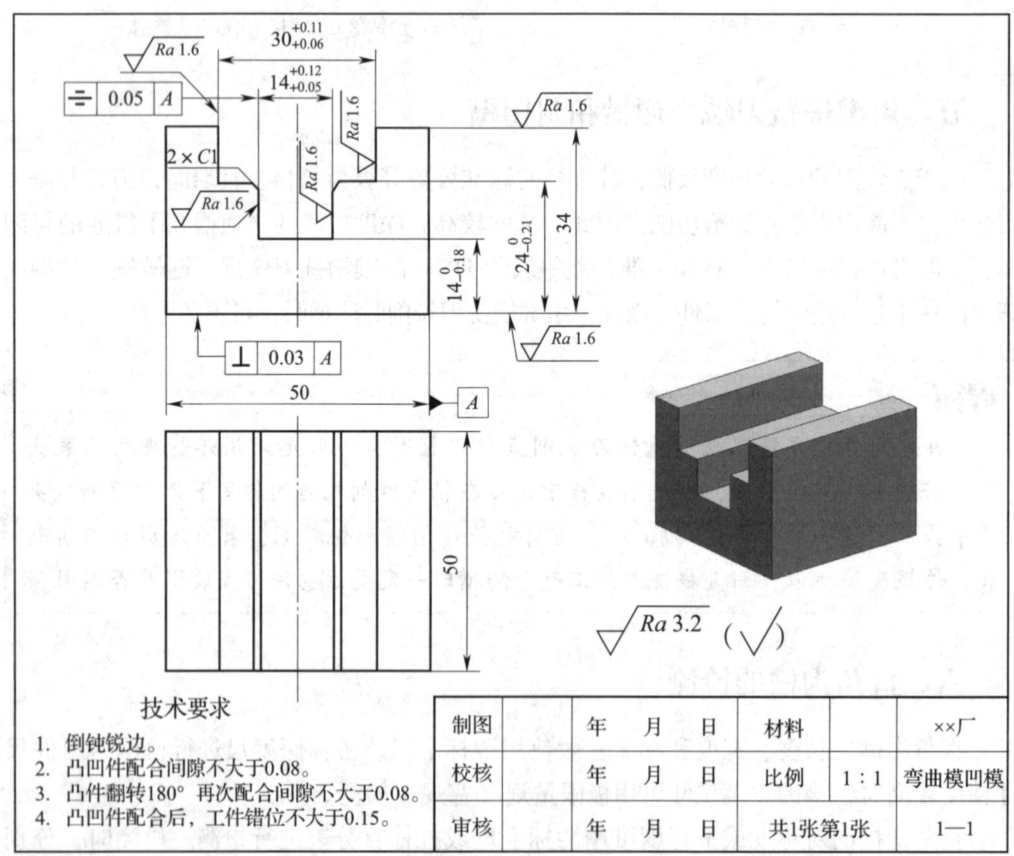

图 2—5—7　弯曲模凹模零件图

一、工艺分析

1. 读图

该定位键形状为台阶，主要由平面组成。这些平面应具有较好的平面度和较小的表面粗糙度，与其他零件相配合的沟槽的两侧平面在宽度、深度方向还须有较高的尺寸精度（图 2—5—7 中标注），并具有较高的位置精度（如平行度、垂直度、对称度等）。

2. 工件的装夹

在 X5032 型立式铣床上用平口虎钳装夹工件。

3. 确定加工工序

工艺过程：粗铣各外形面，各面留 1 mm 余量；精铣底面 B，以面 B 为基准依次加工各外形面；用立铣刀粗、精铣深槽，再铣宽槽。

4. 铣削用量的确定

铣削外形时，选用 ϕ80 mm 硬质合金端铣刀，进给量为 0.2 mm/齿，转速为 180 r/min，铣削深度为 3 mm。

铣削深槽时，选用 ϕ12 mm 高速钢立铣刀，进给量为 0.1 mm/齿，转速为 380 r/min，铣削深度为 0.5 mm。

铣削宽槽时，选用 ϕ25 mm 高速钢立铣刀，进给量为 0.1 mm/齿，转速为 300 r/min，铣削深度为 1 mm。

二、加工步骤及操作

铣削弯曲模凹模的加工步骤及操作见表 2—5—1。

表 2—5—1　　铣削弯曲模凹模的加工步骤及操作

加工步骤	操作	图示
准备工作	1. 准备检验工具及用品 2. 检查铣床，然后润滑、预热 3. 安装机用平口虎钳 4. 安装 ϕ80 mm 端铣刀，并调整铣床，设置参数 5. 检查毛坯尺寸，装夹在平口虎钳内	
铣削凹模外形	按照模块二课题三“技能训练”完成	
划线	取下工件，划出凹模的中心线及凹槽部分的轮廓线	
装夹工件	用平口虎钳装夹及校正工件，使基准面 B 与工作台台面平行，基准面 A 贴紧固定钳口	

续表

加工步骤	操作	图示
铣削直角沟槽（由面1、面2及底面组成）	安装立铣刀，铣削如右图所示凹模的直角沟槽，保证直角沟槽的槽深20 mm（换算得出的结果）、对称度0.05 mm、槽宽$14^{+0.12}_{+0.05}$ mm（保证槽宽尺寸时，应用凸模的凸台配作）	
铣削直角沟槽（由面3与面4组成）	铣削如右图所示的另一个直角沟槽，保证槽深10 mm（换算得出的结果）、对称度0.05 mm、槽宽$30^{+0.11}_{+0.06}$ mm（保证槽宽尺寸时，应用凸模的凸台配作）	
工件倒角	采用倾斜工件法用键槽铣刀依据右图的顺序对工件倒角 $C1$ mm	
去毛刺	卸下工件，用锉刀仔细去除毛刺	
检验工件	1. 加工完毕，按图样要求进行自检（图2—5—6） 2. 正确放置零件，并进行产品交接确认	
结束工作	1. 按国家环保相关规定和车间要求，整理现场，正确处置废油液等废弃物 2. 按车间规定填写交接班记录和设备日常保养记录卡	

三、加工注意事项

1．铣削配合件外形时，应准确选择基准面，保证工件外形尺寸及垂直度、平行度等几何公差。

2．保证对称度时应以实际的外形宽度减去凸台的宽度。

3．铣削时注意结合面的表面粗糙度值要小。

四、铣削直角沟槽中主要质量问题的分析及处理

铣削直角沟槽中主要质量问题的产生原因及预防措施见表 2—5—2。

表 2—5—2　　铣削直角沟槽中的主要质量问题的产生原因及预防措施

主要质量问题	产生原因	预防措施
宽度尺寸超差	沟槽宽度的精度一般要求较高，用定尺寸刀具加工时铣刀尺寸不正确，使槽宽尺寸铣错	使用前检查铣刀直径或宽度
	三面刃铣刀的端面圆跳动太大，使槽宽尺寸铣大	刀具正确装夹并校正
	测量不准确或刻度盘数值摇错	正确测量，并正确摇动刻度盘
长度或深度尺寸超差	纵向工作台移动距离不对	预先按槽长划线，总长度要减去铣刀直径
	对刀不准确，使深度不准	认真对刀
	工件倾斜，使底部深浅不一	正确装夹并校正工件，使工件基准面与工作台台面平行
	三面刃铣刀的径向圆跳动太大，使槽深铣深	刀具正确装夹并校正
几何精度超差	工作台“零位”不准，使台阶上窄下宽、沟槽上宽下窄	调整工作台，使工作台对准“零位”
	夹具和工件未校正，使台阶和沟槽产生歪斜	铣削前检查并校正夹具和工件
	铣削时有“让刀”现象，使沟槽的位置（或对称度）不准	减小铣削用量，克服“让刀”现象
表面粗糙度不符合要求	铣刀的圆柱度超差	更换合格的铣刀
	原因与铣削台阶相同，见表 2—4—2	措施参考表 2—4—2

五、评分标准

铣削弯曲模凹模评分标准见表2—5—3。

表2—5—3　　铣削弯曲模凹模评分标准

考核项目	考核内容及要求	配分	评分标准	检测结果	得分
主要尺寸	50 mm（2处）	8	每超差一处扣4分		
	34 mm	8	超差不得分		
	$14^{+0.12}_{+0.05}$ mm	9	超差不得分		
	$14^{0}_{-0.18}$ mm	9	超差不得分		
	$C1$ mm（2处）	4	每超差一处扣2分		
	$30^{+0.11}_{+0.06}$ mm	9	超差不得分		
	$24^{0}_{-0.21}$ mm	9	超差不得分		
几何公差与表面质量	对称度0.05 mm	10	每超差0.025 mm扣5分，扣完为止		
	垂直度0.03 mm	10	每超差0.01 mm扣3分，扣完为止		
	表面粗糙度Ra1.6 μm	10	超差不得分		
	表面粗糙度Ra3.2 μm	4	超差不得分		
设备及工具、量具、刃具的使用维护	常用工具、量具、刃具的合理使用与保养	2	未完成不得分		
	正确操作铣床	2	未完成不得分		
	正确进行铣床润滑	1	未完成不得分		
	正确进行铣床保养	2	未完成不得分		
安全文明生产	正确执行安全技术操作规程	2	酌情提醒或扣分		
	正确穿戴工作服	1	未完成不得分		
总分		100			

课题六　铣削冲裁模凸模和凹模

技能训练

冲裁模凸模、凹模零件图如图 2—6—1、图 2—6—2 所示。毛坯：板料，尺寸为 85 mm × 85 mm × 25 mm，材料为 Cr12。本课题为综合技能训练，涵盖了平行面、垂直面、台阶及直角沟槽的铣削。

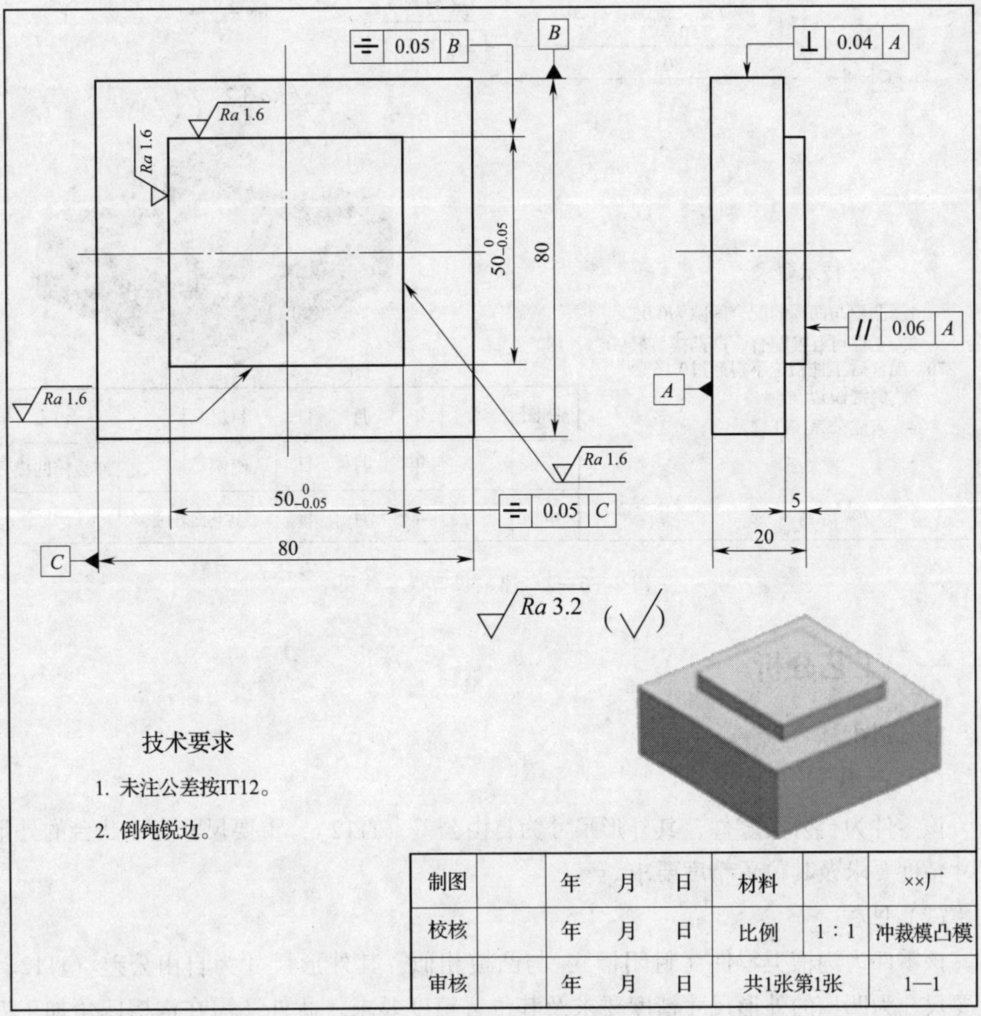

技术要求

1. 未注公差按IT12。
2. 倒钝锐边。

制图		年　月　日	材料		××厂
校核		年　月　日	比例	1∶1	冲裁模凸模
审核		年　月　日	共1张第1张		1—1

图 2—6—1　冲裁模凸模零件图

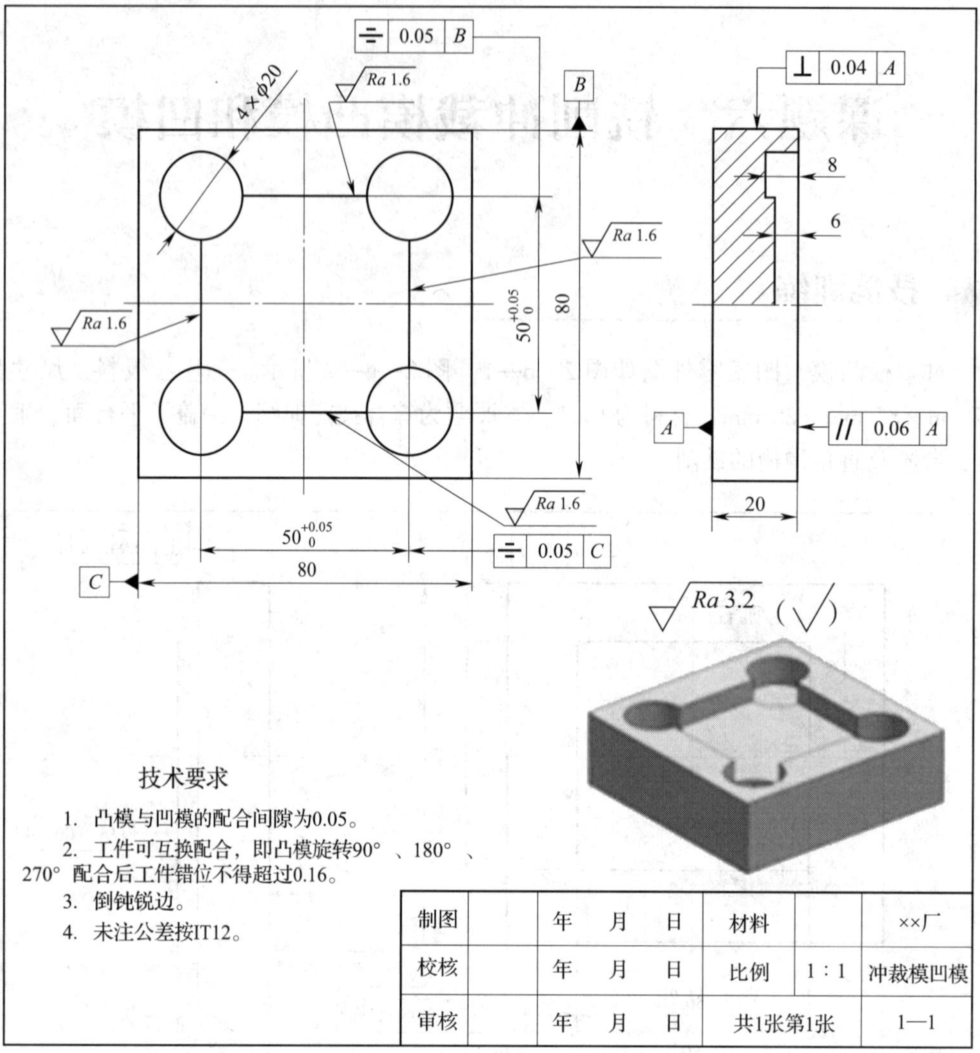
0.05 B
Ra 1.6
4×φ20
B
0.04 A
8
6
Ra 1.6
50+0.05 0
80
Ra 1.6
A
0.06 A
20
Ra 1.6
50+0.05 0
0.05 C
80
C
Ra 3.2 (√)
技术要求
1. 凸模与凹模的配合间隙为0.05。
2. 工件可互换配合，即凸模旋转90°、180°、270°配合后工件错位不得超过0.16。
3. 倒钝锐边。
4. 未注公差按IT12。
制图 年 月 日 材料 ××厂
校核 年 月 日 比例 1∶1 冲裁模凹模
审核 年 月 日 共1张第1张 1—1

图 2—6—2　冲裁模凹模零件图

一、工艺分析

1. 读图

（1）凸模

该零件为台阶类零件，其外形尺寸为自由公差（IT12），重要尺寸为小凸台的外形尺寸精度要求及其位置精度要求。

（2）凹模

该零件为沟槽类零件（封闭槽），与凸模相似，其外形尺寸为自由公差（IT12），重要尺寸为凹槽的外形尺寸精度要求及其位置精度要求。此外还需在沟槽四角加工四个 ϕ20 mm 的孔。

值得注意的是凸、凹模的材料都是 Cr12，相对于前述课题中所加工的 45 钢材料，其切削性能要差些，硬度较高且易粘刀等。因此，在选择切削用量时应考虑材料的影响。

2. 确定工件装夹方式

根据零件形状尺寸及加工要求，确定在 X5032 型立式铣床上用平口虎钳装夹工件。

3. 确定加工工序

工艺过程：铣削凸、凹模的六面体；铣削凸模；铣削凹模。具体加工工序如图 2—6—3、图 2—6—4 所示。

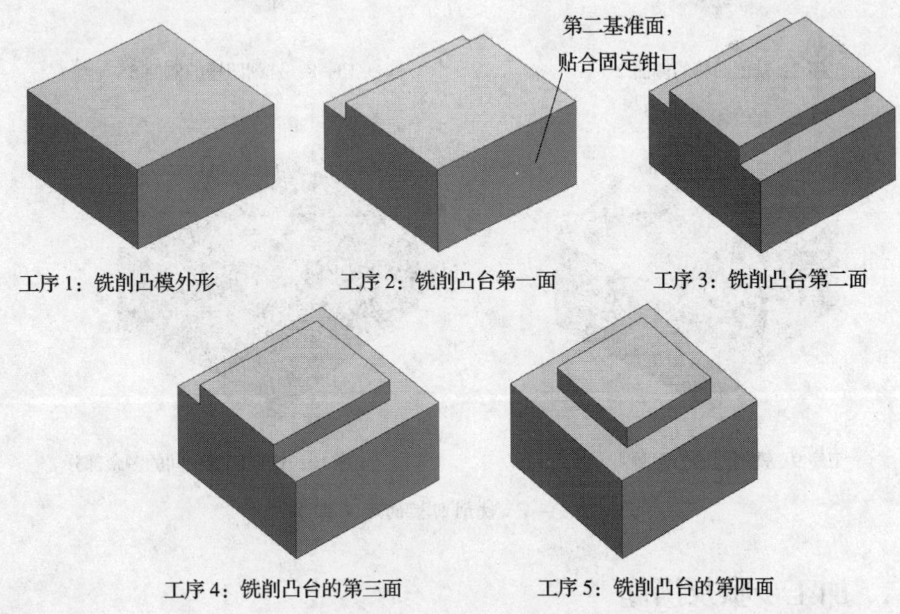

图 2—6—3　铣削凸模的加工工序

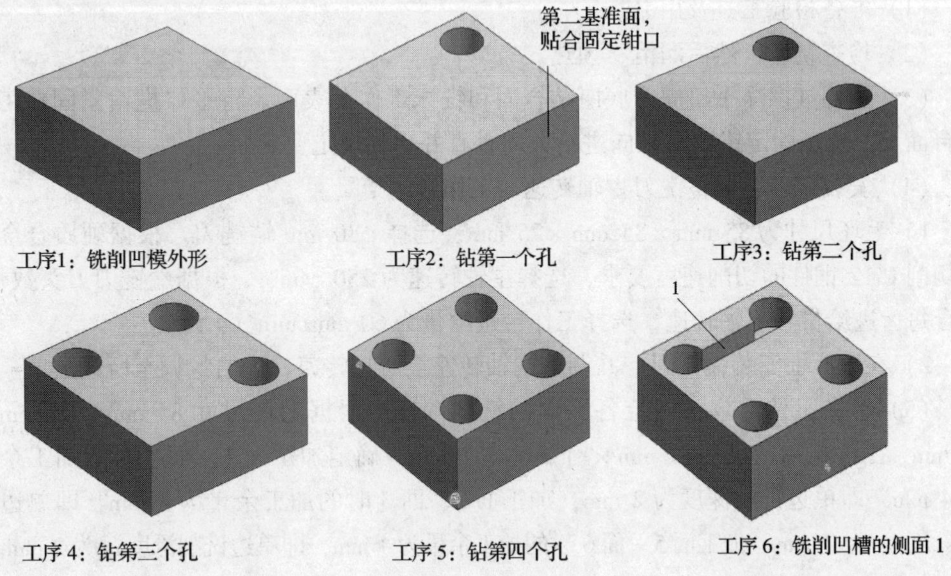

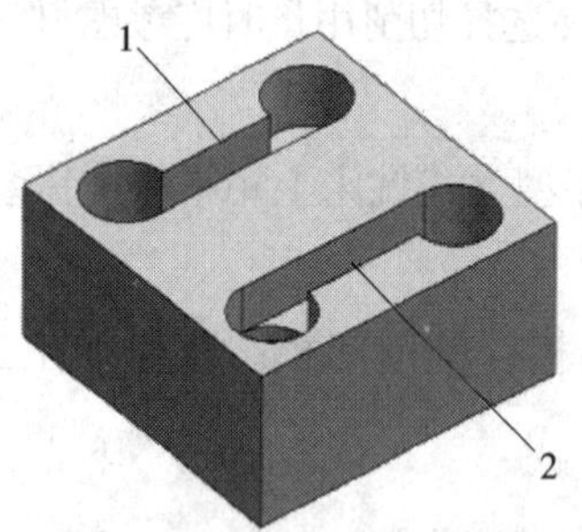

工序7：铣削凹槽的侧面2

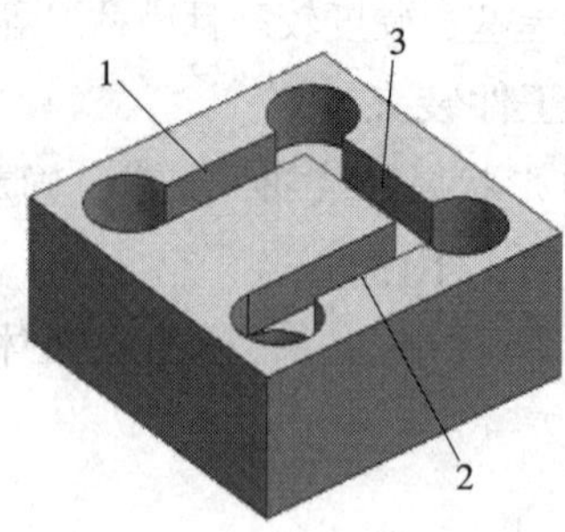

工序8：铣削凹槽的侧面3

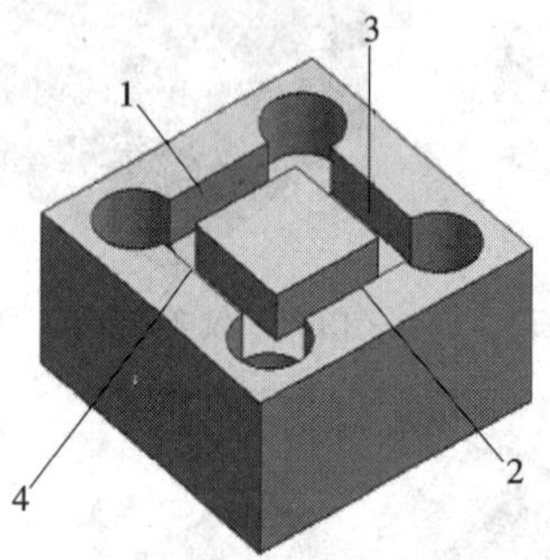

工序9：铣削凹槽的侧面4

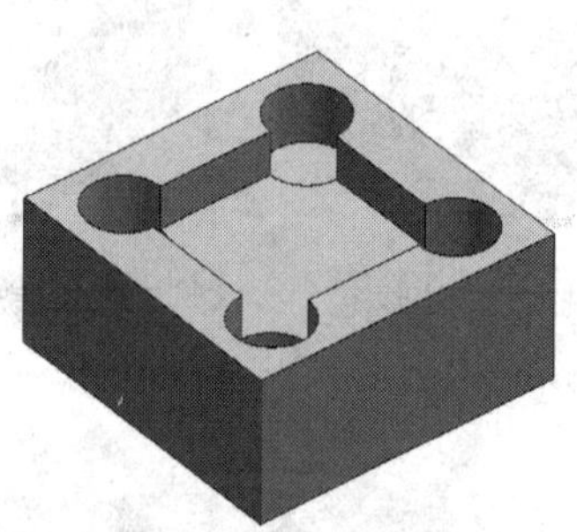
工序10：铣削凹槽中间的多余部分

图2—6—4　铣削凹模的加工工序

二、加工步骤及操作

1. 准备工作

（1）准备检验工具及用品。

（2）检查铣床，然后润滑、预热。

（3）用棉纱擦净平口虎钳底座结合面和铣床工作台表面。将平口虎钳紧固在工作台台面上，校正固定钳口与纵向进给方向垂直并达到规定要求。

（4）安装铣刀，调整铣刀主轴转速、工作台进给量。

1）毛坯尺寸为85 mm×85 mm×25 mm，选择ϕ80 mm端铣刀。根据硬质合金铣刀切削Cr12钢件的切削速度要求，选择主轴转速为250 r/min。根据端铣刀刀头数量，结合每齿进给量和主轴转速，选择工作台进给量为60 mm/min（4齿）。

2）在铣床上安装端铣刀，并调整主轴转速至所选转速，进给量调至所选数值。

（5）检查工件毛坯，确定各平面的铣削深度。根据毛坯尺寸85 mm×85 mm×25 mm，工件粗加工尺寸81 mm×81 mm×21 mm，确定加工面1、面4时的加工余量为4 mm，即单边铣削深度为2 mm；加工面2、面3时的加工余量为4 mm，即单边铣削深度a_p为2 mm；加工面5、面6时的加工余量为4 mm，即单边铣削深度a_p为2 mm。

2. 铣削凸模、凹模外形

在平口虎钳上装夹毛坯，完成凸、凹模外形的铣削，如图 2—6—5 所示。

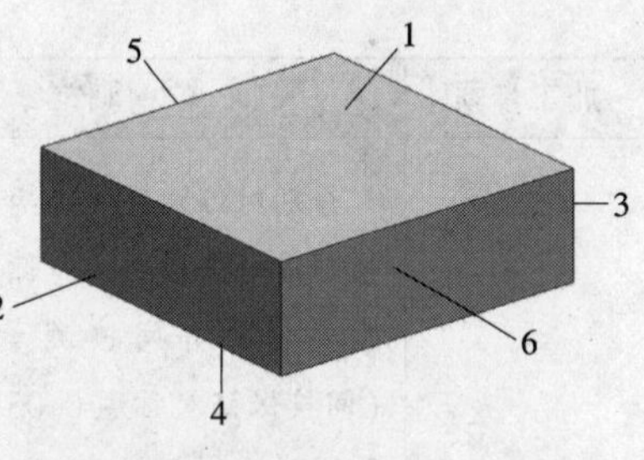

图 2—6—5 铣削凸、凹模外形

（1）选择工件的一个较平整的表面作为粗基准，靠向固定钳口，放入钳口调整好位置，加工出面 1。停车后，观察加工表面的表面粗糙度，并用刀口尺检验工件平面度，合格后，卸下工件，用锉刀去除毛刺。

（2）将工件面 1 靠向固定钳口，放入钳口调整好位置，加工各垂直面、平行面。每次加工停车后，观察加工表面的表面粗糙度，并用刀口尺检验工件平面度，用游标卡尺检查尺寸情况，合格后卸下工件，用锉刀去除毛刺。然后用直角尺检查垂直度，用千分尺检查尺寸情况。各项技术要求合格后方可进行下一步工作。

（3）各表面加工完成后，用锉刀仔细去除毛刺，综合检验各项技术要求。合格后方可进行下一步工作。

3. 铣削凸、凹模台阶与沟槽

（1）准备工作

1）凸模铣削用量的确定。该凸模为台阶零件，因此可选择立铣刀铣削，直径为 ϕ20 mm。根据高速钢铣刀切削 Cr12 钢件的切削速度要求，选择粗铣主轴转速为 250 r/min，精铣主轴转速为 450 r/min。根据立铣刀刀头数量，结合每齿进给量和主轴转速，选择工作台纵、横向进给量为 80 mm/min（3 齿），垂直方向进给量为 40 mm/min（3 齿）。

2）凹模铣削用量的确定。该凹模为封闭式沟槽，因此可选择键槽铣刀铣削，直径为 ϕ20 mm。根据高速钢铣刀切削 Cr12 钢件的切削速度要求，选择粗铣主轴转速为 350 r/min，精铣主轴转速为 650 r/min。根据键槽铣刀刀头数量，结合每齿进给量和主轴转速，选择工作台纵、横向进给量为 60 mm/min（2 齿），垂直方向进给量为 20 mm/min（2 齿）。钻孔时的背吃刀量为键槽铣刀半径，铣削沟槽时粗铣的背吃刀量为 3 mm，精铣的背吃刀量为 1 mm。

（2）铣削凸、凹模的加工步骤及操作

分别见表 2—6—1、表 2—6—2。

表 2—6—1　铣削凸模的加工步骤及操作

加工步骤	操作	图示
准备工作	1. 在平板上划线。用高度尺在凸模外形上划出凸模中心线 2. 安装刀具和调整铣床。将选择好的铣刀等安装到铣床上，并调整主轴转速至所选转速，进给量调至所选数值 3. 装夹凸模工件。将工件辅助基准面靠向固定钳口，主基准面放在合适的平行垫铁上，调整好工件位置并夹紧，用铜棒将工件轻轻敲实，直至用手不能晃动垫铁为合适	

续表

加工步骤	操作	图示
铣削凸台	分别对刀调整加工两个台阶。在铣削第一个台阶的一侧时（面1），需要计算并间接测量台阶宽度（间接保证对称度0.05 mm）及台阶深度	
	铣削第一个台阶另一侧时（面2），用千分尺测量对称度0.05 mm及尺寸 $50_{-0.05}^{\ 0}$ mm 若工件毛坯加工有缺陷，则要认真选择加工面位置，将缺陷区域铣去	
	铣削另一部分凸台（即面3、面4），铣削方法和操作同上	
去毛刺	检查无误后，卸下工件，用锉刀仔细去除毛刺	
自检	1. 加工完毕，按图样要求进行自检 2. 正确放置零件，并进行产品交接确认	
结束工作	1. 按国家环保相关规定和车间要求，整理现场，正确处置废油液等废弃物 2. 按车间规定填写交接班记录和设备日常保养记录卡	

注意：由于台阶精度要求较高，操作时要注意分粗、精加工，并严格按操作规程进行，以免发生事故。

表2—6—2　　铣削凹模的加工步骤及操作

加工步骤	操作	图示
准备工作	1. 在平板上划线。用高度尺划出凹模的中心线及凹槽部分、孔的轮廓线 2. 安装刀具和调整铣床。将选择好的铣刀等安装到铣床上，并调整主轴转速至所选转速，进给量调至所选数值 3. 用平口虎钳装夹工件。使 A 基准面与工作台台面平行，B 基准面（第二基准面）贴紧固定钳口	第二基准面，贴合固定钳口 工件装夹

续表

加工步骤	操作	图示
钻孔	1. 安装 ϕ20 mm 键槽铣刀，调整钻削用量，按加工工序给出的顺序钻孔 2. 钻孔 1，保证直径为 ϕ20 mm 的孔 1 的位置尺寸（坐标），即孔边到相邻两边距离都为 5 mm，再控制孔的深度为 8 mm 3. 钻孔 2，铣刀由孔 1 的位置横向移动 50 mm，进行孔 2 的加工。保证孔深为 8 mm 4. 钻孔 3，铣刀由孔 1 的位置纵向移动 50 mm，进行孔 3 的加工，保证孔深为 8 mm 5. 钻孔 4，铣刀由孔 3 的位置横向移动 50 mm，进行孔 4 的加工，保证孔深为 8 mm	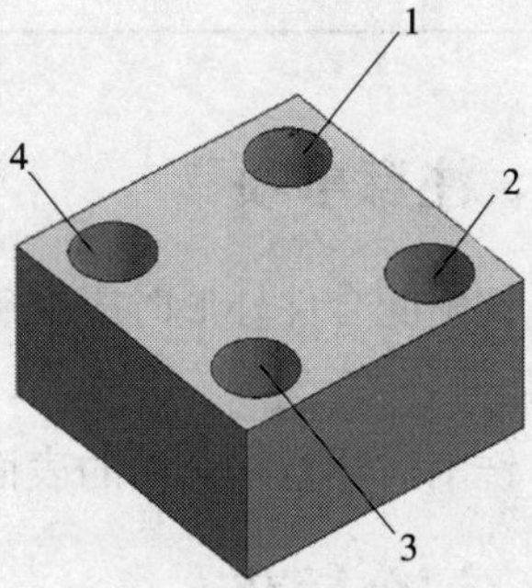 1 2 3 4
铣削凹槽	1. 安装键槽铣刀，铣削凹模的直角沟槽，按右图的加工顺序进行铣削加工 2. 粗铣沟槽四周尺寸留余量1 mm，槽深尺寸留余量 0.5 mm 3. 精铣直角沟槽面 1（作为保证与面 2 之间形成的对称度 0.05 mm、槽宽 $50^{+0.05}_{0}$ mm 等要求的基准面） 4. 用铣削面 1 的方法铣削面 3 5. 铣削面 2、面 4，边加工边用凸模与其配合控制其配合间隙小于 0.05 mm，可同时控制槽的对称度 0.05 mm、槽宽 $50^{+0.05}_{0}$ mm 等要求 6. 当沟槽四周尺寸控制到位后，精铣槽底深度	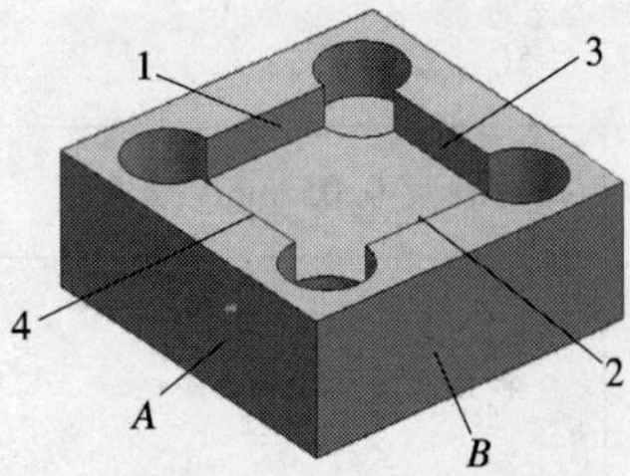 1 3 4 2 *A* *B*

续表

加工步骤	操作	图示
自检	1. 加工完毕，按图样要求进行自检 2. 正确放置零件，并进行产品交接确认	
结束工作	1. 按国家环保相关规定和车间要求，整理现场，正确处置废油液等废弃物 2. 按车间规定填写交接班记录和设备日常保养记录卡	

三、注意事项

1. 铣削配合件外形时应准确选择基准面，保证好外形的相邻面垂直度、对面的平行度等几何公差。

2. 铣削时注意结合面的表面粗糙度值要小。

四、评分标准

铣削冲裁模凸模、凹模评分标准分别见表2—6—3、表2—6—4。

表2—6—3　　铣削凸模评分标准

考核项目	考核内容及要求	配分	评分标准	检测结果	得分
主要尺寸	80 mm（2处）	10	超差一处扣5分		
	20 mm	5	超差不得分		
	5 mm	5	超差不得分		
	$50_{-0.05}^{0}$ mm（2处）	16	超差一处扣8分		
几何公差与表面质量	对称度0.05 mm（2处）	16	超差一处扣8分		
	垂直度0.04 mm	8	每超差0.02 mm扣4分，扣完为止		
	平行度0.06 mm（2处）	16	超差一处扣8分		
	表面粗糙度 $Ra1.6$ μm	8	超差不得分		
	表面粗糙度 $Ra3.2$ μm	6	超差不得分		

续表

考核项目	考核内容及要求	配分	评分标准	检测结果	得分
设备及工具、量具、刃具的使用维护	常用工具、量具、刃具的合理使用与保养	2	未完成不得分		
	正确操作铣床	2	未完成不得分		
	正确进行铣床润滑	1	未完成不得分		
	正确进行铣床保养	2	未完成不得分		
安全文明生产	正确执行安全技术操作规程	2	酌情提醒或扣分		
	正确穿戴工作服	1	未完成不得分		
总分		100			

表 2—6—4　　铣削凹模评分标准

考核项目	考核内容及要求	配分	评分标准	检测结果	得分
主要尺寸	80 mm（2 处）	8	超差一处扣 4 分		
	20 mm	4	超差不得分		
	6 mm	4	超差不得分		
	8 mm	4	超差不得分		
	ϕ20 mm（4 处）	16	超差一处扣 4 分		
	$50^{+0.05}_{0}$ mm（2 处）	10	超差一处扣 5 分		
几何公差与表面质量	对称度 0.05 mm（2 处）	12	超差一处扣 6 分		
	垂直度 0.04 mm	6	每超差 0.02 mm 扣 3 分，扣完为止		
	平行度 0.06 mm（2 处）	12	超差一处扣 6 分		
	表面粗糙度 *Ra*1.6 μm	8	超差不得分		
	表面粗糙度 *Ra*3.2 μm	6	超差不得分		

续表

考核项目	考核内容及要求	配分	评分标准	检测结果	得分
设备及工具、量具、刃具的使用维护	常用工具、量具、刃具的合理使用与保养	2	未完成不得分		
	正确操作铣床	2	未完成不得分		
	正确进行铣床润滑	1	未完成不得分		
	正确进行铣床保养	2	未完成不得分		
安全文明生产	正确执行安全技术操作规程	2	酌情提醒或扣分		
	正确穿戴工作服	1	未完成不得分		
总分		100			

磨削加工

课题一　磨床基础知识与基本操作

一、磨削的概念与特点

磨削加工是以砂轮的高速旋转为主运动，以工件的低速旋转和直线移动（或磨头的移动）为进给运动，互相配合，切去工件上多余金属层的一种加工方法。它是一种多刀多刃的高速切削方法，常作为金属切削加工的最后一道精加工或光整加工工序。与其他加工方法相比，磨削加工有如下工艺特点：

1. 磨削表面精度高、表面粗糙度值低

砂轮的每颗磨粒切除的切屑厚度很薄，一般只有几微米。因此，加工表面可以获得很高的精度和较低的表面粗糙度值。精度一般可达公差等级 IT7 ~ IT6 级，表面粗糙度值一般为 Ra1.6 ~ 0.2 μm。精密磨削所获得的精度更高，表面粗糙度值更低。故磨削常用于精加工工序。

2. 磨削加工范围广

磨削加工可应用于各种表面（如内圆表面、外圆表面、圆锥面、平面、齿轮齿面、螺旋面及各种成形面）的加工。同时，砂轮磨粒硬度高，热稳定性好。因此，磨削加工可应用于多种工件材料，尤其是采用其他普通刀具难切削的高硬高强材料，如淬硬钢、硬质合金、高速钢等。

3. 砂轮具有一定的自锐性

磨粒硬而脆，磨粒磨钝后，磨削力也随之增大，致使磨粒破碎或脱落，重新露出锋利的刃口，并在高温下仍不失去切削性能。

4. 其他

磨削速度高，过程复杂，消耗能量多，切削效率低；磨削温度高，会使工件表面

产生烧伤、残余应力等缺陷。

二、磨削的工作内容

磨削主要用于内外回转表面、平面、成形面及刃磨刀具等，如图 3—1—1 所示。

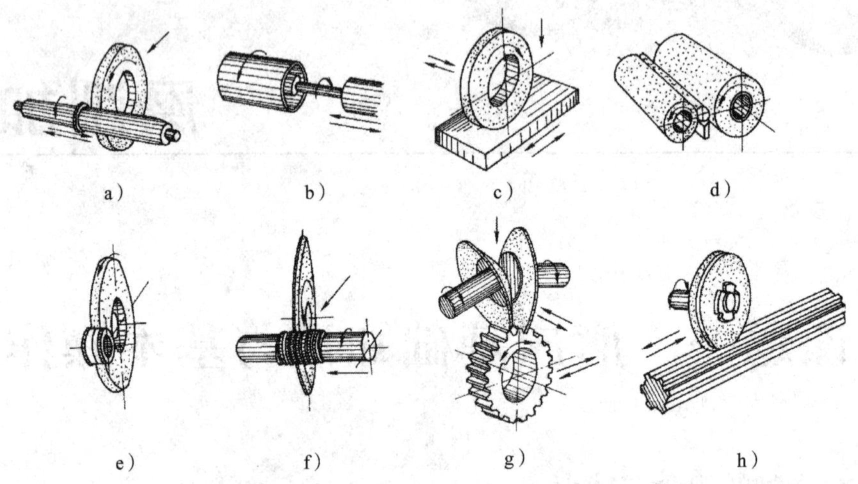

图 3—1—1 磨削的工作内容

a）磨削外圆 b）磨削内圆 c）磨削平面 d）无心磨削
e）磨削成形面 f）磨削螺纹 g）磨削齿轮 h）磨削花键

1. 外圆磨削

外圆磨削是以砂轮旋转做主运动，工件旋转、移动（或砂轮径向移动）做进给运动，对工件的外回转面进行的磨削加工。它能磨削圆柱面、圆锥面、轴肩端面、球面及特殊形状的外表面，如图 3—1—2 所示。按进给方向的不同，又分为纵磨法和横磨法。

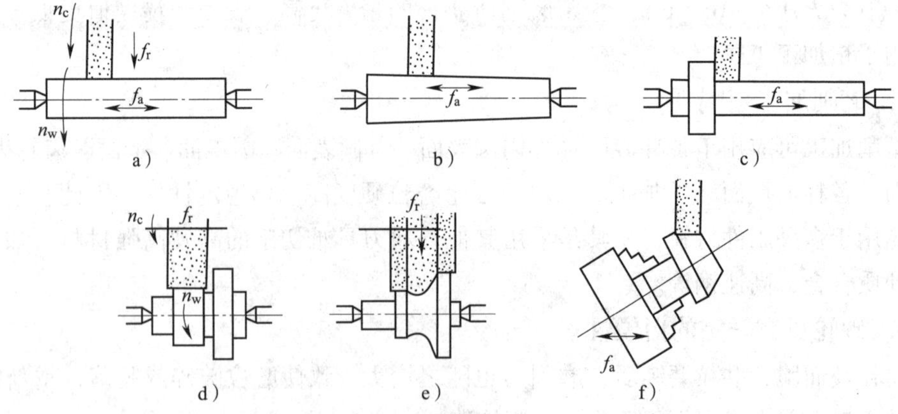

图 3—1—2 外圆磨削工艺范围

a）纵磨法磨外圆面 b）纵磨法磨外圆锥面 c）混合磨法磨带端面的外圆面
d）横磨法磨外圆面 e）横磨法磨成形面 f）纵磨法磨锥台面

2. 内圆磨削

普通内圆磨削的主运动仍为砂轮的旋转运动，工件的旋转运动为圆周进给运动，砂轮（或工件）的纵向移动为纵向进给运动。同时，砂轮做横向进给，可对零件的通孔、盲孔及孔口端面进行磨削，如图 3—1—3 所示。内圆磨削还分为纵磨法与切入法。

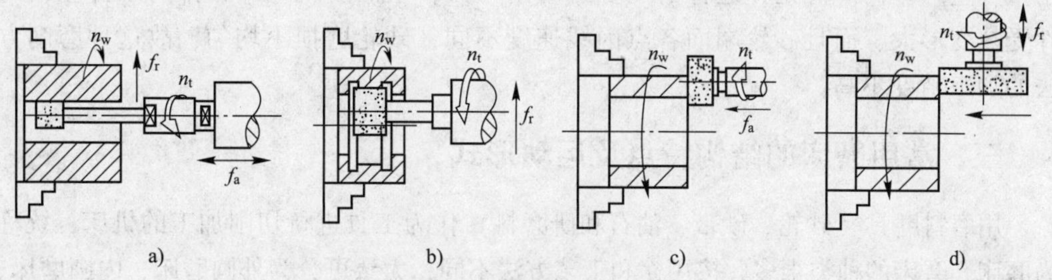

图 3—1—3　内圆磨削工艺范围

a）纵磨法磨内孔　b）切入法磨内孔　c）、d）磨端面

3. 平面磨削

平面磨削的主运动仍然是砂轮的旋转运动，根据砂轮磨削工件的方式不同（周边磨削或者端面磨削），可以分为不同的磨削形式。另外，根据工件的运动方式的不同（随工作台做纵向往复运动或者随转台做圆周进给），也分为不同的磨削形式，如图 3—1—4 所示。砂轮沿轴向做横向进给，并周期性地沿垂直于工件磨削表面方向作进给，直至达到规定的尺寸要求。

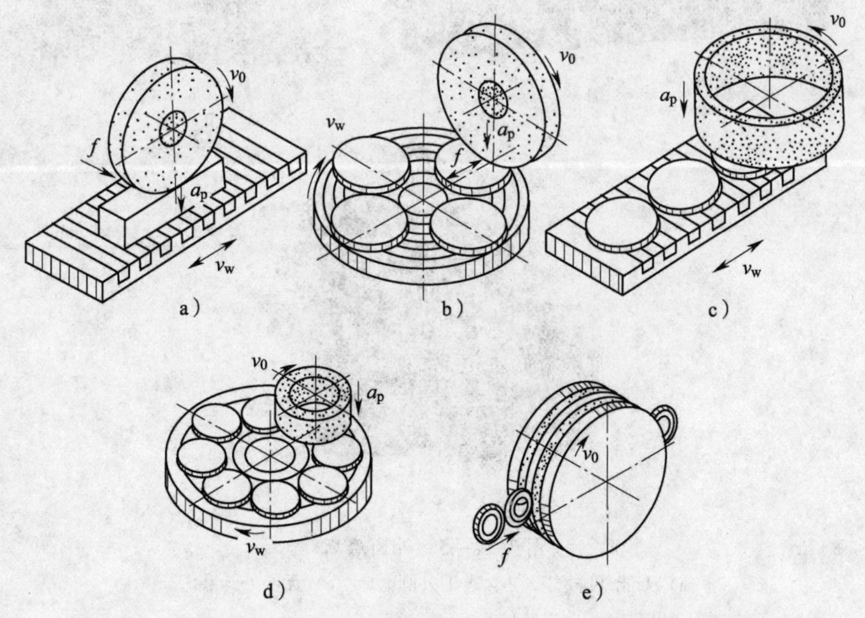

图 3—1—4　平面磨削工艺范围

a）卧轴矩台平面磨床磨削　b）卧轴圆台平面磨床磨削　c）立轴矩台平面磨床磨削

d）立轴圆台平面磨床磨削　e）双端面磨床磨削

如图 3—1—4a、b 所示为利用砂轮周边磨削工件，砂轮工件接触面积小，磨削好，排屑好，工件受热变形小，砂轮磨损均匀，加工精度高。但砂轮因悬臂而刚度差，不利于采用较大的切削用量，故生产率低。如图 3—1—4c、d 所示为利用砂轮端面磨削工件，砂轮工件接触面积大，主轴轴向受力，刚度好，可采用较大的切削用量，生产率高。但是，这种磨削方式磨削力大，生热多，冷却、排屑条件差，工件受热变形大，而且砂轮端面各点因线速度不同，砂轮磨损不均匀，故这种磨削方法的加工精度不高。

三、常用磨床的结构特点及运动形式

用磨料磨具（砂轮、砂带、油石和研磨料）作为工具进行切削加工的机床，统称为磨床。磨床的种类很多，按用途和工艺方法不同，大致可分为外圆磨床、内圆磨床、平面磨床、刀具刃磨床、专用磨床等。

1. 外圆磨床

外圆磨床包括万能外圆磨床、普通外圆磨床、无心外圆磨床等，如图 3—1—5 所示。以下以万能外圆磨床为例介绍。

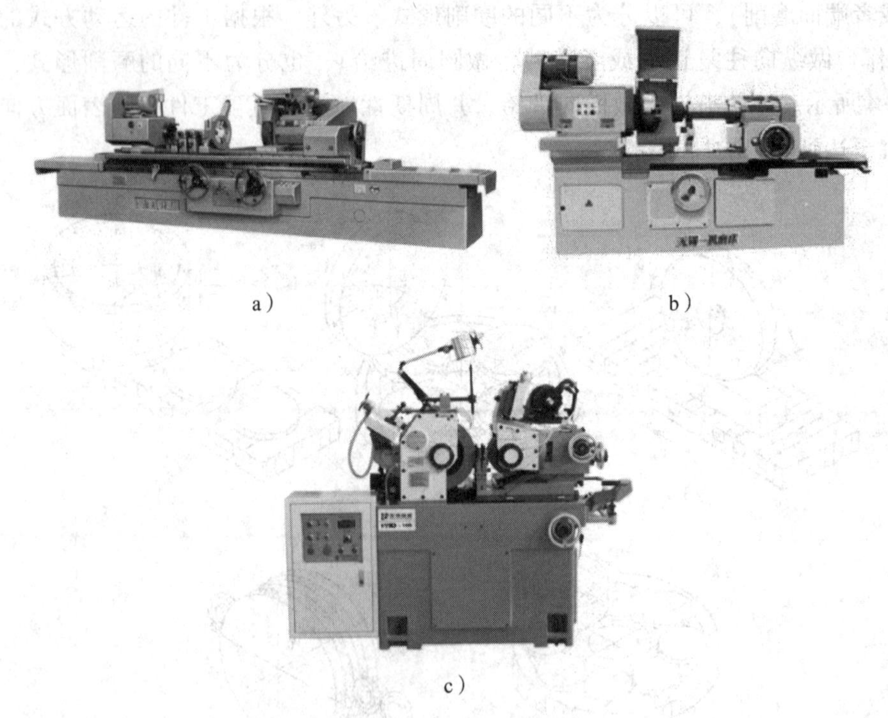

a）　　b）

c）

图 3—1—5　外圆磨床

a）万能外圆磨床　b）普通外圆磨床　c）无心外圆磨床

（1）万能外圆磨床的组成

万能外圆磨床由床身、头架、砂轮架、工作台、内圆磨装置、尾座等部分组成，如图 3—1—6 所示。

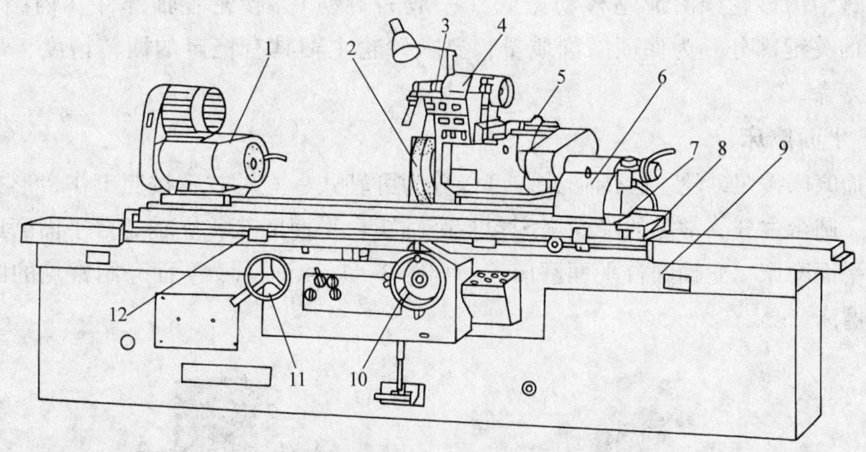

图 3—1—6 万能外圆磨床

1—头架 2—砂轮 3—内圆磨具 4—磨架 5—砂轮架 6—尾座 7—上工作台
8—下工作台 9—床身 10—横向进给手轮 11—纵向进给手轮 12—换向撞块

（2）万能外圆磨床的运动

万能外圆磨床的主运动为砂轮旋转，工件的旋转为圆周进给运动，其他进给运动视磨削方式不同而有所差别。纵磨法磨外圆时，工件纵向进给，砂轮周期性径向切入控制加工尺寸。横磨法磨外圆时，砂轮径向切入至所需尺寸。纵磨短锥时，工作台回转所需角度。为提高生产率和降低劳动强度，该机床还能实现辅助运动，如砂轮轴的快进、快退，尾座套筒的伸缩等。

2. 内圆磨床

内圆磨床包括普通内圆磨床、无心内圆磨床、立式行星内圆磨床等，如图 3—1—7 所示。其中，普通内圆磨床应用最广。

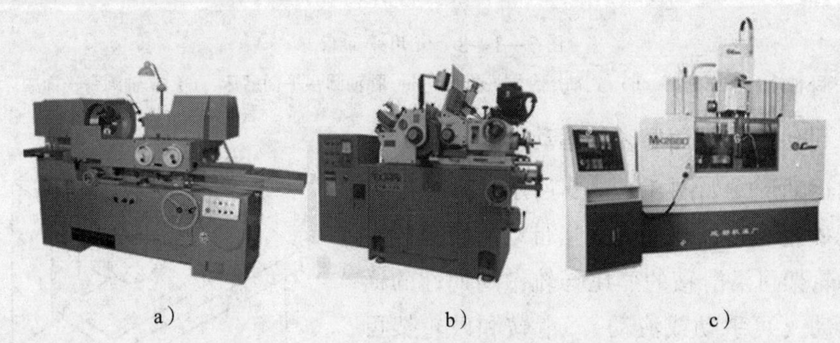

a） b） c）

图 3—1—7 内圆磨床

a）普通内圆磨床 b）无心内圆磨床 c）立式行星内圆磨床

普通内圆磨床由床身、工作台、工件头架、砂轮架、滑座等部件组成。工件头架安装于工作台，随工作台一起往复移动作纵向进给（也有由砂轮架安装于工作台作纵向进给运动的机床布局形式），头架可绕轴线调整角度，以便磨削锥孔。周期性的横向进给由砂轮架沿滑座移动完成（一般为自动）。砂轮主轴部件（内圆磨具）是机床的关键部分，为保证磨削质量，要求砂轮主轴具有稳定的回转精度、足够的刚度和寿命。

3. 平面磨床

平面磨床按照砂轮主轴的形式，可以分为卧轴式、立轴式；按照工作台形式，又有矩台、圆台之分。常见的平面磨床包括卧轴矩台平面磨床、立轴矩台平面磨床、卧轴圆台平面磨床、立轴圆台平面磨床等，如图 3—1—8 所示。下面介绍常见的卧轴矩台平面磨床。

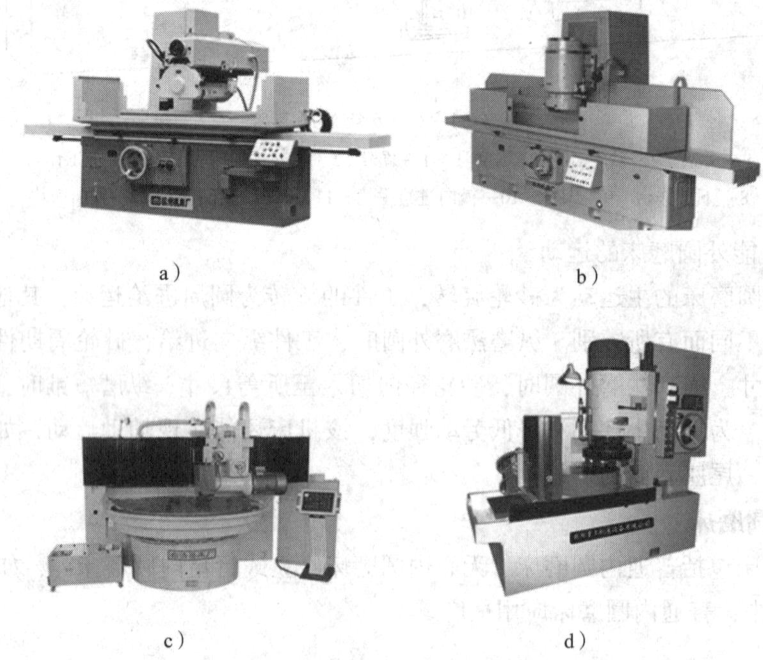

a） b） c） d）

图 3—1—8 常用平面磨床

a）卧轴矩台平面磨床 b）立轴矩台平面磨床 c）卧轴圆台平面磨床 d）立轴圆台平面磨床

（1）卧轴矩台平面磨床的运动形式

它的运动形式如图 3—1—9 所示。砂轮架中的主轴（砂轮）常由电动机直接带动旋转完成主运动。砂轮架可沿滑鞍的燕尾导轨做周期性的横向进给运动（可手动或液动）。滑鞍和砂轮架可一起沿立柱的导轨做周期性的垂直切入运动（手动）。工作台沿床身导轨做纵向往复运动（液动）。卧轴矩台平面磨床也有采用十字导轨式布局的，其工作台安装于床鞍，除了做纵向往复运动外，还随床鞍一起沿床身导轨做周期性的横向

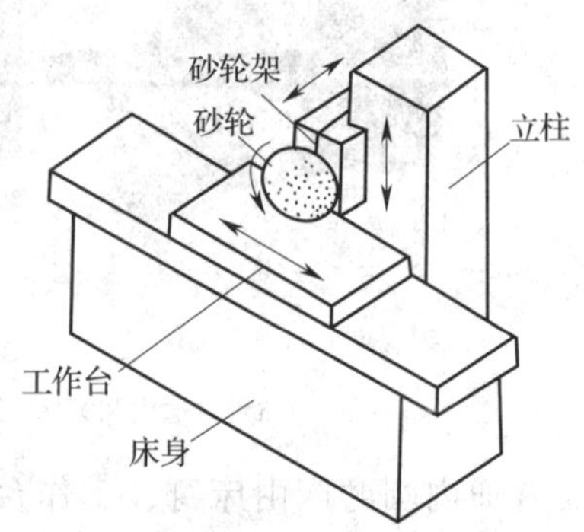

图 3—1—9 卧轴矩台平面磨床的运动形式

进给运动，砂轮架只做垂直进给运动。为减轻工人的劳动密度和缩短辅助时间，有些平面磨床具有快速升降功能，用以实现砂轮架的快速机动调位运动。

（2）卧轴矩台平面磨床的特点

采用周边磨削，磨削时砂轮和工件接触面积小，发热量少，冷却和排屑条件好，能获得较高的加工表面质量。除了用砂轮的周边磨水平面外，还可用砂轮端面磨削沟槽、台阶等垂直侧面，故特别适合多品种生产的机械加工车间、修理车间、工具车间等。

（3）M7120A 型卧轴矩台平面磨床简介

它的结构如图 3—1—10 所示。该磨床磨具效率高，功率较大。磨头垂直升降有快速机动进给、手动微量进给机构，横向移动有快速连续进给、断续进给、手动微量进给机构。磨具上方的液压修整器方便实现砂轮修整，缩短辅助时间。导轨的抗振和耐磨性好。

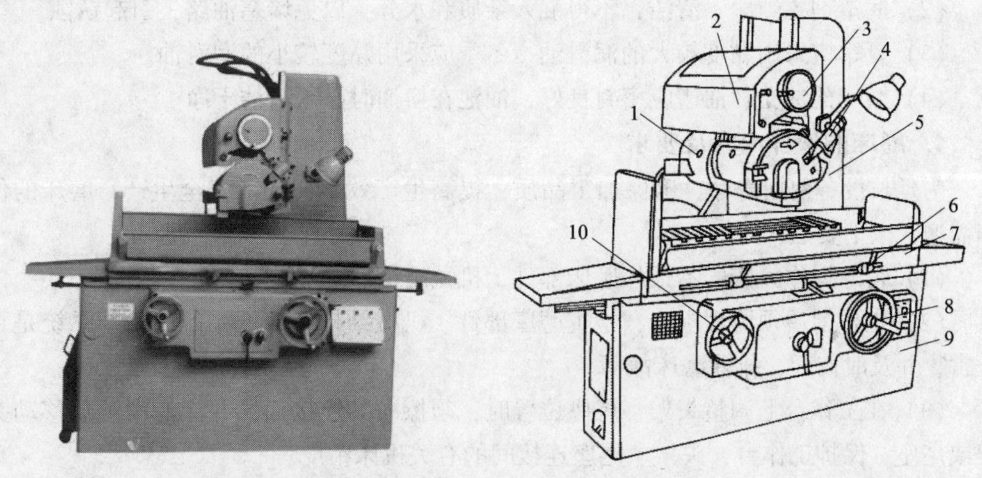

图 3—1—10 M7120A 型卧轴矩台平面磨床

1—磨头 2—滑板架 3、8、10—手轮 4—砂轮修整器 5—立柱 6—撞块 7—工作台 9—床身

按照形状和大小，工件可用 T 形螺钉直接固定在工作台上，或吸附在电磁工作台上。电磁工作台备有失磁保护装置，并可退磁。磨削后的工件表面可达到较高的精度。

四、磨床的润滑及保养内容

1. 磨床的润滑要求

润滑不良是造成磨床故障的重要原因之一，因此润滑是磨床维护保养中一项十分重要的工作。良好的润滑可以降低摩擦阻力，减少零部件的磨损，延长磨床的使用寿命，保持磨床的精度，同时使磨床操作轻便、灵活，减轻劳动强度。

2. 磨床使用的润滑剂

磨床使用的润滑剂有润滑油与润滑脂两种。砂轮主轴的润滑动轴承常使用L—AN2精密机床主轴油或由无水煤油与22号汽轮机油配制的主轴油。磨床导轨面用N32、N68润滑油，内圆磨具及其他高速、高精度滚动轴承用ZL—3锂基润滑脂，一般滚动轴承可用ZG—3钙基润滑脂。

由于不同的润滑油具有不同的黏度和润滑性能，适用于不同的工作条件，因此为了达到良好的润滑目的，应根据机床说明书的规定选择合适的润滑油。

3. 磨床润滑的注意事项

（1）严格执行润滑的“五定”，做好润滑记录。“五定”是指：定点，即明确磨床润滑部位和润滑点；定质，即规定使用的润滑剂牌号、质量；定量，即明确添加润滑剂的数量；定期，即按照规定的间隔期进行润滑；定人，即确定负责润滑的责任人。

（2）润滑剂要纯净、清洁，不得混入杂质和水分，以免堵塞油路，引起锈蚀。

（3）夏季应采用黏度较大的润滑油，冬季应采用黏度较小的润滑油。

（4）磨床的油孔、油槽应密封良好，油池在换油时必须清洁干净。

4. 磨床的保养内容及要求

为延长设备使用寿命，确保加工品质，提高生产效率，规范安全生产，磨床的保养需遵守以下要点：

（1）合理操作磨床，不损坏磨床部件、机械结构。

（2）工作前后须清理机床，检查磨床部件、机械结构、液压系统、冷却系统是否正常，并及时修理，排除磨床故障。

（3）在工作台上调整头架、尾座位置时，须擦净其连接面，并涂润滑油后移动头架或尾座。保护工作台、头架、尾座连接间的有关机床精度。

（4）人工润滑的部位应按规定加注油类，并保证一定的油面高度。

（5）定期冲洗冷却系统，合理更换切削液。处理废切削液应符合环保要求。

（6）高速滚动轴承的温升应低于60℃。

（7）不同精度等级和参数的磨床与加工工件的精度和尺寸参数要相对应，以保持机床精度。

（8）磨床敞开的滑动面和机械机构须涂油防锈。

（9）避免碰撞或拉毛机床工作面和部件。

5. 磨床的一级保养内容及要求

磨床每运转500 h后需进行一次一级保养。一级保养工作以操作人员为主，维修人员配合进行。一级保养常用工具有一字旋具、十字旋具、活扳手、呆扳手、内六角扳手、整体扳手、成套套筒扳手、锁紧扳手等。进行保养时，必须切断电源。保养的位置、内容及要求具体见表3—1—1。按一级保养内容及要求对磨床进行全面检查，发现问题应及时纠正。

表 3—1—1　　磨床一级保养的内容及要求

保养项目	保养内容及要求
外观保养	清洗机床外表，使机床外表保持清洁，无锈蚀、无油痕
	拆卸有关防护盖板、挡板并进行清洗，应使各部位清洁且安装牢固
砂轮架及头架、尾座的保养	拆洗砂轮架传动带罩壳及砂轮防护罩壳
	检查电动机及紧固螺钉、螺母是否松动
	调整砂轮架传动带松紧程度，使其松紧适中
	调整机床尾座弹簧压力，砂轮架主轴、头架主轴间隙等
	拆洗尾座套筒，保持套筒和尾座壳体内清洁及润滑良好
液压系统和润滑系统的保养	检查液压系统压力情况，保持液压部件运行正常
	清洗液压泵过滤器
	检查砂轮架主轴润滑油的油质及油量
	清洗导轨，检查润滑油的油质及油量，保持油孔、油路的畅通；检查油管安装是否牢固，是否有断裂、泄漏现象
	清洗油窗
冷却系统的保养	清洗切削液箱，调换切削液
	清洗切削液泵，清除嵌入泵内吸油口的棉纱等杂物，保持电动机运转正常
	清洗过滤器；拆洗切削液管，使管路畅通；构件安装牢固，排列整齐
电气系统的保养	清扫电气箱，保持箱内清洁、干燥
	清理电线及蛇皮管，对裸露的电线及破损的蛇皮管进行修复
	检查各电气装置，确保固定整齐，工作正常
	检查各发光装置，如照明灯、工作状态指示灯等应工作正常，发光明亮
	在维修电工的指导和配合下，进行电气设备的检查和保养
机床附件的保养	摇动砂轮架退至后方，推动头架、尾座至工作台两端
	清扫机床切屑较多的部位，如切削液箱、防护罩壳等
	用柴油清洗头架主轴、尾座套筒、液压泵过滤器等
	在维修人员的指导和配合下，检查砂轮架及床身油池内的油质情况、油路工作情况等，并根据实际情况调换或补充润滑油和液压油

续表

保养项目	保养内容及要求
机床附件的保养	进行机床涂层表面的保养，按从上到下、从后到前、从左到右的顺序进行，如有油痕，可用去污粉或碱水清洗
	进行附件的清洁和保养
	补齐缺件（如手柄、螺钉、螺母等）
	装好各防护罩、盖板

技能训练

一、磨床的日常保养操作

1. 每日下班前进行保养操作

（1）关闭机床电控总开关及电控柜空气开关。

（2）把手柄开关、节流阀、旋钮恢复到原位或关闭位置。

（3）对磨床进行清扫、擦拭、涂油，清除磨屑、污垢及“黄袍”①，并对工作场地进行清理、清扫。用干净的棉布或小毛刷清理干净各部位上的研磨屑。在必要的部位（如主轴、磨头、砂轮法兰、刻度盘等）应打上防锈油。

（4）检查传动钢索是否松动，适时调整。

（5）检查磨床上方油镜是否有油，确保油路通畅。

2. 注意事项

（1）严禁使用吹气枪清洁工作台台面，清洁工件时应远离机台，防止磨屑、灰尘颗粒等进入导轨、油路系统，造成导轨损坏和油路堵塞。周末和节假日前要进行彻底清扫。

（2）更换钢索时，应注意钢索的绕向和松紧度，因为这直接影响到钢索的使用寿命。

二、磨床基本操作（以 M7120A 型平面磨床为例）

M7120A 型平面磨床的操纵装置布局如图 3—1—11 所示。

1. 主轴、切削液泵、工作台的启停

M7120A 型平面磨床的电气控制面板如图 3—1—12 所示。主轴、切削液泵、工作台的启动与停止操作见表 3—1—2。

---

① 机械设备、建筑物等表面的油污油脂、石蜡、碳迹、染料、霉斑等长期残留，导致设备或建筑表面变色，俗称“黄袍”。

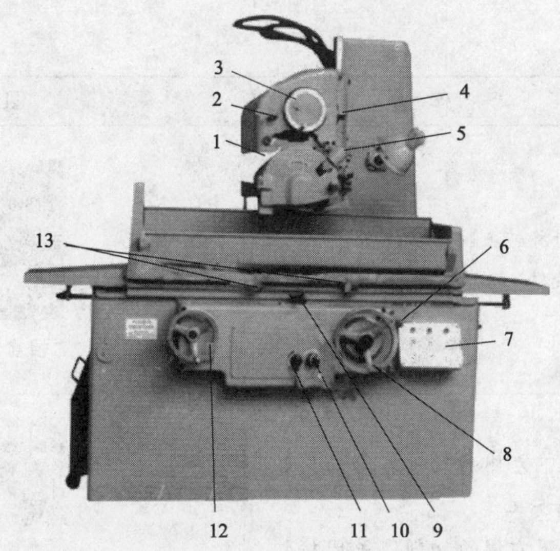

图 3—1—11　M7120A 型平面磨床的操纵装置布局图

1—磨头横向往复运动换向挡块　2—磨头横向进给手动换向拉杆　3—磨头横向进给手轮　4—润滑立柱导轨的手动按钮　5—砂轮修正器旋钮　6—磨头垂直微动进给杠杆　7—电气控制面板　8—磨头垂直进给手轮　9—工作台往复运动换向手柄　10—磨头横向速度控制旋钮　11—工作台速度调整手柄　12—工作台移动手轮　13—工作台换向挡铁

图 3—1—12　M7120A 型平面磨床的电气控制面板

1—切削液启动按钮　2—切削液关闭按钮　3—磨头主轴启动、停止旋钮　4—磁吸盘退磁按钮　5—磁吸盘吸磁按钮　6—急停按钮

表 3—1—2　　主轴、切削液泵、工作台的启动与停止操作

项目	操作	图示
接通电源	顺时针旋转磨床总电源开关	磨床总电源开关

续表

项目	操作	图示
启动砂轮主轴	顺时针旋转主轴启动按钮，砂轮主轴开始旋转	 主轴启动按钮
启动、停止液压泵	1. 按下左侧的切削液启动按钮，液压泵开始工作 2. 按下右侧的切削液关闭按钮，液压泵停止工作	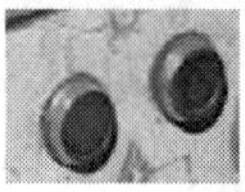 切削液启动（左）、关闭（右）按钮
启动、停止工作台	1. 按下左侧的工作台移动启动按钮，工作台往复移动 2. 按下右侧的工作台移动停止按钮，工作台停止移动	 工作台移动启动（左）、停止（右）按钮
磁吸盘按钮	1. 按下左侧按钮，磁吸盘吸磁 2. 按下右侧按钮，磁吸盘退磁	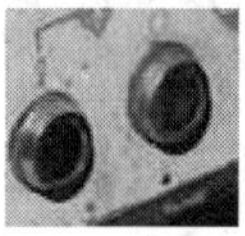 磁吸盘吸磁（左）、退磁（右）按钮
急停磨床	按下急停按钮后，磨床的所有部件停止运动	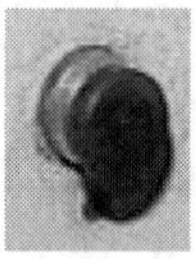 急停按钮

2. 磨头的上下移动操作

磨头的控制手柄及按钮如图 3—1—13、图 3—1—14 所示。磨头的移动操作见表 3—1—3。

图 3—1—13 磨头上的控制手柄
1—磨头横向自动/手动切换拉杆
2—磨头横向移动手动控制手柄

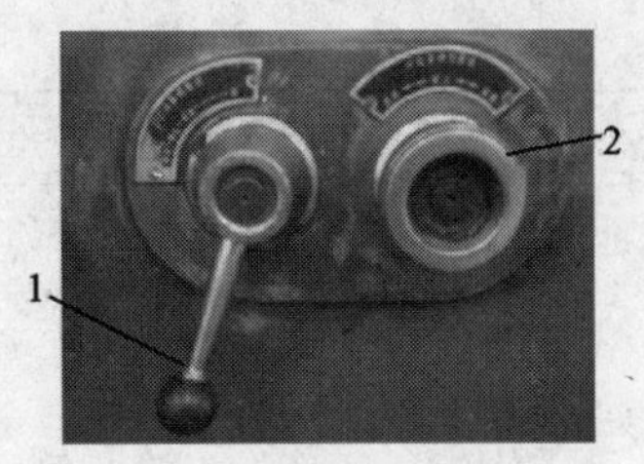

图 3—1—14 工作台上的磨头控制手柄
1—工作台速度调整手柄
2—磨头横向速度控制旋钮

表 3—1—3　　磨头的移动操作

项目	操作	图示
切换磨头横向进给的自动/手动模式	1. 拉出拉杆，磨头横向自动进给接通 2. 压下拉杆，磨头横向手动进给接通	磨头横向自动/手动切换拉杆
手动控制和调整磨头横向速度	1. 将磨头横向自动/手动切换拉杆置于手动控制位置 2. 顺时针旋转磨头横向速度控制旋钮，磨头横向向前移动且速度逐渐加快 3. 逆时针旋转磨头横向速度控制旋钮，磨头横向向后移动且速度逐渐加快 4. 旋至中间位置，磨头横向停止运动	磨头横向速度控制旋钮
手动控制磨头横向移动	1. 将磨头横向自动/手动切换拉杆置于手动控制位置 2. 手动旋转手柄，磨头沿横向移动	磨头横向移动手动控制手柄

续表

项目	操作	图示
手动控制磨头的升降	1. 顺时针旋转磨头垂直进给手轮，磨头上升 2. 逆时针旋转磨头垂直进给手轮，磨头下降	 磨头垂直进给手轮
手动控制工作台的移动	1. 顺时针旋转工作台控制手轮，工作台向右移动 2. 逆时针旋转工作台控制手轮，工作台向左移动	 工作台移动手轮

3. 液压驱动工作台移动的操作

液压驱动工作台移动的操作见表3—1—4。

表3—1—4　　液压驱动工作台的移动操作

项目	操作	图示
启动、停止工作台移动	1. 按下电气控制面板左侧的工作台移动启动按钮（绿色），工作台开始自动往复移动 2. 按下电气控制面板右侧的工作台移动停止按钮（红色），工作台停止移动	 工作台移动启动（左）、停止（右）按钮
调整工作台自动移动速度	1. 顺时针旋转工作台速度调整手柄，工作台移动速度加快 2. 逆时针旋转工作台速度调整手柄，工作台移动速度减慢直至停止	 工作台速度调整手柄

续表

项目	操作	图示
微调工作台行程	调整下工作台前侧的T形槽内的两块行程挡铁，即可控制工作台的行程 1. 逆时针松开紧固手柄1 2. 通过螺钉2微调工作台行程，调整完毕用螺母3锁紧 3. 顺时针旋紧紧固手柄1	挡铁的调整 1—紧固手柄 2—螺钉 3—螺母

课题二 磨削平面

一、平面磨削的形式及特点

平面磨削常作为铣削或刨削后的精加工，特别是用于磨削淬硬工件，以及具有平行表面的零件（如滚动轴承环、活塞环等）。在平面磨床上磨削平面，尺寸精度一般可达IT7～IT6级，表面粗糙度值为$Ra0.63 \sim 0.16$ μm。精密平面磨床磨削平面时，表面粗糙度值可达$Ra0.1$ μm，平面度误差为0.01 mm/1 000 mm。常用的平面磨削形式有周边磨削和端面磨削两种。

1. 周边磨削

周边磨削又称为圆周磨削，是用砂轮的圆周面进行磨削，如图3—2—1所示。卧轴平面磨床属于这种形式，如图3—1—4a、b所示。经磨削，两平面间的尺寸公差等级可达IT6～IT5级，表面粗糙度值为$Ra0.8 \sim 0.2$ μm。

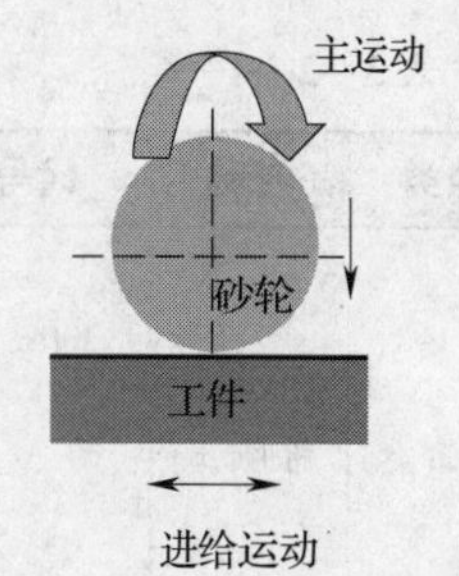

图3—2—1 周边磨削示意图

特点及应用：工件与砂轮的接触面积小，发热少，排屑与冷却情况好，加工精度高，但生产率低，在单件小批生产中应用较广。适用于精磨各种工件的平面，平面度误差能控制在（0.01～0.02）mm/1 000 mm。

2．端面磨削

端面磨削是利用砂轮的端面进行磨削，如图 3—2—2 所示。立轴平面磨床属于这种形式，如图 3—1—4c、d 所示。特点及应用：

（1）砂轮轴立式安装，刚度好，可采用较大的切削用量，而且砂轮与工件的接触面积大，故生产率高。

（2）精度比周边磨削差，磨削热较大，切削液进入磨削区较困难，易使工件受热变形，且砂轮磨损不均匀，影响加工精度。

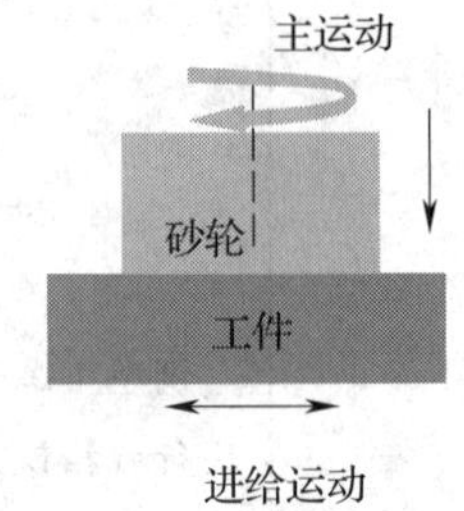

图 3—2—2　端面磨削示意图

只适用于磨削精度不高且形状简单的工件。

二、砂轮及其平衡与修整

以磨料为主制造而成的切削工具称为磨具，如砂轮、砂带、油石等，其中，砂轮的使用量最大，适应面最广。砂轮在磨削时具有极高的圆周速度，一般为 35 m/s 左右，高速磨削时可达 50～85 m/s。

1．砂轮

砂轮是由无数细小而坚硬的磨粒用结合剂黏结而成的多孔物体。磨粒起切削作用。把磨粒结合在一起，并使砂轮具有一定形状的黏结材料称为结合剂。结合剂并没有填满磨粒间的全部空间，而是留有一定的空隙。空隙起着散热和容纳磨屑的作用。磨料、结合剂和空隙构成砂轮结构的三要素。由于砂轮的磨料、粒度、结合剂、硬度及组织不同，砂轮的特性差异很大，对磨削质量及生产率亦有很大影响。磨削时，应根据加工条件选择相适应特性的砂轮。

（1）砂轮参数

1）磨料。磨料在砂轮中担负切削工作，因此磨料应具备很高的硬度、一定的强韧性以及一定的耐热性及热稳定性。目前生产中使用的几乎均为人造磨料，主要有刚玉类、碳化硅、高硬磨料类。表 3—2—1 为常用磨料的特性及应用范围。

表 3—2—1　常用磨料的特性及应用范围

种类	名称	代号	主要成分	颜色	特性	应用范围
刚玉类	棕刚玉	A	$Al_2O_3$95% $TiO_2$2%～3%	褐色	硬度大，韧性大，价廉，适用性广 2 100℃熔融	磨削碳素钢、合金钢、青铜等材料

续表

种类	名称	代号	主要成分	颜色	特性	应用范围
刚玉类	白刚玉	WA	Al_2O_3 >99%	白色	比棕刚玉硬而脆，磨粒相当锋利，不易磨钝，且磨钝的磨粒也容易破裂而形成新的锋利刃口。因此，白刚玉具有良好的切削性能和自锐性	精磨各种淬硬钢、高速钢、容易变形的工件等
碳化硅类	黑碳化硅	C	SiC >95%	黑色有光泽	硬度高于白刚玉，性脆而锋利，导热和导电性好，与铁有反应 >1 500℃氧化	磨削抗拉强度较低的材料，如铸铁、黄铜、青铜、非金属材料等
	绿碳化硅	GC	SiC >99%	绿色	硬度、脆性高于黑碳化硅，其余特性与黑碳化硅相同	磨削高硬度材料，如硬质合金、玻璃等
高硬磨料类	氮化硼	CBN	氮化硼	黑色	硬度低于人造金刚石，耐磨性好，发热量小，高温时与水和碱反应 >1 300℃稳定	磨削高硬度、高韧性的难加工材料，如含钼、钒、钴较高的合金钢和不锈钢等，其磨削特种钢材的性能比金刚石还好
	人造金刚石	D	碳结晶体	乳白色	硬度高，比天然的略脆，耐磨性好，高温时与水和碱反应 >700℃石墨化	加工高硬度材料，如硬质合金、光学玻璃等

刚玉类除上述两种外，还有玫瑰红色的铬刚玉（PA）、浅黄（或白）色的单晶刚玉（SA）、棕褐色的微晶刚玉（MA）、黑褐色的锆刚玉（ZA）等，性能均好于白刚

玉。单晶刚玉和微晶刚玉有良好的自锐性，适用于加工不锈钢及各种铸铁；铬刚玉适用于加工淬火钢。

碳化硅类除上述两种外，还有灰黑色的碳化硼（BC），其硬度高于黑碳化硅及绿碳化硅，耐磨性好，适合加工硬质合金、宝石、玉石、陶瓷、半导体材料等。

2）粒度。粒度是指磨料颗粒的大小。国家标准《固结磨具用磨料　粒度组成的检测和标记　第1部分：粗磨粒 F4 ~ F220》（GB/T 2481.1—1998）对粗磨粒做了规定，粗磨粒的粒度用试验筛网筛分的方法测定，粒度号为 F4 ~ F220，共 26 个代号，粒度号越大，磨粒的颗粒越细。

国家标准《固结磨具用磨料　粒度组成的检测和标记　第2部分：微粉》（GB/T 2481.2—2009）对微粉做了规定，微粉的粒度用沉降法进行检测，粒度号为 F230 ~ F1200，共 11 个代号，粒度号越大，磨粒的颗粒越细。常用的砂轮粒度号及应用范围见表 3—2—2。

表 3—2—2　　常用的砂轮粒度号及应用范围

类别	粒度号	应用范围	类别	粒度号	应用范围
磨粒	F8 ~ F24 F30 ~ F46 F54 ~ F100 F120 ~ F220	荒磨，打毛刺 切断，一般磨削（粗磨） 半精磨、精磨、成形磨 成形磨、超精磨、刃具磨	微粉	F280 ~ F400 F400 ~ F800 F800 ~ F1200	研磨、螺纹磨 超精磨、研磨 超精加工研磨、超精加工、镜面磨削

选择磨料粒度时，主要考虑具体的加工条件。例如，粗磨时，以获得高生产率为主要目的，可选中、粗粒度的磨粒；精磨时，以获得小的表面粗糙度值为主要目的，可选细粒或微粉磨粒。又如，磨削接触面积大和加工高塑性工材时，为防止磨削温度过高而引起表面烧伤，应选中、粗磨粒；为保证成形精度，应选细磨粒。

3）结合剂。结合剂起黏结磨粒的作用，它的性能决定了砂轮的强度、耐冲击性、耐腐蚀性和耐热性，同时对磨削温度、磨削表面质量也有一定的影响。

常用结合剂的种类、代号、性能及应用范围见表 3—2—3。

表 3—2—3　　常用结合剂的种类、代号、性能及应用范围

种类	代号	性能	用途
陶瓷	V	耐热蚀，气孔率大，易保持廓形，弹性差，不耐冲击	应用最广，可制作薄片砂轮外的各种砂轮
树脂	B	强度高于 V，弹性好，耐热耐蚀性差	制作高速耐冲击砂轮、薄片砂轮

续表

种类	代号	性能	用途
橡胶	R	强度弹性高于B，能吸振，气孔率小，耐热性差，不耐油	制作薄片砂轮、精磨高抛光砂轮、无心磨的导轮
菱苦土	Mg	自锐性好，结合能力差	制作粗磨砂轮
青铜	J	强度最好，导电性好，磨耗少，自锐性差	制作金刚石砂轮

4）硬度。砂轮的硬度是指结合剂黏结磨粒的牢固程度，也表示在磨削力作用下磨粒从砂轮表面脱落的难易程度。磨粒黏结牢固而不易脱落的砂轮，称为硬砂轮；反之，则称为软砂轮。

砂轮的硬度对磨削生产率和磨削表面质量都有很大影响。如果砂轮太硬，磨粒钝化后仍不脱落，就会导致磨削效率低，工件表面粗糙并可能烧伤；如果砂轮太软，磨粒尚未磨钝即脱落，就会导致砂轮损耗大，不易保持廓形而影响工件质量。只有硬度合适，磨粒磨钝后因磨削力增加而自行脱落，才能使新的锋利磨粒露出，使砂轮具有锐性，提高磨削效率和工件质量，并减小砂轮损耗。故生产中应根据具体加工条件进行砂轮硬度的合理选择。一般，加工硬工件材料时应选用软砂轮，反之选用硬砂轮。加工有色金属等较软的材料，为了防止砂轮堵塞，应选用软砂轮。磨削接触面积大，或磨削薄壁零件及导热性差的零件时，应选用软砂轮。精磨、成形磨时，应选用硬砂轮。磨粒越细时，应选用较软的砂轮。

砂轮的硬度分级见表3—2—4。

表3—2—4　　砂轮的硬度分级

等级	极软				很软			软			中级			硬				很硬	极硬
代号	A	B	C	D	E	F	G	H	J	K	L	M	N	P	Q	R	S	T	Y
选择	磨未淬硬钢选L~N，磨淬火合金钢选H~K，磨低粗糙度值的表面选K~L，刃磨硬质合金刀具选H~L																		

5）组织。砂轮的组织是表示其内部结构松紧程度的参数，指磨料、结合剂和气孔三者的体积比例关系。按照磨粒在砂轮中占有的体积百分数，砂轮组织可分为0~14组织号，参见表3—2—5。0~4号组织较紧密，5~8号组织为中等，9~14号组织较疏松。

砂轮组织号大，组织疏松，砂轮不易堵塞，切削液和空气能带入磨削区域，可降

表 3—2—5 砂轮的组织号

组织号	0	1	2	3	4	5	6	7	8	9	10	11	12	13	14
磨粒率（%）	62	60	58	56	54	52	50	48	46	44	42	40	38	36	34

低磨削温度，减少工件热变形和烧伤，也可提高磨削效率。但是，疏松的组织不易保持砂轮廓形，会影响成形磨削的精度，表面也会粗糙。精磨时，砂轮的气孔不宜过大。一般外圆磨削、内圆磨削、平面磨削、无心磨削及刀具刃磨都采用中等组织的砂轮，组织号为 6 的砂轮最常用。

为满足磨削接触面积大或薄壁零件，以及磨削软而韧（如银钨合金）或硬而脆（如硬质合金）材料的要求，在组织号 14 以外，还研制出了更大气孔的砂轮。它在砂轮工艺配方中加入了一定数量的精萘或炭粒，经焙烧后挥发而形成的大气孔。

（2）砂轮形状、尺寸

为适应在不同类型的磨床上加工各种形状和尺寸工件的需要，砂轮有许多形状和尺寸。常用砂轮的名称、代号、形状及用途见表 3—2—6。

表 3—2—6 常用砂轮的名称、代号、形状及用途

砂轮名称	代号	断面图（形状）	用途
平行砂轮	1		用于外圆磨削、内圆磨削、平面磨削、无心磨削、刃磨刀具、螺纹磨削
筒形砂轮	2		用于立式平面磨床
双斜边砂轮	4		用于磨削齿轮齿面和单线螺纹
杯形砂轮	6		用于刃磨铣刀、铰刀、拉刀等
碗形砂轮	11		用于刃磨铣刀、铰刀、拉刀、盘形车刀等

续表

砂轮名称	代号	断面图（形状）	用途
碟形一号砂轮	12a		用于刃磨铣刀、铰刀、拉刀和其他刀具，大尺寸的一般用于磨齿轮齿面
薄片砂轮	41		用于切断、开槽等

（3）最高工作速度

砂轮高速旋转时，砂轮上任一部分都受到很大的离心力作用，如果砂轮没有足够的强度，就会爆裂而引起严重事故。因为砂轮上的离心力与砂轮线速度的平方成正比，所以当砂轮线速度增大到一定数值时，离心力就会超过砂轮强度允许的范围，砂轮就会爆裂。因此，砂轮的最大工作线速度必须标注在砂轮上，以防止使用时发生事故。按国家标准《固结磨具　安全要求》（GB 2494—2014）的规定，磨具应满足使用时能够抵抗预期的外力和负荷的原则，并按照下列范围的最高工作速度进行设计和制造：

< 16—16—20—25—32—35—40—45—50—63（或 60）—70（或 72）—80—100—125，单位为 m/s。

（4）砂轮的标记

国家标准《固结磨具　一般要求》（GB/T 2484—2006）规定，砂轮各特性参数以代号的形式表示，书写顺序示例如下：

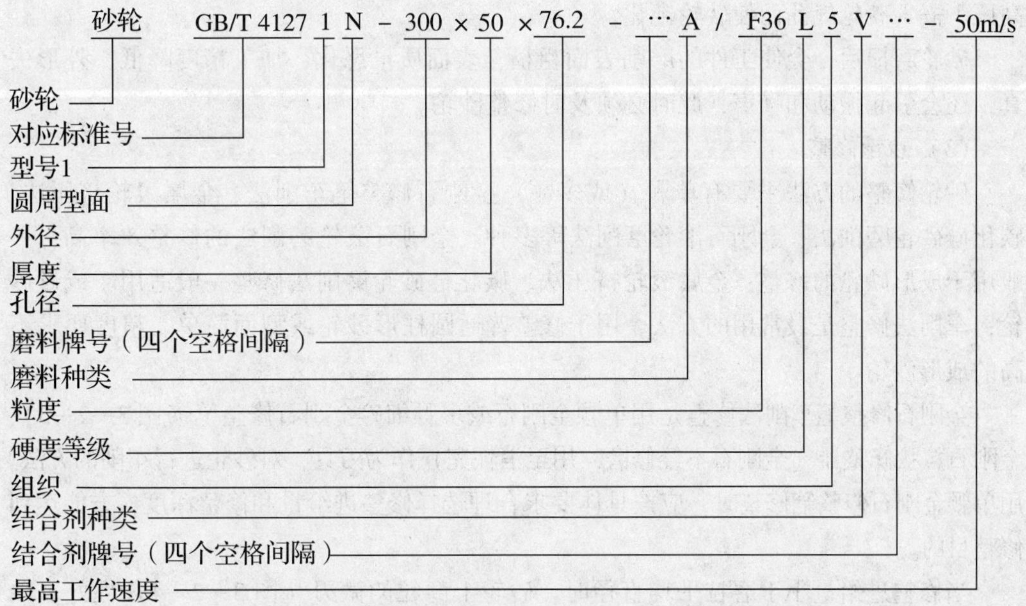

2．砂轮的静平衡

砂轮的平衡程度是磨削的主要性能指标之一。砂轮的不平衡是指砂轮的重心与旋转中心不重合，即由不平衡质量偏离旋转中心所致。例如，不平衡量为 1 500 g · cm 的砂轮在转速达到 1 670 r/min 时，其离心力可达到 460 N。巨大的离心力将迫使砂轮振动，使工件表面产生多角形的波纹，同时附加压力会加速主轴轴承磨损。当离心力大于砂轮强度时，会引起砂轮爆裂。因此，砂轮的平衡是一项十分重要的工作。

砂轮的不平衡包括砂轮本身的不平衡和砂轮安装所造成的不平衡。我国砂轮制造厂按标准规定制造的砂轮不平衡量约为 300 g · cm，不平衡量较大。

一般新安装的砂轮必须进行两次静平衡。第一次平衡后，砂轮安装在机床上进行修整，由于砂轮的外形误差和安装误差，经修整后，原先的平衡被破坏，必须进行第二次平衡。

3．砂轮的磨损与修整

（1）砂轮的磨钝过程

磨削过程中，可将砂轮表面微刃的钝化过程划分为初期、正常、急剧三个阶段。在初期阶段，微刃表面残留的毛刺不断脱落，划伤工件表面；在正常阶段，微刃表面的毛刺已消失，微刃为正常切削状态且逐步钝化，这是最佳的磨削阶段，工件的精磨应在此阶段内完成；当微刃锐角完全消失，磨削时发出噪声，即为急剧钝化阶段。

（2）砂轮磨损的原因

工作一定时间后，砂轮因钝化而丧失磨削能力。造成砂轮钝化的原因主要有：磨粒在磨削中的高温高压及机械摩擦作用下被磨平而钝化；磨粒因磨削热的冲击而在热应力下破碎；磨粒在磨削力作用下脱落不均而使砂轮轮廓变形；磨屑在磨削中的高温高压下嵌入砂轮气孔而使砂轮钝化。

砂轮磨损后，会使工件的磨削表面粗糙，表面质量恶化，加工精度降低，外形失真，还会引起振动和噪声，此时必须及时修整砂轮。

（3）砂轮修整

砂轮修整的方法主要有单颗（或多颗）金刚石修整笔车削法、金属滚轮挤压法、碳化硅砂轮磨削法、金刚石滚轮磨削法等多种。金刚石滚轮磨削法的修整效率高，一般用于成形砂轮的修整；金属滚轮挤压法、碳化硅砂轮磨削法修整一般适用于成形砂轮；车削法修整是最常用的方法，用于修整普通圆柱形砂轮或型面简单、精度要求不高的成形砂轮。

金刚石修整笔车削法修整是用单颗金刚石或多颗细碎金刚石修整笔（图 3—2—3）、金刚石粒状修整器（金刚石不经修磨，用至消耗完）作为刀具，对砂轮进行车削的方法。用单颗金刚石修整笔修整时，应按具体要求合理选择修整进给量和修整深度，方能达到修整目的。

当修整进给量小于磨粒平均直径时，砂轮上磨粒的微刃（图 3—2—4）性好，砂轮切削性能好，工件表面粗糙度值小。但修整进给量很小时，修整后的砂轮磨削时生

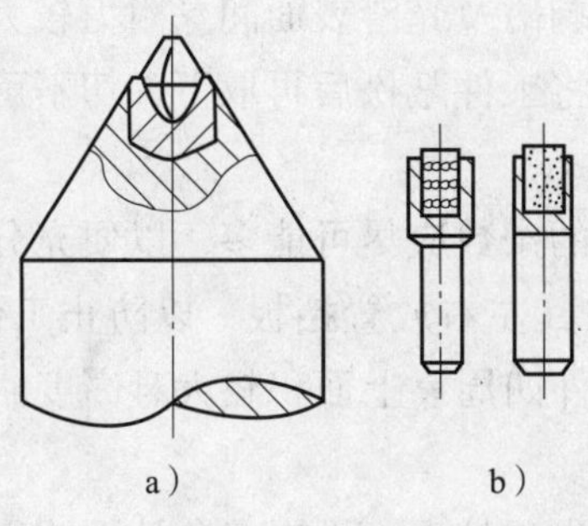

图 3—2—3 金刚石修整笔

a）单颗（大颗粒）金刚石修整笔

b）多颗细碎金刚石修整笔

图 3—2—4 磨粒的微刃

热多，易使工件表面出现烧伤与振纹。因此，粗磨和半精磨时，为防止烧伤，可采用较大砂轮修整进给量。若砂轮修整深度过大，则会使整个磨粒脱落和破碎，砂轮磨耗增大的同时砂轮不易修整平整。

三、平面磨削常用附件及工件的装夹方法

1. 平面磨削常用附件

平面磨削时，常用的附件有电磁吸盘、精密平口虎钳、单向（双向）电磁正弦台、正弦精密平口虎钳、单向正弦台虎钳等。

电磁吸盘比平口虎钳有更广的平面磨削范围，适合于扁平工件的磨削。精密平口虎钳装在磁力工作台上，经校正方向后可用于磨削工件垂直面或进行成形磨削，适合于磨削磁力工作台难以吸住的细小工件或非导磁材料的工件。

2. 工件的装夹方法

（1）电磁吸盘装夹

电磁吸盘是常用的夹具之一，凡是由钢、铸铁等材料制成的有平面的工件，都可用它装夹。电磁吸盘的外形有矩形和圆形两种，分别用于矩形工作台平面磨床和圆形工作台平面磨床。

1）电磁吸盘装夹工件的使用特点

①工件装卸迅速方便，并可以同时装夹多个工件。

②工件的定位基准被均匀地吸紧在台面上，能很好地保证平行平面的平行度公差。

③装夹稳固可靠。

2）使用电磁吸盘时的注意事项

①关掉电磁吸盘的电源后，有时工件不容易取下，这是因为工件和电磁吸盘上仍会保留一部分磁性（剩磁）。这时，需将开关转到退磁位置，多次改变线圈中的电流方向，把剩磁去掉，工件就容易取下。

②从电磁盘上取底面积较大的工件时，由于剩磁及光滑表面间黏附力较大，工件不容易取下。这时可根据工件形状用木棒或铜棒将工件敲松后再取下，切不可用力硬拖工件，以防工作台台面与工件表面拉毛而损伤。

③装夹工件时，工件定位表面盖住绝缘磁层的条数应尽可能多，以便充分利用磁性吸力。小而薄的工件应放在绝缘层中间，并在其左右放置挡板，以防止工件松动。装夹高度较高且定位面积较小的工件时，应在工件四周靠上面积较大且高度略低于工件的挡板，这样可避免工件因吸力不够而翻倒。

④电磁吸盘的台面要保持光洁，如果台面上出现拉毛，可用三角油石或细砂纸抛光。如果台面使用时间较长，表面上划纹和细麻点较多，或者有某些变形，可以对电磁吸盘台面进行一次修磨。修磨时，电磁吸盘应接通电源，使它处于工作状态；磨削量和进给量要小，冷却要充分，待磨光至无火花出现即可。电磁吸盘的台面应尽可能减少修磨次数，以延长其使用寿命。

⑤工作结束后，应将吸盘台面擦净。

（2）精密平口虎钳装夹

精密平口虎钳由平口钳体、固定钳口、活动钳口、转动螺杆组成。其侧面和钳口侧面与底面的垂直度精度高，可达 0.005 mm。精密平口虎钳适合装夹小型导磁或非磁性材料的工件，如图 3—2—5 所示。

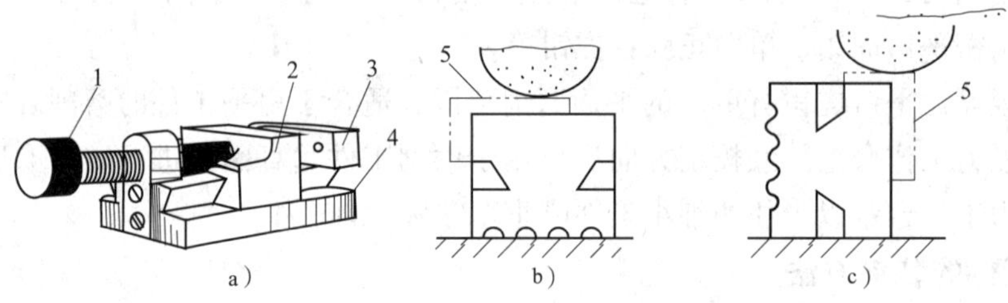

图 3—2—5　用精密平口虎钳装夹

1—螺杆　2—活动钳口　3—固定钳口　4—底座　5—工件

（3）用精密角铁装夹

精密角铁具有两个互相垂直的工作平面，它的垂直度为 0.005 mm，可达到较高的加工精度。它适合装夹大小、质量都小于角铁的导磁或非磁性垂直面工件，如图 3—2—6 所示。

（4）用导磁直角靠铁装夹

导磁直角靠铁由纯铁、黄铜片等制成，四个面互相垂直，如图 3—2—7 所示。黄铜与纯铁相隔排列，距离与电磁吸盘一样，磁力线可以延伸到上面。它适用于装夹磨削不易找正的小零件，或比较光滑的工件。

（5）用精密 V 形架装夹

精密 V 形架的上、下底面与 V 形工作面垂直度较高。装夹工件时，用螺栓把工件固定在 V 形槽里，找正并夹紧，如图 3—2—8 所示。它可保证磨削中工件端面对圆柱轴线的垂直度公差，适用于加工较大的圆柱工件端面。

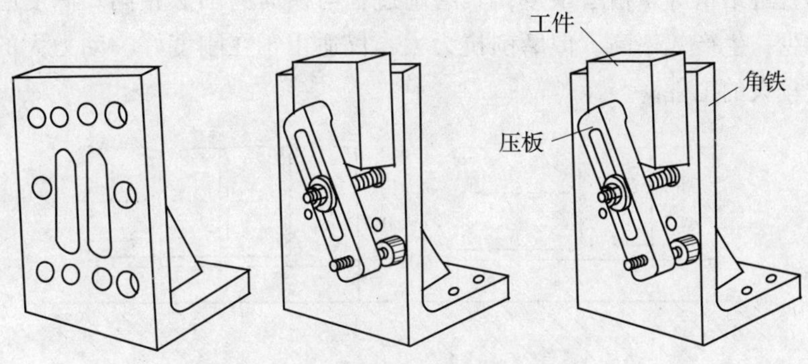

图 3—2—6 用精密角铁装夹

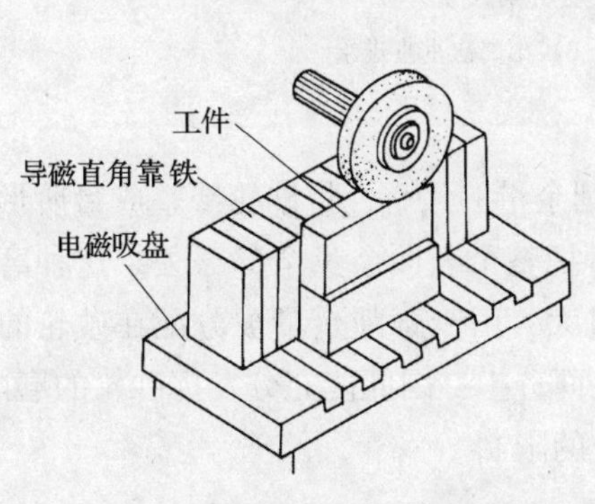

图 3—2—7 用导磁直角靠铁装夹

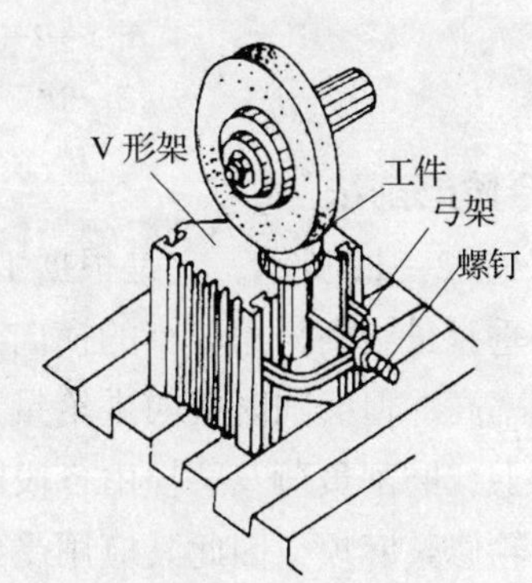

图 3—2—8 用精密 V 形架装夹

四、平面的磨削方法

在平面磨床上磨削平面有周边磨削和端面磨削两种形式。卧轴矩台或圆台平面磨床的磨削属周边磨削，砂轮与工件的接触面积小，生产效率低，但磨削区散热、排屑条件好，因此磨削精度高。卧轴矩台平面磨床磨削平面的主要方法如下：

1. 横向磨削法

每当工作台纵向行程终了时，砂轮主轴做一次横向进给（图 3—2—9），待工件表面上第一层金属磨去后，砂轮再按预选磨削深度做一次垂直进给，随后按上述过程逐层磨削，直至切除全部磨削余量。

横向磨削法是最常用的磨削方法，适用于磨削长而宽的平面，也适用于相同小件按序排列集合磨削。

2. 深度磨削法

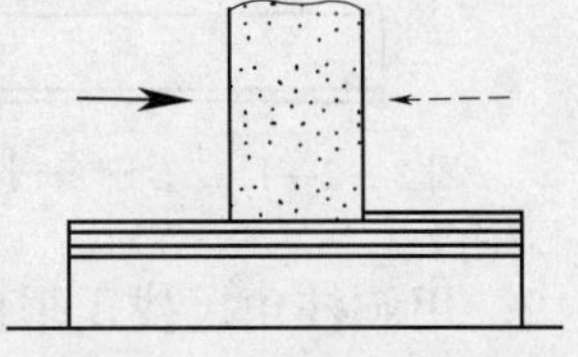

图 3—2—9 横向磨削法磨平面

如图 3—2—10 所示，磨削时砂轮只做两次垂直进给。第一次的垂直进给量等于粗磨的全部余量，当工作台纵向行程终了时，将砂轮或工件沿砂轮轴线方向移动 3/4 ~ 4/5 的砂轮宽度，直至切除工件全部粗磨余量；

第二次的垂直进给量等于精磨余量，其磨削过程与横向磨削法相同。深度磨削法的垂直进给次数少，生产效率高，但磨削抗力大，仅适用于在刚度好、动力大的磨床上磨削平面尺寸较大的工件。

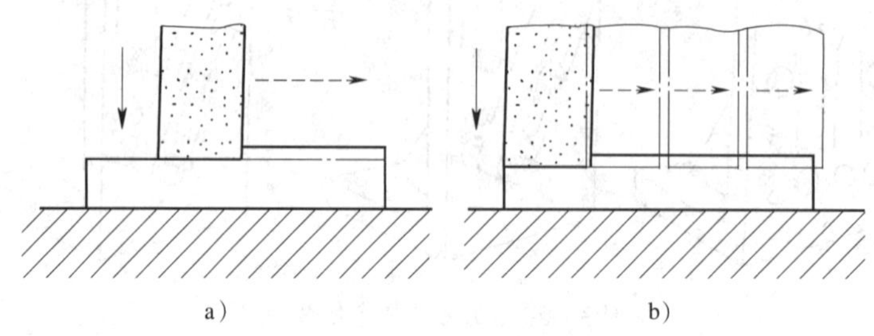

图 3—2—10　深度磨削法磨平面
a）第一次垂直进给　b）第二次垂直进给

3. 台阶磨削法

如图 3—2—11 所示，它是根据工件磨削余量的大小，将砂轮修整成台阶形状，使其在一次垂直进给中采用较小的横向进给量把整个表面余量全部磨去。这种磨削方法的生产效率高，但磨削时横向进给量不能过大；由于磨削余量被分配在砂轮的各个台阶圆周面上，磨削负荷及磨损由各段圆周表面分担，因此能充分发挥砂轮的磨削性能。但由于砂轮修整麻烦，因此其应用受到一定的限制。

五、 垂直面的磨削方法

1. 用百分表找正

用百分表头打在工件的侧面，上下前后移动，观察百分表的读数，如果误差大，就在工件下面垫纸，使百分表读数达到很小的跳动量，如图 3—2—12 所示。

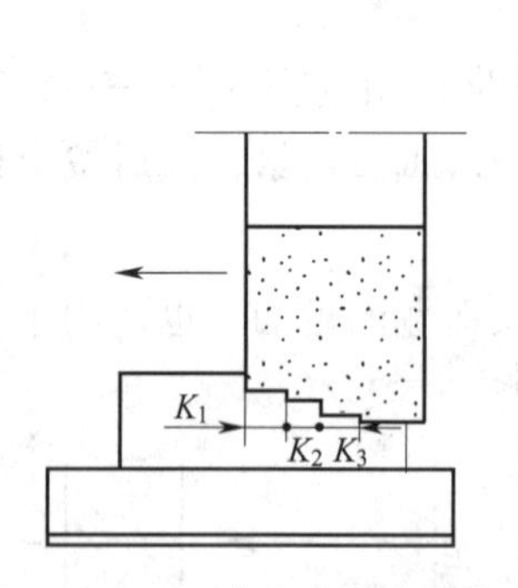

图 3—2—11　台阶磨削法磨平面

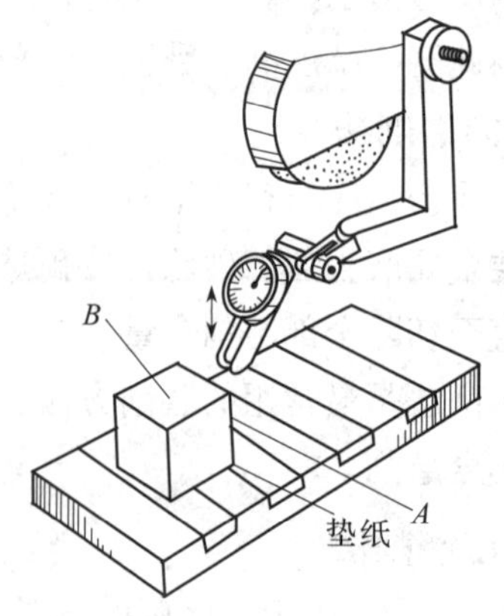

图 3—2—12　用百分表找正

2. 用圆柱角尺找正垂直面

把圆柱角尺和工件都放在平板上，使它们靠近，观察圆柱角尺的素线和工件垂直面之间的间隙，然后在工件下面垫纸，使间隙均匀，即可磨削工件的上平面，如图3—2—13 所示。

3. 用专用百分表座找正垂直面

专用百分表座的结构特点是在百分表座上设有定位点，如图 3—2—14 所示。

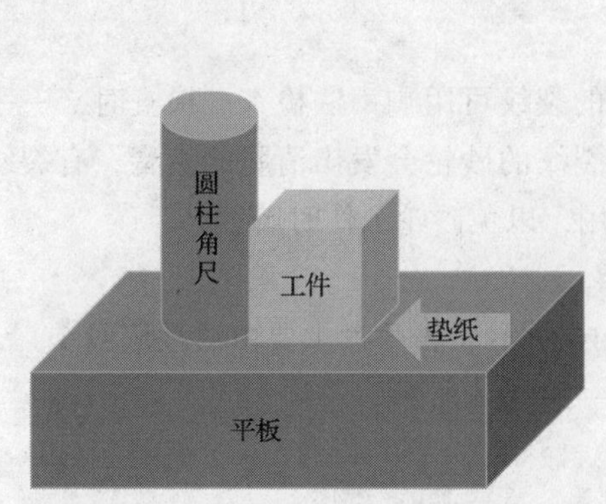

图 3—2—13　用圆柱角尺找正垂直面

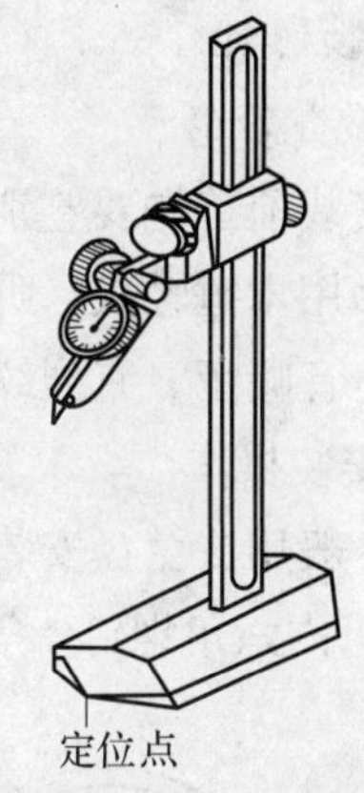

图 3—2—14　专用百分表座

（1）首先应校正百分表。把圆柱角尺和百分表座放在平板上，让百分表座定位点顶住圆柱角尺下部最大外圆处，表头接触圆柱角尺的上部，再将表座的百分表读数调到零位，此时读数值到定位点所组成的空间平面与底面垂直，如图 3—2—15a 所示。

（2）将圆柱角尺移走，把工件放到原位置，测量方法同上，观察百分表的读数。

（3）如果测量工件的读数比测量圆柱角尺的读数大，应在工件的右底面垫纸，使百分表读数接近零，垫纸厚度可根据读数值确定，如图 3—2—15b 所示。反之在工件的左底面垫纸。

使用这种方法的加工精度较高，找正时要防止百分表走动。

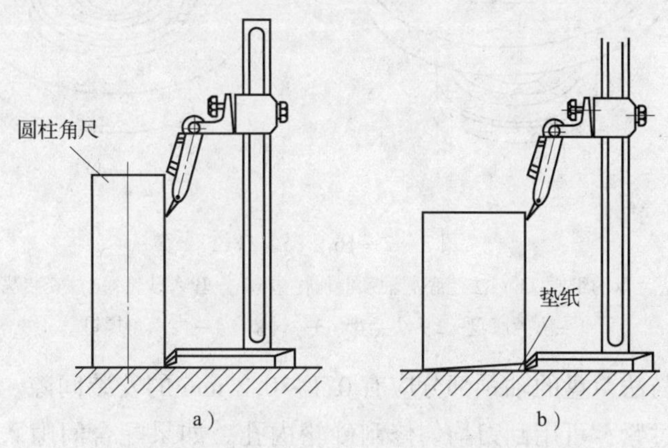

图 3—2—15　用专用百分表座找正垂直面

a）校正百分表　b）测量工件

技能训练

一、基本技能

1. 安装砂轮

（1）检查砂轮

砂轮安装前首先要鉴别其外观。砂轮的裂纹可用响声法检查。检查时，一手托住砂轮，一手用木锤轻敲，听其声音。没有裂纹的砂轮会发出清脆的声音，有裂纹的砂轮发出的声音嘶哑。有裂纹的砂轮不能使用，以免砂轮工作时爆裂。

（2）安装操作

砂轮一般用法兰盘安装，如图 3—2—16 所示。法兰盘主要由法兰底盘 1、法兰盘 2、衬垫 3、内六角螺钉 4 等组成，如图 3—2—16a 所示。

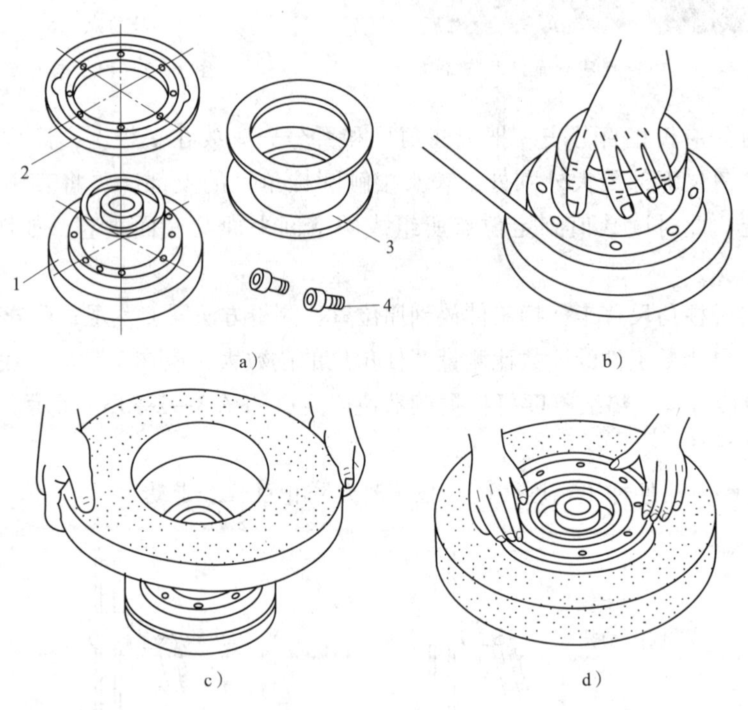

图 3—2—16　安装砂轮

a）法兰盘的组成　b）法兰底盘轴颈上加衬垫　c）套入砂轮　d）安装法兰盘

1—法兰底盘　2—法兰盘　3—衬垫　4—内六角螺钉

砂轮的孔径与法兰盘的轴颈部分应有 0.1 ~ 0.2 mm 的安装间隙。如果砂轮孔径与法兰盘轴颈配合过紧，可用刮刀均匀修刮砂轮内孔。如果配合间隙太大，则砂轮中心与法兰盘的中心会产生安装偏心，增大砂轮的不平衡量。因此，可在法兰盘轴颈上加衬垫，以减少安装偏心。如果砂轮孔径与法兰盘轴径相差太多，就应重新配制法兰盘。

法兰盘的支承平面应平整且外径尺寸相等，安装时在法兰盘端面和砂轮之间应垫上 1 ~ 2 mm 厚的塑性材料制成的衬垫（如厚纸板等），衬垫的直径应比法兰盘外径稍大些。紧固螺钉时夹紧力要均匀，一般可按对角顺序逐步拧紧螺钉。

2. 砂轮静平衡

砂轮静平衡的步骤及操作见表 3—2—7。

表 3—2—7　　砂轮静平衡的步骤及操作

步骤	操作	图示
调整平衡架水平位置	1. 在平衡架导柱上安放两块厚度相同的平行垫铁 2. 将水平仪垂直于导柱放在垫铁上，检查气泡所处的位置。气泡是向高处移动的，在气泡的相反处调整平衡架的螺钉，使水平仪气泡处于中间位置 3. 将水平仪平行于导柱放在垫铁上，用同样的方法使水平仪气泡处于中间位置 4. 按照前述 2 和 3 的方法，反复检查和调整，直至导柱在纵向、横向上基本处于水平位置，一般允许误差在 0.02 mm/1 000 mm 以内	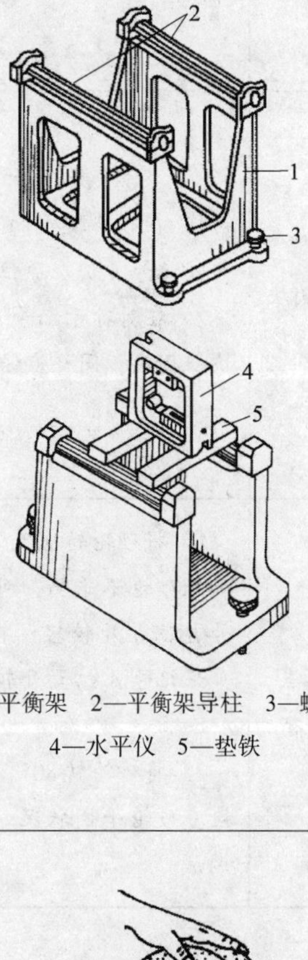 1—平衡架　2—平衡架导柱　3—螺钉 4—水平仪　5—垫铁
安装平衡心轴	1. 安装平衡心轴，心轴的外圆锥面与砂轮法兰应有 80% 的接触面 2. 用螺母锁紧心轴	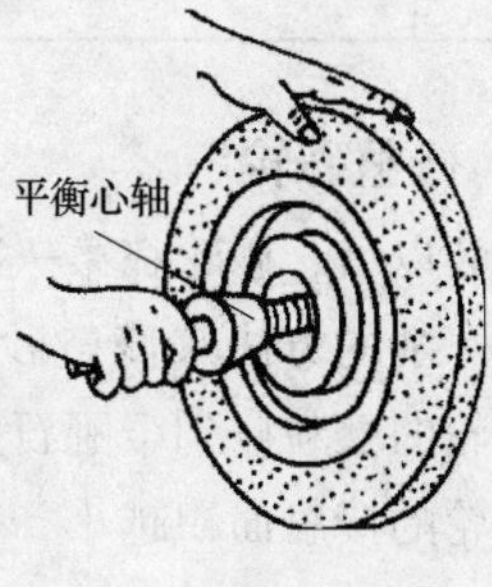 平衡心轴
拆平衡块	1. 拆下法兰盘上的全部平衡块 2. 清除环形槽内的污垢	

步骤	操作	图示
找出不平衡位置	1. 将平衡心轴连同砂轮放在平衡架上，使砂轮在平衡架导柱上缓慢滚动。如果砂轮不平衡，它会在轻、重连线的垂直方向来回摆动。当摆动停止时，砂轮较重部分必然在砂轮下方 2. 在砂轮上方 A 处作一个记号	
装平衡块	1. 在砂轮较重的下方装上第一块平衡块，并使记号 A 仍在原位不变 2. 在对称于记号 A 的左右两侧装上另外两块平衡块，同样应保持记号 A 的位置不变	
求各点的平衡	1. 将砂轮转 90°，使记号 A 处于水平位置。如果砂轮不平衡，可以移动平衡块。如果记号 A 位置处较轻，将平衡块向记号 A 靠拢；如果记号 A 位置处较重，使平衡块离开记号 A 2. 将砂轮转 80°，使记号 A 处于水平位置，检查砂轮平衡状况。如果砂轮不平衡，重新调试	平衡块

3. 修整砂轮

安装以后，砂轮在第一次静平衡后需做整形修整。在生产中，一般以金刚石为刀具，用车削的方法来修整砂轮。修整时，金刚石修整笔的安装角度如图 3—2—17 所示。砂轮的磨粒碰到金刚石坚硬的尖角，就会破裂或脱落，从而产生新的微刃。金刚石与砂轮的接触面积越小，获得的表面越精细平整。

4. 拆卸砂轮

从磨床主轴上拆卸法兰盘时使用套筒扳手和钩头扳手，应注意主轴螺纹的螺旋方向，防止损伤主轴轴承。一般砂轮主轴螺纹为左旋。

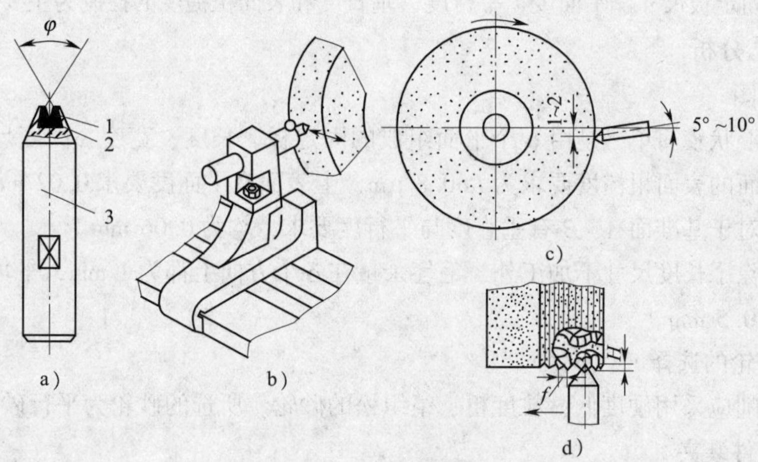

图 3—2—17 修整砂轮

a) 金刚石修整笔 b) 修整器的移动 c) 金刚石修整笔的安装角度 d) 修整层局部放大图

1—金刚钻 2—焊料 3—刀柄

二、磨削模具的固定板

在 M7120A 型平面磨床上磨削某模具的固定板。固定板为长方体零件，如图 3—2—18 所示。毛坯：板料，尺寸为 120 mm × 45 mm × 18 mm，材料为 45 钢。本

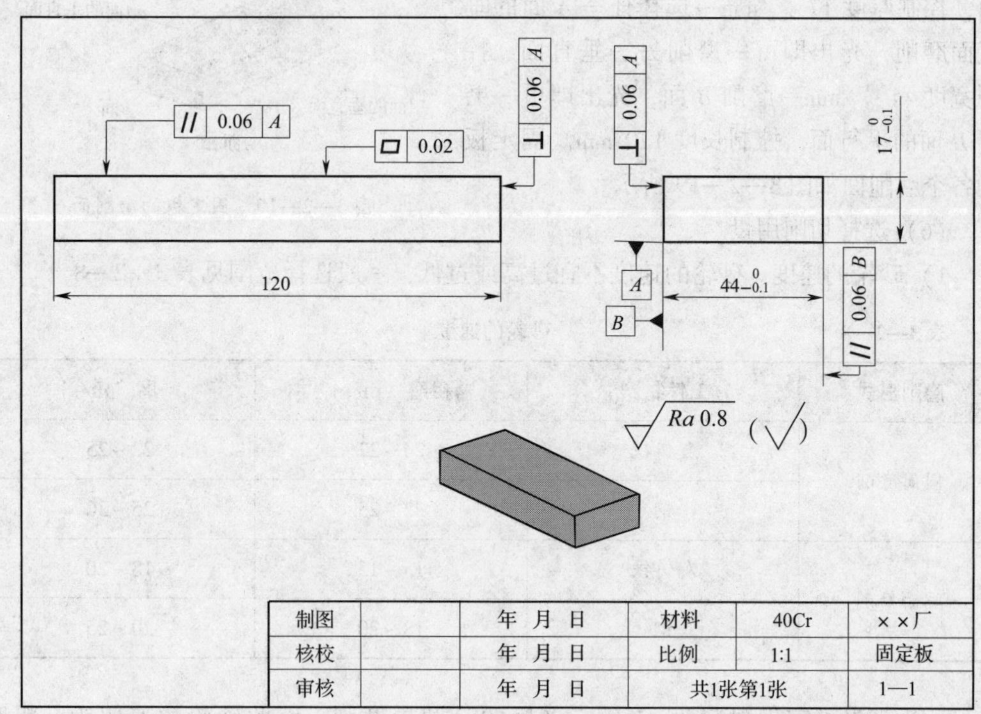

制图		年 月 日	材料	40Cr	××厂
核校		年 月 日	比例	1:1	固定板
审核		年 月 日	共1张第1张		1—1

图 3—2—18 固定板零件图

课题以练习固定板尺寸、平面度、平行度、垂直度和表面粗糙度的控制为主要目的。

1. 工艺分析

(1) 读图

该工件形状较简单，是由6个平面组成的固定板。长度、宽度、高度尺寸有精度要求，各表面的表面粗糙度要求为*Ra*0.8 μm，上表面有平面度要求0.02 mm，上表面与两侧面相对于基准面*A*、*B*有垂直度与平行度要求，均为0.06 mm。

固定板除了长度尺寸不加工外，毛坯余量在各个方向上都为1 mm，平均分布到各面的余量为0.5 mm。

(2) 砂轮的选择

平面磨削应采用硬度低、粒度粗、组织松的砂轮。所选的砂轮为平行砂轮。

(3) 工件装夹

用电磁吸盘装夹，装夹前将吸盘台面和工件的毛刺、氧化层清除干净，被磨削面如有小凸台必须清除。

(4) 确定磨削方法

采用横向磨削法，考虑到工件的平面度和粗糙度的要求，划分粗、精磨，选择合适的磨削余量。

(5) 确定加工工序

磨削*A*面，光出即可→磨削*A*面的平行面，控制厚度$17_{-0.1}^{\ 0}$ mm→选择任一*A*面的垂直面磨削，光出即可→磨削另一垂直面，控制宽度$44_{-0.1}^{\ 0}$ mm→磨削*B*面，光出即可→磨削*B*面的平行面，控制长度120 mm。固定板的各个磨削面如图3—2—19所示。

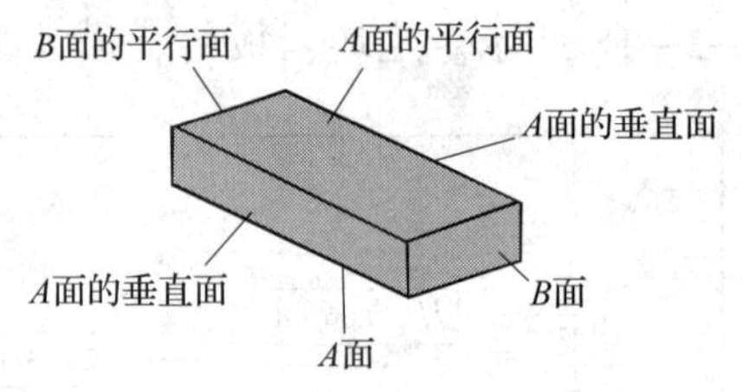

图3—2—19 固定板的磨削面

(6) 选择切削用量

1) 砂轮的速度。砂轮的速度不宜过高或过低，一般选择范围见表3—2—8。

表3—2—8 砂轮的速度

磨削形式	工件材料	粗磨 (m/s)	精磨 (m/s)
圆周磨削	灰铸铁	20~22	22~25
	钢	22~25	25~30
端面磨削	灰铸铁	15~15	18~20
	钢	18~20	20~25

本次课题的零件材料为45钢，采用的是圆周磨削，因此砂轮的速度为：粗磨25 m/s；精磨30 m/s。

2）工作台纵向进给量。工作台为矩形时，纵向进给量选 1 ~ 12 m/min。当磨削宽度大、精度要求高和横向进给量大的工件时，工作台纵向进给应选得小些；反之，则选得大些。

本次课题精度要求一般，横向进给量适中，因此纵向进给量选择：粗磨 6 m/min，精磨 4 m/min。

3）砂轮垂向进给量。砂轮垂向进给量的大小依据横向进给量的大小来确定。横向进给量大时，垂向进给量应小，以免影响砂轮和机床的寿命及工件的精度；横向进给量小时，垂向进给量应大。一般粗磨时，横向进给量为（0.1 ~ 0.48）*B*/双行程（*B* 为砂轮宽度），垂向进给量为 0.015 ~ 0.05 mm；精磨时，横向进给量为（0.05 ~ 0.1）*B*/双行程，垂向进给量为 0.005 ~ 0.01 mm。

本次课题为一般钢件磨削，因此切削用量选择应适中：粗磨时，横向进给量为 0.3*B*/双行程（*B* 为砂轮宽度），垂向进给量为 0.03 mm；精磨时，横向进给量为 0.5*B*/双行程，垂向进给量为 0.008 mm。

（7）选择切削液

采用乳化液切削液，为防止磨削热的影响，切削液浇注要充分。

2. 加工步骤及操作

磨削固定板的加工步骤及操作见表 3—2—9。

表 3—2—9　　磨削固定板的加工步骤及操作

加工步骤	操作
准备工作	1. 检查机床各手柄的原始位置是否正常、牢靠；完成机床润滑、预热 2. 安装、修整和静平衡砂轮等 3. 检查毛坯尺寸和形状 4. 擦净电磁吸盘台面，清除工件毛刺、氧化皮。将已去毛刺和氧化皮的工件的一面放置并装夹在电磁吸盘上 5. 启动磨床。将总电源开关打开，逆时针旋转电磁吸盘开关，启动液压电动机 6. 调整工作台行程，即调整工作台的挡铁位置，使工件磨削范围在工作台的有效工作行程内并锁紧 7. 寻找磨削面的最高点，确保砂轮静止在工件表面的正上方。横向方向上，须手摇横向进给手轮 8. 对刀。手摇垂直进给手轮，使磨头与被磨削面尽量靠近。以目测的方法控制磨头与被磨削面的距离大约为 1 mm。当看到磨削产生的几点火花时，应及时停止进给 9. 加注切削液。将横向进给手轮逆时针旋转到自动位置，打开切削液开关，调整纵向进给速度

续表

加工步骤	操作
粗、精磨A面	磨削基准面A面，光出即可，将磨削余量留至A面的平行面磨削
粗、精磨A面的平行面	以A面为基准吸附在工作台面上，磨削A面的平行面，控制厚度$17_{-0.1}^{0}$ mm至要求
粗、精磨A面的一个垂直面	选择A面任一的垂直面磨削，将精密平口虎钳吸附在工作台上，以A面为基准定位在固定钳口上，磨削时光出即可，将磨削余量留至另一垂直面磨削
粗、精磨A面的另一垂直面	将工件翻转180°，仍然以A面为基准定位在固定钳口上，以刚磨出的A面垂直面作为辅助基准定位在平口虎钳底面上，磨削另一垂直面，控制宽度$44_{-0.1}^{0}$ mm
粗、精磨B面	以A面为基准定位在固定钳口上，将工件垂直装夹，用百分表测量任一垂直面，控制该面相对于工作台面的垂直度后再夹紧，磨削B面，光出即可，将磨削余量留至另一端面磨削
粗、精磨B面的平行面	将工件翻转180°，仍然以A面为基准定位在固定钳口上，用相同方法校正后夹紧工件，磨削B面的平行面，控制长度120 mm
自检	1. 加工完毕，退磁取下工件，按图样要求进行自检（用比较法检验表面粗糙度；用透光法检验固定板表面的平面度；用直角尺测量工件侧面的垂直度） 2. 正确放置工件，并进行产品交接确认
结束工作	1. 按国家环保相关规定和车间要求，整理现场，正确处置废油液等废弃物 2. 按车间规定填写交接班记录和设备日常保养记录卡

3. 注意事项

（1）对刀时，要注意手摇的速度不但要匀速而且不能快，防止磨削深度突然过大而使砂轮对工件产生冲击。

（2）磨削将近结束时，垂直进给量要小，甚至不进给进行光磨，以保证磨削精度。

（3）磨削中可停机，以较精确地检测尺寸。

三、磨削平面中常见质量问题的分析及处理

磨削平面中常见质量问题的产生原因及预防措施见表3—2—10。

表3—2—10　磨削平面中常见质量问题的产生原因及预防措施

常见质量问题	产生原因	预防措施
尺寸超差	测量不准确	正确测量、校正量具误差
	工件受热膨胀	降低温度
	刻度不准	核准刻度

续表

常见质量问题	产生原因	预防措施
表面烧伤	砂轮与工件接触面积大，产生热量大	合理选择切削用量，尤其是磨削深度不宜过大
		选用硬度较软、粒度粗的砂轮
		浇注充足的切削液
平面度超差	磨削时的热变形	浇注充足的切削液
	电磁力使工件变形	正确放置工件
	切削用量选择不当	正确选择切削用量
	机床几何精度超差	检修机床
平行度超差	工件的基准平面或工作台不清洁	清除基准平面或工作台上的脏物
	砂轮选得太软，磨损太快	选择硬度合适的砂轮
表面产生波纹	砂轮或磨头电动机不平衡（卧轴矩台平面磨床）	调整砂轮或磨头电动机平衡
	砂轮主轴轴承太松	调整砂轮主轴轴承间隙
	砂轮选择不当	正确选择砂轮
	砂轮磨钝后继续磨削	及时修整砂轮

四、评分标准

磨削固定板评分标准见表 3—2—11。

表 3—2—11　　磨削固定板评分标准

检测项目	检测内容及要求	配分	评分标准	检测结果	得分
主要尺寸	$44_{-0.10}^{0}$ mm	12	超差不得分		
	$17_{-0.10}^{0}$ mm	12	超差不得分		
几何公差与表面质量	平面度 0.02 mm	8	超差不得分		
	垂直度 0.06 mm（2 处）	20	超差一处扣 10 分		
	平行度 0.06 mm（2 处）	20	超差一处扣 10 分		
	表面粗糙度 *Ra*0.8 μm	18	超差不得分		

续表

检测项目	检测内容及要求	配分	评分标准	检测结果	得分
设备及工、量具、刃具的使用维护	常用工具、量具、刃具的合理使用与保养	2	未完成不得分		
	正确进行磨床的操作	2	未完成不得分		
	正确进行磨床的润滑	1	未完成不得分		
	正确进行磨床的保养	2	未完成不得分		
安全文明生产	正确执行安全技术操作规程	2	酌情提醒或扣分		
	正确穿戴工作服	1	未完成不得分		
总分		100			

数控车削加工

课题一　数控车床基础知识与基本操作

一、数控车床概述

1. 数控技术的基本概念

数字控制（Numerical Control），简称 NC，是用数字化信息实现机床控制的一种方法。数字控制机床（Numerically Controlled Machine Tool）是采用了数字控制技术的机床，又称为数控机床。这种 NC 机床是由硬件来实现数控功能的。计算机数控（Computer Numerical Control），简称 CNC，是采用微处理器或专用微机的数控系统，由事先存入存储器中的系统程序来控制，从而实现部分或全部数控功能，这样的机床一般称为 CNC 机床。

数控机床按用途进行分类，用于完成车削加工的数控机床称为数控车床。它是目前国内外使用量最大、覆盖面最广的一种数控机床。与普通车床相比，数控车床适合加工精度高、形状复杂的回转体零件。

2. 数控车床组成

数控车床主要由车床本体和数控系统两大部分组成。车床本体由床身、主轴、滑板、刀架、冷却装置等组成；数控系统由程序的输入/输出装置、数控装置、伺服驱动装置三部分组成。

如图 4—1—1 所示为 CK6100 型数控车床。它主要由床身、主轴箱、电气控制箱、刀架、数控装置、尾座、进给系统、冷却系统、润滑系统等组成。

（1）床身

床身部分如图 4—1—2 所示，包括床身与床身底座。底座为整台机床的支承与基础，所有的机床部件均安装于其上，主电动机与冷却箱置于床身右侧的底座内部。数控车床床身采用了许多新结构，以加强刚度、减小热变形、提高加工精度。

图 4—1—1　CK6100 型数控车床外形图

1—床身　2—主轴箱　3—电气控制箱　4—刀架　5—数控装置　6—尾座　7—导轨　8—丝杠

（2）主轴箱

主轴箱用于固定机床主轴。主电动机通过 V 带直接把运动传给主轴。主轴通过同步齿形带与编码器（图 4—1—3）相连接，通过编码器测出主轴的实际转速，主轴的调速直接通过变频电动机来完成。

图 4—1—2　床身部分

（3）电气控制箱

电气控制箱如图 4—1—4 所示，内部用于安装各种机床电气控制元件、数控伺服控制单元、控制芯板和其他辅助装置。

（4）刀架

刀架（图 4—1—5）固定在中滑板上。常用的有四工位立式电动刀架和六工位电动刀架，用于安装车削刀具，通过自动转位来实现刀具的交换。

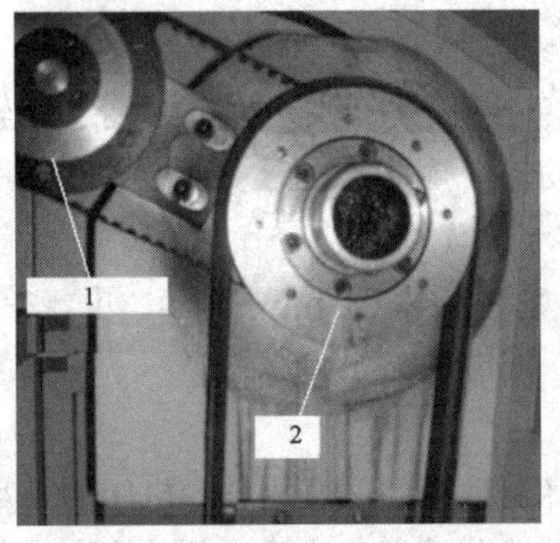

图 4—1—3　主轴与编码器

1—编码器　2—主轴

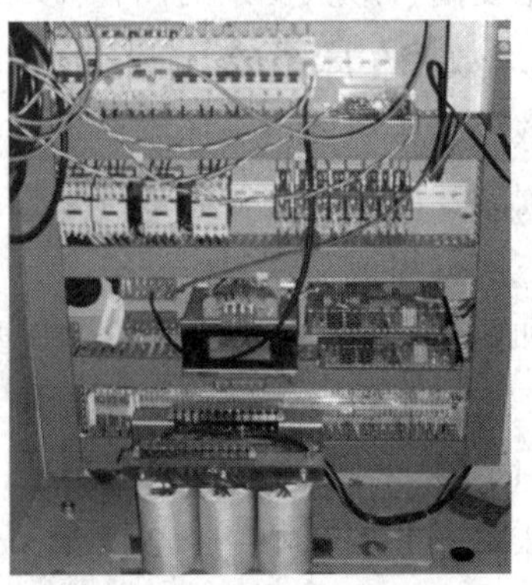

图 4—1—4　机床电气控制箱

图 4—1—5 刀架

a) 四工位立式电动刀架 b) 六工位电动刀架

(5) 数控装置

数控装置如图 4—1—6 所示。数控装置主要由数控系统（主要包括微处理器 CPU、存储器、外围逻辑电路、与数控系统的其他组成部分联系的各种接口等)、伺服驱动装置和伺服电动机组成。其工作过程为：数控系统发出的信号经伺服驱动装置放大后指挥伺服电动机进行工作。数控车床的数控系统完全由软件处理输入信息，使数字控制系统的性能大大提高。

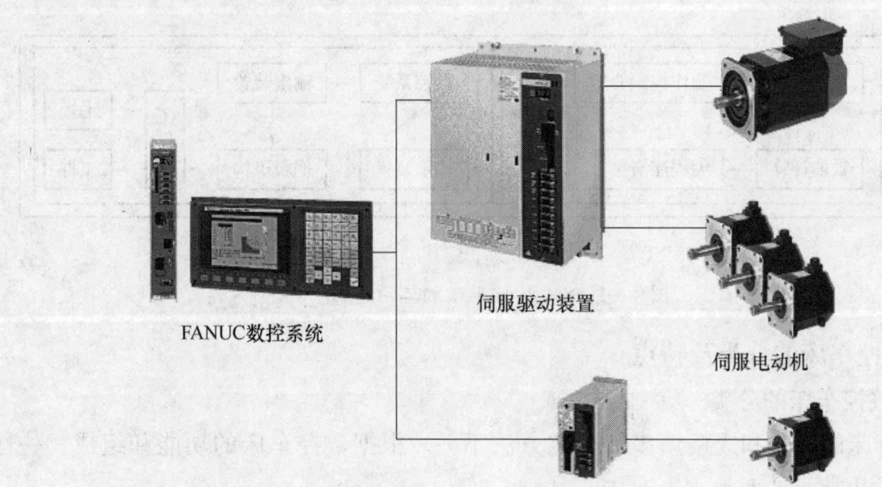

图 4—1—6 数控装置

(6) 输入/输出设备

键盘、磁盘机等是数控车床的典型输入设备。除此以外，还可以用串行通信的方式输入。数控系统一般配有 CRT 显示器或点阵式液晶显示器，显示信息丰富，还能显示图形，有些还能进行实体仿真切削模拟，操作人员可通过显示器获得必要的信息。

(7) 尾座

尾座在加工长轴类零件时起支承等作用。

（8）进给系统

数控车床的纵向进给、横向进给均由伺服电动机通过联轴器直接与滚珠丝杠连接来实现，如图 4—1—7 所示。

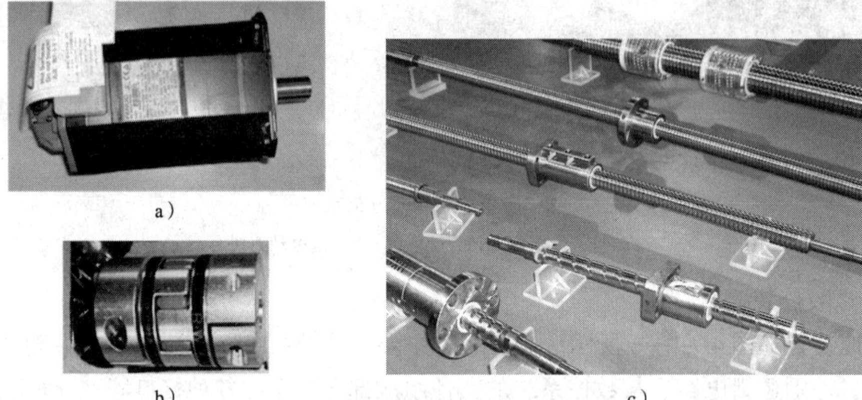

图 4—1—7　伺服电动机、弹性联轴器和各种滚珠丝杠

a）伺服电动机　b）弹性联轴器　c）滚珠丝杠

数控车床加工示意图如图 4—1—8 所示。

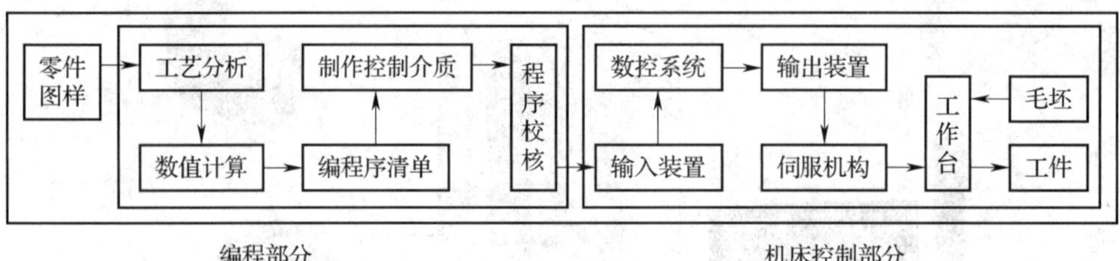

图 4—1—8　数控车床加工示意图

3. 数控车床的分类及特点

（1）数控车床的分类

数控车床的品种和规格繁多，分类方法不一。根据数控车床的功能和组成，一般可分为以下几类，见表 4—1—1。

表 4—1—1　　数控车床的分类

分类方法	机床类型
按车床主轴布置形式分	卧式数控车床、立式数控车床
按伺服系统的类型分	开环控制数控车床、半闭环控制数控车床、闭环控制数控车床

1）立式数控车床。立式数控车床简称数控立车，如图 4—1—9 所示，主轴垂直于水平面，并有一个直径很大的圆形工作台，供装夹工件使用。这类机床主要用于加工径向尺寸大、轴向尺寸相对较小的大型复杂工件。

2）卧式数控车床。卧式数控车床又分为卧式数控水平导轨车床（图 4—1—10a）和卧式数控倾斜导轨车床（图 4—1—10b）。

（2）数控车床的特点

加工适应性强；适合加工复杂型面的零件；加工质量稳定；生产效率高；加工精度高，一般为 0.005～0.01 mm；工序集中，一机多用；减轻操作者的劳动强度；机床价格较高且调试和维修较复杂。

图 4—1—9 立式数控车床

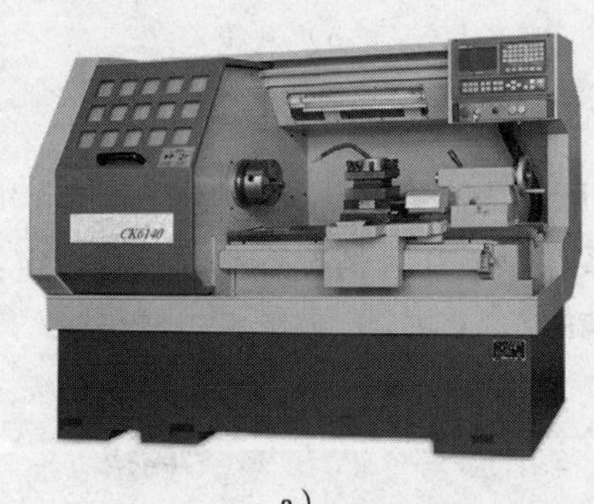

a）

b）

图 4—1—10 卧式数控车床

a）水平导轨式 b）倾斜导轨式

二、数控车床坐标系

1. 机床坐标系

（1）机床坐标系的定义

在数控机床上加工零件，机床的动作是由数控系统发出的指令来控制的。为了确定机床的运动方向和移动的距离，就要在机床上建立一个坐标系，这个坐标系就称为机床坐标系。在编制程序时，就可以以该坐标系来规定运动方向和距离。

（2）坐标系命名原则

国家标准《工业自动化系统与集成 机床数值控制 坐标系和运动命名》（GB/T 19660—2005）对数控机床的坐标和运动方向做了明确的规定。

为了使编程人员能在不知道机床在加工零件时是刀具移向工件，还是工件移向刀具的情况下，就可以根据图样确定机床的加工过程，规定机床坐标系用来提供刀具（或加工空间里或图样上的点）相对于固定的工件移动的坐标，即永远假定刀具相对于静止的工件运动。

（3）机床坐标系中的规定

1）机床坐标系的原点。机床坐标系的原点位置应由机床制造厂规定。

2）右手笛卡尔直角坐标系。数控机床上的坐标系采用右手笛卡尔直角坐标系，如图 4—1—11 所示。在图中，大拇指的方向为 X 轴的正方向，食指为 Y 轴的正方向，中指为 Z 轴的正方向。

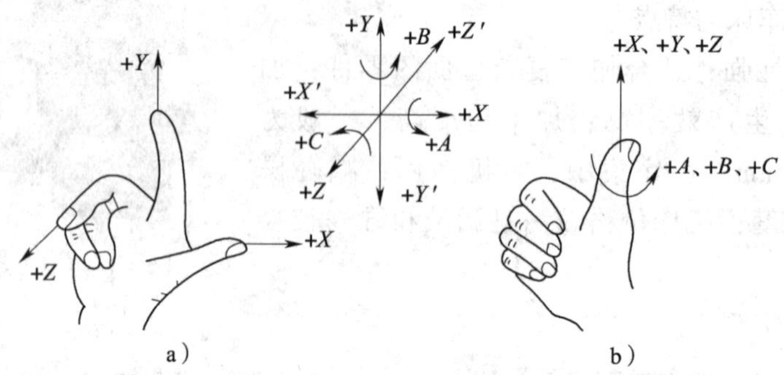

图 4—1—11　右手笛卡尔直角坐标系

3）机床坐标系的设定。机床坐标系是机床上固有的坐标系，是机床制造和调整的基准，也是工件坐标设定的基准。机床坐标系在以下几种情况下必须进行设定：

①机床首次开机，或关机后重新接通电源时。

②解除机床急停状态后。

③解除机床超程报警信号后。

（4）机床坐标系的方向

GB/T 19660—2005 中规定，对于切削和成型机床，从工件到刀架的方向定为 + Z 轴方向；A、B 和 C 轴的正方向为：以该方向转动右旋螺纹时，螺纹分别朝 X、Y 和 Z 轴正方向，如图 4—1—11 所示。

1）Z 坐标方向。Z 坐标的运动由主要传递切削动力的主轴所决定。对任何具有旋转主轴的机床，其主轴及与主轴轴线平行的坐标轴都称为 Z 坐标轴（简称 Z 轴）。根据坐标系正方向的确定原则，刀具远离工件的方向为该轴的正方向。

2）X 坐标方向。X 坐标一般为水平方向并垂直于 Z 轴。对工件旋转的机床（如车床等），X 坐标方向规定为在工件的径向上且平行于车床的横导轨。同时也规定刀具远离工件的方向为 X 轴的正方向。

确定 X 坐标方向时，要特别注意前置刀架式数控车床（图 4—1—12a）与后置刀架式数控车床（图 4—1—12b）的区别。

3）Y 坐标方向。Y 坐标垂直于 X、Z 坐标轴。按照右手笛卡尔直角坐标系确定机床坐标系中各坐标轴时，应根据主轴先确定 Z 轴，然后确定 X 轴，最后确定 Y 轴。

应当说明，普通数控车床没有 Y 轴方向的移动，但 + Y 方向在判断圆弧顺逆及判断刀补方向时起作用。

4）旋转轴方向。旋转坐标 A、B、C 对应表示其轴线分别平行于 X、Y、Z 坐标轴的旋转坐标。A、B、C 坐标的正方向分别规定为沿 X、Y、Z 坐标正方向并按照右旋螺纹旋进的方向，如图 4—1—11 所示。

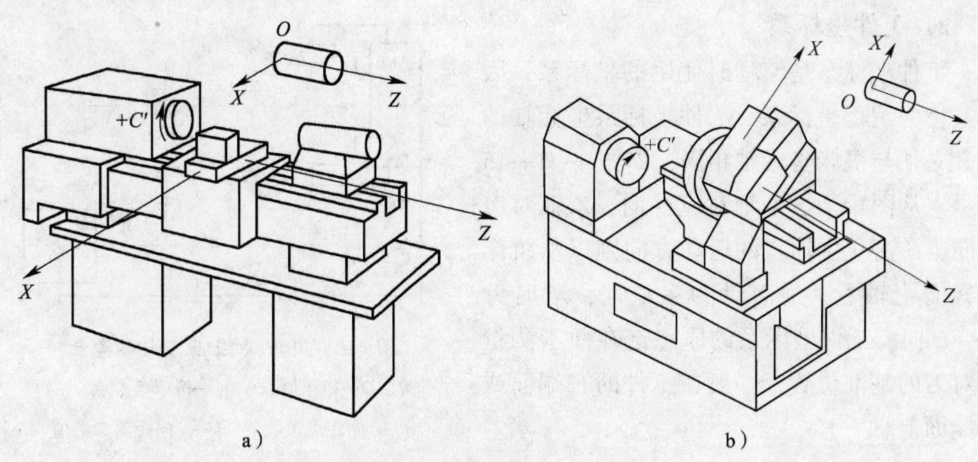

图 4—1—12　数控车床的坐标系

a）前置刀架式　b）后置刀架式

（5）机床原点与机床参考点

1）机床原点。机床原点是由数控机床厂家确定的固定坐标系原点，也是数控机床进行加工或位移的基准点。有一些数控车床将机床原点设在卡盘中心处（图 4—1—13a），还有一些数控车床将机床原点设在刀架正向运动的极限点，如图 4—1—13b 所示。以机床原点为零点的坐标系称为机床坐标系。

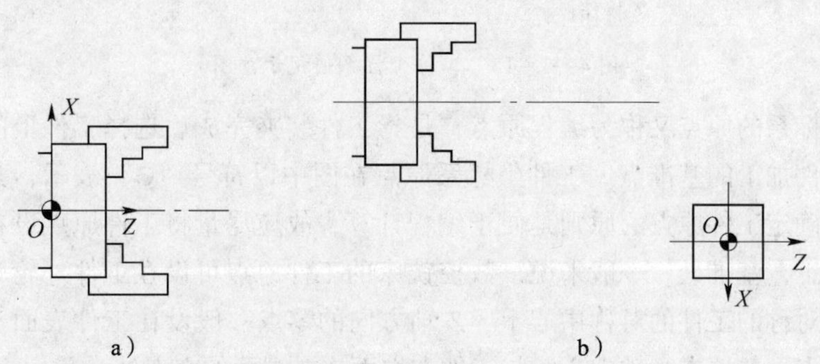

图 4—1—13　机床原点的位置

a）机床原点位于卡盘中心　b）机床原点位于刀架正向运动极限点

2）机床参考点。通常，数控车床的第一参考点一般位于刀架正向运动的极限点，并由机械挡块来确定其具体的位置。机床参考点与机床原点的距离由系统参数设定。如果其值为零，则表示机床参考点和机床零点重合。

对于大多数数控机床，开机第一步总是先使机床返回参考点（即所谓的机床回零），目的就是建立机床坐标系。此时，系统显示屏上的机床坐标系将显示系统参数中设定的数值，即参考点与机床原点的距离，如图 4—1—14 中所示 a 和 b。在机床不断电的前提下，机床坐标系一经建立，将永远保持不变，且不能通过编程来对它进行改变。

2. 工件坐标系

工件坐标系是编程时使用的坐标系，因此又称为编程坐标系。工件坐标系坐标轴的意义必须与机床坐标轴相同，如图 4—1—15 所示。从图中看，X 轴对应径向，Z 轴对应轴向，C 轴（主轴）的运动方向则以从机床尾架向主轴看，逆时针为 $+C$ 向，顺时针为 $-C$ 向。工件坐标系的原点选在便于测量或对刀的基准位置，一般在工件的右端面或左端面上。

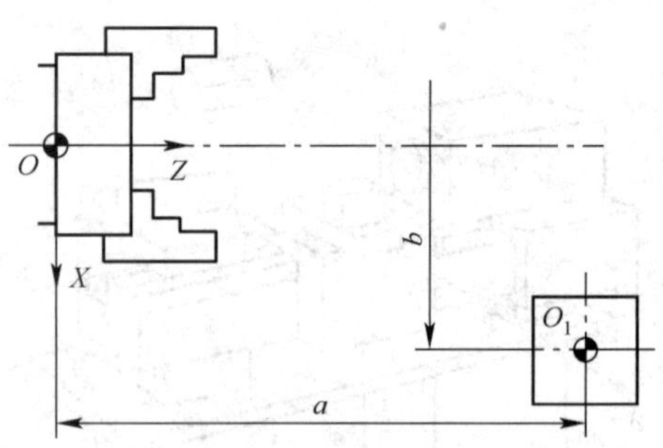

图 4—1—14 机床原点与参考点

O—机床原点 O_1—机床参考点

a—Z 向距离参数值 b—X 向距离参数值

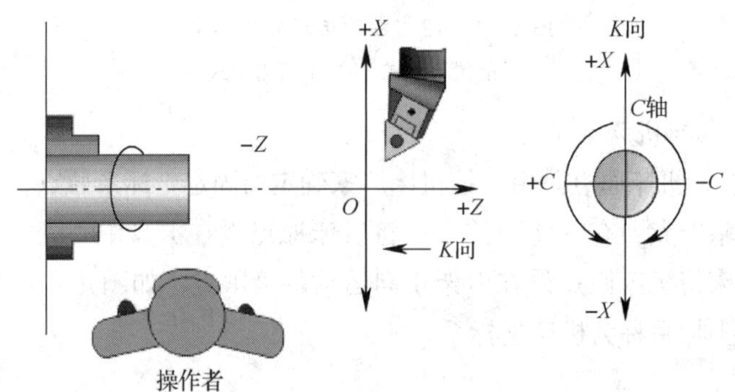

图 4—1—15 工件坐标系俯视示意图

工件坐标系的原点又称为编程原点，是指工件装夹完成后选择工件上的某一点作为编程或工件加工的基准点。工件坐标系原点在图中以符号“◕”表示，其位置由编程者确定。确定工件原点的原则是便于编程计算，故应尽量将工件原点设在零件图的尺寸基准或工艺基准处。一般来说，数控铣床的工件原点可设在工件外轮廓的某一角上，或设在对称的工件的对称中心上，Z 轴方向的零点一般设在工件表面上。数控车床的工件原点一般选在主轴中心线与工件右端面或左端面的交点处。

数控车床工件坐标系的设定如图 4—1—16 所示，与机床导轨平行的方向（即卡盘中心到尾座顶尖的方向）为 Z 轴，与机床导轨垂直的方向为 X 轴。坐标原点位于卡盘后端面与中心线的交点 O 上。规定：从卡盘中心到尾座顶尖中心的方向为 Z 轴正方向；刀具远离主轴旋转中心的方向为 X 轴正方向。

3. 数控车床的对刀点与换刀点

（1）对刀点及其确定

对刀是数控机床操作者在开始对工件进行数控切削加工前所做的首要工作。对刀是指将刀具移向对刀点，并使刀具的刀位点和对刀点重合的操作。车刀、镗刀的刀位点是指刀尖或刀尖圆弧中心；立铣刀的刀位点是指刀具轴线与刀具底面的交点；球头铣刀的刀位点是球心；钻头的刀位点是钻尖。

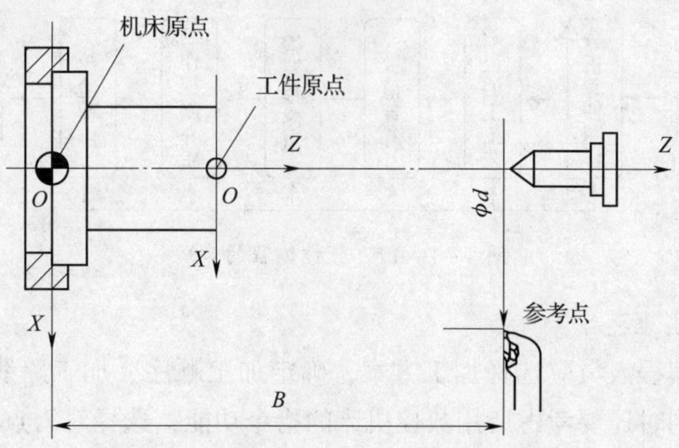

图 4—1—16 数控车床工件坐标系的设定

对刀点是指在数控加工时刀具相对于工件运动的起点，也是程序的起点。编制程序时，应首先确定对刀点的位置。选择对刀点具体的原则有：

1）应尽量选在零件的设计基准或工艺基准上。

2）应尽量选择在机床上找正容易、加工过程中便于检查的位置上。

3）为便于坐标值的计算，最好选在工件坐标系的原点上，或选在已知坐标值的点上。

（2）换刀点及其确定

数控车床是多刀加工的机床，常需要在加工过程中间自动换刀，故编程时还要设置换刀点。换刀点是指刀架自动转位时的位置。

对于大部分数控车床来说，其换刀点的位置是任意的，换刀点应选在刀具交换过程中与工件或夹具不发生干涉的位置。还有一些机床的换刀点位置是一个固定点，通常情况下，这些点选在靠近机床参考点的位置，或者取机床的第二参考点作为换刀点。为防止换刀时碰伤工件或夹具，换刀点常常设置在被加工零件外面，并要有一定的安全量。

三、数控编程的基本知识

1. 数控编程的概念和内容

为了使数控机床能根据零件的加工要求进行动作，必须将这些要求以机床数控系统能识别的指令形式告知数控系统，这种数控系统可以识别的指令称为程序，制作程序的过程称为数控编程。

数控编程的主要内容有分析零件图样、确定加工工艺过程、数值计算、编写零件加工程序、制作控制介质、校对程序及首件试切。

2. 数控编程的步骤

数控编程的步骤一般如图 4—1—17 所示。

（1）分析图样

编程人员要根据图样分析工件的形状、尺寸、技术要求（如几何精度要求、表面粗糙度等）。

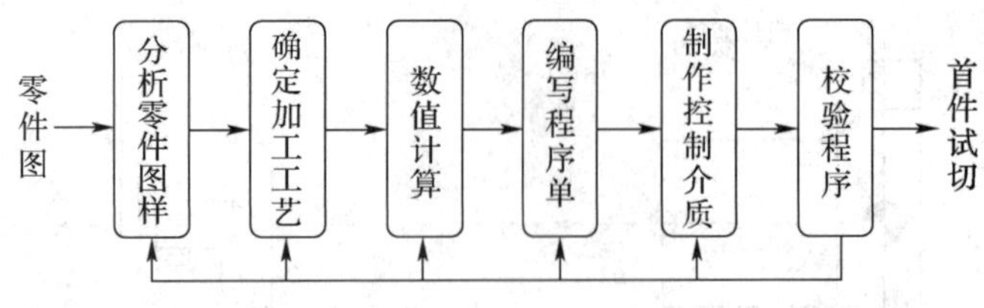

图 4—1—17 数控编程的步骤

(2) 确定加工工艺

根据分析，编程人员应选择加工方案，确定加工顺序、加工路线、装夹方式、刀具及切削参数，同时还要考虑所用数控机床的指令功能，选择对刀点、换刀点。

(3) 数值计算

根据零件图的几何尺寸、确定的工艺路线及设定的坐标系，计算零件粗、精加工各运动轨迹，得到刀位数据。对于点位控制的数控机床（如数控冲床），一般不需要计算。只是当零件图样坐标系与编程坐标系不一致时，才需要对坐标进行换算。零件的各种坐标点、刀具中心的运动轨迹的坐标值等一般用计算机来完成数值计算的工作。

(4) 编写加工程序单

加工路线、工艺参数及刀位数据确定以后，编程人员可以根据数控系统规定的功能指令代码及程序段格式，逐段编写加工程序单。此外，还应填写有关的工艺文件，如数控加工工序卡片、数控刀具卡片、数控刀具明细表、工件安装和零点设定卡片等。

(5) 制作控制介质

制作控制介质，即把编制好的程序单上的内容记录在控制介质上作为数控装置的输入信息。简单的数控程序可以直接手工输入机床。现在大多数程序采用移动存储器、硬盘作为存储介质，采用计算机传输方式来输入数控机床。

(6) 校验程序

程序单和制作完成的控制介质必须校验正确后才能正式使用。数控程序、机床动作的校验一般采用数控机床空运行的方式进行校验，有图形显示卡的数控机床可直接在 CRT 显示屏上进行校验，或者采用计算机数控模拟进行校验。如果要校验加工精度，可以采用首件试切。

四、数控编程的常用术语及指令代码

1. 准备功能（G 功能）

准备功能又称为 G 功能或 G 指令，是用于数控机床做好某些准备动作的指令，用来规定刀具和工件的相对运动轨迹、机床坐标系、刀具补偿等多种加工操作。它由地址“G”和两位数字组成，从 G00 到 G99 共 100 种。

G 功能分为模态与非模态两类。一个模态 G 功能被指令后，直到同组的另一个 G 功能被指令才无效。而非模态的 G 功能仅在其被指令的程序段中有效。表 4—1—2 所列为常用的 G 功能代码。

表 4—1—2　　常用的 G 功能代码

代码	功能	代码	功能
G00	定位（快速移动）	G71	柱面粗车循环
G01	直线插补（切削进给）	G72	端面粗车循环
G02	圆弧插补 CW（顺时针）	G73	封闭切削循环
G03	圆弧插补 CCW（逆时针）	G74	端面槽/深孔加工循环
G04	延时	G75	外圆、内圆切槽循环
G28	返回参考点	G76	螺纹复合循环
G32	螺纹插补	G90	外圆、内圆车削循环
G40	取消刀尖圆弧半径补偿	G92	螺纹切削循环
G41	刀尖圆弧半径左补偿	G94	端面切削循环
G42	刀尖圆弧半径右补偿	G96	恒线速开
G50	坐标系设定	G97	恒线速关
G65	宏程序命令	G98	每分钟进给
G70	精加工循环	G99	每转进给

2. 辅助功能（M 功能）

M 功能是辅助功能，主要控制机床或系统的启动、停止等辅助动作，如启动、停止冷却泵，主轴正、反转，程序的结束等。它由地址 M 和后面的两位数字组成，从 M00 到 M99 共 100 种。在同一程序段中，既有 M 指令，又有其他指令时，M 指令与其他指令执行的先后次序由机床系统参数设定。表 4—1—3 所列为常用的 M 功能代码。

表 4—1—3　　常用的 M 功能代码

代码	功能	代码	功能
M00	程序暂停	M08	切削液开
M01	程序暂停（选择性暂停）	M09	切削液关
M02	程序结束	M30	程序结束并返回程序开头
M03	主轴正转	M98	子程序调用
M04	主轴反转	M99	子程序结束
M05	主轴停止		

3. 主轴功能（S 功能）

S 功能是控制主轴转速，其后面的数值表示主轴速度，单位为 r/min。S 是模态指令，S 功能只有在主轴速度可调节时才有效，S 所编程的主轴转速可以借助数控机床控制面板上的主轴倍率开关进行调整。

（1）G50 S××××表示主轴最高转速限制。

（2）G96 S××××表示恒线速度切削，S 后面的数值为切削线速度（m/min）。

【例】 G96 S150 的含义：在切削点的主轴线速度始终保持在 150 m/min。

（3）G97 S××××表示取消恒线速度切削。

【例】 G97 S1000 的含义：主轴转速 1 000 r/min。

4. 刀具功能（T 功能）

刀具功能是指系统进行选刀或换刀的功能指令，又称为 T 功能。刀具功能用地址 T 及后缀的四位或两位数字来表示。

（1）T××××（四位数）

用四位数时，既可以指定刀具号，又可以选择刀具补偿，前两位数字表示刀具号，后两位数字表示刀具补偿存储器号。目前大多数数控车床采用四位数法。

（2）T××（两位数）

用两位数时，仅能指定刀具号，刀具补偿存储器号则由其他代码（如 D 代码或 H 代码）进行选择。目前绝大多数的加工中心采用两位数。

5. 进给功能

用来指定刀具相对于工件的运动速度的功能称为进给功能，由地址 F 和其后缀的数字组成。根据加工的需要，进给功能分为每分钟进给（G98）和每转进给两种（G99）。

每分钟进给量和每转进给量的转化公式为：

$$v_f = fS$$

式中 v_f——每分钟进给量，mm/min；

f——每转进给量，mm/r；

S——主轴转速，r/min。

提示

F 为模态指令，在工作时 F 值一直有效，直到被新的 F 值所取代，但 G00 快速定位时不指定 F 值，因为 G00 的速度由系统参数决定，与 F 值无关。

五、刀具补偿功能

1. 刀位点的概念

在数控编程过程中，为使编程工作更加方便，通常将数控刀具的刀尖假想成一个点，该点称为刀位点或刀尖点。所谓刀位点是指编制程序和加工时用于表示刀具特征的点，也是对刀和加工的基准点。数控车刀的刀位点如图 4—1—18 所示，尖形车刀的刀位点通常是指刀具的刀尖，圆弧形车刀的刀位点是指圆弧刃的圆心，成形刀具的刀位点也通常是指刀尖。

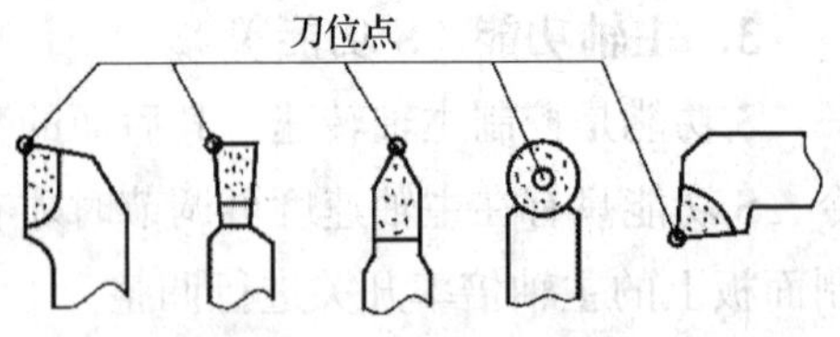

图 4—1—18 刀位点

2. 刀具补偿功能的定义

在实际加工过程中，由于刀尖圆弧半径与刀具长度各不相同，因此在加工中会产生很大的加工误差。数控机床根据刀具实际尺寸自动改变机床坐标轴或刀具刀位点的位置，使实际加工轮廓和编程轨迹完全一致的功能称为刀具补偿（系统画面显示为“刀具补正”）功能。数控车床的刀具补偿分为刀具偏移（也称为刀具长度补偿）和刀尖圆弧半径补偿两种。

刀具偏移是用来补偿假定刀具长度与基准刀具长度之差的功能。车床数控系统规定 X 轴与 Z 轴可同时实现刀具偏移。刀具偏移分为刀具几何偏移和刀具磨损偏移两种。

利用刀具几何偏移进行对刀的实质就是利用刀具几何偏移使工件坐标系原点与机床原点重合。

六、数控加工程序的格式及组成

每种数控系统，根据系统本身的特点及编程的需要，都有一定的程序格式。对于不同的机床，其程序的格式也不同。因此编程人员必须严格按照机床说明书的规定格式进行编程。

1. 程序的结构

一个完整的程序由程序号、程序内容和程序结束三部分组成。

【例】

```
O0001                                   程序号
N10  G92 X40.0 Y30.0;                   ┐
N20  G90 G00 X28.0 T01 S800 M03;        │
N30  G01 X-8.0 Y8.0 F200;               │
N40  X0 Y0;                             ├ 程序内容
N50  X28.0 Y30.0;                       │
N60  G00 X40.0;                         ┘
N70  M02;                               程序结束
```

（1）程序号

每一个存储在系统存储器中的程序都需要指定一个程序号以相互区别，这种用于区别零件加工程序的代号称为程序号。因为程序号是加工程序开始部分的识别标记（又称为程序名），所以同一数控系统中的程序号（名）不能重复。程序号写在程序的最前面，必须单独占一行。

FANUC 系统中，程序号的书写格式为 O××××，其中 O 为地址符，其后为四位数字，数值从 0000 到 9999，在书写时其数字前的零可以省略不写，如 O0020 可写成 O20。

在 SIEMENS（西门子）系统中，程序号由任意字母、数字和下划线组成，一般情

况下，程序号的前两位多以英文字母开头，如 AA123、BB456 等。

（2）程序内容

程序内容是整个加工程序的核心，由许多程序段组成，每个程序段由一个或多个指令构成。它表示数控机床中除程序结束外的全部动作。

（3）程序结束

程序结束部分由程序结束指令构成，它必须写在程序的最后。可以作为程序结束标记的 M 指令有 M02 和 M30，它们代表零件加工程序的结束。为了保证最后程序段的正常执行，通常要求 M02 或 M30 单独占一行。

另外，子程序的结束标记因系统不同而不同，如 FANUC 系统中用 M99 表示子程序结束后返回主程序；而在 SIEMENS 系统中则通常用 M17、M02 或字符“RET”作为子程序的结束标记。

2. 程序段格式

零件的加工程序是由程序段组成的，每个程序段由若干个数据字组成，每个字是控制系统的具体指令，它是由表示地址的英语字母、特殊文字和数字集合而成的。程序段格式是指一个程序段中字、字符、数据的书写规则。数控机床中常采用字—地址程序段格式。

字—地址程序段格式是由程序段号、数据字（程序段内容）和程序段结束组成的。各字前有地址，各字的排列顺序要求不严格，数据的位数可多可少，不需要的字以及与上一程序段相同的有效字可以不写。该格式的优点是程序简短、直观以及容易校验、修改，故该格式在目前广泛使用。

字—地址程序段格式如下：

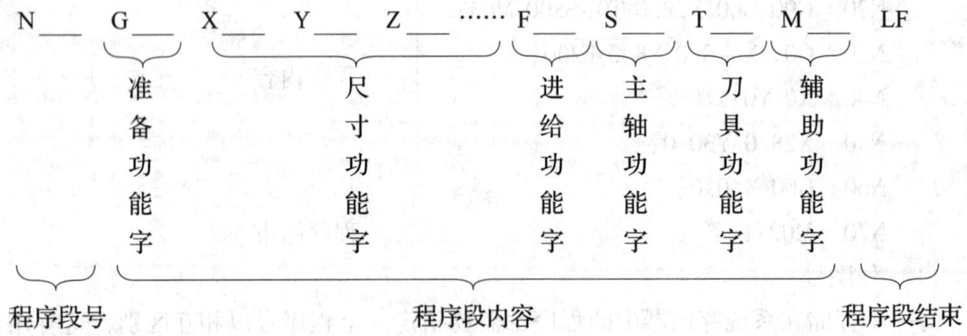

【例】 N20 G01 X25.0 Y -36.0 F100 S300 T0202 M03；

程序段内各字的说明：

（1）程序段号

程序段号由地址符“N”开头，其后为若干位数字。

在大部分系统中，程序段号仅作为“跳转”或“程序检索”的目标位置指示。因此，它的大小及次序可以颠倒，也可以省略。程序段在存储器内以输入的先后顺序排列，而程序的执行是严格按信息在存储器内的先后顺序一段一段地执行，也就是说执行的先后次序与程序段号无关。但是，当程序段号省略时，该程序段将不能作为“跳转”或“程序检索”的目标程序段。

程序段号也可以由数控系统自动生成，程序段号的递增量可以通过“机床参数”进行设置，一般可设定增量值为10。

（2）程序段内容

程序段的中间部分是程序段的内容，程序段的内容应具备六个基本要素，即准备功能字、尺寸功能字、进给功能字、主轴功能字、刀具功能字、辅助功能字。但是，并不是所有程序段都必须包含所有功能字，有时一个程序段内仅包含其中一个或几个功能字。

六个基本要素中，除了尺寸功能字，其他功能字前述已经介绍过。这里只介绍尺寸功能字。尺寸功能字由地址码、“+”“-”符号及绝对值（或增量值）构成。尺寸功能字的地址码有X、Y、Z、U、V、W、P、Q、R、A、B、C、I、J、K、D、H等。尺寸功能字中的“+”可省略，如X20.0和Y-40.0。表示地址码的英文字母的含义见表4—1—4。

表4—1—4　　　　地址码的含义

地址码	含义
O、P	程序号、子程序号
N	程序段号
X、Y、Z	X、Y、Z方向的主运动
U、V、W	平行于X、Y、Z坐标的第二坐标
A、B、C	绕X、Y、Z坐标的旋转运动
I、J、K	圆弧中心坐标（圆心相对于圆弧起点的增量坐标）
D、H	补偿号指定

（3）程序段结束

它在每个程序段的最后位置，表示程序结束。当用EIA（Electronic Industries Association，美国电子工业协会）标准代码时，结束符为“CR”。用ISO（International Organization for Standardization，国际标准化组织）标准代码时，结束符为“NL”或“LF”。有的，结束符也用符号“;”或“*”表示。

七、坐标功能指令规则

1. 绝对值编程与增量值编程

（1）绝对坐标系

刀具（或机床）运动轨迹的坐标值是以相对于工件坐标系的坐标原点O给出的，即称为绝对坐标。该坐标系称为绝对坐标系。如图4—1—19a所示，A、B两点的坐标均是相对于固定的坐标原点O计算的，A点的坐标为$X_A=10$，$Y_A=20$；B点的坐标为$X_B=30$，$Y_B=50$。

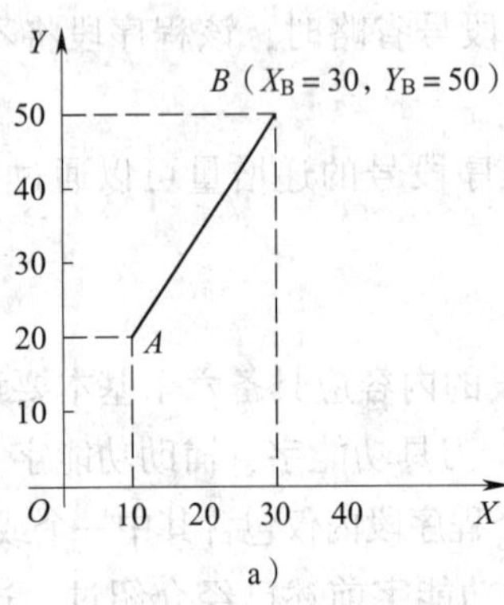

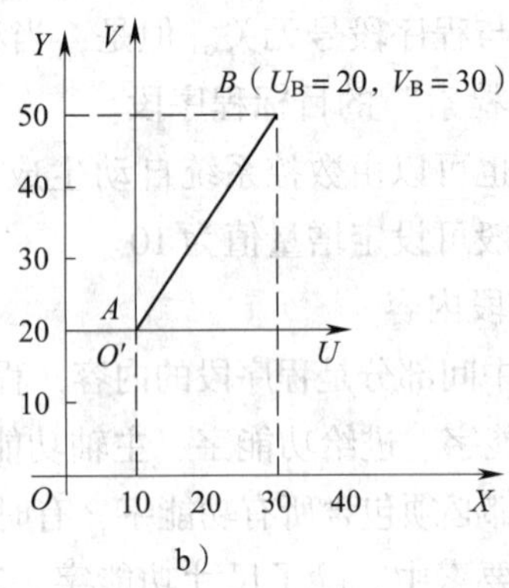

图 4—1—19　绝对坐标系与增量坐标系

a）绝对坐标系　b）增量坐标系

(2) 增量（相对）坐标系

刀具（或机床）运动轨迹的坐标值是相对于前一点位置（或起点）来计算的，即称为增量（或相对）坐标。该坐标系称为增量坐标系。有些系统的增量坐标系常用代码表中的 U、V、W 表示。U、V、W 分别表示与 *X*、*Y*、*Z* 平行且同向的坐标轴。如图 4—1—19b 所示，*B* 点相对于 *A* 点的坐标（即增量坐标）为 $U_B=20$，$V_B=30$。

(3) 绝对指令和增量指令

确定轴移动指令的方法有绝对指令和增量指令两种。绝对指令是对各轴移动到终点坐标值进行编程的方法，称为绝对编程法。增量指令是用各轴移动量直接编程的方法，称为增量编程法。例如，当从 *A* 直线移动到 *B*，如图 4—1—18a、b 所示，两种方法编程如下：

绝对指令编程：G01 X30 Y50；

增量指令编程：G01 U20 V30；

2. 直径编程和半径编程

数控车床加工零件具有回转体特征，尺寸有直径指定和半径指定两种方法。当用直径值编程时，称为直径编程法；用半径值编程时，称为半径编程法。

数控车床出厂时一般设定为直径编程。如果需用半径编程，就要改变系统中相关参数，使系统处于半径编程状态（从本课题开始，除非特殊说明，后续编程举例中以直径编程为准）。

注：当用半径编程法或直径编程法时，系统参数中（机床参数）的“直径编程/半径编程”，要设为“1”或“0”。

八、典型数控系统简介

1. SIEMENS（西门子）数控系统

SIEMENS 数控系统由德国西门子公司开发研制，该系统在我国数控机床中的应用相当普遍。目前，在我国市场上，常用的 SIEMENS 系统有 SIEMENS 840D/C、

SIEMENS 810T/M、SIEMENS 802D/C/S 等型号。以上型号除 SIEMENS 802S 系统采用步进电动机驱动外，其他型号系统均采用伺服电动机驱动。SIEMENS 802D 数控系统操作界面如图 4—1—20a 所示。

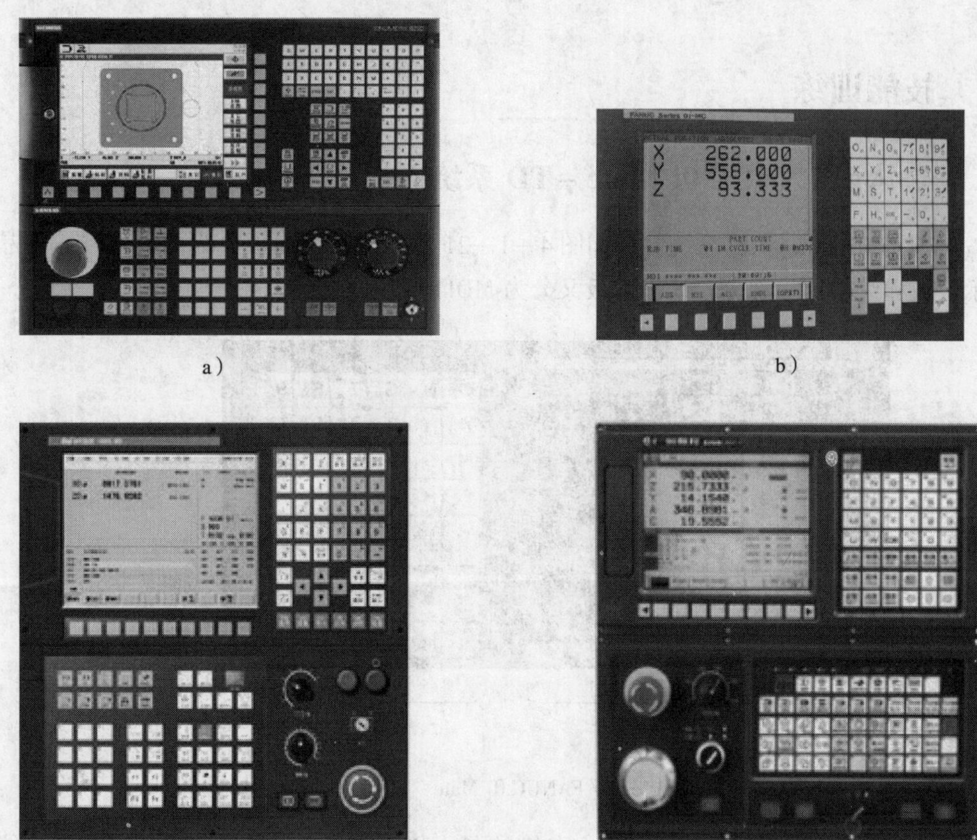

图 4—1—20 典型数控系统

a）SIEMENS 数控系统操作界面 b）FANUC 数控系统操作界面

c）华中数控系统操作界面 d）广数数控系统操作界面

2. FANUC（法那科）数控系统

FANUC 数控系统由日本富士通公司开发研制，该数控系统在我国得到了广泛的应用。目前，在我国市场上，应用于数控铣床/加工中心的数控系统主要有 FANUC 21i - MA/MB/MC、FANUC 18i - MA/MB/MC、FANUC 0i - MA/MB/MC、FANUC 0 - MD 等。FANUC 0i - MA 数控系统操作界面如图 4—1—20b 所示。

3. 国产数控系统

自 20 世纪 80 年代初期开始，我国数控系统的生产与研制得到了飞速发展，出现了航天数控集团、机电集团、华中数控、蓝天数控等以生产普及型数控系统为主的国有企业，以及北京—法那科、西门子数控（南京）有限公司等合资企业。目前，常用于数控铣床的国产数控系统有北京凯恩地数控系统，如 KND100M 等；华中数控系统，如 HNC－21M 等（图 4—1—20c）、广数数控系统（图 4—1—20d）。本教材主要讲解 FANUC 数控系统的编程与操作。

技能训练

一、认识 FANUC 0i Mate－TD 系统面板

FANUC 0i Mate－TD 系统面板如图 4—1—21 所示。系统面板分为两大区域，液晶显示区域和编辑面板部分，编辑面板又分为 MDI 键盘和功能键。

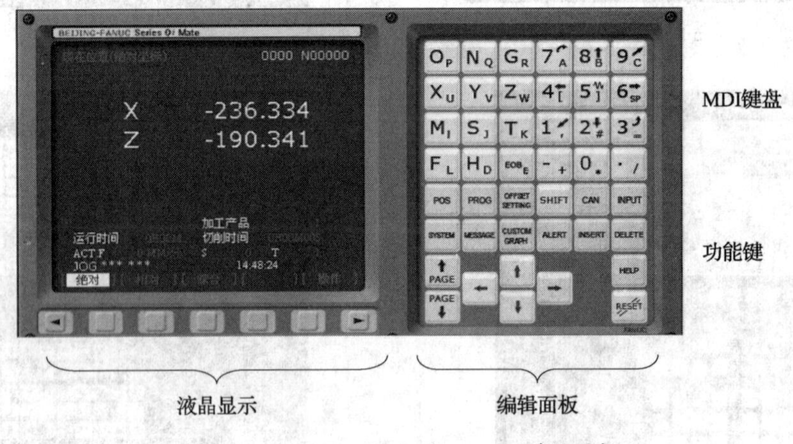

图 4—1—21　FANUC 0i Mate－TD 系统面板

如图 4—1—22 所示为编辑面板上各键的名称和位置分布，具体的功能键及其功能见表 4—1—5。

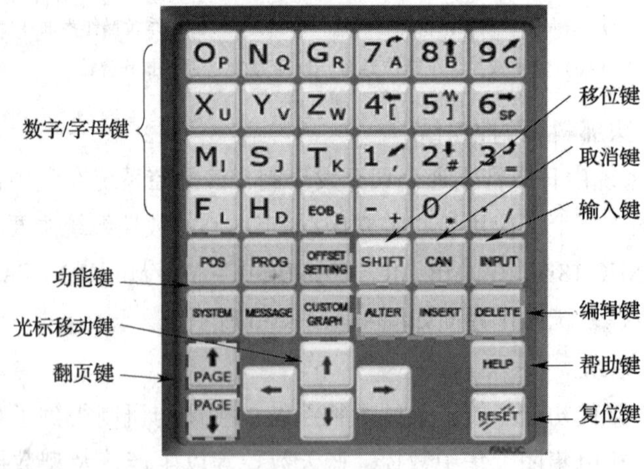

图 4—1—22　编辑面板图

表 4—1—5　　编辑面板功能键说明

功能键	名称	功能
O P N Q G R 7 A 8 B 9 C X U Y V Z W 4 [5] 6 SP M I S J T K 1 , 2 # 3 = F L H D EOB E - + 0 * . /	数字/字母键	用于输入数字或者字母，输入时自动识别所输入的是字母还是数字 EOB：回车换行键，编辑程序时输入“;”换行
POS　PROG　OFFSET SETTING SYSTEM　MESSAGE　CUSTOM GRAPH	功能键	POS：切换 CRT 到机床位置界面 PROG：切换 CRT 到程序管理界面 OFFSET SETTING：用于进行刀具补偿数据的显示与设定 SYSTEM：用来显示系统画面 MESSAGE：用来显示提示信息 CUSTOM GRAPH：用来显示图形画面
SHIFT	移位键	某些键的顶部有两个字符，用此键进行选择
CAN	取消键	删除输入区最后一个字符
INPUT	输入键	把输入区域内的数据输入参数页面或者输入一个外部的数控程序
ALTER　INSERT　DELETE 替换键　插入键　删除键	编辑键	ALTER：编辑程序时修改光标块内容 INSERT：编辑程序时在光标处插入内容，或者插入新程序 DELETE：编辑程序时删除光标块的程序内容，或者删除程序
↑ PAGE PAGE ↓	翻页键	使屏幕向前或向后翻一页，在检查程序和诊断时使用
← ↑ ↓ →	光标移动键	控制光标在操作区上下左右移动，在修改程序或参数时使用

续表

功能键	名称	功能
HELP	帮助键	显示如何操作机床，可在 CNC 发生报警时提供报警信息
RESET	复位键	用来对 CNC 进行复位，或清除报警信息

二、认识数控车床的操作面板

如图 4—1—23 所示为数控车床 FANUC 0i Mate – TD 系统的操作面板。操作面板功能介绍见表 4—1—6。

图 4—1—23　FANUC 0i Mate – TD 系统的操作面板

表 4—1—6　　　FANUC 0i Mate – TD 系统操作面板功能介绍

按键	名称	功能
控制器通电　控制器断电	控制器通电 控制器断电 (数控系统电源开关)	系统电源开关
机床准备	机床准备	打开驱动开关

续表

按键	名称	功能	
	程序保护	程序保护锁	
	方式选择	示教	进入示教模式
		DNC	进入 DNC 模式，输入、输出资料
		回零	进入回零模式，机床必须首先执行回零操作，然后才可以运行
		快速	进入手动快速移动模式
		手轮	进入手轮模式
		手动	进入手动模式，连续移动机床
		MDI	进入 MDI 模式，手动输入并执行指令
		自动	进入自动加工模式
		编辑	进入编辑模式，用于直接通过操作面板输入数控程序和编辑程序
	程序启动	程序运行开始，模式选择旋钮在“AUTO”或“MDI”位置时按下有效，其余模式下使用无效	
	进给保持	程序运行暂停，在程序运行过程中，按下此按键运行暂停，再按“START”从暂停的位置开始执行	
	跳步	当此按键按下时，程序中的“/”有效	
	单步	当此按键按下时，运行程序时每次执行一条数控指令	
	空运行	当此按键按下时，程序中的插补运动均以快速运行方式执行	
	MST 锁定	当此按键按下时，程序中的 MST 功能被锁定	

续表

按键	名称	功能
 机床锁定	机床锁定	当此按键按下时，机床被锁定，不能执行运动
 选择停	选择停	当此按键按下时，程序中的“M01”代码有效
 内外卡盘	内外卡盘	通过此按键选择内外卡盘方式
 F1 F2 F3	自定义	厂家自定义按键（该机床未定义）
 冷却	冷却	当该按键按下时，冷却泵打开
 手动润滑	手动润滑	该按键可以开启润滑加油装置
 排屑	排屑	该按键控制开启排屑器
 工作灯	工作灯	该按键打开工作灯
 刀库 正转 反转	刀库	该按键手动控制刀架正、反转
 顶尖 向前 向后	顶尖	该按键控制顶尖前、后移动
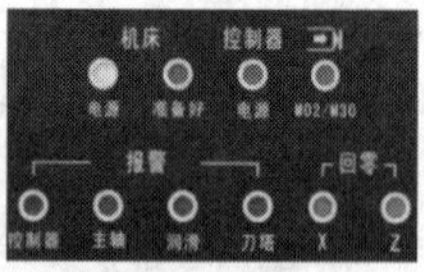 机床 控制器 电源 准备好 电源 M02/M30 报警 回零 控制器 主轴 润滑 刀塔 X Z	指示灯	状态指示灯
	紧急停止	该按键按下，机床紧急停止

续表

按键	名称	功能
	主轴控制	通过该按键选择主轴正转、主轴停止、主轴反转
	进给轴选择	通过该按键选择进给轴 X 或 Z
	手动进给	通过该按键选择机床进给轴正向或负向移动
	进给倍率调节	此旋钮调整手动进给或自动加工过程中的插补进给速度
	点动步长选择	×1、×10、×100 分别代表移动量为 0.001 mm、0.01 mm、0.1 mm；F0、25%、50%、100% 分别设定快速手动进给速度
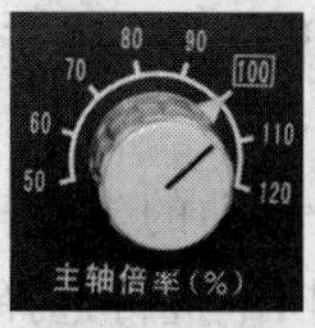	主轴倍率	此旋钮调整主轴转速
	手轮	当方式选择开关旋至手轮方式时，转动该手轮可以控制机床的进给轴运动

三、操作数控车床

1. 数控车床的启动与关闭操作

启动数控车床时，首先打开数控车床电气柜的电源开关，然后按下数控系统控制面板的“控制器通电”按键，接通数控车床电源；检查“急停”按钮是否松开至状态，若未松开，则旋转“急停”按钮，将其松开；再按下“机床准备”按钮，打开驱动开关。

数控车床关闭的操作步骤与启动步骤相反，从按下“急停”按钮到关闭电气柜的总电源结束。

2. 回零操作

回零又称为回机床参考点，其方法有以下两种：

（1）手动回零

将方式选择开关旋转至“回零”状态，再按“+X”键，则 X 轴回至参考点；然后按“+Z”键，则 Z 轴回至参考点。

（2）“MDI”模式回零

将方式选择开关旋转至“MDI”状态，进入 MDI 操作界面，输入“G28 U0 W0”，按“程序启动”键即可。

注意：在回机床参考点之前，确保当前位置在参考点的负方向一段距离。一般在回机床参考点时，为了安全，应先回 X 轴，再回 Z 轴。

3. 数控车床手动操作

（1）手动/连续方式

将控制面板上的“方式选择”旋钮旋转至手动状态，机床进入手动操作模式。通过“轴选择”按钮，选择需要移动的坐标轴，按“手动进给”键，控制轴的移动方向。

（2）手摇轮操作

在手动/连续方式下，或对刀时需要精确调节机床，可用手动脉冲（手轮操作）方式进行调节。操作如下：

1）将控制面板上的“方式选择”旋钮旋转至手轮状态，数控系统进入手轮操作方式。

2）按下“轴选择”按键中的“X”或“Z”，可以选择需要移动的坐标轴方向。然后，在“点动步长选择”按键的“×1”“×10”“×100”三挡中进行选择，可以调节手摇移动进给轴的速度。

3）通过旋转手轮，就可精确控制机床进给轴的移动。

（3）手动辅助开关控制

1）按“主轴”按键，可以控制主轴的正反转或停止。

2）按“刀架”按键，可以控制刀架正转或反转。

3）按“冷却”开关按键，可以控制冷却泵的启动和停止。

4）按“手动润滑”按键，可以控制手动润滑装置。

5）按“排屑”按键，可以控制排屑器运转。

6）按“顶尖”按键，可以控制顶尖前后移动。

四、程序的输入与编辑

1. MDI 模式下的操作

将控制面板上“方式选择”旋钮旋转至 MDI 状态，进入 MDI 模式。在 MDI 键盘上按“PROG”键，进入编辑页面。输入数据指令：在输入键盘上点击数字/字母键，可以进行取消、插入、删除等修改操作。

按数字/字母键输入字母“O”，再输入程序号，但不可以与已有的程序号重复。输入程序后，用回车换行键“EOB”结束一行的输入后换行；按“翻页”键可翻看页面；按“光标移动”键移动光标；按“CAN”键，删除输入域中的数据；按“DELETE”键，删除光标所在的代码。按键盘上的“INSERT”键，输入所编写的数据指令。输入完整数据指令后，按“程序启动”按钮运行程序。用“RESET”键可以清除输入的数据。

2. 显示程序存储器的内容

（1）“方式选择”旋钮旋至“编辑”状态。

（2）按“PROG”键，数控系统屏幕显示程式（PROGRAM）画面。

（3）按［LIB］软键，屏幕显示程序存储器内容，如图4—1—24所示。

3. 输入新的加工程序

（1）“方式选择”旋钮旋至“编辑”状态。

（2）按“PROG”键，数控系统屏幕显示程式（PROGRAM）画面。

（3）输入程序名O0001，按“INSERT”键确认，建立一个新的程序号，屏幕显示如图4—1—25所示。然后，可输入程序的内容（输入内容根据实训指导教师提供的程序）。

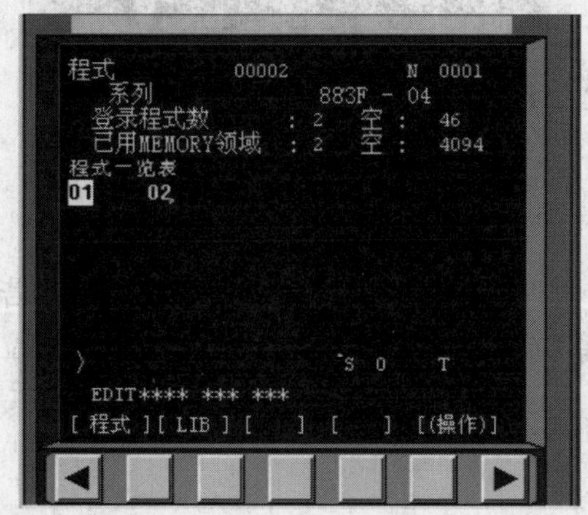

图4—1—24 程序存储器内容

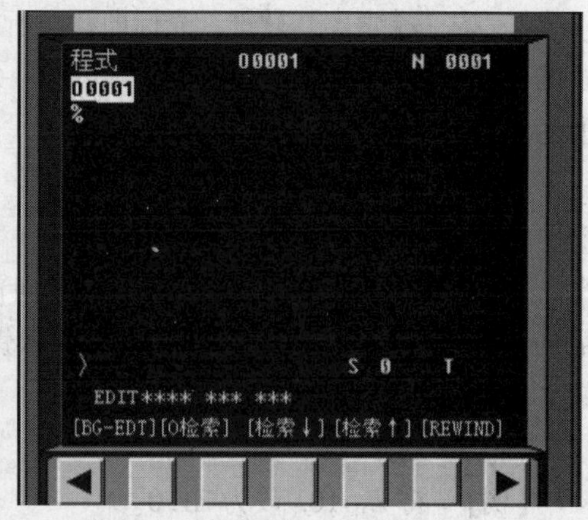

图4—1—25 新建程序号

（4）每输入一个程序句后按“EOB”键表示语句结束，然后按“INSERT”键将该语句输入。程序输入结束，屏幕显示如图4—1—26所示。

4. 编辑程序

（1）检索程序

1）“方式选择”旋钮旋至“编辑”状态。

2）按“PROG”键，CRT显示程序画面。

3）输入要检索的程序号（如O0100），如图4—1—27所示。

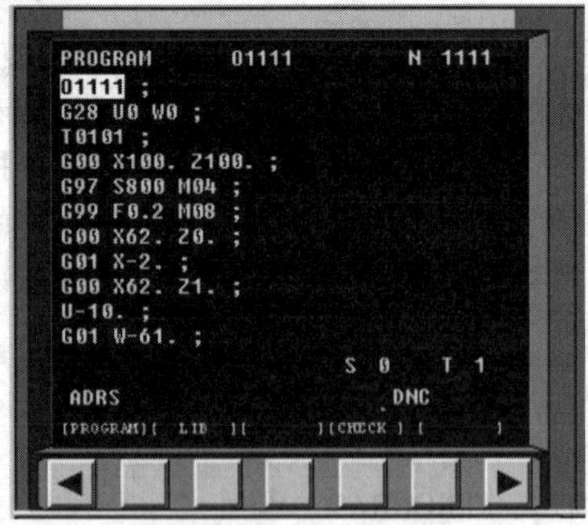

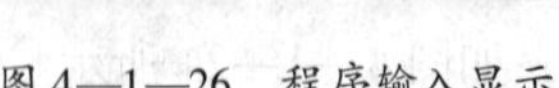
图 4—1—26　程序输入显示

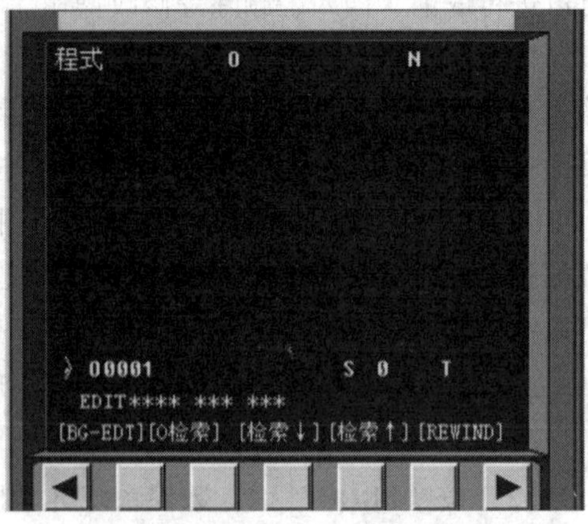

图 4—1—27　检索程序

4）按［O 检索］软键，即可调出所要检索的程序。

（2）检索程序段（语句）

检索程序段需在已检索出程序的情况下进行。

1）输入要检索的程序段号（如 N6）。

2）按［检索↓］软键，光标即移至所检索的程序段 N6 所在的位置，如图 4—1—28 所示。

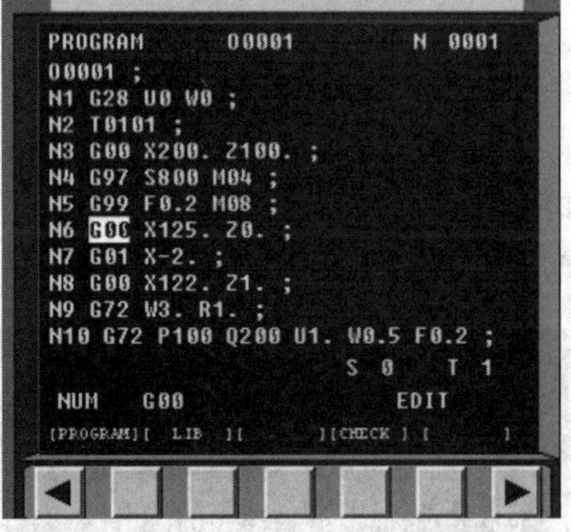

图 4—1—28　程序检索

（3）检索程序中的字

1）输入所需检索的字 Z－10.。

2）以光标当前的位置为准，若需向前面程序检索，则按［检索↑］软键；若需向后面程序检索，则按［检索↓］软键。光标移至所检索的字第一次出现的位置。

（4）字的修改

【例】 将 Z－10. 改为 Z1.0。

1）可采用上述检索方法，将光标移至Z－10. 位置，如图 4—1—29a 所示。

2）输入要改变的字 Z1.0。

3）按“ALTER”键，“Z1.0”替换掉“Z－10.”，如图 4—1—29b 所示。

（5）删除字

【例】 从程序句“N8 G00 X122. Z1.0;”中删除“Z1.0”。

1）将光标移至要删除的字“Z1.0”的位置，如图 4—1—30a 所示。

2）按“DELETE”键，Z1.0 被删除，光标自动向后移，如图 4—1—30b 所示。

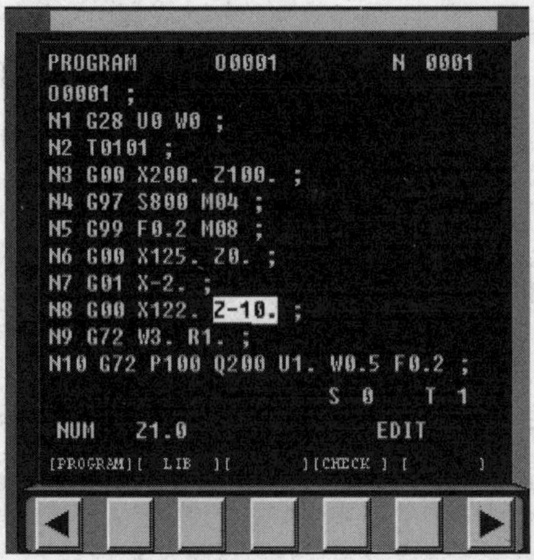

a） 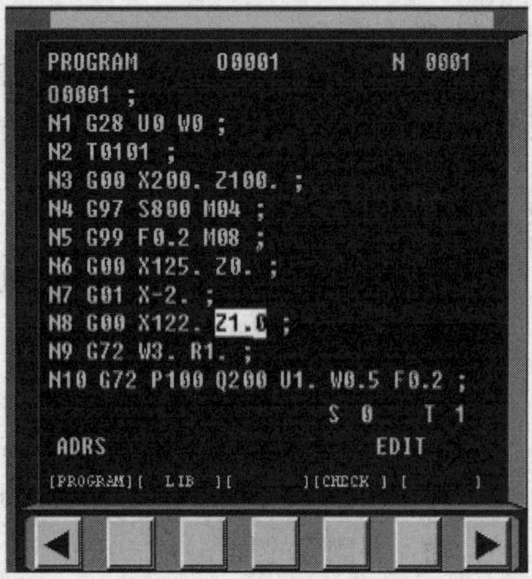 b）

图 4—1—29 字的修改

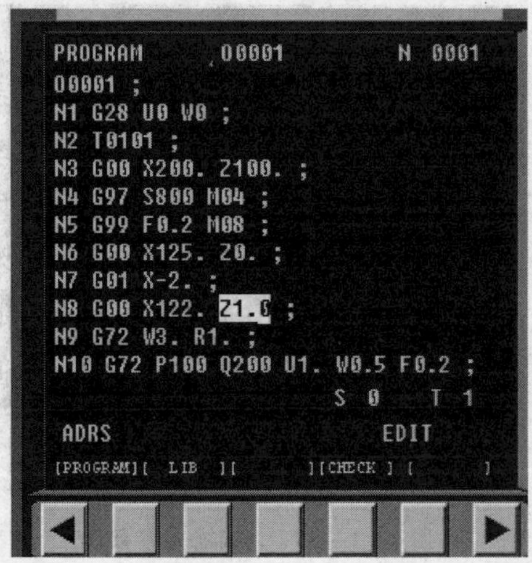

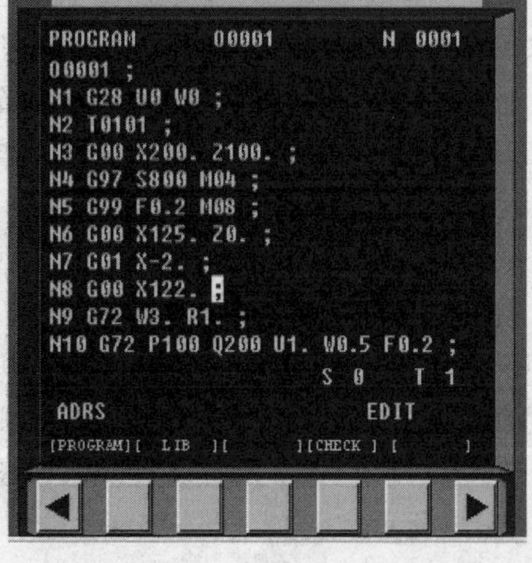

a） b）

图 4—1—30 删除字

（6）删除程序段

【例】 删除下列程序段：

O0100;

N1 G50 S3000;

…

1）将光标移至要删除的程序段第一个字 N1 处。

2）按“EOB”键。

3）按“DELETE”键，即删除了整个程序段。

（7）插入字

【例】 在程序段“G01 Z20.0 F0.10;”中插入 X10.0，改为“G01 X10.0 Z20.0 F0.10;”。

1）将光标移至要插入的字前一个字的位置（Z20.0）处。

2）键入 X10.0。

3）按“INSERT”键，插入完成，程序段变为“G01 X10.0 Z20.0 F0.10;”。

（8）删除程序

【例】 删除程序号为 O0100 的程序。

1）“方式选择”旋钮旋至“编辑”状态。

2）按“PROG”键，选择显示程序画面。

3）输入要删除的程序号 O0100。

4）确认要删除的程序号。

5）按“DELETE”键，程序 O0100 被删除。

五、刀具补偿参数设置

刀具补偿参数设置如图 4—1—31 所示，假设当前刀具为 1 号刀。对刀，设置该刀具的补偿参数，应将补偿值对应设置到 1 号参数中。具体操作步骤如下：

1. 对 Z 轴

先车削工件端面，按“OFFSET”键，按［形状］软键，显示如图 4—1—31 所示，在刀补号 G001 中输入“Z0”，按［测量］软键，则 Z 坐标方向设置好，如图 4—1—32a 所示。

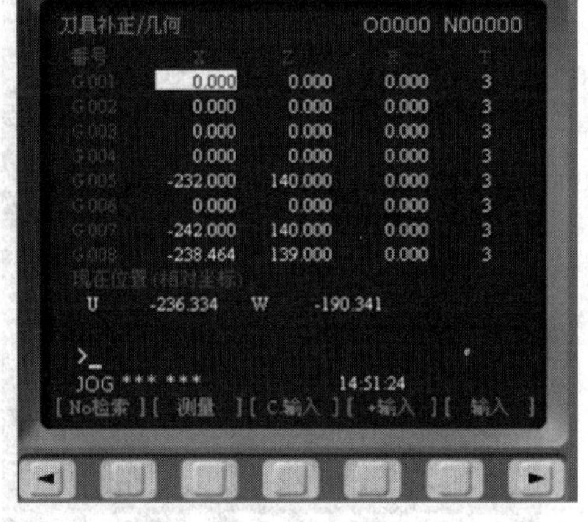

图 4—1—31 刀具补偿参数设置

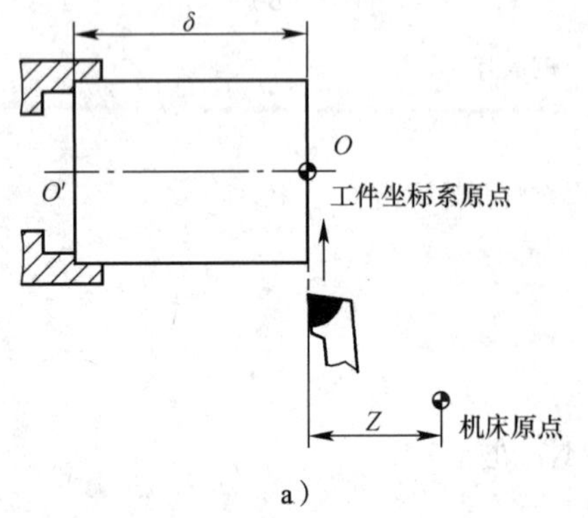

a）

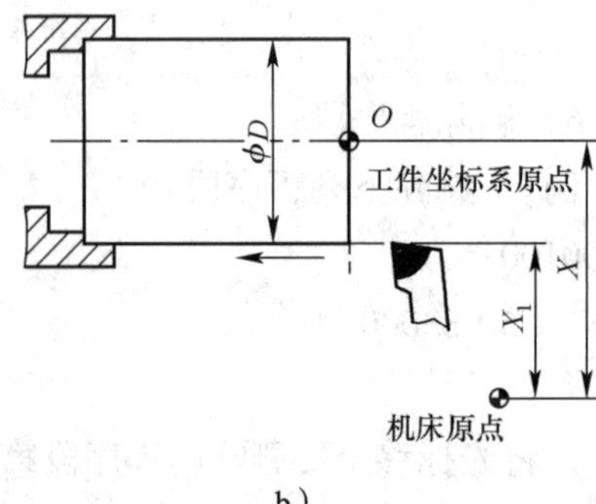

b）

图 4—1—32 数控车床对刀操作

a）对 X 轴 b）对 Z 轴

2. 对 X 轴

试切外圆一刀，沿 Z 轴方向退刀，停主轴，测量工件直径（假设测量值为 ϕ42.36 mm），然后按“OFFSET”键，按［形状］软键，显示如图4—1—31所示，在刀补号G001中输入“X42.36”，按［测量］软键，则 X 坐标方向设置好，如图4—1—32b所示。

如果有多把刀对刀，则其余刀具以同样的方法，分别碰外圆和端面，设置同样的数据并测量即可。

六、自动加工

数控车床在启动、程序编辑、刀具安装、工件安装找正、对刀等一系列操作后，便可进入自动加工状态，完成工件实际切削加工。循环运行启动时，还可以利用机床的相关功能，对加工程序、数据设置等进行进一步的全面检查校验，以确保自动加工时零件的加工质量和机床的安全运行。

1. 自动运行的启动

（1）“方式选择”旋钮旋至“自动”状态。

（2）按“PROG”键，输入要运行的程序号，按“光标下移”键打开程序。

（3）按“RESET”键，将程序复位，光标指向程序的开始，如图4—1—33所示。

（4）按“程序启动”键，自动循环运行。

2. 自动加工

在自动运行状态下，按“功能选择”键中的不同功能按钮，会进入不同的控制状态。

（1）跳步

自动加工时，系统可跳过某些指定的程序段，称为跳步。在自动运行过程中，按“跳步”按钮，使跳步功能有效，机床将在运行中跳过带有“/”跳步符号的程序段，直接向下执行程序。例如，在如图4—1—34所示的程序段中的某些句首加上“/”（如“/N4 G97 S800 M04;” “/N5 G99 F0.2 M08;”），且在控制面板上按下“跳步”按钮，则在自动加工时，如图4—1—34所示的N4、N5两句程序将被跳过不执行；而当释放“跳步”开关时，“/”不起作用，该段程序被正常执行。

（2）单步运行

在自动加工试切时，出于安全考虑，可选择单段执行加工程序的功能。在自动运行中，按“单步”按钮，使单步运行有效，机床在执行完一个程序段后停止，每按一次“程序启动”键，仅执行一个程序段的动作，可使加工程序逐段执行。

（3）空运行

自动加工启动前，不将工件或刀具装上机床，进行机床空运转，以检查程序的正确性。按“空运行”按钮，使空运行有效。此时，按“程序启动”键，数控车床忽略程序指定的进给速度。空运转时的进给速度与程序无关，以系统设定的速度快速运行程序。此操作常与机床锁定功能一起用于程序的校验，不能用于加工零件。

```
PROGRAM          O0001              N  0001
O0001 ;
N1 G28 U0 W0 ;
N2 T0101 ;
N3 G00 X200. Z100. ;
N4 G97 S800 M04 ;
N5 G99 F0.2 M08 ;
N6 G00 X125. Z0. ;
N7 G01 X-2. ;
N8 G00 X122. ;
N9 G72 W3. R1. ;
N10 G72 P100 Q200 U1. W0.5 F0.2 ;
                              S 0     T 1
ADRS                          AUTO
[PROGRAM][ LIB  ][        ][CHECK ][       ]
```

图 4—1—33　自动加工前的状态

图 4—1—34　跳步状态

（4）MST 锁定

在自动执行程序时，若按下“MST 锁定”按钮，可以锁定程序中的 M、S、T 功能，即程序中的 M、S、T 指令将不能执行任何动作。

（5）机床锁定

在自动执行程序时，若按下“机床锁定”按钮，可以锁定所有进给轴，只能运行程序，但机床不会有任何进给动作。

通常，可以在空运行状态下，将“MST 锁定”和“机床锁定”设置有效，在图形轨迹显示面板上检查运行轨迹，以校验程序的正确性。

（6）图形轨迹显示

在自动加工前，有图形模拟加工功能的数控车床为避免程序错误、刀具碰撞工件或卡盘，可对整个加工过程进行图形模拟加工，检查刀具轨迹是否正确。在自动运行过程中，按下图形“GRAPH”键可以进入程序轨迹图形模拟状态（图 4—1—35），在 CRT 上显示程序运行轨迹，以便对所使用的程序进行检验。

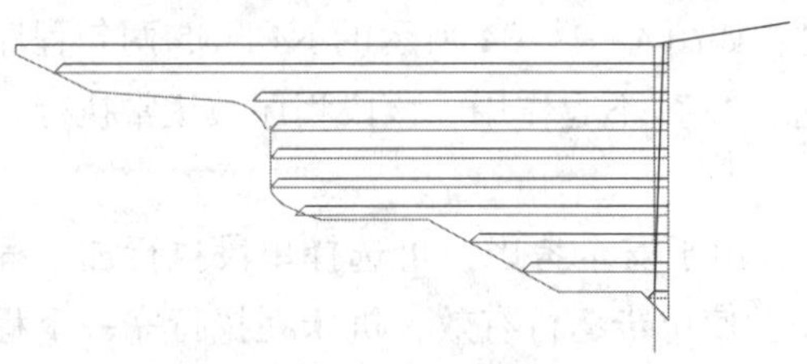

图 4—1—35　程序轨迹图形模拟状态

3. 自动运行的停止

在自动运行过程中，除程序指令中的暂停（M00）、程序结束（M02、M30）等指令可以使自动运行停止外，操作者还可以使用操作面板上的“进给保持”按钮、“急停”按钮、“复位”键等来中断或停止机床的自动加工。

课题二　数控车削外圆及端面

一、外圆与端面车削工艺

1. 外圆车削工艺

外圆车削分为粗车、半精车、精车三个过程。粗车时，对零件表面质量及尺寸没有严格的要求，只需尽快去除各表面多余的部分，同时给各表面留出一定的精车余量即可。一般在车床动力条件允许的情况下，采用吃刀深、进给量大、较低转速的做法，对车刀的要求主要是有足够的强度、刚度和寿命。精车是车削的最后一道工序，目的是使工件获得准确的尺寸和规定的表面粗糙度。对车刀的要求主要是锋利，切削刃平直光洁，切削时必须使切屑排向工件待加工表面。

2. 端面车削工艺

用右偏刀（90°）车削端面时，切削深度不能过大。在通常情况下，是使用右偏刀的副切削刃对工件端面进行切削的，当切削深度过大时，向床头方向的切削力（F）会使车刀扎入端面而形成凹面。

主偏角不能小于90°，否则会使端面的平面度超差或者在车削台阶端面时造成台阶端面与工件轴线不垂直的现象，通常在车削端面时，右偏刀的主偏角应在90°～93°范围内。

二、数控车削用刀具

1. 刀具特点

数控车床刀具的种类有很多，针对不同特征、要求的零件的加工，刀具的合理选择尤为关键。根据加工对象的不同，数控车床刀具包括外圆车刀、内孔车刀、螺纹车刀、切断（切槽）刀、钻头、铰刀等。目前，数控车床刀具主要使用安装可转位刀片的机夹刀具。数控车削用刀具的特点：

（1）精度高

刀片精度高并采用微调刀杆，可以提高刀具的加工精度。

（2）可靠性好

刀具结构可靠，断屑稳定。

（3）换刀迅速

提高加工效率。

2. 可转位车刀及刀片

（1）可转位车刀的主要结构形式及特点

1）杠杆式。杠杆式可转位车刀由杠杆、螺钉、刀垫、刀垫销、刀片所组成，如

图 4—2—1a 所示。它依靠螺钉旋紧压靠杠杆，由杠杆的力压紧刀片达到紧固的目的。其特点是：适合各种正、负前角的刀片，有效的前角范围为 -60° ~ +180°；切屑可无阻碍地流过，切削热不影响螺孔和杠杆；两面槽壁给刀片有力的支承，并确保转位精度。

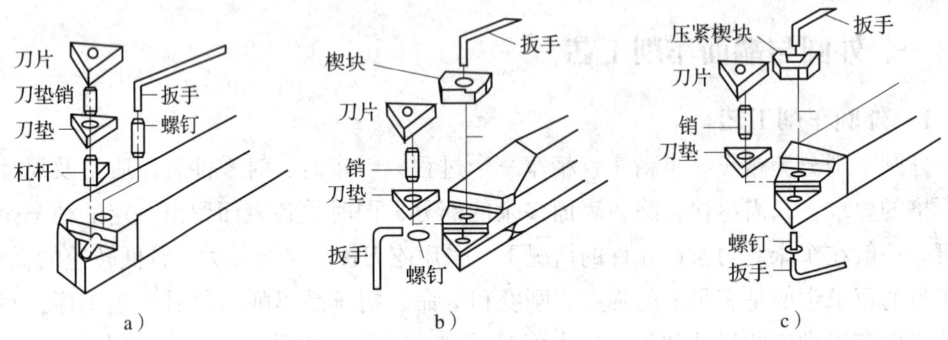

图 4—2—1 可转位车刀的结构形式

a）杠杆式 b）楔块式 c）楔块夹紧式

2）楔块式。楔块式可转位车刀由紧定螺钉、刀垫、销、楔块、刀片所组成，如图 4—2—1b 所示。它依靠销与楔块的挤压力将刀片紧固。其特点是：适合各种负前角刀片，有效前角的变化范围为 -60° ~ +180°；两面无槽壁，便于仿形切削或倒转操作时留有间隙。

3）楔块夹紧式。楔块夹紧式可转位车刀由紧定螺钉、刀垫、销、压紧楔块、刀片所组成，如图 4—2—1c 所示。它依靠销与楔块的压下力将刀片夹紧。其特点与楔块式可转位车刀相同，但是它车削时切屑的流畅度不如楔块式可转位车刀。

（2）可转位刀片

在切削加工中，当一个刃尖磨钝后，将刀片转位后使用另外的刃尖，这种刀片用钝后不再重磨，被称为可转位刀片。大多数可转位刀具的刀片采用硬质合金。常用的刀片形状有正三边形、四边形、五边形、凸三边形、圆形、菱形等。刀片廓形的内切圆直径是刀片的基本参数。常用的刀片公差等级有精密级（G）、中等级（M）和普通级（U）3 种，可按需要选用。各种形状的刀片有中心带孔和不带孔的；有不带后角和带不同后角的；有不带断屑槽的，也有一面或两面都有断屑槽的。

三、数控车削用外圆车刀分类

数控车削用外圆车刀（机夹可转位车刀）可分为外圆粗车刀、外圆精车刀等。按主偏角角度（κ_r）分，有 95°（用于外圆及端面的半精加工及精加工）、45°（用于外圆及端面，主要用于粗车）、75°（主要用于外圆粗车）、93°（主要用于仿形精加工）、90°（用于外圆粗、精车削），如图 4—2—2 所示。可转位外圆车刀由刀杆和刀片组成。刀杆根据截面形状分为方形、圆形，刀片材料一般为硬质合金加涂层材料。

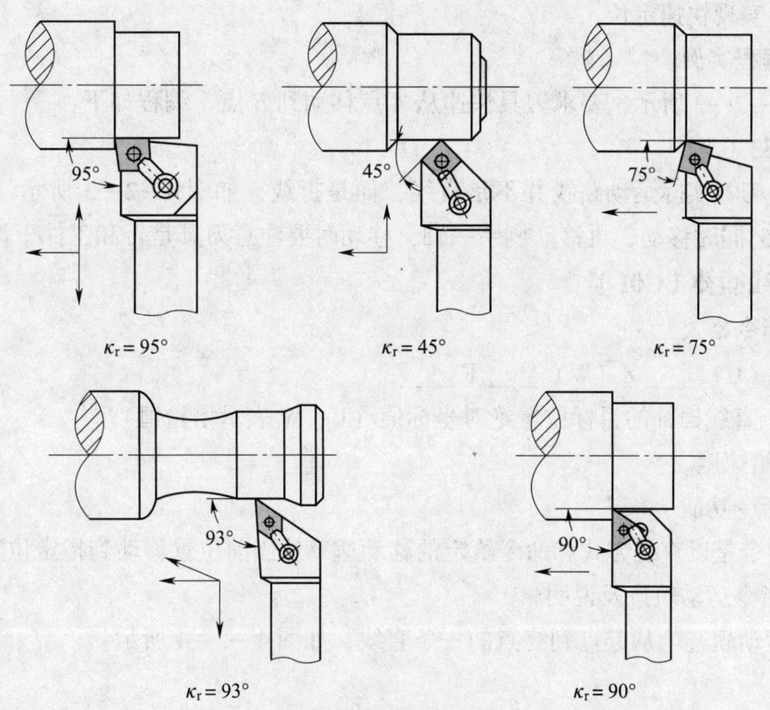

图 4—2—2　常见数控加工用外圆车刀

四、直线切削指令 G00、G01

1. 快速定位（G00）

（1）指令格式

G00 X（U）____ Z（W）____;

X、Z：快速定位的目标位置绝对坐标值（U、W 表示增量值）。

（2）指令功能

G00 指令是在工件坐标系中以快速移动速度移动刀具到达由绝对或增量指令指定的位置。G00 一般用于加工前的快速定位或加工后的快速退刀。

（3）指令运动轨迹及说明

G00 指令使刀具以预先设定好的最快进给速度，从刀具所在位置快速运动到另一位置。该指令只是快速定位，无运动轨迹要求。

说明：

1）G00 为模态指令，可由 G01、G02、G03 或 G33 功能注销。

2）快速移动速度不能用程序指令设定，而是由数控车床系统参数“快移进给速度”对各轴分别进行预先设置，所以快速移动速度不能在地址 F 中规定，可由数控车

床操作面板上的快速修调按钮修正。进给速度指令对 G00 无效。

3）G00 的执行过程：刀具由程序起始点加速到最大速度，然后快速移动，最后减速到终点，实现快速定位。

（4）编程实例

如图 4—2—3 所示，要求刀具快速从 *A* 点移动到 *B* 点，编程如下：

G00 X33.0 Z2.0

提示：刀具实际运动路线并不是直线，而是折线，如图 4—2—3 所示，刀具先沿两轴夹角 45°同时移动，再移动剩余一轴，移动时要注意刀具是否和工件干涉。

2. 直线插补（G01）

（1）指令格式

G01 X（U）____ Z（W）____ F____；

X、Z：直线插补的目标位置绝对坐标值（U、W 表示增量值）。

F：进给速度。

（2）指令功能

G01 指令是以直线方式和命令给定的移动速率从当前位置移动到指定位置。

（3）指令运动轨迹及说明

指令运动轨迹为从起点到终点的一条直线，如图 4—2—4 所示。

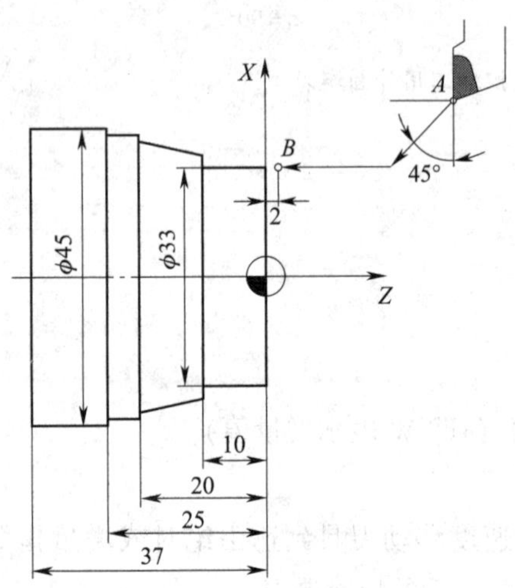

图 4—2—3　快速定位指令

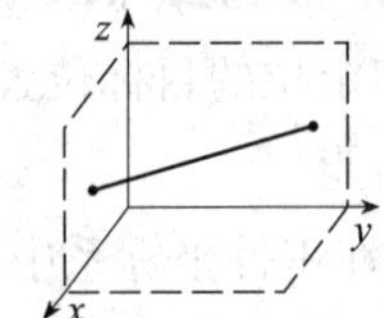

图 4—2—4　直线插补指令运动轨迹

说明：

1）G01 是模态指令。

2）G01 指令后的坐标值可用绝对值，也可用增量值，可根据情况确定。

3）进给速度由 F 指令确定，F 指令也是模态指令。

（4）编程实例

用 G00、G01 指令编写如图 4—2—5 所示工件的外轮廓加工程序。

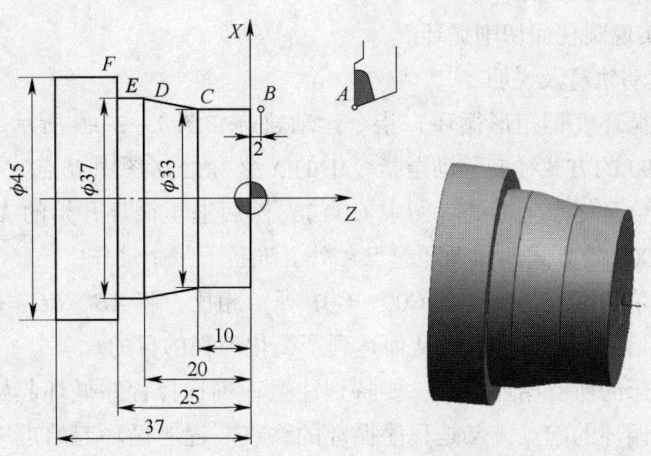

图 4—2—5 直线插补指令加工轴零件

程序	说明
O0001;	程序名
M03 S1000;	启动主轴，转速 1 000 r/min
T0101;	选择 1 号刀
G00 X33.0 Z2.0;	快速定位至起点 B
G01 Z-10.0 F0.2;	加工 φ33 mm 外圆至 C 点
X37.0 Z-20.0;	加工锥面至 D 点
Z-25.0;	加工 φ37 mm 外圆至 E 点
X45.0;	加工端面至 F 点
G00 X100.0 Z100.0;	退刀至安全点
M30;	程序结束

五、外圆加工单一固定循环指令 G90

1. 圆柱面切削循环

(1) 指令格式

G90 X (U) ____ Z (W) ____ F ____;

X (U)、Z (W): 循环切削终点 (图 4—2—6 中的 C 点) 处的坐标，U 和 W 后面数值的符号取决于轨迹 AB 和 BC 的方向。

F: 循环切削过程中的进给量，该值可沿用到后续程序中，也可沿用循环程序前已经指令的 F 值。

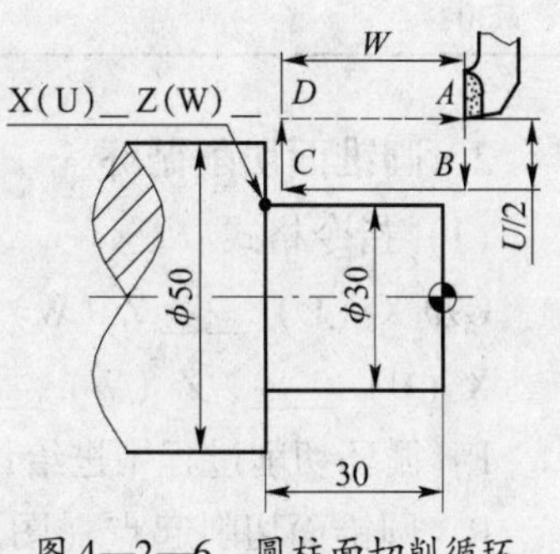

图 4—2—6 圆柱面切削循环指令运动轨迹

(2) 指令功能

从切削点开始，进行径向 (X 轴) 进刀、轴向

（*Z* 轴）切削，实现圆柱面切削循环。

（3）指令运动轨迹及说明

圆柱面切削循环（即矩形循环）指令运动轨迹如图 4—2—6 所示。从程序起点 *A* 开始，刀具以 G00 的方式径向移动至指令中的 *X* 坐标处（图中 *B* 点），再以 G01 的方式沿轴向切削进给至终点坐标处（图中 *C* 点），然后退至循环开始的 *X* 坐标处（图中 *D* 点），最后以 G00 的方式返回循环起点 *A* 处，准备下一个动作。

本指令与简单的编程指令（如 G00、G01 等）相比，将 *AB*、*BC*、*CD*、*DA* 四条直线指令组合成一条指令进行编程，从而达到了简化编程的目的。

对于数控车床的所有循环指令，要特别注意正确选择程序循环起始点的位置，因为该点既是程序循环的起点，又是程序循环的终点。程序循环起始点一般宜选择在离开工件或毛坯 1 ~ 2 mm 的位置。

（4）编程实例

用 G90 指令编写如图 4—2—6 所示工件的加工程序。

程序	说明
O0201;	程序名
G99 G21 G40;	程序初始化
T0101;	转 1 号刀并调用 1 号刀补
M03 S600;	主轴正转，转速为 600 r/min
G00 X52.0 Z2.0;	固定循环起点
G90 X46.0 Z－30.0 F0.2;	调用固定循环加工圆柱表面
X42.0;	固定循环模态调用
X38.0;	固定循环模态调用
X34.0;	固定循环模态调用
X30.5;	精加工余量为 0.5 mm
X30.0 F0.1;	按精加工进给量完成加工
G00 X100.0 Z100.0;	退刀至安全点
M30;	主轴停转，程序结束并返回程序开头

2．圆锥面切削循环

（1）指令格式

G90 X（U）____ Z（W）____ R____ F____;

X（U）____、Z（W）____：循环切削终点处的坐标。

F：循环切削过程中进给量的大小。

R：圆锥面切削起点（图 4—2—7a 中的 *B* 点）处的 *X* 坐标与终点（图 4—2—7a 中的 *C* 点）处 *X* 坐标之差的一半。

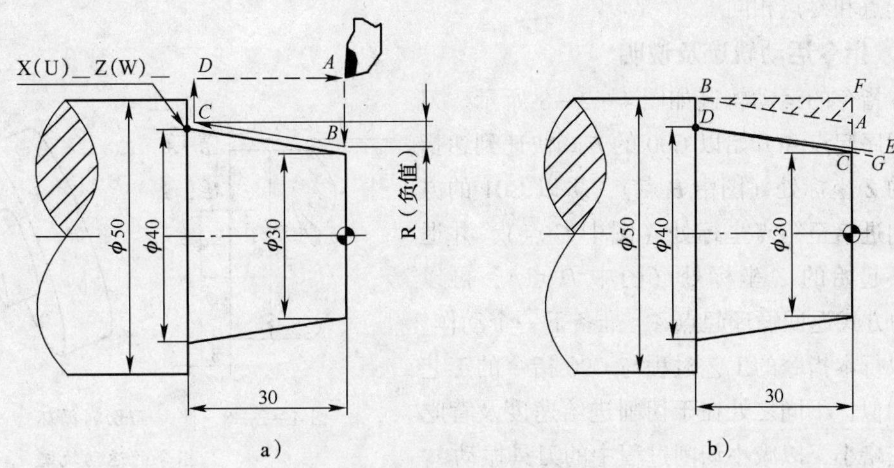

图 4—2—7 圆锥面切削循环指令运动轨迹和背吃刀量示意图

a）运动轨迹 b）背吃刀量示意图

（2）指令功能

从切削点开始，进行径向（*X* 轴）进刀，*Z* 轴和 *X* 轴同时切削，实现圆锥面切削循环。

（3）指令运动轨迹及说明

指令运动轨迹如图 4—2—7a 所示，类似于圆柱面切削循环。G90 循环指令中的 R 值有正负之分，当切削起点处的半径小于终点处的半径时，R 值为负值，如图 4—2—7a 所示的 R 值；反之，R 值则为正值。

为了保证加工锥面时锥度正确，该循环的循环起点一般应在离工件 *X* 向 1 ~2 mm 和 *Z* 向为 Z0 的位置处，如图 4—2—7b 所示。当加工 *CD* 直线段时，如果 *Z* 向起刀点处于 Z2.0 位置，那么其实际的加工路线为 *ED*，从而产生了锥度误差。解决其锥度误差的另一种办法是：在 *CD* 直线的延长线上起刀（图 4—2—7b 中的 *G* 点），但这时要重新计算 R 值。

对于锥面加工的背吃刀量，应参照最大加工余量来确定，即以图 4—2—7b 中 *CF* 段的长度进行平均分配。如果按图 4—2—7b 中的 *BD* 段的长度来分配背吃刀量的大小，则在加工过程中会使第一次执行循环时的开始处背吃刀量过大，如图中 *ABF* 区域所示，即在切削开始处的背吃刀量为 5 mm。

六、平端面切削循环指令 G94

这里所指的端面是与 *X* 轴平行的端面，称为平端面。

1. 指令格式

G94 X（U）____ Z（W）____ F ____；

X（U）、Z（W）和 F 的含义与 G90 相同。

2. 指令功能

从切削点开始，轴向（*Z* 轴）进刀、径向（*X* 轴）切削，实现端面切削循环，指令的起点和终点相同。

3. 指令运动轨迹及说明

本指令的运动轨迹如图 4—2—8 所示。刀具从程序起点 *A* 开始以 G00 的方式快速到达指令中的 *Z* 坐标处（图中 *B* 点），再以 G01 的方式切削进给至终点坐标处（图中 *C* 点），并退至循环起始的 *Z* 坐标处（图中 *D* 点），再以 G00 的方式返回循环起点 *A*，准备下一个动作。

执行本指令的工艺过程与 G90 指令的工艺过程相似，不同之处在于切削进给速度及背吃刀量应略小，以减小切削过程中的刀具振动。

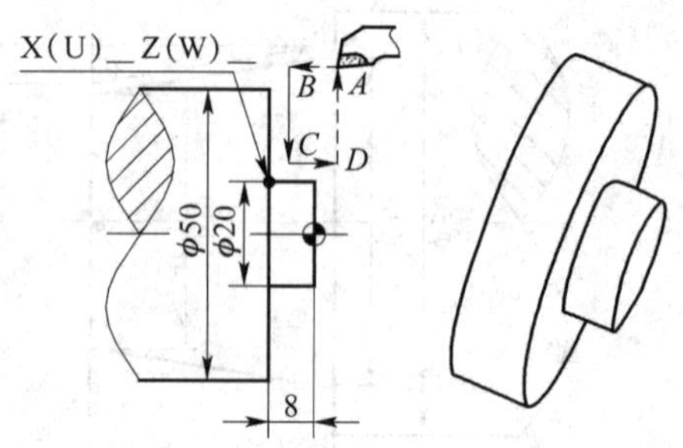

图 4—2—8　平端面切削循环指令的运动轨迹

4. 编程实例

用 G94 指令编写如图 4—2—8 所示工件的加工程序。

程序	说明
O0203； ⋮	⋮
G00 X52.0 Z2.0；	固定循环起点
G94 X20.0 Z－2.0 F0.2；	调用固定循环加工平端面
Z－4.0；	固定循环模态调用
Z－6.0；	固定循环模态调用
Z－7.5；	精加工余量为 0.5 mm
Z－8.0 F0.1；	按精加工进给量完成加工
G00 X100.0 Z100.0； M30；	⋮

技能训练

台阶轴零件图如图 4—2—9 所示。毛坯：圆棒料，尺寸为 ϕ45 mm×75 mm，材料为 45 钢。用 FANUC 0i 系统指令编程，完成该零件加工。

一、工艺分析

1. 识图

台阶轴结构简单，需要车削端面、圆柱面、圆锥面，保证尺寸精度和表面粗糙度。

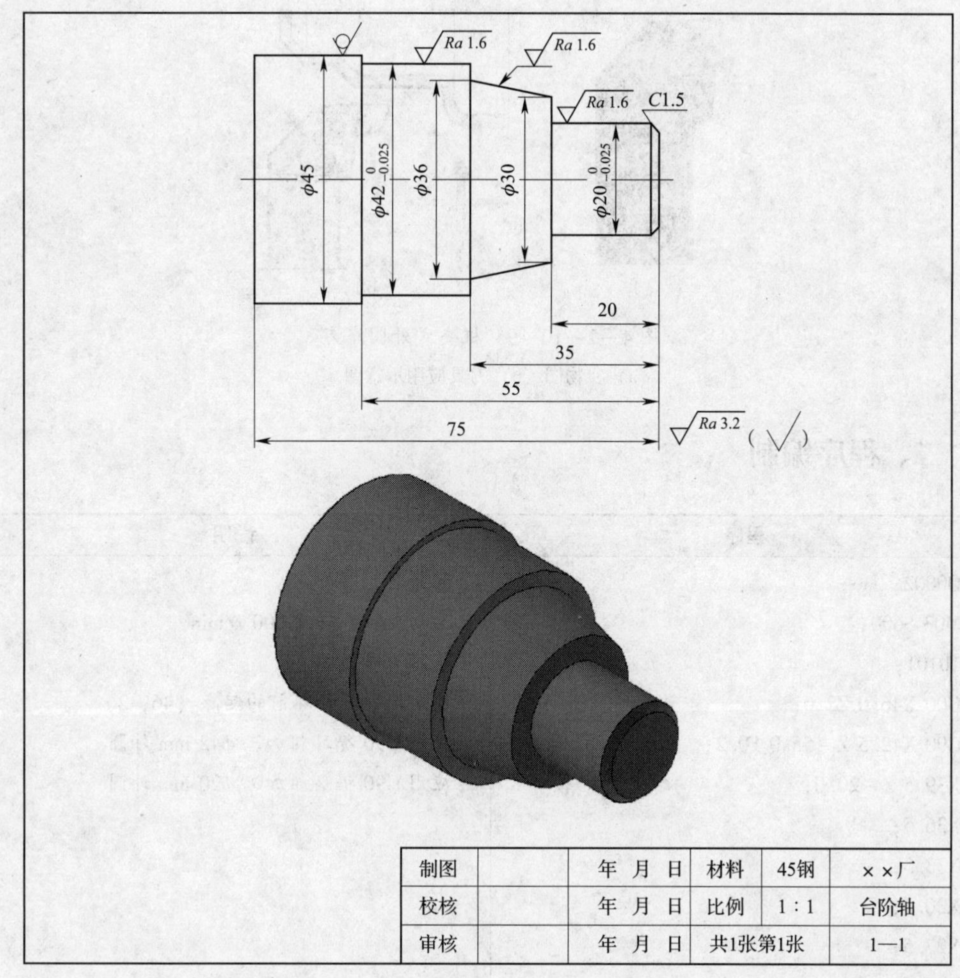

图 4—2—9 台阶轴零件图

2. 工艺路线

三爪自定心卡盘装夹毛坯 ϕ45 mm 外圆，伸出长度大于 55 mm→粗车 ϕ42 mm 段外圆至 ϕ42. 5 mm→粗车 ϕ20 mm 段外圆至 ϕ20. 5 mm→粗车锥面→精车外轮廓至尺寸。

3. 刀具及切削用量的选择

刀具及切削用量的选择见表 4—2—1。95°机夹式外圆车刀的实物及应用示意图如图 4—2—10 所示。

表 4—2—1　　刀具及切削用量的选择

刀具号	刀具规格名称	数量	加工工序	主轴转速（r/min）	进给量（mm/r）
T0101	95°机夹式外圆车刀	1	1. 粗车外轮廓	600	0. 2
			2. 精车外轮廓	1 200	0. 08

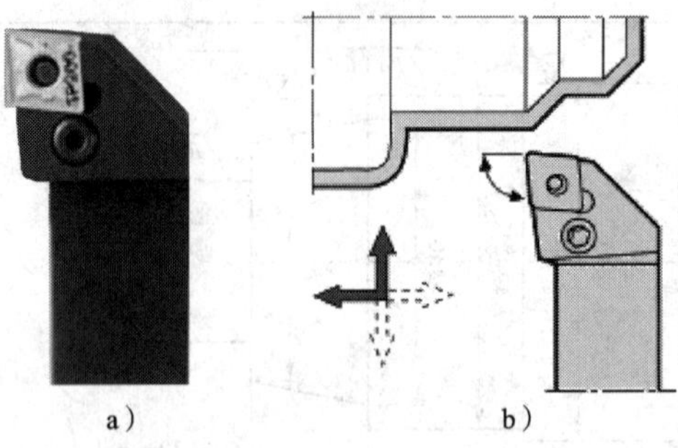

a） b）

图 4—2—10 95°机夹式外圆车刀

a）实物图 b）刀具应用示意图

二、程序编制

程序	说明
O0002；	程序名
M03 S600；	启动主轴，转速 600 r/min
T0101；	选择 1 号刀
G00 X46.0 Z2.0；	快速定位至循环前的起点（46，2）
G90 X42.5 Z－55.0 F0.2；	应用 G90 循环粗加工 ϕ42 mm 外圆
X39.5 Z－20.0；	应用 G90 循环粗加工 ϕ20 mm 外圆
X36.5；	
X33.5；	
X30.5；	
X27.5；	
X24.5；	
X20.5；	
G00 X43.0 Z－20.0；	定位至锥面加工起点
G90 X40.0 Z－35.0 F0.2；	应用 G90 循环粗加工锥面部分外圆
X37.5；	
G90 X39.5 Z－35.0 R－3.0 F0.2；	粗加工锥面
X36.5；	
G00 X46.0 Z5.0；	定位
S1200；	变速精车
G04 X3.0；	延时 3 s（变速）
G00 X17.0 Z1.0；	定位靠近加工起点
G01 Z0 F0.08；	
X20.0 Z－1.5；	倒角 C1.5
Z－20.0；	精车外轮廓
X30.0；	

续表

程序	说明
X36.0 Z-35.0;	
X42.0;	
Z-55.0;	
X46.0;	
G00 X100.0 Z100.0;	退刀
M30;	程序结束并返回

三、加工步骤

1. 工作准备

(1) 开机、回机床参考点。

(2) 检查毛坯并装夹。

(3) 安装刀具。

(4) 对刀及参数设置。

2. 输入程序及校验。

3. 车削工件。

4. 零件检验及拆卸。

5. 关闭机床，清洁工作现场等。

四、数控车削外圆及端面中常见质量问题的分析及处理

数控车削外圆及端面中常见质量问题的产生原因及预防措施见表4—2—2。

表4—2—2　数控车削外圆和端面中常见质量问题的产生原因及预防措施

常见质量问题	产生原因	预防措施
工件外圆尺寸超差	刀具参数不准确	调整或重新设定刀具参数
	切削用量选择不当，产生让刀	合理选择切削用量
	程序错误	检查、修改程序
	工件尺寸计算错误	正确计算工件尺寸
外圆表面粗糙度值高	切削速度太低	选择较高的主轴转速
	刀具安装不正确，刀具中心高于外圆中心线	调整刀具中心高度
	切屑缠绕工件表面	选择合理的进刀方式和背吃刀量
	刀具磨损	及时更换刀具或刀片
	切削液选择不合理	正确选择切削液

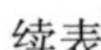

续表

常见质量问题	产生原因	预防措施
台阶处不清角	程序错误	检查修改程序
	刀具选择错误	正确选择加工刀具
	刀具损坏	更换刀片
加工时扎刀致工件报废	进给量过大	降低进给速度
	切屑阻塞	采用断、退屑方式切入
	工件安装不合理	检查工件安装，增加刚度
	刀具角度选择不合理	正确选择刀具
台阶端面出现倾斜	程序错误	检查、修改程序
	车刀安装不正确	正确安装车刀
工件圆度超差或产生锥度	车床主轴间隙过大	调整车床主轴间隙
	程序错误	检查、修改程序

五、评分标准

数控车削台阶轴评分标准见表4—2—3。

表4—2—3　　数控车削台阶轴评分标准

考核项目	考核内容及要求	配分	评分标准	检测结果	得分
主要项目	$\phi 20_{-0.025}^{0}$ mm	12	超差不得分		
	$\phi 42_{-0.025}^{0}$ mm	12	超差不得分		
	锥面	12	超差不得分		
	工艺分析	14	每处错误扣2分		
	程序编制	16	每处错误扣2分		
一般项目	20 mm	8	超差不得分		
	35 mm	8	超差不得分		
	55 mm	8	超差不得分		
设备及工具、量具、刃具的使用维护	常用工具、量具、刃具的合理使用与保养	2	未完成不得分		
	正确进行数控车床的操作	2	未完成不得分		
	正确进行数控车床的润滑	1	未完成不得分		
	正确进行数控车床的保养	2	未完成不得分		
安全文明生产	正确执行安全技术操作规程	2	酌情提醒或扣分		
	正确穿戴工作服	1	未完成不得分		
总分		100			

课题三 数控车削圆弧面

在机器零件上有些表面的轴向剖面呈曲线形，如椭球手柄、圆球手柄等。这些表面属于圆弧面，圆弧面一般分为凹、凸圆弧。随着数控技术的发展和普及，利用数控车床的两轴联动功能及圆弧插补指令，可以联动控制 X 和 Z 坐标轴方便地进行曲线轮廓零件的加工，同时加工精度及加工效率也得到了大大的提高。

一、车削圆弧工艺

1. 圆弧加工工艺路线的确定

应用 G02 或 G03 车削圆弧时，当切削深度较深时，一刀就能把圆弧加工出来，但这样做的背吃刀量太大，容易扎刀。因此，实际车削圆弧时，需要多刀粗加工先切除较大的余量，再精车得到所需要的圆弧。下面分析圆弧的加工工艺路线。

（1）台阶形切削路线

如图 4—3—1 所示为车削圆弧的台阶形切削路线，即先粗车成台阶形状，最后一刀精车出圆弧。该方法在确定了每次背吃刀量 a_p 后，需精确算出粗车的终刀距 S，即求圆弧与直线的交点。采用这种工艺路线时，刀具切削距离运动较短，但计算较烦琐。

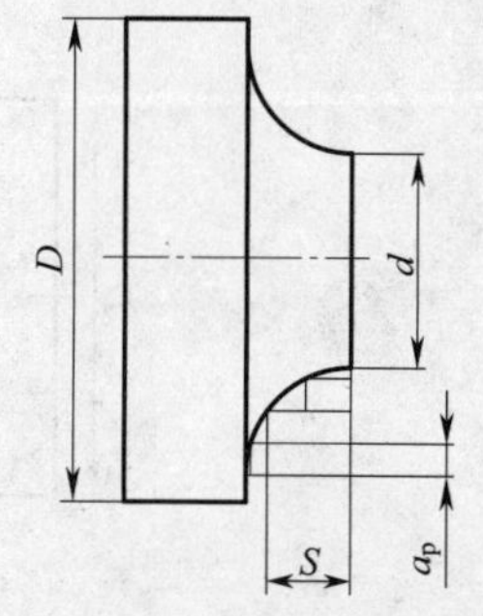

图 4—3—1 台阶形切削路线车削圆弧

（2）同心圆弧切削路线

如图 4—3—2 所示为车削圆弧的同心圆弧切削路线，即沿不同的半径圆来车削，最后将所需圆弧加工出来。该方法在确定了每次背吃刀量 a_p 后，对 90°圆弧的起点、终点坐标比较容易确定，数值计算简单，编程方便，因此常被采用。但是，按照如图 4—3—2b 所示路线加工时，空行程较长。

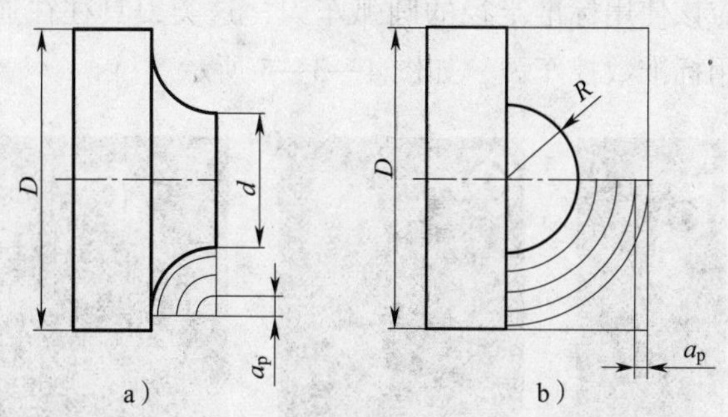

图 4—3—2 同心圆弧切削路线车削圆弧

a）凹圆弧 b）凸圆弧

(3) 车锥法切削路线

如图4—3—3所示为车削圆弧的车锥法切削路线，即先车一个圆锥，再车圆弧。但要注意车圆锥时起点和终点的确定，若确定不好，则可能损坏圆锥表面，也可能将余量留得过大。确定方法如图4—3—3所示，连接OC交圆弧于D，过D点作圆弧的切线AB。由几何关系可知：$CD=OC-OD=0.414R$，此为车锥时的最大切削余量，即车锥时的加工路线不能超过AB线。由图示关系，可得$AC=BC=0.5R$。该方法数值计算比较烦琐，但刀具切削线路较短。

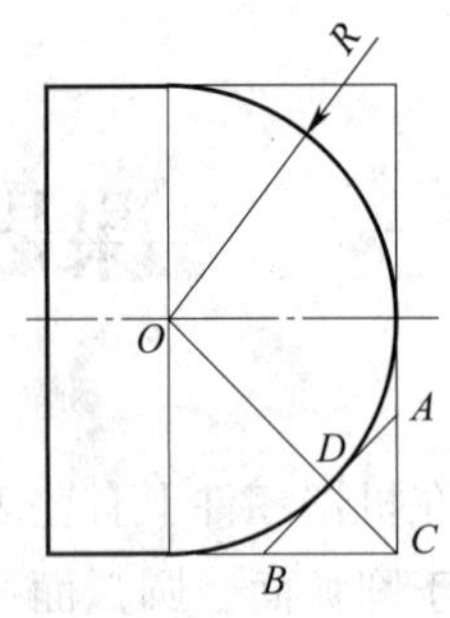

图4—3—3 车锥法切削路线车削圆弧

(4) 平移轨迹切削路线

如图4—3—4所示为车削圆弧的平移轨迹切削路线，即在加工圆弧时，根据圆弧总切削深度和背吃刀量综合考虑，将圆弧起点和终点同时向外平移，圆弧半径不变。此方法在加工时计算简单，但有空刀，如图4—3—4a所示为凹圆弧平移轨迹切削路线加工，如图4—3—4b所示为凸圆弧平移轨迹切削路线加工。

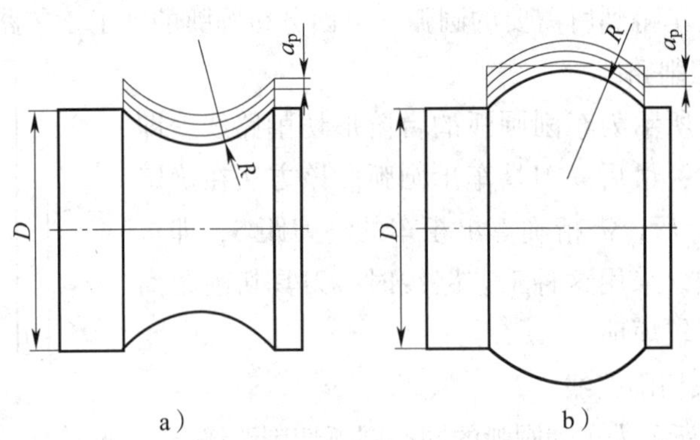

图4—3—4 平移轨迹切削路线车削圆弧

a) 凹圆弧 b) 凸圆弧

2. 圆弧车削对刀具的要求

车削圆弧时，应该使用标准半径的圆弧车刀，这类刀具往往通过手工磨削无法达到精度要求，应选用标准数控车刀，如图4—3—5所示。

 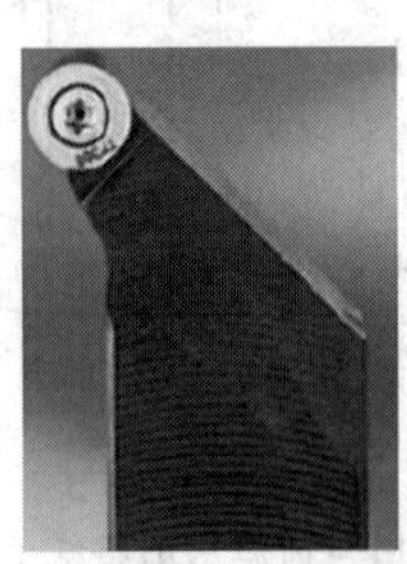 

图4—3—5 标准刀尖圆弧半径的外圆车刀

二、圆弧插补指令 G02、G03（顺圆加工、逆圆加工）

1. 指令格式

G02（G03）X（U）____ Z（W）____ R____ F____；

G02（G03）X（U）____ Z（W）I____ K____ F____；

X（U）、Z（W）：直线插补的目标位置绝对坐标值（U、W 表示增量值）。

I、K：圆心坐标值（相对于圆弧起点的增量值）。

R：圆弧半径。

F：进给率。

2. 指令功能

G02、G03 是模态代码，该指令是以顺时针或逆时针圆弧方式、给定的半径和指定移动速率从当前位置移动到指定位置。

3. 指令运动轨迹及说明

G02 指令运动轨迹是从起点到终点的顺时针圆弧，G03 指令运动轨迹是从起点到终点的逆时针圆弧。

说明：

（1）刀具进行圆弧插补，必须规定所在平面，然后再确定回转方向。

（2）数控机床的刀架方向决定 X 坐标轴的方向，圆弧顺逆的判断十分重要。对于前置刀架数控车床，顺圆为 G03，逆圆为 G02，如图 4—3—6a 所示；对于后置刀架数控车床，顺圆为 G02，逆圆为 G03，如图 4—3—6b 所示。

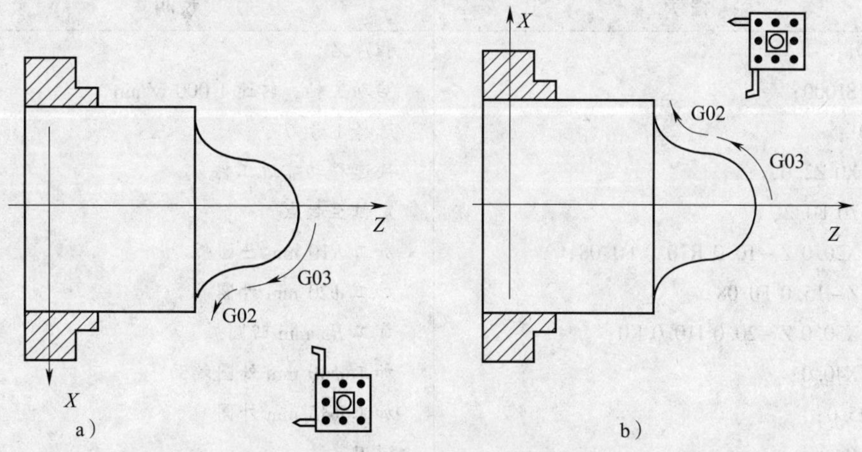

图 4—3—6 圆弧顺逆方向的判断

a）前置刀架数控车床 b）后置刀架数控车床

（3）加工圆弧前，刀具必须停到圆弧起点。

（4）用半径 R 指定圆心位置时，由于在同一半径 R 的情况下，从圆弧的起点到终点有两个圆弧的可能性，如图 4—3—7 所示为区别两者，规定：圆心角 $\alpha \leqslant 180°$ 时，图中的圆弧 1，R 取正值；圆心角 $\alpha>180°$时，图中的圆弧 2，R 取负值。一般情况下，数控车床加工时不会出现 $\alpha>180°$的圆弧，因此 R 为正值。

（5）对于数控车床，由于圆心角不会超过 180°，因此没有必要用 I、K 指令，从而避免了计算上的麻烦。

4．编程实例

加工如图 4—3—8 所示的零件外轮廓，编写精加工程序。

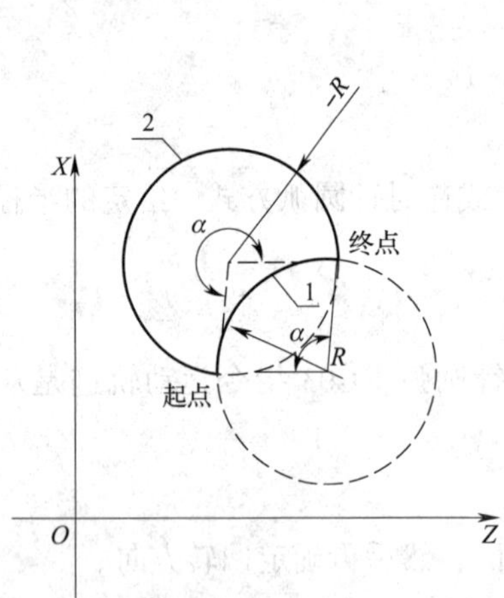

图 4—3—7　指定圆心位置的圆弧半径正负值的确定

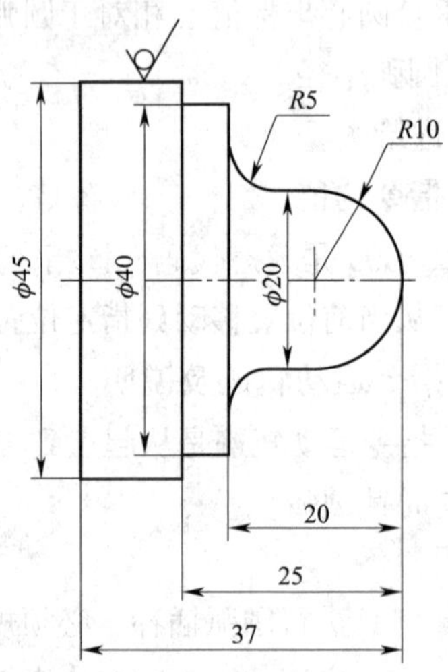

图 4—3—8　圆弧加工实例

程序	说明
O0001；	程序名
M03 S1000；	启动主轴，转速 1 000 r/min
T0101；	选择 1 号刀
G00 X0 Z2.0；	快速移动靠近工件
G01 Z0 F0.2；	定位至起点
G03 X20.0 Z－10.0 R10.0 F0.08；	加工 $R10$ mm 凸圆弧
G01 Z－15.0 F0.08；	加工 $\phi20$ mm 外圆
G02 X30.0 Z－20.0 I10.0 K0；	加工 $R5$ mm 凹圆弧
G01 X40.0；	加工 $\phi40$ mm 外圆端面
Z－25.0；	加工 $\phi45$ mm 外圆
X46.0；	退刀
G00 X100.0 Z100.0；	退刀至安全点
M30；	程序结束

注意：在加工锥面或圆弧面轮廓时，刀尖圆弧半径 $R=0.4$ mm，如果加工时不进行刀尖圆弧半径补偿，加工轮廓就会出现“欠切”或“过切”现象，所以应正确使用

刀尖圆弧半径补偿功能，具体见下面介绍。

三、成形加工复合循环指令 G73

1. 指令格式

G73 U（Δ*i*）W（Δ*k*）R（Δ*d*）

G73 P（*ns*）Q（*nf*）U（Δ*u*）W（Δ*w*）F____

Δ*i*：*X* 方向的退刀量距离和方向（半径值指定）。

Δ*k*：*Z* 方向的退刀距离和方向，为模态值。

Δ*d*：分层次数，与粗车重复次数相同，为模态值。

ns：指定循环加工路线的第一个程序段号。

nf：指定循环加工路线的最后一个程序段号。

Δ*u*：*X* 方向上的精加工余量（直径量）和方向（外轮廓用“+”，内轮廓用“-”）。

Δ*w*：*Z* 方向上的精加工余量和方向。

在 *ns*～*nf* 程序段内的 F、S、T 功能无效。在整个成形加工循环中，只执行循环开始前指令的 F、S、T 功能。

2. 指令运动轨迹及说明

G73 成形加工复合循环指令的每一刀切削路线的轨迹形状都是相同的，只是位置不同。每走完一刀，就把切削轨迹向工件移动一个位置，主要用于毛坯轮廓形状与零件轮廓形状基本接近的铸、锻造毛坯件，可实现高效加工。

如图 4—3—9 所示为 G73 指令粗车外轮廓的走刀轨迹，*A*→*B* 为精车轮廓形状，粗加工轨迹与 *A*→*B* 形状一致，只是由外向内逐步平移，实现轮廓的粗加工，最终分别在 *X* 向和 *Z* 向留精加工余量 Δ*u*/2 和 Δ*w*。

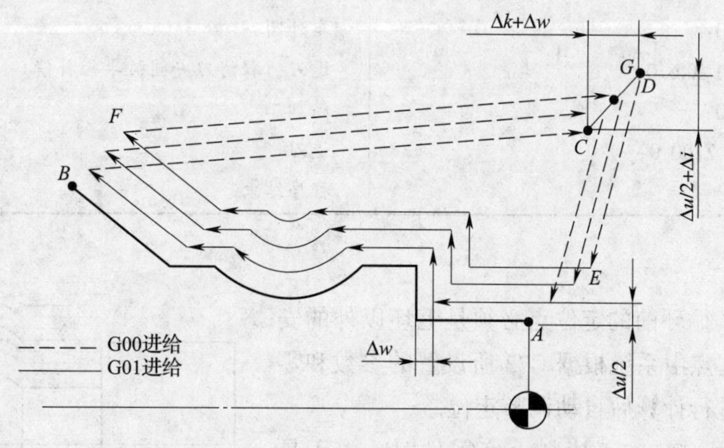

图 4—3—9　G73 指令粗车外轮廓的走刀轨迹

G70 外圆精车循环的特点：当用 G73 指令粗加工完工件后，用 G70 来指定精车循环，切除粗加工余量。

3. 编程实例

车削加工如图 4—3—10 所示的球柄零件。毛坯尺寸为 $\phi45$ mm × 75 mm。应用 G73/G70 指令进行编程。

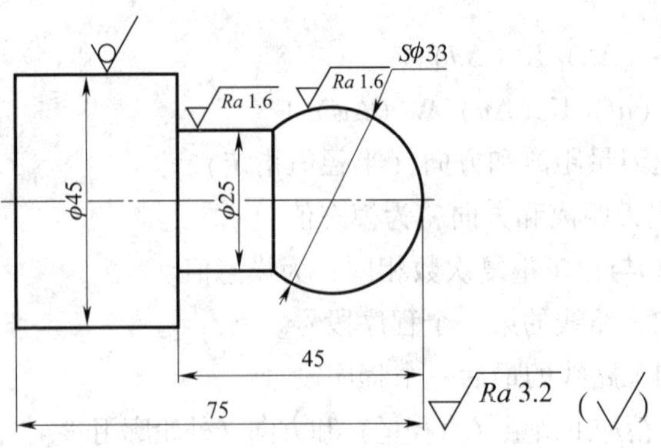

图 4—3—10　球柄零件实例

程序	说明
O0001;	程序名
M03 S600;	启动主轴，转速 600 r/min
T0101;	选择 1 号刀
G00 X46.0 Z1.0;	快速定位靠近工件
G73 U22.5 W0 R10.0;	应用 G73 循环粗加工
G73 P10 Q20 U0.5 W0 F0.2;	
N10 G00 X0 S1200;	快速定位，设置精加工转速
G42 G01 Z0 F0.1;	移动至起点，刀尖圆弧半径右补偿
G03 X25.0 Z－27.27 R16.5;	车圆球
G01 Z－45.0;	车外圆
N20 G40 G01 X46.0;	退刀，取消刀尖圆弧半径补偿
G70 P10 Q20;	精加工
G00 X100.0 Z100.0;	退刀
M30;	程序结束

说明：

（1）G73 循环前的定位点必须是毛坯以外的安全点，进刀起点由系统根据 G73 所设置的参数和零件轮廓大小进行计算后自动调整定位。

（2）应用 G73 加工棒料毛坯零件时，由于是平移轨迹法加工，如图 4—3—11 所示，会出现很多空刀，因此要求编程者考虑更为合理的加工工艺方案。

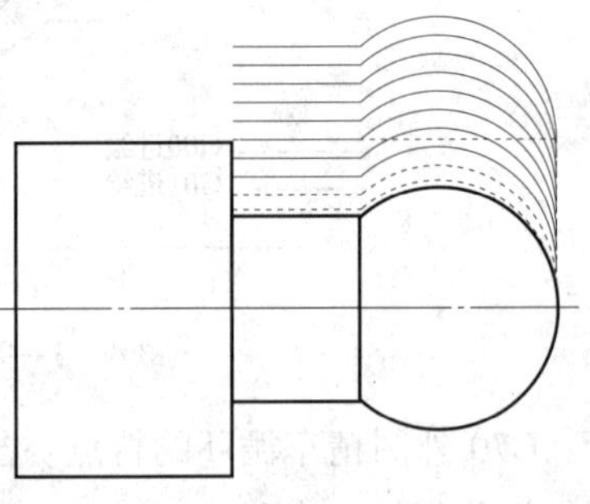

图 4—3—11　平移轨迹法加工示意图

（3）G70 精车循环之前的定位点要求必须是毛坯外的点，该点将被系统认为是精加工结束后的退刀点。如果该定位点在毛坯上，将会出现撞刀事故。

技能训练

球形轴零件图如图 4—3—12 所示。毛坯：圆棒料，尺寸为 ϕ45 mm × 75 mm，材料为 45 钢。用 FANUC 0i 系统指令 G71、G73、G70 进行编程，完成该零件加工。

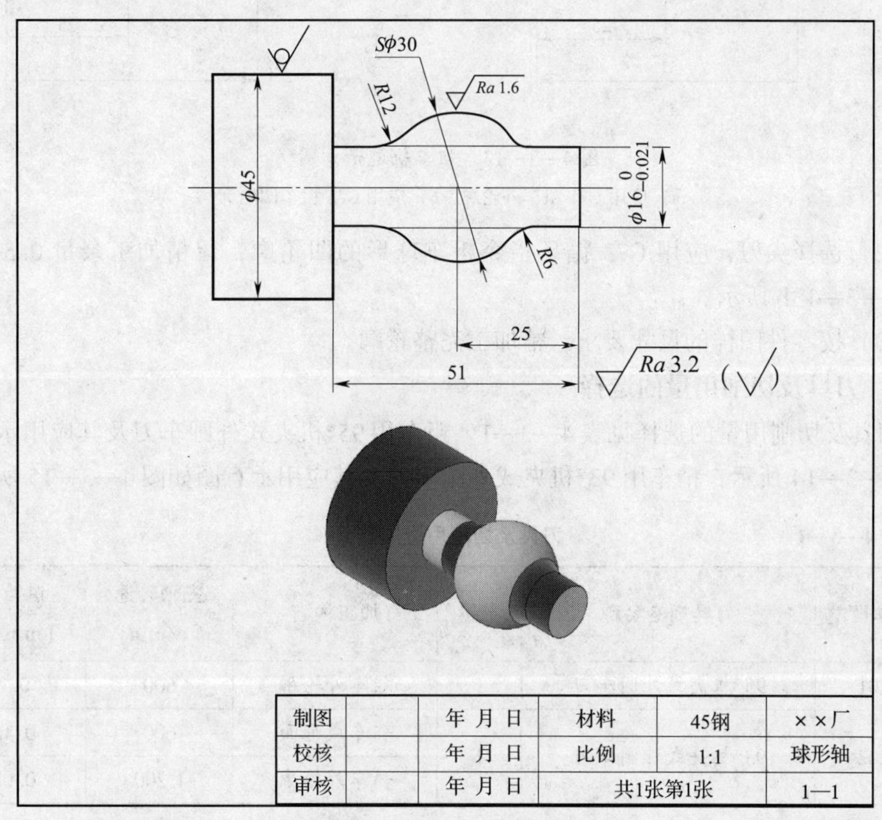

图 4—3—12 球形轴零件图

一、工艺分析

1. 识图

球形轴零件结构简单，球头部分需要用尖刀加工凹轮廓部分，因此，合理选择刀具和加工工艺方法，是保证弧面轮廓成形的基本要求。

2. 工艺路线

（1）夹住毛坯 ϕ45 mm 外圆，伸出 55 mm，选择 95°外圆车刀，应用 G71 循环指令粗车外轮廓，留精加工余量 0. 5 mm，如图 4—3—13a 所示。

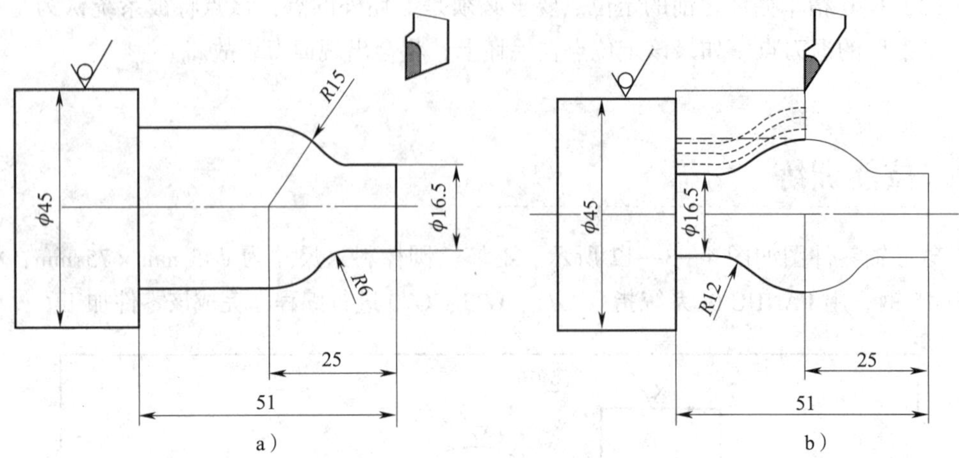

图 4—3—13　粗车轨迹示意图

a）应用 G71 粗车外轮廓　b）应用 G73 粗车凹轮廓

（2）选择尖刀，应用 G73 循环指令粗车球形的凹轮廓，留精加工余量 0.5 mm，如图 4—3—13b 所示。

（3）按零件图样的尺寸要求，精加工完整轮廓。

3. 刀具及切削用量的选择

刀具及切削用量的选择见表 4—3—1。粗车用 95°机夹式外圆车刀及其应用示意图如图 4—3—14 所示；精车用 93°机夹式外圆车刀及其应用示意图如图 4—3—15 所示。

表 4—3—1　　刀具及切削用量的选择

刀具号	刀具规格名称	数量	加工内容	主轴转速（r/min）	进给量（mm/r）
T0101	95°机夹式外圆车刀	1	粗车外轮廓	600	0.2
T0202	93°机夹式外圆车刀	1	粗车成形面	600	0.15
			精车外轮廓	1 200	0.08

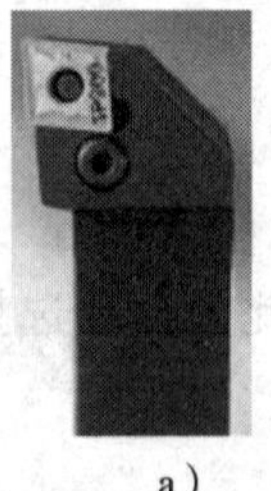
a）

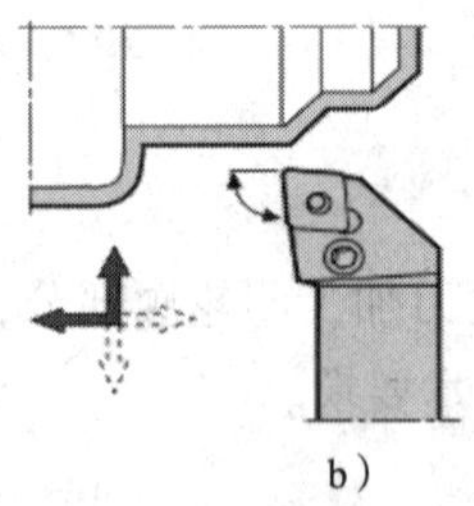
b）

图 4—3—14　粗车用 95°机夹式外圆车刀

a）实物图　b）刀具应用示意图

a）

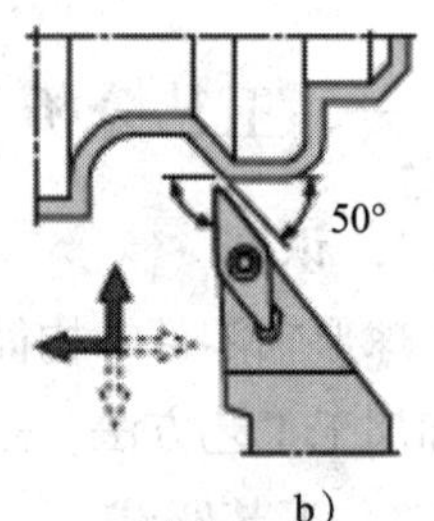

b）

图 4—3—15　精车用 93°机夹式外圆车刀

a）实物图　b）刀具应用示意图

二、程序编制

程序	说明
O0003；	程序名
M03 S600；	启动主轴，转速600 r/min
T0101；	选择1号刀
G00 X46.0 Z2.0；	快速定位至循环前的起点（46，2）
G71 U2.0 R1.0；	设置G71循环参数
G71 P10 Q20 U0.5 W0 F0.2；	
N10 G00 X16.0；	粗车外轮廓程序
G01 Z0；	
Z-9.35；	
G02 X20.0 Z-13.82 R6.0；	
G03 X30.0 Z-25.0 R15.0；	
G01 Z-51.0；	
N20 G01 X46.0；	
G00 X100.0 Z100.0；	
T0202；	换刀
G00 X46.0 Z-25.0；	定位至加工凹轮廓位置
G73 U7.0 R4.0；	设置G73循环参数
G73 P30 Q40 U0.5 W0 F0.15；	
N30 G42 G01 X30.0；	粗车凹轮廓程序
G03 X22.22 Z-35.08 R15.0；	
G02 X16.0 Z-42.51 R12.0；	
G01 Z-51.0；	
N40 G40 G01 X32.0；	
G00 X100.0 Z100.0；	
M05；	暂停测量
M00；	
M03 S1200；	设置精加工转速
T0202；	选择刀具
G00 X46.0 Z1.0；	快速定位
X16.0；	精加工完整轮廓
G01 Z-9.35 F0.08；	
G02 X20.0 Z-13.82 R6.0；	
G03 X22.22 Z-35.08 R15.0；	
G02 X16.0 Z-42.51 R12.0；	
G01 Z-51.0；	
G01 X46.0；	
G00 X100.0 Z100.0；	
M30；	

加工步骤略。

三、数控车削圆弧中常见质量问题的分析及处理

数控车削圆弧中常见质量问题的产生原因、预防措施见表4—3—2。

表4—3—2　　数控车削圆弧中常见质量问题的产生原因、预防措施

常见质量问题	产生原因	预防措施
切削过程中干涉	刀具参数不正确	正确选择刀具
	刀具安装不正确	正确安装刀具
	程序编制错误	正确编制程序
圆弧凹凸方向错	程序不正确	正确编制程序
圆弧尺寸不符合要求	程序不正确	正确编制程序
	刀具磨损	及时更换刀具
	未正确使用刀尖圆弧半径补偿	正确使用刀尖圆弧半径补偿

四、评分标准

数控车削球形轴评分标准见表4—3—3。

表4—3—3　　数控车削球形轴评分标准

考核项目	考核内容及要求	配分	评分标准	检测结果	得分
主要项目	$\phi16_{-0.021}^{\ 0}$ mm	15	超差不得分		
	$S\phi30$ mm	15	超差不得分		
	工艺分析	15	每处错误扣2分，扣完为止		
	程序编制	15	每处错误扣2分，扣完为止		
一般项目	51 mm	10	超差不得分		
	$R6$ mm	10	超差不得分		
	$R12$ mm	10	超差不得分		
设备及工具、量具、刃具的使用维护	常用工具、量具、刃具的合理使用与保养	2	未完成不得分		
	正确进行数控车床的操作	2	未完成不得分		
	正确进行数控车床的润滑	1	未完成不得分		
	正确进行数控车床的保养	2	未完成不得分		
安全文明生产	正确执行安全技术操作规程	2	酌情提醒或扣分		
	正确穿戴工作服	1	未完成不得分		
总分		100			

课题四　数控车削直槽

一、车槽工艺

1. 切槽刀具

数控加工中，常用焊接式和机夹式切槽（断）刀，刀片材料一般为硬质合金或硬质合金涂层刀片。切槽刀的刀头部分长度 = 槽深 + （2 ~3）mm，刃宽根据需要刃磨或选择。

2. 车槽方法

（1）车削矩形沟槽

可用刀宽等于槽宽的切槽刀，采用直进法一次进给车出。精度要求较高的沟槽一般采用二次进给车成，即第一次进给车槽时，槽壁两侧留精车余量，第二次进给时用等宽刀修整。

（2）车削较宽的沟槽

可以采用多次直进法车削，并在槽壁及底面留精加工余量，最后一刀精车至尺寸。

（3）车削较小的梯形槽

一般用成形刀车削完成。较大的梯形槽通常先车直槽，然后用梯形刀直进法或左右切削法完成。

选择切槽切削用量时，切削速度通常取外圆切削速度的 60% ~70%；进给量一般取 0.05 ~0.3 mm/r；背吃刀量受切槽刀宽度的影响，调节范围较小。

3. 切断工件方法

（1）直进法

直进法是指垂直于工件轴线方向进行切断。这种方法的切断效率高，但对车床、切断刀的刃磨和安装都有较高的要求，否则容易造成刀头折断。

（2）左右借刀法

在切削刚度不足的情况下，可采用左右借刀法切断。这种方法是指切断刀在轴线方向反复地往返移动，随之两侧径向进给，直至工件切断。

（3）反切法

反切法是指将工件反转，车刀反向装夹。这种切断方法适用于较大直径工件的切断。

二、数控车削用切槽（断）刀

1. 机夹式切槽刀

数控车削用切槽刀也以机夹式可转位切槽刀为主。按照切槽的深度，切槽刀分为浅切槽刀、深切槽刀；按照可转位刀片与刀杆角度，切槽刀分为 0°切槽刀（刀片与刀杆在一条直线上)、90°切槽刀（刀片与刀杆垂直）；按照槽在工件上的位置，切槽刀分为外圆切槽刀、端面切槽刀、内孔切槽刀。常用可转位机夹式切槽刀如图 4—4—1 所示。

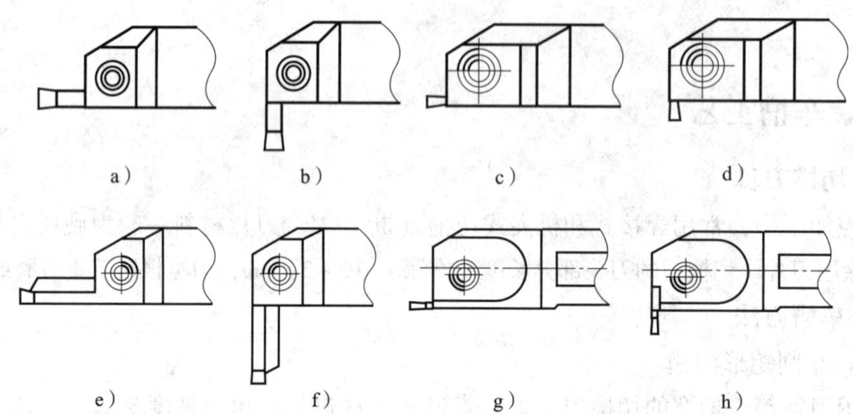

图 4—4—1　常用机夹式可转位切槽刀

a）外圆切槽刀（0°）　b）外圆切槽刀（90°）　c）浅槽及端面切槽刀（0°）
d）浅槽及端面切槽刀（90°）　e）端面切槽刀（0°）　f）端面切槽刀（90°）
g）内孔切槽刀（0°）　h）内孔切槽刀（90°）

2. 机夹式切断刀

最常用的机夹式切断刀类型是刀体和刀板系统，如图 4—4—2 所示。它包括一个安装在机床夹头中的锁紧刀体和一个可更换的用于安装合金刀片的双面刀板，刀板上有一个自锁刀槽。

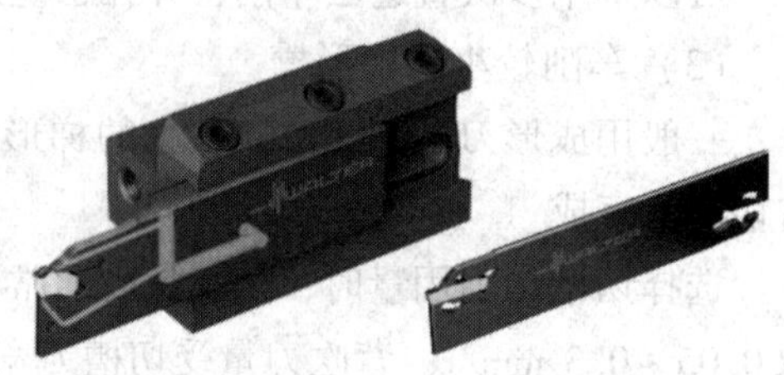

图 4—4—2　机夹式切断刀与双面刀板

三、延时车槽指令 G04

1. 指令格式

G04　X（U）____；　或　G04　P____；

X：指定延时时间，单位为秒，可以用小数点。

U：指定延时时间，单位为转，其值为 U/F 转，如 U40（假设进给速度为 F10），表示工件空转 40/10 = 4 r。

P：指定延时时间，单位为毫秒，不能用小数点，如 P1000 表示暂停 1 s。

2. 指令功能

各轴运动停止，不改变当前的 G 指令模态和保持数据、状态，延时给定的时间后，再执行下一个程序段。

3. 指令轨迹及工艺说明

G04 指令使程序在所指定的时间内暂停进给动作，即可使刀具短暂无进给加工，在数控车床上可使工件空转使车削面光整以达到光洁度要求。例如，切槽加工时，为使槽底圆整光滑，可采用该指令。该指令常用于车槽、镗平面、锪孔、正反转切换等场合。需要注意，P 在不同的数控系统中有不同的规定。

4. 编程实例

如图 4—4—3 所示，加工该零件槽，用 G00、G01、G04 指令编写精加工程序。

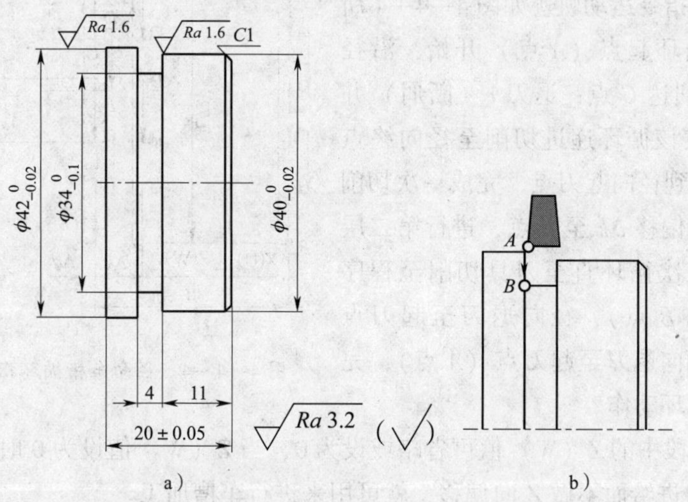

图 4—4—3 用 G00、G01、G04 指令编程车削直槽

a) 零件图 b) 车槽加工示意图

程序	说明
O0001;	程序名
M03 S500;	启动主轴，转速 500 r/min
T0202;	选择 2 号刀，宽度 4 mm 槽刀
G00 X45.0 Z-15.0;	快速定位至起点 A
G01 X34.0 F0.1;	加工 φ34 mm 槽至 B 点
G04 X2.0;	延时 2 s
G00 X45.0;	退刀至 A 点
G00 X100.0 Z100.0;	2 号刀远离零件
M30;	程序结束

四、径向车槽循环指令 G75

1. 指令格式

G75 R（e）;

G75 X（U）Z（W）P（Δi）Q（Δk）R（Δd）F ____;

e：每次切削的退刀量（半径值，无正负），其值为模态值。

X（U）、Z（W）：车槽终点处坐标。

Δi：X 方向的每次切入量，用不带符号的半径量表示。

Δk：刀具完成一次径向切削后在 Z 方向的偏移量，用不带符号的值表示。

Δd：刀具在切削底部的 Z 向退刀量，无要求时可省略。

F：径向切削时的进给量。

2. 指令运动轨迹及说明

G75 循环指令运动轨迹如图 4—4—4 所示。刀具从循环起点（A 点）开始，沿径向进刀 Δi 并到达 C 点；退刀 e（断屑）并到达 D 点；按该循环递进切削至径向终点 X 坐标处；退到径向起刀点，完成一次切削循环；沿轴向偏移 Δk 至 F 点，进行第二层切削循环；依次循环直至刀具切削至程序终点坐标处（B 点），径向退刀至起刀点（G 点），再轴向退刀至起刀点（A 点），完成整个车槽循环动作。

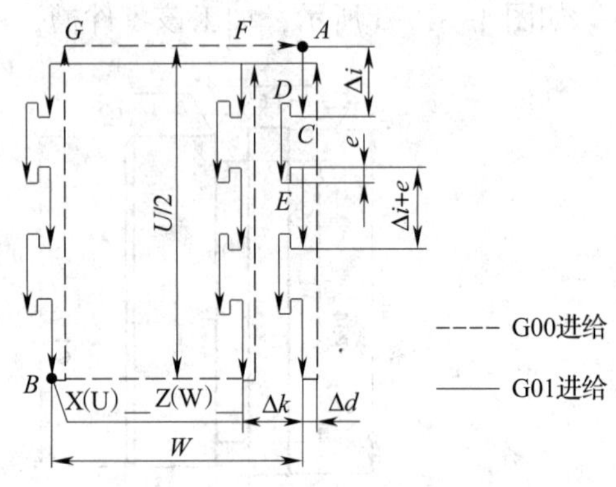

图 4—4—4 径向车槽循环指令运动轨迹

G75 程序段中的 Z（W）值可省略或设为 0，当 Z（W）值设为 0 时，循环执行时刀具仅做 X 向进给而不做 Z 向偏移，就可用来进行车槽加工。

3. 编程实例

在轴上车削加工等距直槽，如图 4—4—5 所示。毛坯为 $\phi30$ mm × 80 mm 的 45 钢圆棒料。用 G94 指令编写加工程序。

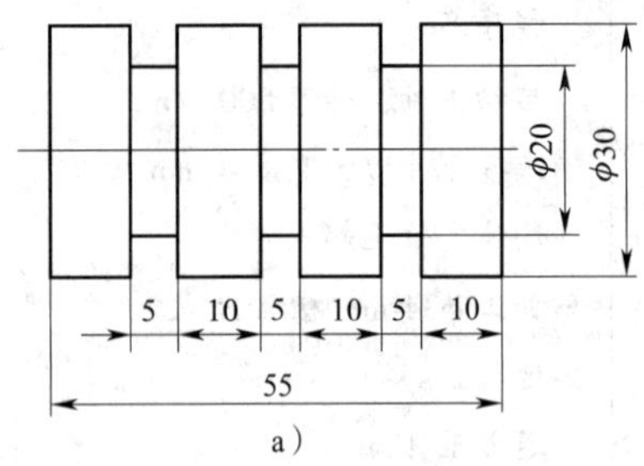

a）

b）

图 4—4—5 用 G94 指令车削轴的等距直槽

a）零件图 b）实物图

程序	说明
O0002；	程序号
N10 M03 S600；	主轴正转
N15T0303；	选择刀具
N20 G00 X32.0 Z2.0；	移动刀具至定刀点
N30 G00 Z－14.0；	定刀点
N40 G94 X20.0 W0.0 F0.1；	加工槽

续表

程序	说明
N50 W-1.0;	扩槽
N60 G00 Z-24.0;	移动刀具至定刀点
N70 G94 X20.0 W0.0 F0.1;	加工槽
N80 W-1.0;	扩槽
N90 G00 Z-34.0;	移动刀具至定刀点
N100 G94 X20.0 W0.0 F0.1;	加工槽
N110 W-1.0;	扩槽
N120 G00 Z100.0;	快速退刀
N130 M30;	程序结束

技能训练

带宽直槽轴零件如图 4—4—6 所示。毛坯为 $\phi45$ mm × 120 mm 的 45 钢。用 FANUC 0i 系统指令 G00、G01、G04 进行编程加工该零件。

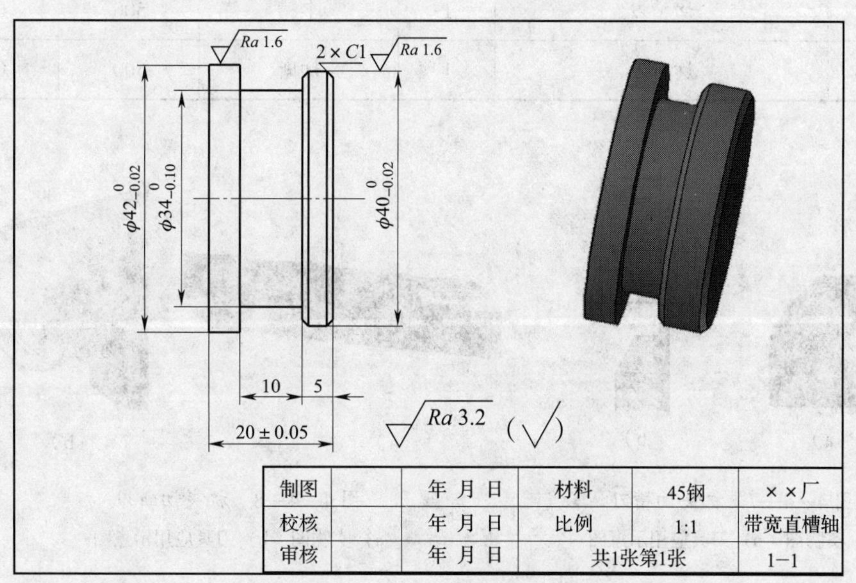

图 4—4—6 带宽直槽轴零件

一、工艺分析

1. 识图

零件图中要求加工直槽，槽底精度公差 0.1 mm。槽加工完毕后，需要用切断刀将工件切断，控制长度为（20 ±0.05）mm。

2. 工艺路线

（1）夹住毛坯 ϕ45 mm 外圆，伸出长度大于 30 mm→应用 G71 循环指令粗车外轮廓，X 轴留精加工余量 0.5 mm，外圆车至尺寸 ϕ43.5 mm、ϕ40.5 mm。

（2）精车外轮廓至尺寸。

（3）更换切槽刀具 T0202，加工槽以及侧面倒角。

（4）选择切断刀将工件切断，保证长度（20 ±0.05）mm。

3. 刀具及切削用量的选择

刀具的选择及切削用量的选择见表 4—4—1。其中，机夹切槽刀、机夹切断刀实物及其应用示意图如图 4—4—7、图 4—4—8 所示。

表 4—4—1　　刀具及切削用量的选择

刀具号	刀具规格名称	数量	加工内容	主轴转速（r/min）	进给量（mm/r）
T0101	机夹可转位 90°外圆车刀	1	粗车外轮廓	600	0.2
			精车外轮廓	1 200	0.08
T0202	切槽刀	1	车槽	500	0.1
T0303	切断刀	1	切断	500	0.1

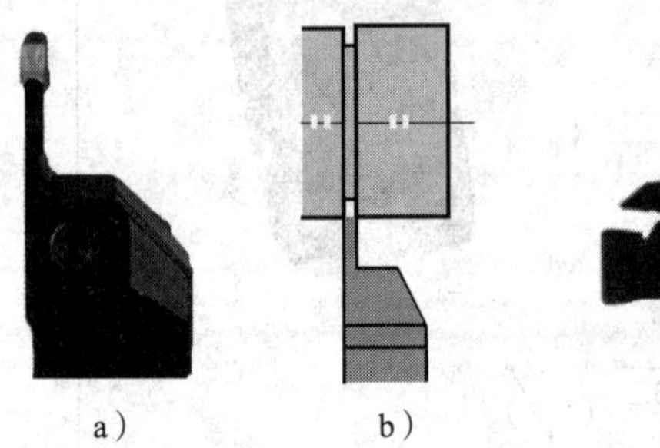

a）　b）

图 4—4—7　机夹切槽刀

a）实物图　b）刀具应用示意图

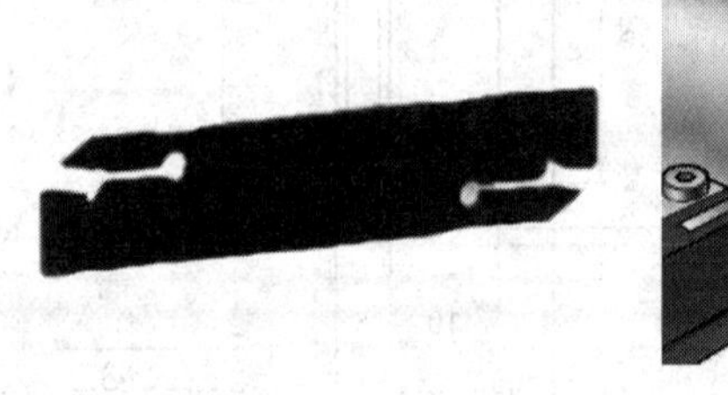

a）　b）

图 4—4—8　机夹切断刀

a）实物图　b）刀具应用示意图

二、程序编制

程序	说明
O0002;	程序名
M03 S600;	启动主轴正转，转速 600 r/min
T0101;	选择 1 号刀，机夹可转位 90°外圆车刀
G00 X46.0 Z2.0;	快速定位，X 向 46 mm，Z 向 2 mm

续表

程序	说明
G71 U2.0 R1.0；	循环指令，切削深度2 mm，X轴回退量1 mm
G71 P10 Q20 U0.5 W0.05 F0.2；	X轴余量0.5 mm，Z轴余量0.05 mm
N10 G00 X38.0 S1200；	X轴进刀
G01 Z0 F0.08；	Z轴进刀
X40.0 Z-1.0；	倒角$C1$
Z-15.0；	车削$\phi 40$ mm外圆
X42.0；	车削台阶面
Z-24.0；	车削$\phi 42$ mm外圆
N20 X46.0；	车削台阶面
G00 X46.0 Z2.0；	快速定位
G70 P10 Q20；	循环精加工
G00 X100.0 Z100.0；	远离工件
T0202；	换刀
S500；	改变转速为500 r/min
G00 X46.0 Z-12.0；	快速定位
G1X32.0 F0.1；	车直槽
G04 X2.0；	延时2 s
G00 X44.0；	X轴退刀
Z-15.0；	Z轴移动
G01 X32.0 F0.1；	切槽
G04 X2.0；	延时2 s
G00 X100.0；	X向退刀
Z100.0；	Z向退刀
T0303；	换切断刀（刀宽4 mm）
G0 X46.0 Z-24.0；	快速定位
G1 X0 F0.1；	切断
G0 X100.0；	X轴退刀
Z100.0；	Z轴退刀
M30；	程序结束并返回

加工步骤略。

三、数控车削直槽中常见质量问题的分析及处理

数控车削直槽中常见质量问题的产生原因及预防措施见表4—4—2。

表4—4—2　　数控车削直槽中常见质量问题的产生原因及预防措施

常见质量问题	产生原因	预防措施
槽的宽度不正确	刀具参数不准确	调整或重新设定刀具参数
	程序错误	检查修改程序
槽的位置不正确	程序错误	检查修改程序
	测量错误	正确测量
槽的深度不正确	程序错误	检查修改程序
	测量错误	正确测量
槽的侧面呈现凸凹面	刀具安装角度不对称	更换刀片
	刀具两刀尖磨损不对称	正确安装刀具
槽底出现振动，留有振纹	工件装夹不合理	正确装夹工件，保证刚度
	刀具安装不合理	调整刀具安装位置
	切削参数设置不合理	降低切削速度，合理选择进给量 f
	程序延时太长	缩短程序延时时间
切槽过程中出现扎刀现象，造成刀具断裂	进给量 f 过大	降低进给量 f
	切屑阻塞	采用断、退方式切入

四、评分标准

数控车削直槽评分标准见表4—4—3。

表4—4—3　　数控车削直槽评分标准

考核项目	考核内容及要求	配分	评分标准	检测结果	得分
主要项目	$\phi40_{-0.02}^{0}$ mm	10	超差不得分		
	$\phi42_{-0.02}^{0}$ mm	10	超差不得分		
	$\phi34_{-0.10}^{0}$ mm	10	超差不得分		
	工艺分析	15	每处错误扣2分，扣完为止		
	程序编制	15	每处错误扣2分，扣完为止		
一般项目	5 mm	10	超差不得分		
	10 mm	10	超差不得分		
	(20±0.05) mm	10	超差不得分		

续表

考核项目	考核内容及要求	配分	评分标准	检测结果	得分
设备及工具、量具、刃具的使用维护	常用工具、量具、刃具的合理使用与保养	2	未完成不得分		
	正确进行数控车床的操作	2	未完成不得分		
	正确进行数控车床的润滑	1	未完成不得分		
	正确进行数控车床的保养	2	未完成不得分		
安全文明生产	正确执行安全技术操作规程	2	酌情提醒或扣分		
	正确穿戴工作服	1	未完成不得分		
总分		100			

课题五　数控车削塑料碗模具型芯

一、宏程序概念

将一组命令所构成的功能，像子程序一样事先存入存储器中，用一个命令作为代表，执行时只需写出这个代表命令，就可以执行其功能。这一组命令称为用户宏主（本）体（或用户宏程序），简称为用户宏（Custom Macro）指令，这个代表命令称为用户宏命令，也称作宏调用命令。用户宏程序功能有A、B两种类型，目前的数控系统一般采用B类宏程序，在编程加工中，它更方便、更实用，本模块主要介绍B类宏程序的基本使用方法。

使用时，操作者只需会使用用户宏命令即可，而不必记忆用户宏主（本）体。用户宏的最大特征有以下几个方面：可以在用户宏主（本）体中使用变量；可以进行变量之间的运算；用户宏命令可以对变量进行赋值。

二、变量

用一个可赋值的代号代替具体的数值，这个代号就称为变量。使用用户宏的主要方便之处在于可以用变量代替具体数值，因而在加工同一类零件时，只需将实际的值赋予变量即可，而不需要对每一个零件都编一个程序。

1．变量的表示

变量由变量符号“#”和变量号（阿拉伯数字）组成，如#1、#20等。变量也可由变量符号“#”和表达式组成，如# [#1 +10]。

2. 变量的种类

按变量号可将变量分为局部（local）变量、公共（common）变量、系统（system）变量，其用途和性质都是不同的，见表4—5—1。

表4—5—1　　变量类型

变量号	变量类型	功　能
#1 ~ #33	局部变量	局部变量就是在用户宏中局部使用的变量。换句话说，在某一时刻调出的用户宏中所使用的局部变量#*i*和另一时刻调用的用户宏（也不论与前一个用户宏相同还是不同）中所使用的#*i*是不同的
#1 ~ #149 #500 ~ #531	公共变量	公共变量是在主程序以及调用的子程序中通用的变量。比如，在某个用户宏中运算得到的公共变量的结果#*i*，可以用到别的用户宏中
#1000 ~	系统变量	系统变量是根据用途而被固定的变量，它的值决定系统的状态

3. 变量的引用

普通程序总是将一个具体的数值赋值给一个地址。

【例】 G01 X100.0 F0.1;

用宏变量：#1 =100.0;

G01 X#1 F0.1;

执行的结果二者是相同的。

说明：

(1) 当在程序中定义变量时，小数点是可以省略的。

【例】 定义#1 =100时，变量#1的值实际是100.0。

(2) 在程序中引用变量时，变量号必须放在地址符后边。

【例】 #1 =100.0;

G00 X#1;

执行的结果是：G00 X100.0;

(3) 如需加入符号，要把符号放在“#”的前边。

【例】 #1 =100.0;

G00 X -#1;

执行的结果是：G00 X -100.0;

三、运算符

FANUC 0i系统常用的运算符见表4—5—2。

表 4—5—2　　　　　　　　　　　常用的运算符

名称	运算符	举例	名称	运算符	举例
定义	=	#i = #j	正切	TAN	#i = TAN [#j]
加法	+	#i = #j + #k	反正切	ATAN	#i = ATAN [#j]
减法	−	#i = #j − #k	平方根	SPART	#i = SPART [#j]
乘法	*	#i = #j * #k	绝对值	ABS	#i = ABS [#j]
除法	/	#i = #j/#k	舍入	ROUND	#i = ROUND [#j]
正弦	SIN	#i = SIN [#j]	上取整	FIX	#i = FIX [#j]
反正弦	ASIN	#i = ASIN [#j]	下取整	FUP	#i = FUP [#j]
余弦	COS	#i = COS [#j]	自然对数	LN	#i = LN [#j]
反余弦	ACOS	#i = ACOS [#j]	指数函数	EXP	#i = EXP [#j]
或运算	OR	#i = #jOR#k	十—二进制转换	BIN	#i = BIN [#j]
异或运算	XOR	#i = #j XOR #k	二—十进制转换	BCD	#i = BCD [#j]
与运算	AND	#i = #j AND #k			

四、语句

在程序中，如果有相同轨迹的指令，可通过语句改变程序的流向，让其反复循环运算执行，即可达到简化程序的目的。常用的控制指令有以下几种：

1. 无条件转移 （GOTO *n*）

例如：N10　G00 X50. 0 Z10. 0；
　　　N20　G01 X45. 0 F0. 2；
　　　N30　G01 Z0. 0；
　　　N40　GOTO 20；

表示执行 N40 程序段时，程序无条件转移到 N20 程序段继续运行。

2. 条件语句（IF 语句）

IF [<条件式>] GOTO *n* （*n* = 顺序号）

<条件式>成立时，从顺序号为 *n* 的程序段以下执行；<条件式>不成立时，执行下一个程序段。

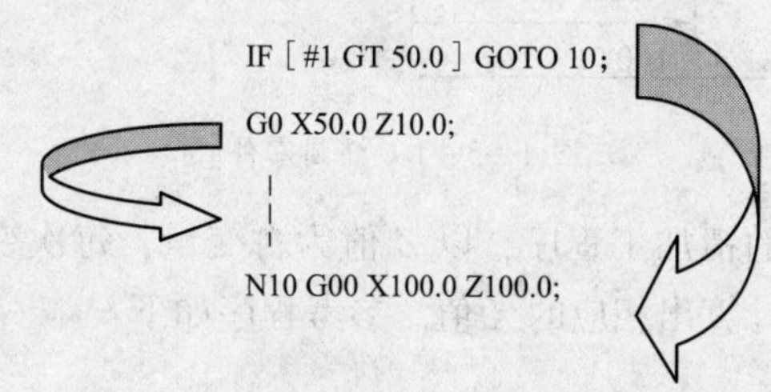

该语句中的条件表达式必须包括运算符，这个运算符插在两个变量或一个变量和一个常量之间，并且要用方括号封闭，常用的 <条件式> 运算符见表 4—5—3。

表 4—5—3　　<条件式>运算符

符号	代号	符号	代号	符号	代号
=	EQ	>	GT	≥	GE
≠	NE	<	LT	≤	LE

示例：#1 EQ 10.0；#2 LE 100.0；#3 GE 30.0。

3. 循环语句（WHILE 语句）

WHILE［<条件式>］　DO *m*（*m* = 顺序号）

⋮

END *m*

当<条件式>成立时，从 DO *m* 的程序段到 END *m* 的程序段重复执行；当<条件式>不成立时，则从 END *m* 的下一个程序段执行。

说明：

（1）函数 SIN、COS 等的角度单位是“°”，′和″要换成°。

例：90°30′应表示为 90.5°；30°18′应表示为 30.3°。

（2）当用表达式指定变量时，必须把表达式放入方括号内“［］”。

例：G00　X［#1 + 10］Z30.0；

（3）方括号“［］”也可用于改变运算的次序，同时允许嵌套使用，最多嵌套五层。

例：#1 = SIN［［［#1 + 10］ * #2 + #3］/#4］；

五、椭圆轮廓编程

加工如图 4—5—1 所示椭圆零件中的椭圆轮廓。

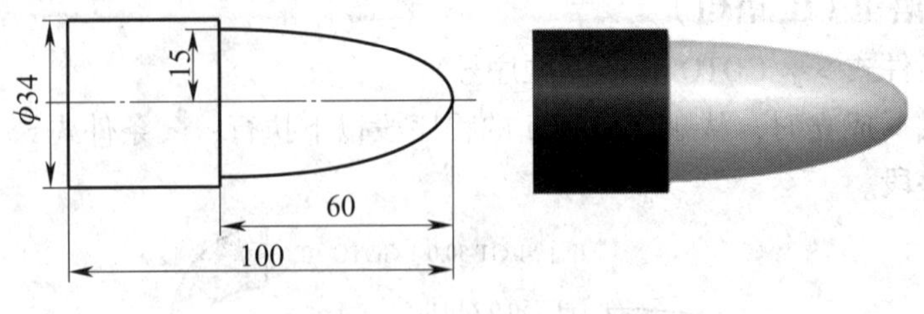

图 4—5—1　椭圆零件

本例只编写该零件的精加工程序，以 *Z* 值为自变量，每次变化 0.05 mm，*X* 值为应变量，通过变量运算计算出相应的 *X* 值。参考程序如下：

程序	说明
O0001;	椭圆精加工程序
N10 M03 S1000 T0101;	主轴正转，选 1 号刀并执行 1 号刀补
N20 G00 X30.0 Z2.0;	快速定位
N30 #101 = 60.0;	长半轴
N40 #102 = 15.0;	短半轴
N50 #103 = 60.0;	设定初始变量
N60 IF [#103 LT 0.0] GOTO 120;	判断 Z 轴是否走到终点，如果是跳转至 N120 程序段
N70 #104 = SQRT [#101 * #101 - #103 * #103];	椭圆方程
N80 #105 = #102 * #104/#101;	
N90 G01 X[2 * #105] Z[#103 - 60.0] F0.1;	直线插补加工椭圆
N100 #103 = #103 - 0.05;	步距 0.05 mm
N110 GOTO 60;	跳转至 N60 程序段
N120 G00 X100.0 Z2.0;	快速退刀
N130 M30;	

技能训练

塑料碗模具型芯零件图如图 4—5—2 所示。毛坯：圆棒料，尺寸为 $\phi75$ mm × 90 mm，材料为 45 钢。用 FANUC 系统指令和宏程序编程，完成该零件加工。

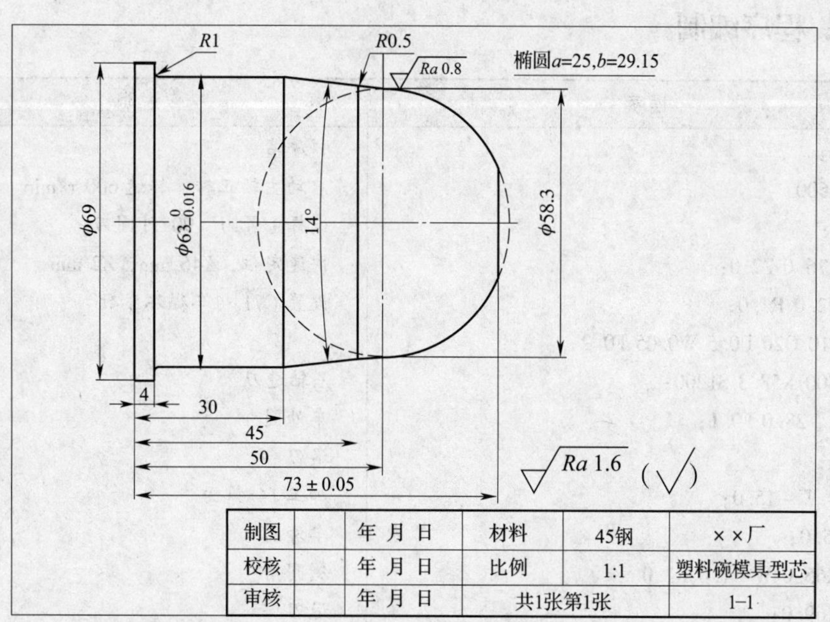

制图	年 月 日	材料	45钢	××厂
校核	年 月 日	比例	1:1	塑料碗模具型芯
审核	年 月 日	共1张第1张		1-1

图 4—5—2 塑料碗模具型芯零件图

一、工艺分析

1. 识图

塑料碗模具型芯加工时，需根据图中尺寸先进行轮廓整体粗加工，再将外圆和锥面精车至尺寸要求，最后精加工图中椭圆轮廓部分。

2. 工艺路线

（1）夹住毛坯 ϕ75 mm 外圆，伸出长度大于 75 mm→粗、精车外圆、外锥面至图样尺寸要求。

（2）粗加工椭圆。

（3）精加工椭圆。

（4）粗、精加工内孔至尺寸。

3. 刀具及切削用量的选择

刀具及切削用量的选择见表 4—5—4。

表 4—5—4　　刀具及切削用量的选择

刀具号	刀具规格名称	数量	加工内容	主轴转速（r/min）	进给量（mm/r）	备注
T0101	机夹 90°外圆刀	1	粗车外轮廓	600	0. 2	
			精车外轮廓	1 200	0. 1	

二、程序编制

程序	说明
O0002；	程序名
M03 S600；	启动主轴正转，转速 600 r/min
T0101；	选择 1 号刀，90°外圆刀
G00 X76. 0 Z2. 0；	快速定位，*X*46 mm，*Z*2 mm
G71 U2. 0 R1. 0；	设置 G71 粗车循环参数
G71 P10 Q20 U0. 5 W0. 05 F0. 2；	
N10 G00 X58. 3 S1200；	*X* 轴进刀
G01 Z－28. 0 F0. 1；	车外圆
X59. 3；	退刀
X63. 0 W－15. 0；	加工 14°锥面
W－25. 0；	车外圆
G02 X65. 0 W－1. 0 R1. 0	倒圆角
G01 X69. 0；	退刀
Z－75. 0；	车外圆

续表

程序	说明
N20 X76.0;	退刀
G70 P10 Q20;	半径加工
G00 X200.0 Z100.0;	退刀
M05;	主轴停
M00;	程序暂停
M3 S1200;	启动主轴
T0101;	更新刀补
G00 X76.0 Z2.0;	定位至加工起点
G70 P10 Q20;	精加工轮廓
G00 X200.0 Z100.0;	退刀
M30;	程序结束
O0002;	椭圆加工程序（粗加工时用磨耗偏移）
M3 S500;	启动主轴、
T0101;	选择刀具
G00 X25.0 Z2.0;	定位靠近起点
#1 = 23;	设定初始变量
N10 #2 = 2 * 29.15/25 * SQRT [25 * 25 - #1 * #1];	以标准方程建立椭圆轮廓模型
G01 X#2 Z [#1 - 23] F0.2;	直线插补，拟合椭圆加工
#1 = #1 - 0.1;	变量累加
IF [#1 GE 0] GOTO10;	条件转移
G01 W1.0;	退刀
G00 X200.0 Z100.0;	
M30;	程序结束

三、加工步骤

加工零件椭圆轮廓的步骤如下：

1. 掉头，伸出足够长度，夹紧工件，设置刀具参数，如图 4—5—3a 所示。

2. 开始粗加工椭圆轮廓，如图 4—5—3b 所示。粗加工椭圆轮廓过程如图 4—5—3c 所示。

3. 粗加工结束，停机，测量椭圆轮廓，如图 4—5—3d 所示。

4. 完成椭圆轮廓的精加工，如图 4—5—3e 所示。

5. 检测合格后取下工件。

四、数控车削外椭圆轮廓中常见质量问题的分析及处理

数控车削外椭圆轮廓中常见质量问题的产生原因及预防措施见表 4—5—5。

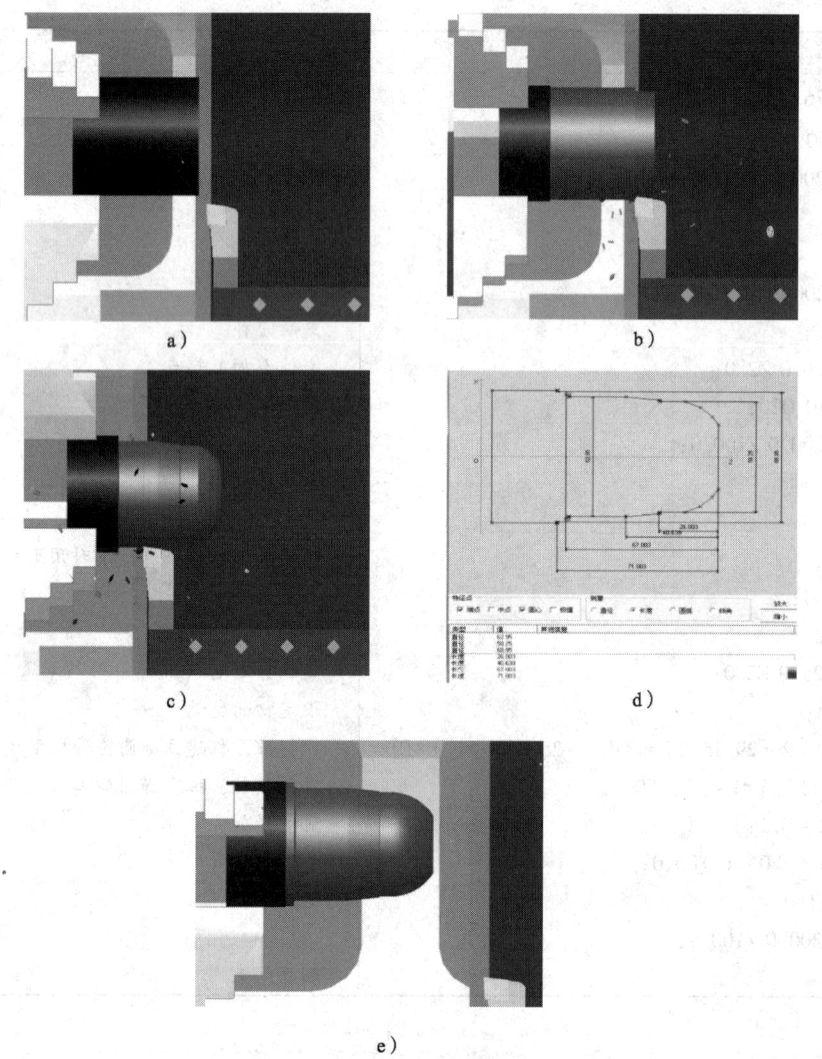

图 4—5—3 加工零件椭圆轮廓

a）椭圆轮廓加工前准备 b）粗加工椭圆轮廓

c）粗加工过程 d）测量椭圆轮廓 e）完成椭圆轮廓精加工

表 4—5—5 数控车削外椭圆轮廓中常见质量问题的产生原因及预防措施

常见质量问题	产生原因	预防措施
椭圆轮廓错误	程序错误	正确编写椭圆加工的宏程序
加工时扎刀致工件报废	进给量过大	降低进给速度
	工件装夹不合理，加工时晃动	检查工件装夹是否牢固，增加刚度
	刀具三面刃同时切削	检查刀具角度是否干涉，及时修正

五、评分标准

数控车削塑料碗模具型芯评分标准见表4—5—6。

表4—5—6　　数控车削塑料碗模具型芯评分标准

考核项目	考核内容及要求	配分	评分标准	检测结果	得分
主要项目	$\phi63_{-0.016}^{0}$ mm	6	超差不得分		
	(73±0.05) mm	6	超差不得分		
	椭圆 a = 25 mm，b = 29.15 mm	16	超差不得分，每处8分		
	工艺分析	10	每处错误扣2分，扣完为止		
	程序编制	10	每处错误扣2分，扣完为止		
一般项目	$\phi69$ mm	4	超差不得分		
	$\phi58.3$ mm	4	超差不得分		
	4 mm	4	超差不得分		
	30 mm	4	超差不得分		
	45 mm	4	超差不得分		
	50 mm	4	超差不得分		
	14°	4	超差不得分		
	$R0.5$ mm	4	超差不得分		
	$R1$ mm	4	超差不得分		
	$Ra1.6$ μm	4	超差不得分，每处1分		
	$Ra0.8$ μm	2	超差不得分		
设备及工具、量具、刃具的使用维护	常用工具、量具、刃具的合理使用与保养	2	未完成不得分		
	正确进行数控车床的操作	2	未完成不得分		
	正确进行数控车床的润滑	1	未完成不得分		
	正确进行数控车床的保养	2	未完成不得分		
安全文明生产	正确执行安全技术操作规程	2	酌情提醒或扣分		
	正确穿戴工作服	1	未完成不得分		
总分		100			

课题六　数控车削塑料碗模具型腔

技能训练

塑料碗模具型腔零件图如图 4—6—1 所示。毛坯：长方形模架，尺寸为 150 mm × 150 mm × 90 mm，材料为 45 钢。用 FANUC 系统指令和宏程序编程，完成该零件加工。

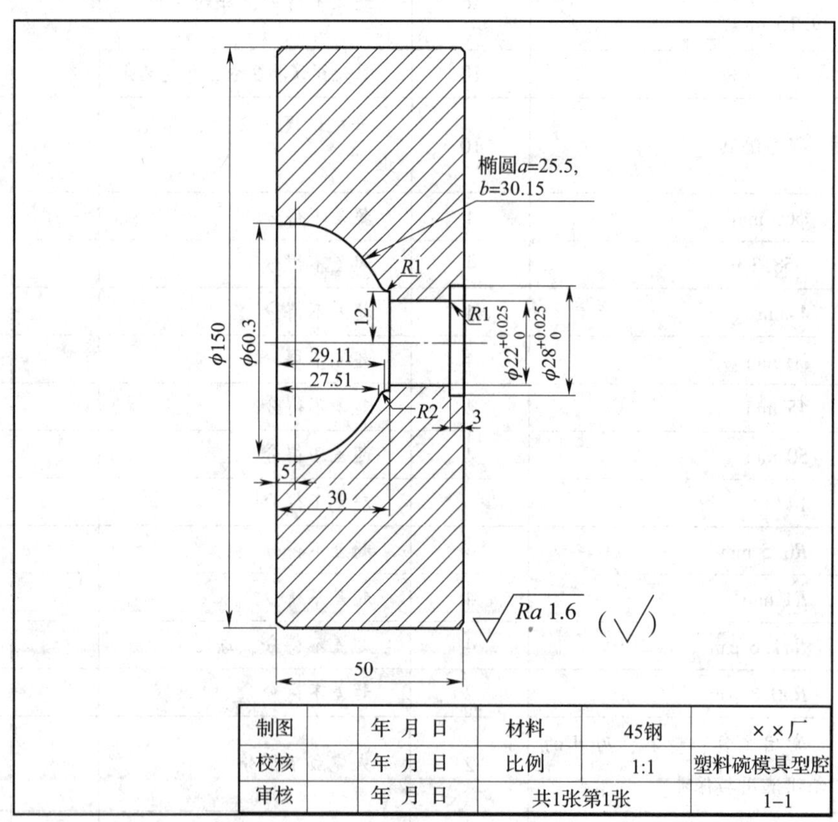

制图		年 月 日	材料	45钢	××厂
校核		年 月 日	比例	1:1	塑料碗模具型腔
审核		年 月 日	共1张第1张		1-1

图 4—6—1　塑料碗模具型腔零件图

一、工艺分析

1. 制定加工方案

（1）将模架装夹至四爪单动卡盘→校正→粗镗左端内孔轮廓→精镗内轮廓至尺寸。

（2）掉头装夹→校正→粗、精加工 $\phi22$ mm、$\phi28$ mm 外圆至尺寸要求。

2. 轮廓基点坐标确定

如图4—6—2所示，塑料凹模轮廓是由椭圆、圆弧和直线组成的，相关基点坐标如下：*A*（28.32，-27.51）；*B*（26，-29.11）；*C*（24，-30）。

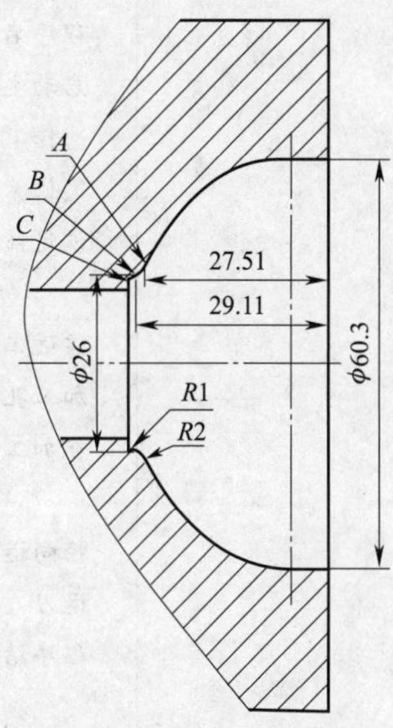

图4—6—2 基点坐标图

3. 刀具及切削用量的选择

刀具及切削用量的选择见表4—6—1。

表4—6—1 **刀具及切削用量的选择**

刀具号	刀具规格名称	数量	加工内容	主轴转速（r/min）	进给量（mm/r）
T0101	机夹式95°内孔车刀	1	粗加工孔	600	0.2
			精加工孔	1 000	0.1

选择镗孔刀具（机夹式95°内孔车刀），如图4—6—3所示。

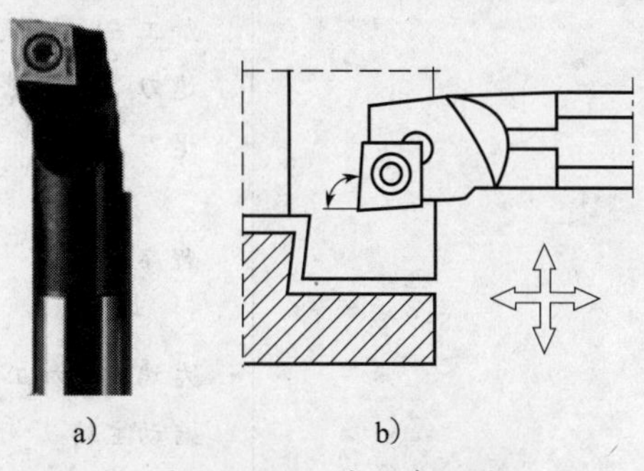

a） b）

图4—6—3 内孔车刀图

a）实物图 b）刀具应用示意图

二、程序编制

程序	说明
O0001;	程序名
M3 S600;	启动主轴正转，转速 600 r/min
T0101;	选择 1 号镗孔刀
G00 X20.0 Z2.0;	定位
G71 U1.5 R1.0;	设定镗孔粗加工循环参数
G71 P30 Q40 U-0.5 W0.0 F0.2;	
N30 G00 X60.3;	靠近工件
Z-5.0;	加工孔
G03 X24.0 Z-27.0 R28.0;	粗加工内椭圆轮廓
G01 Z-30.0;	
N40 X20.0;	径向退刀
G00 X200.0 Z200.0;	退刀
M30;	程序结束
O0002;	椭圆轮廓精加工程序
M3 S1200;	启动主轴
T0101;	选择刀具
G00 X60.3 Z2.0;	定位
G01 Z-5.0;	精加工内孔
#1=0;	设置变量
N10 #2=2*30.15/25.5*SQRT [25.5*25.5-#1*#1];	建立椭圆轮廓
G01 X#2 Z [#1-23] F0.2;	直线插补加工椭圆
#1=#1-0.1;	变量累加
IF [#1 GE-22.51] GOTO10;	条件判断转移语句
G02 X26.0 Z-29.11 R2.0;	加工 $R2$ mm 圆弧
G03X24.0 Z-30.0 R1.0;	加工 $R1$ mm 圆弧
G01 X20.0;	退刀
G00 Z200.0;	退刀
X200.0;	
M30;	程序结束
O0003;	左端内孔加工程序
M3 S600;	启动主轴
T0101;	选择刀具

续表

程序	说明
G00 X20. 0 Z2. 0;	定位
G71 U1. 5 R1. 0;	设置粗加工参数
G71 P30 Q40 U-0. 5 W0. 0 F0. 2;	
N30 G00 X28. 0 S1200;	靠近加工起点
Z-3. 0;	加工 φ28 mm 孔
X22. 0 R1. 0;	径向退刀
Z-21. 0;	加工 φ22 mm 孔
N40 X20. 0;	退刀
G70 P30 Q40;	半径加工
G00 X100. 0 Z100. 0;	退刀
M05;	主轴停
M00;	程序暂停
M3 S1000;	启动主轴
T0101;	设置刀补
G00 X20. 0 Z2. 0;	定位至起点
G70 P30 Q40;	精加工孔
G00 X200. 0 Z200. 0	退刀
M30;	程序结束

三、注意事项

1. 四爪单动卡盘装夹工件如图 4—6—4 所示，校正时用杠杆表校正模架基准孔，在圆周方向 360°范围内转动工件，使表头指针的摆动控制在 0. 01 mm 之内即可。再用百分表或杠杆表校正工件端面，在高点位置用铜棒敲击，使端面校平即可。

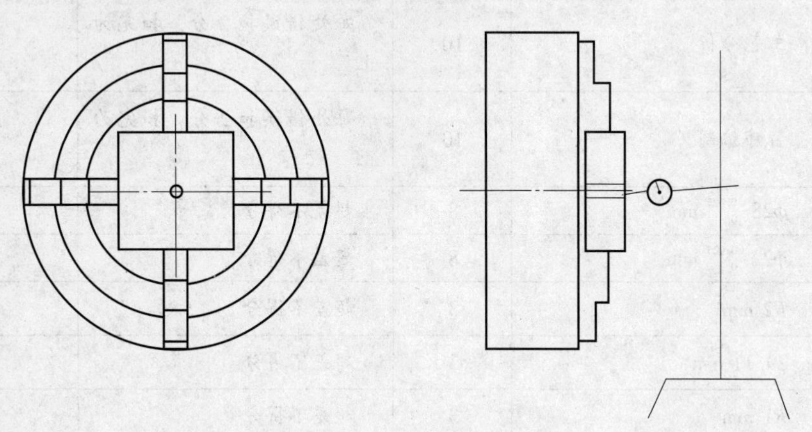

图 4—6—4 四爪单动卡盘装夹工件

2. 输入零件加工程序，按“循环启动”执行，加工过程中注意检查切削过程，如果遇到问题可按“循环暂停”或“急停”按钮停止机床。

四、数控车削内椭圆轮廓中常见质量问题的分析及处理

数控车削内椭圆轮廓中常见质量问题的产生原因及预防措施见表 4—6—2。

表 4—6—2　　数控车削内椭圆轮廓中常见质量问题的产生原因及预防措施

常见质量问题	产生原因	预防措施
工件内孔尺寸超差	刀具参数不准确	调整或重新设定刀具参数
	切削用量选择不当，产生让刀	合理选择切削用量
	程序错误	检查、修改程序
	工件尺寸计算错误	正确计算工件尺寸
椭圆轮廓错误	程序错误	正确编写椭圆加工的宏程序

五、评分标准

数控车削塑料碗模具型腔评分标准见表 4—6—3。

表 4—6—3　　数控车削塑料碗模具型腔评分标准

考核项目	考核内容及要求	配分	评分标准	检测结果	得分
主要项目	ϕ60.3 mm	6	超差不得分		
	27.51 mm	6	超差不得分		
	椭圆 a = 25.5 mm，b = 30.15 mm	16	超差不得分		
	工艺分析	10	每处错误扣 2 分，扣完为止		
	程序编制	10	每处错误扣 2 分，扣完为止		
	$\phi 28^{+0.025}_{0}$ mm	8	超差不得分		
	$\phi 22^{+0.025}_{0}$ mm	8	超差不得分		
一般项目	R2 mm	3	超差不得分		
	29.11 mm	3	超差不得分		
	R1 mm	3	超差不得分		
	12 mm	3	超差不得分		

续表

考核项目	考核内容及要求	配分	评分标准	检测结果	得分
一般项目	30 mm	3	超差不得分		
	5 mm	3	超差不得分		
	3 mm	3	超差不得分		
	*Ra*1.6 μm	5	超差不得分，每处 1 分		
设备及工具、量具、刃具的使用维护	常用工具、量具、刃具的合理使用与保养	2	未完成不得分		
	正确进行数控车床的操作	2	未完成不得分		
	正确进行数控车床的润滑	1	未完成不得分		
	正确进行数控车床的保养	2	未完成不得分		
安全文明生产	正确执行安全技术操作规程	2	酌情提醒或扣分		
	正确穿戴工作服	1	未完成不得分		
总分		100			

数控铣削加工

课题一　数控铣床基础知识与基本操作

一、数控铣床基础知识

用于完成铣削加工或镗削加工的数控机床称为数控铣床。

1. 数控铣床的组成

数控铣床一般由机床本体、数控装置、驱动装置、辅助装置等部分组成，见表5—1—1。

表5—1—1　　数控铣床组成部分

组成部分	说明	图示
机床本体	它是数控铣床/加工中心的基础构件，可以是铸铁件，也可以是焊接钢结构，均要承受加工中心的静载荷以及在加工时的切削载荷，是质量和体积最大的部件。它包括床身、床鞍、工作台、立柱、主轴箱、进给机构等	
数控装置	它是数控机床的控制核心，由各种数控系统完成对机床的控制	

续表

组成部分	说明	图示
驱动装置	它是数控机床的执行机构，作用是把来自数控装置的信号转换为机床移动部件的运动，其性能是决定机床加工精度、表面质量和生产效率的主要因素之一，包括主轴电动机和进给伺服电动机	主轴电动机 进给伺服电动机
辅助装置	它主要包括润滑、冷却、排屑、防护、液压、随机检测系统等部分	排屑装置 润滑系统

2. 数控铣床加工特点

数控铣削加工除了具有普通铣床加工的特点外，还有如下特点：

（1）零件加工的适应性强、灵活性好，能加工轮廓形状特别复杂或难以控制尺寸的零件，如模具类零件、壳体类零件等。

（2）能加工普通机床无法加工或很难加工的零件，如用数学模型描述的复杂曲线零件以及三维空间曲面类零件。

（3）能加工一次装夹定位后，需进行多道工序加工的零件。

（4）加工精度高，加工质量稳定可靠。

（5）生产自动化程序高，可以减轻操作者的劳动强度，有利于生产管理自动化。

（6）生产效率高。

（7）从切削原理上讲，无论是端铣还是周铣都属于断续切削方式，而不像车削那

样连续切削，因此对刀具的要求较高，应具有良好的抗冲击性、韧性和耐磨性。在干式切削状况下，还要求有良好的红硬性。

3. 应用场合

数控铣床主要适用于以下几种情况：多品种、小批量生产的零件加工；结构比较复杂的零件加工；需要频繁改形的零件加工；价值昂贵且不允许报废的关键零件加工；设计制造周期短的急需零件加工。

4. 数控铣床工作过程

数控铣床的工作过程与数控车床相似，具体如图 5—1—1 所示。

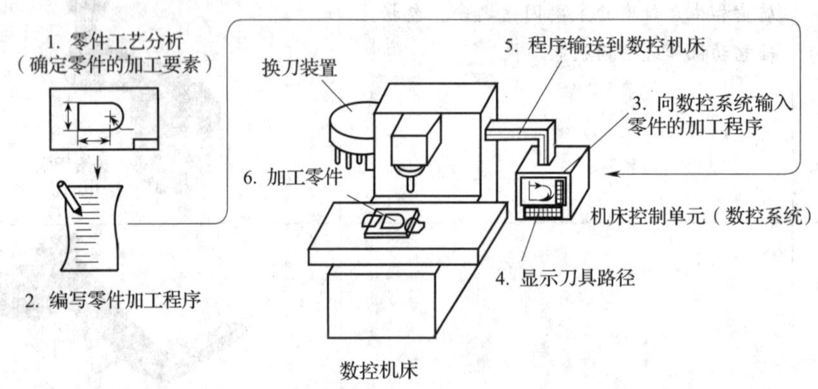

图 5—1—1　数控铣床工作过程

二、数控铣床/加工中心的加工对象

根据数控铣床/加工中心的特点，适合在数控铣床/加工中心上加工的零件主要有平面类零件、变斜角类零件、曲面类零件、箱体类零件、盘套类零件、凸轮类零件、整体叶轮类零件、模具类零件、异形零件（图 5—1—2）以及新产品试制件等。

三、数控铣床的坐标系及原点

1. 数控铣床的坐标系

数控铣床的机床坐标系方向分别如图 5—1—3、图 5—1—4 所示，其确定方法如下。

（1）*Z* 坐标轴方向

与主轴轴线平行的坐标轴为 *Z* 轴。根据坐标系正方向的确定原则，在铣、钻加工中，铣入或钻入工件的方向为 *Z* 轴的负方向。

（2）*X* 坐标轴方向

X 坐标轴一般为水平方向，它垂直于 *Z* 轴且平行于工件的装夹面。立式铣床的 *Z* 轴方向是垂直的，站在工作台前，从刀具主轴向立柱看，水平向右方向为 *X* 轴的正方向，如图 5—1—3 所示。对于卧式铣床，*Z* 轴是水平的，则从主轴向工件看（即从机床背面向工件看），水平向右方向为 *X* 轴的正方向，如图 5—1—4 所示。

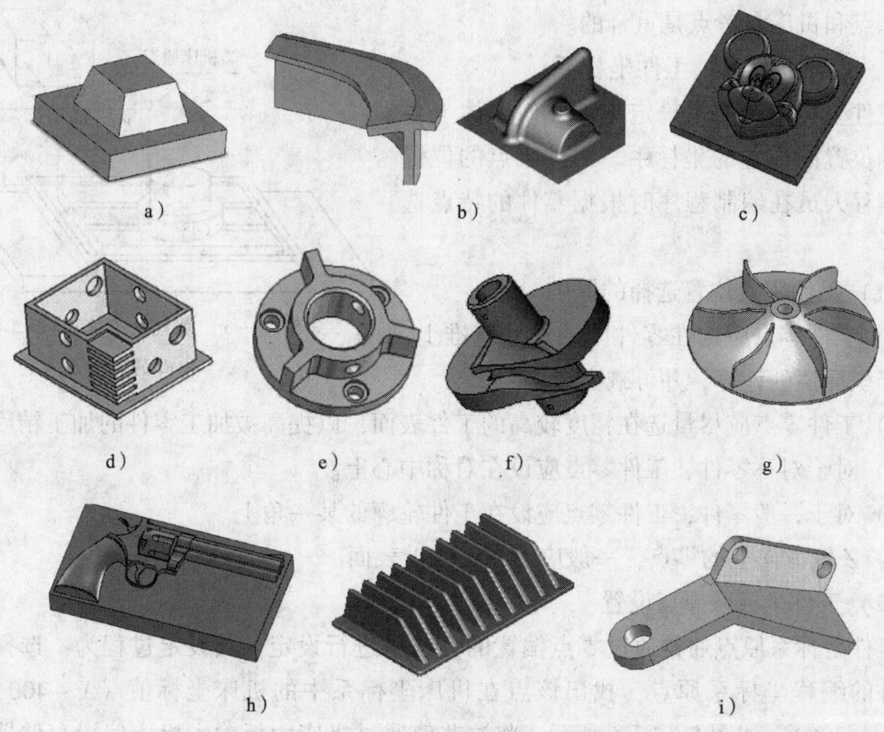

图 5—1—2 数控铣床/加工中心的加工对象

a）平面类零件 b）变斜角类零件 c）曲面类零件 d）箱体类零件 e）盘套类零件 f）凸轮类零件 g）整体叶轮类零件 h）模具类零件 i）异形零件

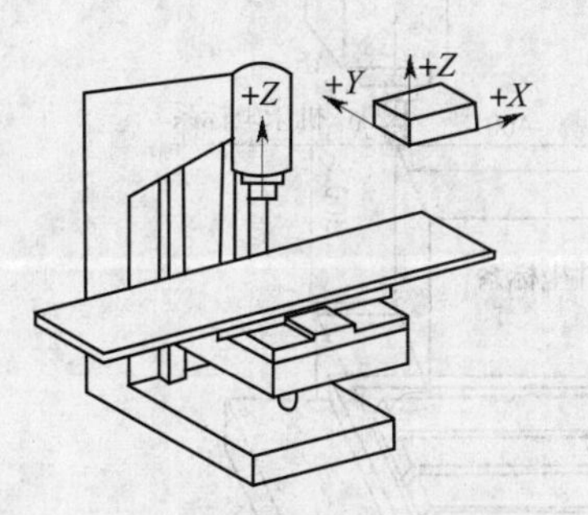

图 5—1—3 立式铣床的机床坐标系

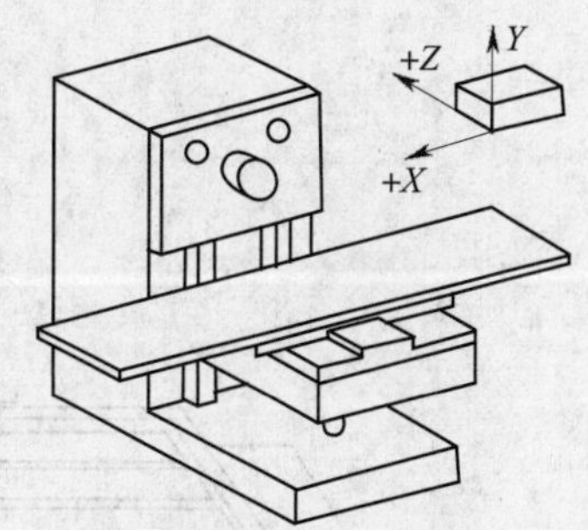

图 5—1—4 卧式铣床的机床坐标系

（3）*Y* 坐标轴方向

Y 坐标轴垂直于 *X*、*Z* 坐标轴，根据右手笛卡尔坐标系进行判别。

（4）旋转轴方向

旋转运动 *A*、*B*、*C* 相对应表示其轴线平行于 *X*、*Y*、*Z* 坐标轴的旋转运动。*A*、*B*、*C* 正方向为 *X*、*Y*、*Z* 坐标轴正方向上按照右旋旋进的方向。

2．数控铣床的机床原点、机床参考点

数控铣床的机床原点一般设在刀具远离工件的极限点处，即坐标正方向的极限点处。如图 5—1—5 所示为立式数控铣床/加工中心的机床原点。通常在数控铣床上其

机床原点和机床参考点是重合的。

3. 工件原点、工件坐标系

工件坐标系是用来确定工件几何形体上各要素的位置而设置的坐标系。工件零点的位置是由编程人员在编制程序时根据零件的特点选定的。

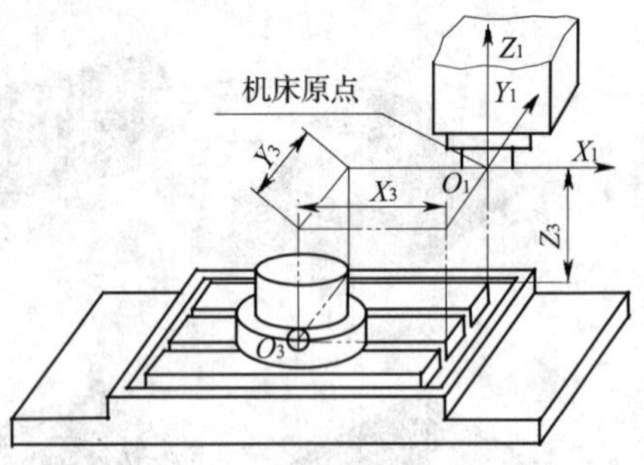

图 5—1—5 立式数控铣床/加工中心的机床原点

（1）工件零点位置选择的原则

1）工件零点应选在零件图的尺寸基准上，这便于坐标值的计算，并可减少错误。

2）工件零点应尽量选在精度较高的工件表面，以提高被加工零件的加工精度。

3）对于对称零件，工件零点应设在对称中心上。

4）对于一般零件，工件零点应设在工件轮廓的某一角上。

5）Z 轴方向上的零点，一般应设在工件上表面。

（2）工件坐标系原点设置

工件坐标系原点通常通过零点偏置的方法来进行设定。其设定过程为：选择装夹后工件的编程坐标系原点，找出该点在机床坐标系中的机床坐标值（$X-400$，$Y-200$，$Z-300$），如图 5—1—6 所示。将这些值通过机床面板输入机床偏置存储器参数（这种参数有 G54 ~ G59 共 6 个）中，从而将机床坐标系原点偏移到工件坐标系的原点。

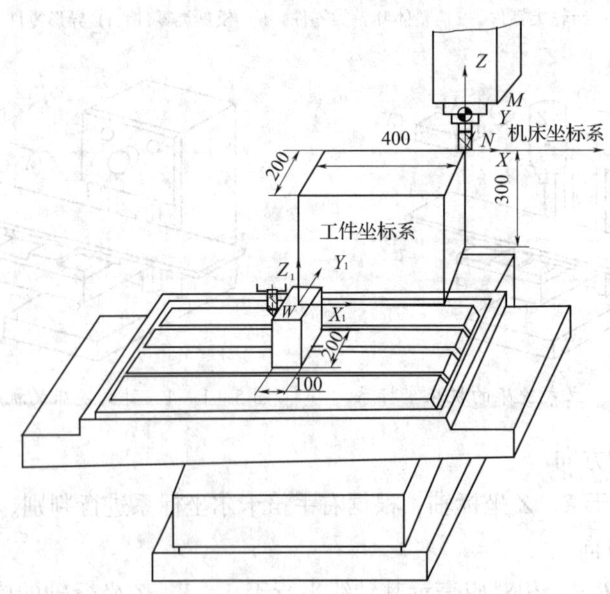

图 5—1—6 数控铣床工件坐标系与机床坐标系的关系

通过零点偏置设定工件坐标系的实质就是确定工件坐标系在机床坐标系中的位置。通过这种方法设定的工件坐标系，只要不对其进行修改、删除操作，该工件坐标系就将永久保存，即使机床电源关闭，其坐标系也将保留。数控铣床工件坐标系与机床坐标系的关系如图 5—1—6 所示。

四、FANUC 0i－MB 系统数控铣床面板功能

1. FANUC 0i 系统的操作面板

（1）屏幕显示画面

如图 5—1—7 所示为 FANUC 0i 系统立式数控铣床操作面板，屏幕显示画面如图 5—1—8 所示。屏幕主要显示当前操作状态、程序状态、报警信息、参数设置、加工程序信息等。在不同的状态下，显示不同的画面。

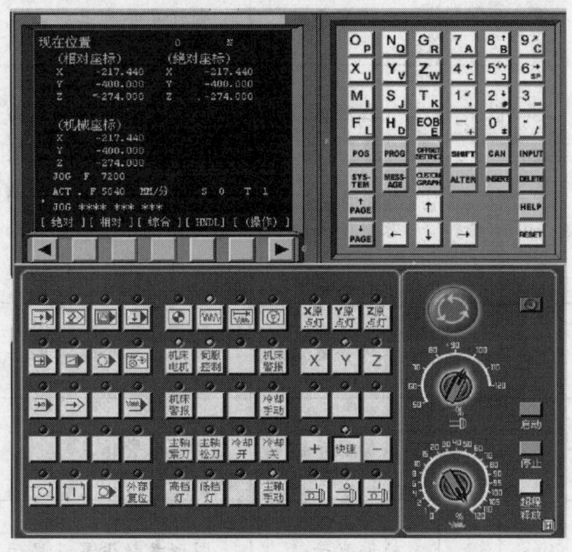

图 5—1—7 FANUC 0i 系统立式数控铣床操作面板

（2）编辑面板

如图 5—1—9 所示为 FANUC 0i 数控系统的编辑面板，该面板各按键功能见表 5—1—2。

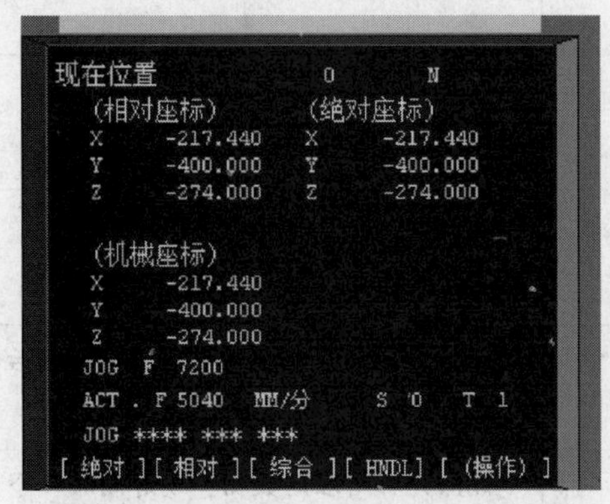

图 5—1—8 屏幕显示画面

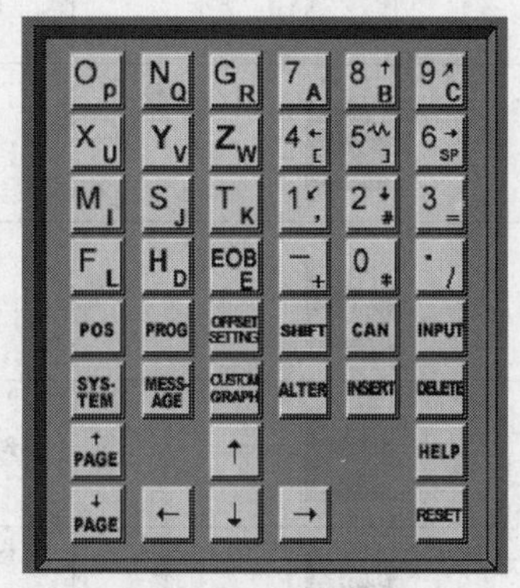

图 5—1—9 编辑面板

表 5—1—2　　编辑面板各按键功能

按键	名称	功能
O_P N_Q G_R 7_A 8_B 9_C X_U Y_V Z_W 4_[5_] 6_{SP} M_I S_J T_K 1_, 2_# 3₌ F_L H_D EOB_E —₊ 0_* ._/	地址键 数字/符号键	用于输入数据到输入区域，系统自动判别是字母还是数字。字母、数字及符号通过 SHIFT （上档）键切换输入
POS	坐标显示键	坐标显示有三种方式，用 PAGE 按钮切换
PROG	程序键	程序显示与编辑页面
OFFSET SETTING	参数输入键	按第一次进入坐标系设置页面，按第二次进入刀具补偿参数页面。进入不同的页面以后，用 PAGE 按钮切换
SYS-TEM	系统参数键	显示系统参数页面
MESS-AGE	报警显示键	显示报警信息
CUSTOM GRAPH	轨迹显示键	图形参数设置及显示页面
SHIFT	上档键	用于字母、数字及符号的切换
CAN	取消键	消除输入区内的数据
INPUT	输入键	将输入区内的数据输入参数页面
ALTER	替换键	用输入的数据替换光标所在的数据
INSERT	插入键	将输入区的数据插入到当前光标之后的位置
DELETE	删除键	删除光标所在的数据，或者删除一个程序或者删除全部程序

续表

按键	名称	功能
↑ PAGE ↓ PAGE	翻页键	向上翻页与向下翻页
↑ ← ↓ →	光标键	向上下左右移动光标
HELP	帮助键	系统帮助页面
RESET	复位键	用于使所有操作停止，返回初始状态

2. 机床控制面板按钮

如图 5—1—10 所示为 FANUC 0i 系统的控制面板。

图 5—1—10 控制面板

（1）电源开关

机床电源开关一般位于机床的背面，根据生产厂家的不同，也有的在机床侧面。数控系统电源开关向机床 CNC 系统供电。

（2）急停键

当出现紧急情况时，按下机床面板上的急停键，如图 5—1—11 所示，机床及 CNC 系统处于停止状态，此时在系统屏幕上出现“EMG”报警字样，数控机床的报警灯亮。

一般情况下，按急停键上所示的方向转动按键，直至向上弹起，然后按下面板上的复位键即可消除急停报警状态。

（3）模式选择按键

模式选择按键共有八个，如图 5—1—12 所示，用以选择机床的工作方式。这类按钮均为单选键，即只能选择其中的一个。选中其中一个按键时，相应的指示灯亮，同时在屏幕下方显示相应的工作方式。各个按键的功能见表 5—1—4。如图 5—1—13 所示机床正处于 JOG 手动方式。

图 5—1—11　急停键

图 5—1—12　模式选择按键

表 5—1—3　模式选择按键功能

按键	名称	英文标记	功能
	自动运行键	AUTO	在 AUTO 状态下，可自动执行程序
	程序编辑键	EDIT	在 EDIT 状态下，可以输入程序，可对储存在内存中的程序进行编程
	手动数据输入	MDI	在 MDI 状态下，可以输入单一或多段命令并按下循环启动按键使机床动作，同时也可以对系统参数进行修改
	在线加工运行键	DNC	在 DNC 状态下，通过计算机与 CNC 连接，可以实现大容量程序的在线加工
	回参考点键	REF	在 REF 状态下，可以执行机床的返回参考点功能
	手动方式键	JOG	在 JOG 状态下，可以实现手动切削连续进给和手动快速连续进给
	增量进给键	INC	在 INC 状态下，机床坐标轴向相应的方向移动一个增量距离
	手轮方式键	HANDLE	在 HANDLE 状态下，可以通过挂在机床上的手摇脉冲发生器使坐标轴移动

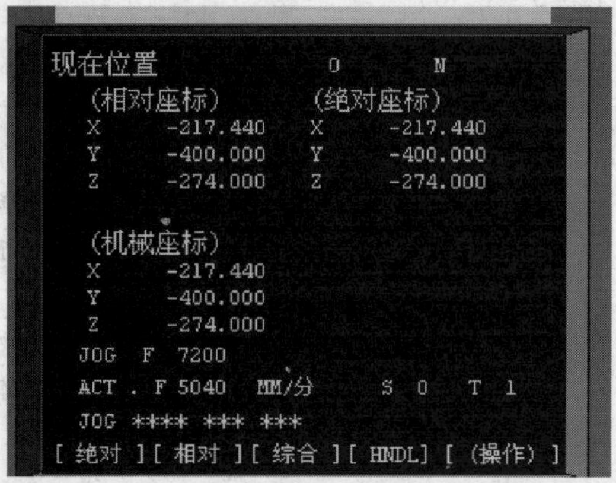

现在位置　　　　　O　　N
(相对座标)　　(绝对座标)
X　-217.440　X　-217.440
Y　-400.000　Y　-400.000
Z　-274.000　Z　-274.000

(机械座标)
X　-217.440
Y　-400.000
Z　-274.000
JOG　F　7200
ACT . F 5040　MM/分　　S　0　T　1
JOG **** *** ***
[绝对][相对][综合][HNDL] [(操作)]

图 5—1—13　机床正处于 JOG 手动方式

(4) 循环启动执行按键 (见表 5—1—4)

表 5—1—4　循环启动执行按键功能

按键	名称	英文标记	功能
	程序暂停键	CYCLE STOP	在机床循环启动状态下按下该按键，程序运行及刀具运动将处于暂停状态，其他指令如主轴转速、冷却状态等保持不变
	程序运行键	CYCLE START	在自动运行状态下按下该按键，机床自动运行程序

(5) 主轴按键 (见表 5—1—5)

表 5—1—5　主轴按键功能

按键	名称	英文标记	功能
	主轴正转	CW	按下该按键，主轴将顺时针转动
	主轴停转	STOP	按下该按键，主轴将停止转动
	主轴反转	CCW	按下该按键，主轴将逆时针转动

注意：主轴按键的操作，需在“JOG”和“HANDLE”模式下操作。

（6）其他按键（见表5—1—6）

表5—1—6 其他按键功能

按键	名称	功能
	程序保护开关	当旋钮处于开时，不能对程序进行编辑；只有当旋钮处于关时，才能对程序进行编辑
超程释放	超程解除按键	当机床出现超程报警时，按下该按键不松开，同时移动坐标轴反向移动，从而解除报警
50 60 70 80 90 100 110 120 %	主轴倍率旋钮	在主轴旋转过程中，可以通过主轴倍率旋钮调整主轴的转速
0 1 2 4 6 8 10 15 20 30 40 50 60 70 80 90 95 100 105 110 120 %	进给倍率旋钮	在手动切削连续进给时，可通过进给倍率旋钮调整进给速度

（7）用户自定义键（见表5—1—7）

表5—1—7 用户自定义键功能

按键	名称	功能
主轴紧刀 主轴松刀	刀具夹紧与松开按键	用于手动换刀过程中的装刀与卸刀
冷却开 冷却关	冷却开与关按键	用于切削液的打开与关闭
X原点灯 Y原点灯 Z原点灯	机床原点灯	当机床回到机床原点时灯亮

五、数控刀柄与刀具

1．数控刀柄

数控铣床/加工中心使用的刀具通过刀柄与主轴相连，刀柄通过拉钉固定在主轴上，由刀柄夹持铣刀传递转速、转矩。刀柄与主轴的配合锥面一般采用 7∶24 的锥度。

刀柄已经标准化、系列化，其刀柄模块之所以采用 7∶24 锥柄，是因为这种锥柄不自锁，换刀比较方便，且与直柄相比有高的定心精度和刚度，如图 5—1—14 所示。加工中心刀柄有 ISO（国际标准）、GB（中国标准）、MAS（日本标准）、ANSI（美国标准）、DIN（德国标准）等多种标准和 25、30、40、45、50、60 等规格。

固定在锥柄尾部与主轴内拉紧机构相配备的拉钉也已标准化，分为 A 型和 B 型，如图 5—1—15 所示。装配时首先要将拉钉旋紧在刀柄尾部，主轴内拉紧机构通过滚珠与拉钉的配合来定位刀具。装配拉钉时要注意清理拉钉与刀柄的表面，防止夹杂铁屑杂物。

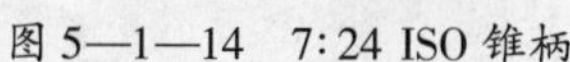

图 5—1—14 7∶24 ISO 锥柄

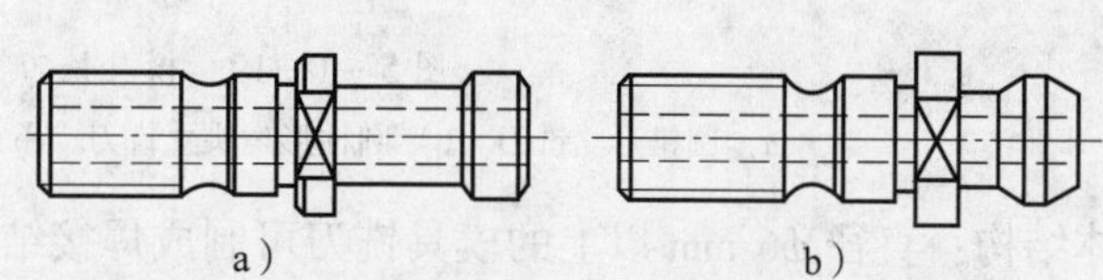

图 5—1—15 ISO 拉钉

a）A 型拉钉 b）B 型拉钉

如图 5—1—16 所示为弹簧夹头刀柄用卡簧，如图 5—1—17 所示为刀柄锁紧螺母，弹簧夹头刀柄主要用于装夹 ϕ20 mm 以下的直柄立铣刀。刀具装夹如图 5—1—18 所示，步骤为：旋转刀柄锁紧螺母，将卡簧放入刀柄锁紧螺母内，将刀杆由弹簧夹头一端放入卡簧内，注意夹持的长短要适中，将装配好的部分旋入刀柄，并用专用扳手旋紧，将装配好的刀具放入刀库或主轴头上。

图 5—1—16 弹簧夹头刀柄用卡簧

图 5—1—17 刀柄锁紧螺母

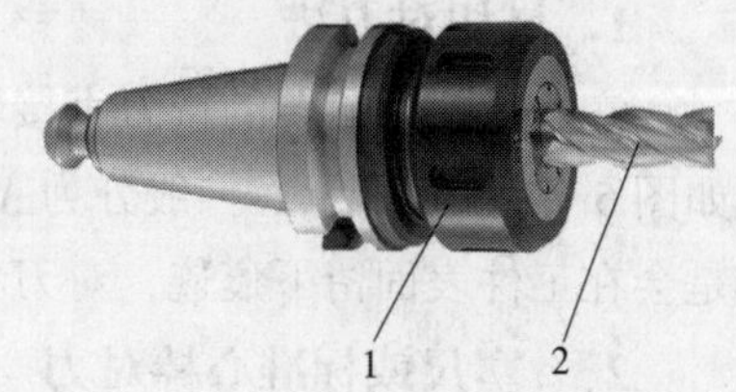

图 5—1—18 刀具装夹

1—锁紧螺母 2—刀具

2. 模具铣刀

模具铣刀是由立铣刀发展而成的，其直径为 ϕ4 ~ 63 mm，主要用于加工三维的模具型腔或凸凹模成形表面。通常有圆锥形立铣刀、圆柱形球头立铣刀及圆锥形球头立铣刀三种类型，如图 5—1—19 所示。

在模具铣刀的圆柱面（或圆锥面）和球头上都有切削刃，可以进行轴向和径向进给切削。铣刀的工作部分用高速钢或硬质合金制造。小尺寸的硬质合金模具铣刀制成

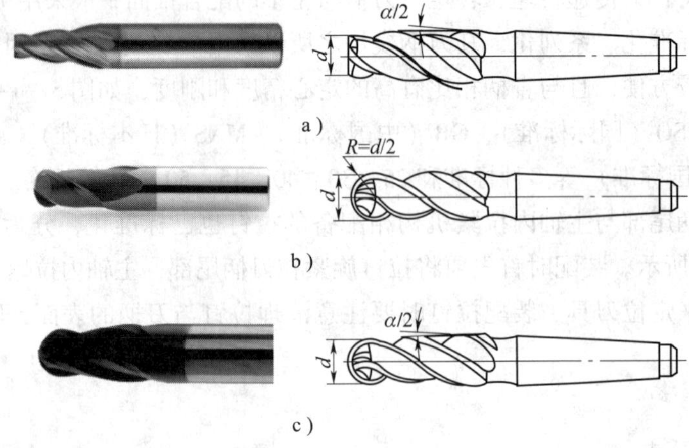

图 5—1—19　模具铣刀

a）圆锥形立铣刀　b）圆柱形球头立铣刀　c）圆锥形球头立铣刀

整体结构；直径 ϕ6 mm 以上的模具铣刀可制成焊接结构或可转位刀片形式。模具铣刀的柄部形式有直柄、削平形直柄和莫氏锥柄。

六、数控铣床对刀方法

机床坐标系是机床出厂后已经确定不变的，但工件在机床加工尺寸范围内的安装位置却是任意的，若需确定工件在机床坐标系中的位置，就要靠对刀。简单地说，对刀就是告诉机床工件装夹在工作台的什么地方，这要通过确定工件坐标系在机床坐标系中的位置来实现。对刀的准确程度将直接影响加工精度，因此对刀方法一定要与零件加工精度的要求相适应。

1. 试切对刀法

它是指使用旋转的铣刀直接轻微碰触工件表面以确定工件坐标系原点坐标的方法，如图 5—1—20 所示。一般分为 X、Y 向对刀和 Z 向对刀。这种方法操作比较简单，但是会在工件表面留下痕迹，对刀精度不高。

2. 塞尺或标准心棒对刀

这种对刀法与试切对刀法相似，只是对刀时主轴不转动，在刀具和工件之间加入塞尺（或标准心棒、量块），如图 5—1—21 所示。计算坐标时应将塞尺（或量块）的厚度减去。因为主轴不需要转动切削，所以这种方法不会在工件表面留下痕迹，但对刀精度也不够高。

3. 寻边器对刀法

常用的寻边器分为两种，它们的实物及对刀法如图 5—1—22 所示。使用电子感应器时，人为目测定位，随机误差较大，需重复操作几次，以确定其正确位置，其重复定位精度在 2 μm 以内。操作步骤与采用刀具对刀相似，只是将刀具换成了寻边器，移动距离是寻边器角头的半径，因此这种方法简便，对刀精度较高。

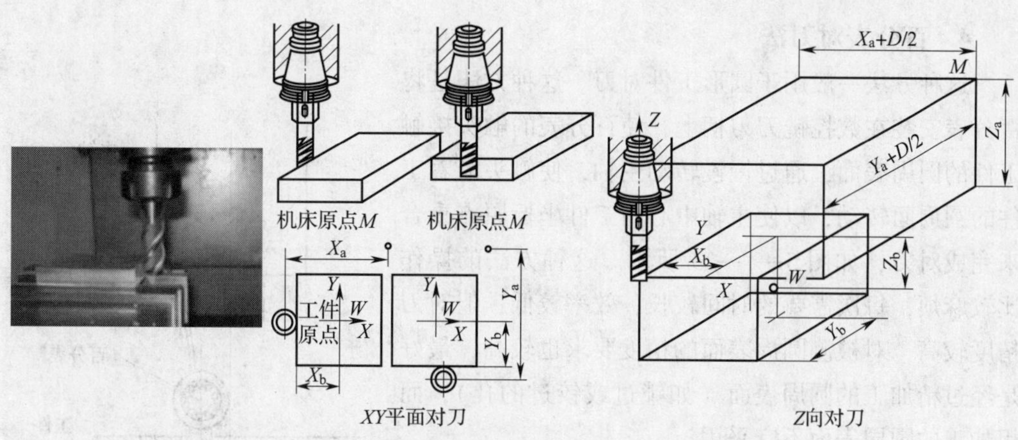

图 5—1—20 试切对刀法

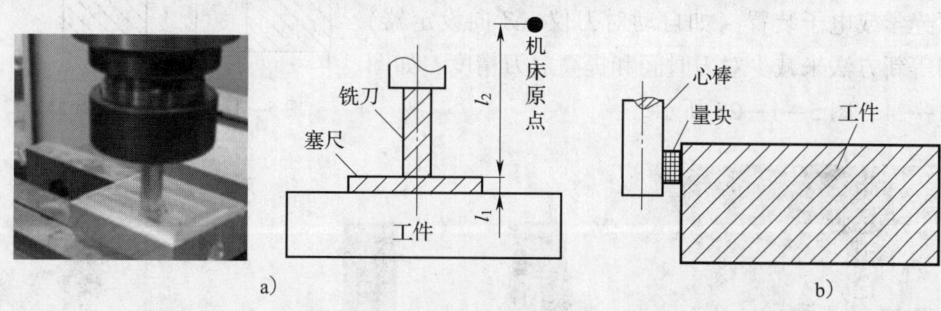

图 5—1—21 塞尺或标准心棒对刀法

a）塞尺对刀 b）标准心棒对刀

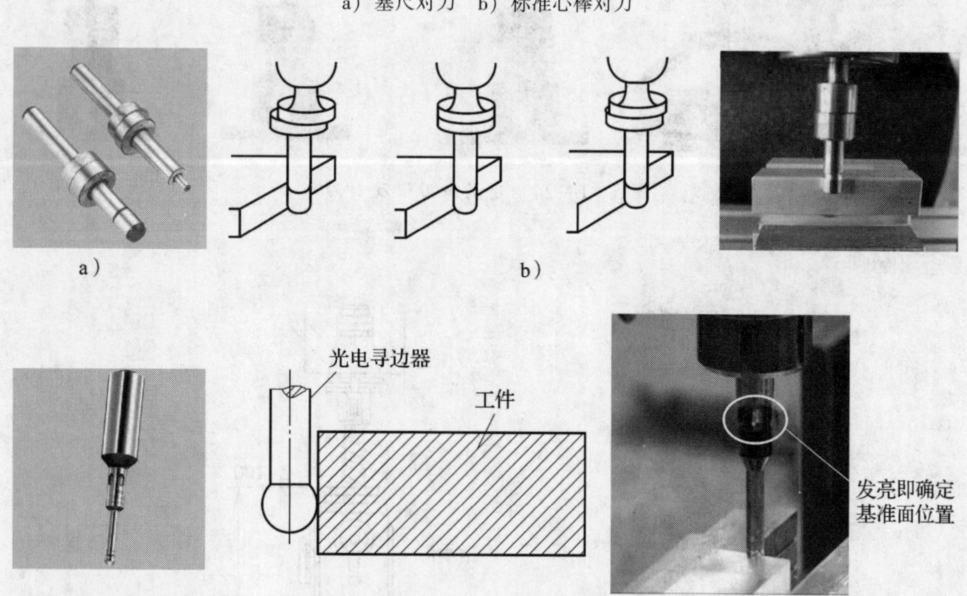

图 5—1—22 常用寻边器及寻边器对刀法

a）偏心式寻边器实物 b）偏心式寻边器对刀法 c）电子式寻边器实物 d）电子式寻边器对刀法

4. 百分表对刀法

这种方法一般用于圆形工件对刀。这种方法是将百分表安装在数控铣刀刀柄上，使百分表的触头接触工件的圆周表面，通过慢慢转动主轴，使触头沿着工件的圆周面转动，以使主轴中心与工件坐标原点重合来完成对刀，如图 5—1—23 所示。这种方法的操作比较麻烦，每次需要的时间较长，效率较低，但对刀精度较高，对被测圆周表面的精度要求也较高，最好是经过精加工的圆周表面（如镗过或铰过的孔），而粗加工的圆周表面不宜采用。

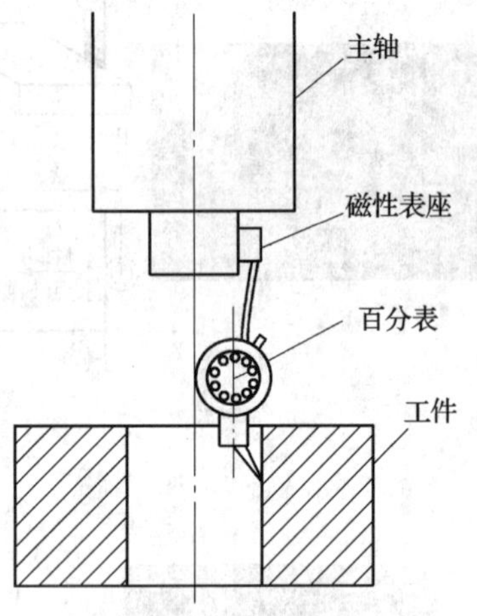

图 5—1—23　百分表对刀法

另外，为了提高对刀精度，目前很多加工中心采用了光学或电子装置（如自动对刀仪、Z 向设定器）对刀等新方法来减少对刀时间和提高对刀精度，如图 5—1—24、图 5—1—25 所示。

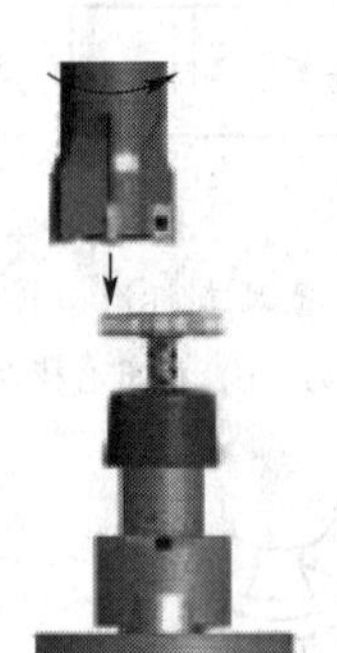
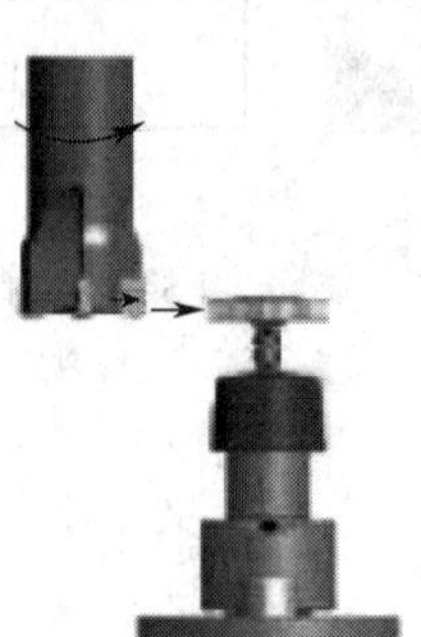
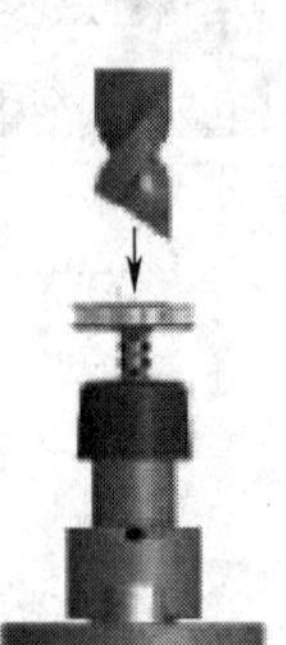

图 5—1—24　自动对刀仪及对刀

机械式 Z 向设定器

电子式 Z 向设定器

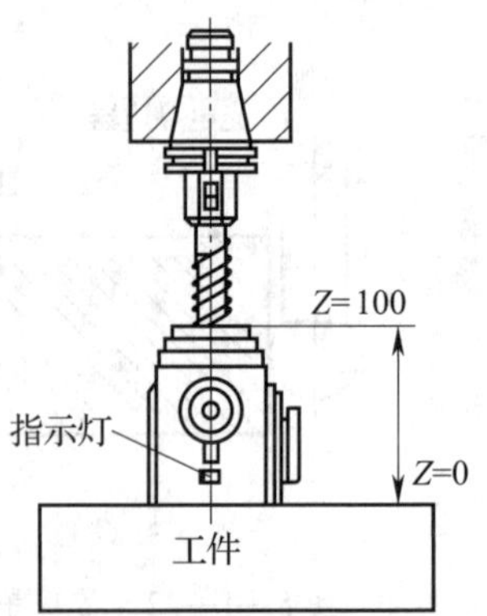

图 5—1—25　Z 向设定器及对刀

技能训练

一、认识立式数控铣床/加工中心的组成和结构

1. 立式数控铣床/加工中心的组成及结构（图 5—1—26、图 5—1—27）

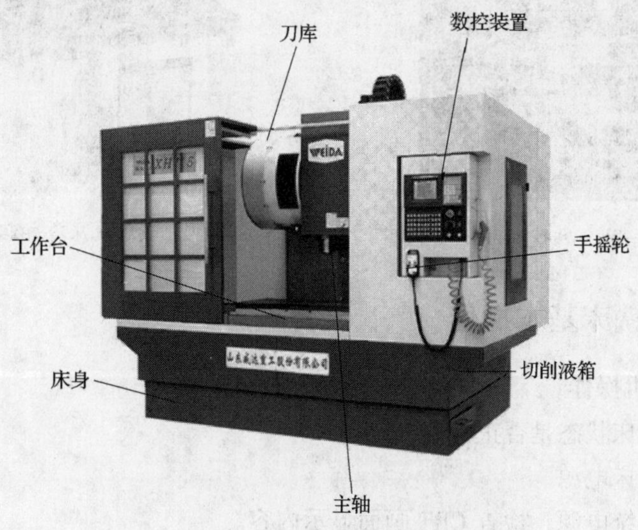

图 5—1—26 立式数控铣床/加工中心的组成

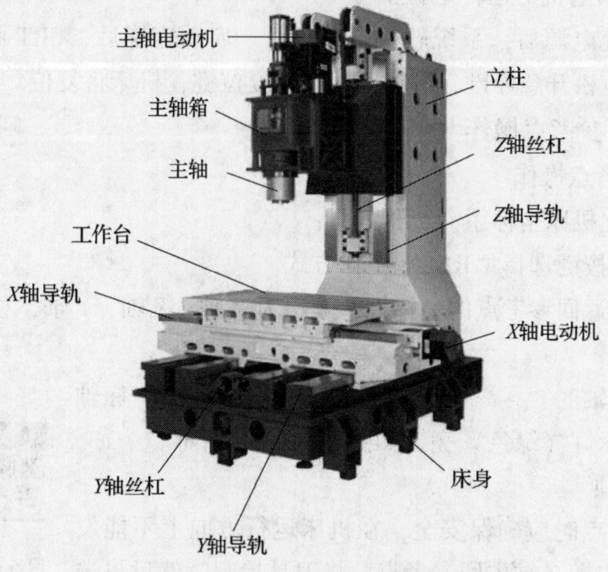

图 5—1—27 立式数控铣床/加工中心的结构

2. 数控机床电气部分（图5—1—28）

3. 数控机床冷却润滑装置（图5—1—29）

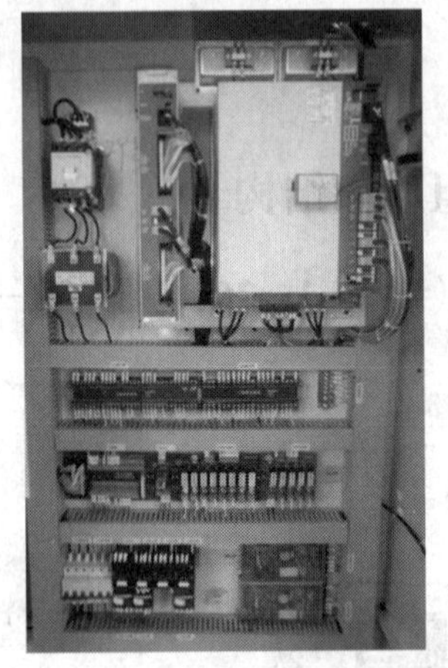

图5—1—28　数控机床电气部分

图5—1—29　数控机床冷却润滑装置

二、数控铣床基本操作

1. 机床开机操作

（1）检查机床状态是否正常。

（2）接通机床电源。

（3）接通系统电源，检查CRT画面显示内容。

（4）检查面板上的指示灯是否正常。

（5）检查风扇电机的运转是否正常。

接通数控系统电源后，系统软件自动运行。启动完毕后，CRT画面显示“EMG”报警画面，此时应松开急停键，再按面板上的复位键，机床将复位。

2. 手动返回参考点操作

（1）返回参考点操作

这是为了建立机床坐标系，步骤如下：

1）模式选择按键选择“REF”工作方式。

2）分别选择返回参考点的坐标轴，顺序为Z轴、X轴、Y轴，移动速度由倍率旋钮开关调整。

3）按下坐标轴的“+”方向键不松开，直至相应坐标轴返回参考点的指示灯（绿色）亮，如图5—1—30所示。

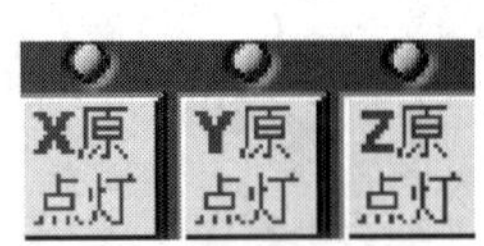

图5—1—30　X、Y、Z轴参考点灯亮

（2）注意事项

1）返回参考点时应确保安全，在机床运行方向上不能发生碰撞，一般应选择Z轴先回参考点，将刀具抬起；然后再选择X轴和Y轴。

2）在机床返回参考点的过程中，坐标轴不能离参考点太近，否则会出现超程报警。

3）在回参考点的过程中，若出现超程，请按住面板上的“超程解除”按键，向相反方向手动移动该轴使其退出超程状态，解除报警。

3. 手动进给和手摇进给操作

（1）手动（JOG）进给操作

在手动（JOG）方式中，按下操作面板上的进给轴及其方向选择开关，会使刀具沿着所选轴的所选方向连续移动。

1）手动（JOG）进给的操作步骤

①按下模式选择按键中的手动（JOG）进给选择开关。

②分别选择移动轴（*Z* 轴、*X* 轴或 *Y* 轴）以及运动方向（“+”方向或“-”方向），坐标轴则按相应的方向及速度移动。

③手动的移动速度分为切削进给和快速进给。切削进给是通过进给倍率旋钮进行控制，顺时针旋转时进给速度逐步增加，逆时针旋转时则逐步减小；快速进给是在按下方向键（“+”方向或“-”方向）的同时按下方向键中间的快速移动键，则进给轴按指定方向快速移动。在快速移动过程中，快速移动倍率开关有效。

2）注意事项

①本教材介绍的数控铣床/加工中心的手动（JOG）进给操作一次只能移动一个轴。

②手动进给操作时，进给方向一定不能搞错，这是数控机床的基本操作。

（2）手摇（HANDLE）进给操作

在手摇进给方式中，刀具可以通过旋转机床操作面板上的手摇脉冲发生器微量移动。使用手摇进给轴选择开关选择要移动的轴，如图 5—1—31 所示。手摇进给的操作步骤如下：

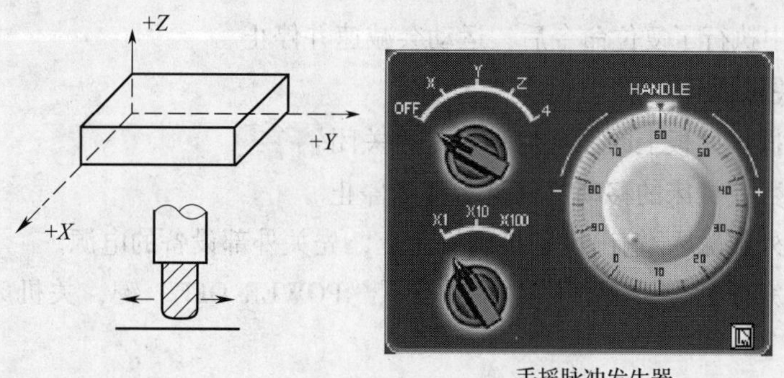

图 5—1—31 手轮脉冲进给方式

1）按下模式按键中的手摇（HANDLE）进给方式选择开关。

2）按下手摇进给轴选择开关选择刀具要移动的轴。

3）通过手摇进给放大倍数开关选择刀具移动距离的放大倍数。旋转手摇脉冲发生器一个刻度时，刀具移动的最小距离等于最小输入增量，对应关系见表 5—1—8。

表 5—1—8　　手摇脉冲发生器移动距离对应关系表

位置	×1	×10	×100
增量值（mm）	0.001	0.01	0.1

4）旋转手轮以手轮转向对应的方向移动刀具。

4. MDI（手动输入）操作

在 MDI 运行方式下，通过 MDI 面板，可以编制最多 10 行的程序并被执行，MDI 运行程序格式和通常程序一样。MDI 运行适用于简单的程序操作。MDI 操作步骤如下：

（1）按下模式按键中的 MDI 方式选择开关。

（2）按下 MDI 操作面板上的“PRGRM”功能键，选择程序屏幕，自动加入程序号“O××××”。

（3）用通常的程序编辑操作编制一个要执行的程序。在 MDI 方式编制程序时，可以用插入、修改、删除、字检索、地址检索、程序检索等操作。

（4）为了执行程序，需要将光标移动到程序头（从中间点启动执行也是可以的）。按下操作面板上的循环启动按钮，程序便启动运行。当执行程序结束语句（M02 或 M30）后，运行结束。

（5）要是在中途停止或结束 MDI 操作，请按以下步骤进行：

1）停止 MDI 操作。按下操作面板上的进给暂停开关。进给暂停指示灯亮，循环启动指示灯熄灭。机床响应如下：当机床在运动时，进给操作减速并停止；当执行 M、S 或 T 指令时，操作在 M、S 和 T 执行完毕后运行停止。

当操作面板上的循环启动按钮再次被按下时，机床的运行重新启动。

2）结束 MDI 操作。按下面板上的 RESET 键。自动运行结束，并进入复位状态。当在机床运动中执行了复位命令后，运动会减速并停止。

5. 机床关机操作

（1）检查操作面板上的循环启动灯是否关闭。

（2）检查数控机床的移动部件是否都已停止。

（3）如有外部输入/输出设备接到机床上，先关外部设备的电源。

（4）检查完毕后，按下急停键，再按下“POWER OFF”键，关机床电源，切断总电源。

三、程序输入与编辑

1. 程序编辑操作

（1）建立一个新程序

1）按下模式按键中的“EDIT”键。

2）按下功能键“PROG”键。

3）输入程序号（如 O0011），按下“INSERT”键完成程序号的插入。

4）按下“EOB”键，表示程序段结束。

（2）调用存储器中储存的程序

1）按下模式按键中的“EDIT”键。

2）按下功能键“PROG”键。

3）输入程序号（如 O0011），按下光标向下移动键即可完成程序 O0011 的调用。

（3）删除程序

1）按下模式按键中的“EDIT”键。

2）按下功能键“PROG”键。

3）输入程序号（如 O0011），按下功能键“DELETE”键即可完成单个程序 O0011 的删除。

如果要删除所有程序，输入“O－9999”后按下“DELETE”键即可删除存储器中所有程序。

2. 程序段编辑操作

（1）程序段输入

1）按下模式按键中的“EDIT”键。

2）按下功能键“PROG”键，输入程序号（O0011）。

3）输入程序字“G90 G40”，按下“EOB”键。

4）按下“INSERT”键即可完成程序段“G90 G40；”的插入。

5）以后的程序段输入方法都一样。

注意事项：

1）在 FANUC 0i 系统中程序名的输入步骤与程序段的输入步骤是不一样的，详见程序输入步骤。

2）程序段输入时，可以输入程序号 N，也可以不输入。

（2）程序段删除

1）按下模式按键中的“EDIT”键。

2）按下功能键“PROG”键，输入程序号（O0011）。

3）用光标移动键检索或扫描到将要删除的程序段地址 N，按下功能键“EOB”键。

4）按下功能键“DELETE”键，将当前光标所在的程序段删除。

如果要删除多个程序段，则用光标移动键检索或扫描到将要删除的程序段开始地址 N（如 N0020），键入地址 N 和最后一个程序段号（如 N0110），按下功能键“DELETE”键，即可将 N0020～N0110 的所有程序段删除。

3. 程序字编辑操作

（1）查寻程序字

在“EDIT”模式下，按下光标向下、向下、向左及向右移动键，光标将在屏幕

上相应移动。按下“PAGE UP”键和“PAGE DOWN”键，光标将向前或向后翻页显示。

(2) 跳到程序开头

在“EDIT”模式下，按下“RESET”键即可使光标跳到程序开头。

(3) 插入程序字

在“EDIT”模式下，将光标移动到要插入位置前的程序字，输入要插入的程序字，按下“INSERT”键即可完成程序字的插入。

(4) 程序字的替换

在“EDIT”模式下，将光标移动到要被替换的程序字，输入要替换的程序字，按下“ALTER”键即可完成程序字的替换。

(5) 程序字的删除

在“EDIT”模式下，将光标移动到要删除的程序字，按下“DELETE”键即可完成程序字的删除。

(6) 输入过程中的程序字删除

在程序输入过程中，如发现当前字符输入错误，则按下“CAN”键，即可删除当前输入的字符。

4. 输入程序实例

程序如下：

O0011“INSERT”“EOB”“INSERT”;

G90 G40“EOB”“INSERT”;

G54 M03 S600“EOB”“INSERT”;

G00 X－50. Y－50.“EOB”“INSERT”;

Z5.“EOB”“INSERT”;

G01 Z－4. F50“EOB”“INSERT”;

G41 D01 G01 X－40. Y－40. F100“EOB”“INSERT”;

Y40.“EOB”“INSERT”;

X40.“EOB”“INSERT”;

Y－40.“EOB”“INSERT”;

X－40.“EOB”“INSERT”;

G40 G01 X－50. Y－50.“EOB”“INSERT”;

G0 Z100.“EOB”“INSERT”;

M30“EOB”“INSERT”;

在程序过程中，可以一个程序段一个程序段输入，也可以多个程序段同时输入。例如：G90 G40“EOB” G54 M03 S600“EOB” G00 X－50. Y－50.“EOB” “INSERT”。

这样可以实现多个程序段同时输入，节省时间。

四、程序的校对

1. 机床锁住和辅助功能锁住校对

在对程序进行校对时，要想不移动刀具而显示其位置的变化，可以使用机床锁住功能。机床锁住有两种类型，一是将所有轴锁住，二是将指定轴锁住。一般情况下，建议选用前者，这样比较安全。

（1）操作步骤

1）在“EDIT”模式下，按下“PROG”键，调用程序“O0011”。

2）切换到“AUTO”模式，按下“MC LOCK”键。

3）按下“CYCLE START”循环启动键，进行机床锁住检查程序。

按下机床操作面板上的机床锁住开关运行后，刀具不再移动，但是显示器上沿每一轴运动的位置在变化，就像刀具在运动一样。

（2）注意事项

1）在校对过程中，可以按下机床操作面板上的“DRY RUN”空运行键，用来改变机床运行的速度。

2）在用机床锁住校对程序后，要执行回参考点操作来指定工件坐标系，因为机床坐标系和工件坐标系之间的位置关系在机床锁住前后发生了变化。

2. 图形显示校对

图形显示功能可以显示自动运行期间的刀具移动轨迹，操作者可通过观察屏幕显示出的轨迹来检查加工过程，显示的图形可以进行放大及复原。

（1）操作步骤

1）在“EDIT”模式下，按下“PROG”键，调用程序“O0011”。

2）切换到“AUTO”模式，按下“MC LOCK”键。

3）按下MDI面板上的“CUSTOM GRAPH”键，按下屏幕显示软键“G. PRM”。

4）按下“CYCLE START”循环启动键，此时在屏幕上出现刀具的运动轨迹。

（2）注意事项

与机床锁住校对方法一样，用图形显示校对操作中也可以按下“DRY RUN”空运行键，来改变机床运行的速度。在校对结束后，也要执行回参考点操作。

以上两种方法中，利用图形显示功能校对程序较为方便直观。

五、机夹式不重磨铣刀刀片的安装

机夹式硬质合金不重磨铣刀不需要操作者刃磨，若铣削过程中刀片的切削刃用钝，只要用内六角扳手旋松双头螺钉，就可以松开刀片夹紧块，取出刀片，把用钝的刀片转换一个位置（等多边形刀片的每一个切削刃都用钝后，更换新刀片），然后将刀片紧固即可。硬质合金不重磨刀片的安装如图5—1—32所示。

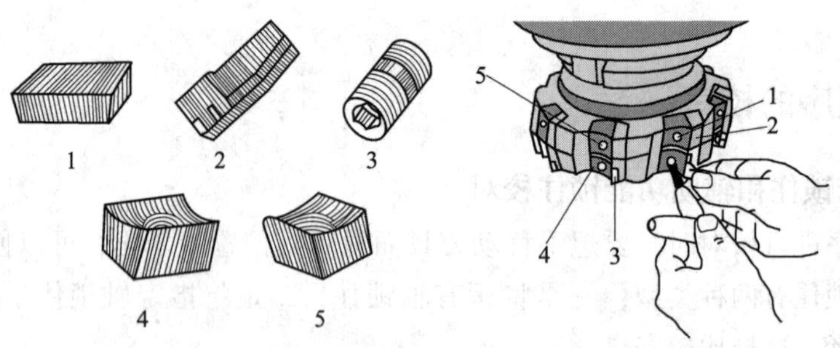

图 5—1—32　硬质合金不重磨刀片的安装

1—双头螺钉　2—刀片座　3—刀片　4—刀片夹紧块　5—刀片座夹紧块

六、对刀操作

1. 试切对刀

试切对刀如图 5—1—33 所示。其步骤及操作如下：

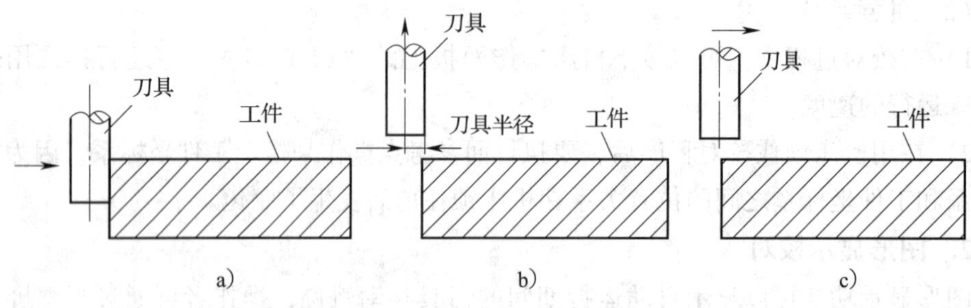

图 5—1—33　试切对刀

a）刀具靠近并轻触工件　b）铣刀沿 Z 向退离工件　c）设定 X 坐标

（1）X、Y 向对刀

1）将工件通过夹具安装在数控铣床的工作台上。

2）启动主轴中速旋转，快速移动工作台和主轴，让刀具快速移动到靠近工件左侧有一定安全距离的位置，然后降低速度移动至接近工件左侧。

3）靠近工件时改用微调操作，使刀具恰好接触到工件左侧表面，铣刀周刃轻微接触到工件表面，听到刀刃与工件的摩擦声（但没有切屑）。记下此时机床坐标系中显示的 X 坐标值。

4）保持 X、Y 坐标不变，将铣刀沿 Z 向退离工件。

5）将机床相对坐标 X 置零，并沿 X 向工件方向移动刀具半径的距离。

6）将此时机床坐标系下的 X 值输入系统偏置寄存器中，该值就是被测边的 X 坐标。

7）改变方向重复以上操作，可得被测边的 Y 坐标。

（2）Z 向对刀

1）将刀具快速移至工件上方，启动主轴中速旋转，让刀具快速移动到靠近工件上表面有一定安全距离的位置，然后降低速度移动让刀具端面接近工件上表面。

2）让刀具端面慢慢接近工件表面，使刀具端面恰好碰到工件上表面。

3）再将 Z 轴抬高 0.01 mm，记下此时机床坐标系中的 Z 值。

（3）数据存储

将测得的 X、Y、Z 值输入到机床工件坐标系存储地址 G54 中（一般使用 G54 ~ G59 代码存储对刀参数）。

（4）启动生效

进入面板输入模式（MDI），输入“G54”，按启动键（在“自动”模式下），运行 G54 使其生效。

2. 百分表对刀

百分表对刀的步骤及操作如下：

（1）在“HANDLE”模式下，用磁性表座将杠杆百分表吸在机床主轴端面上并手动转动机床主轴。

（2）手动操作使旋转的表头依 X、Y、Z 的顺序逐渐靠近侧壁（或圆柱面）。

（3）移动 Z 轴，使表头压住被测表面，指针转动约 0.1 mm。

（4）逐步降低手动脉冲发生器的 X、Y 移动量，使表头旋转一周时，其指针的跳动量在允许的对刀误差内，如 0.02 mm，此时可认为主轴的旋转中心与被测孔中心重合。

（5）记下此时机床坐标系中的 X、Y 坐标值，此 X、Y 坐标值即为 G54 指令建立工件坐标系时的偏置值。

（6）Z 坐标值的设定，要将表座取下装上刀柄来测量。

课题二　数控铣削模具型芯

一、数控编程规则

1. 小数点编程

对于数字的输入，有些系统可省略小数点，有些系统则可以通过系统参数来设定是否可以省略小数点，而大部分系统中的小数点则不可省略。对于不可省略小数点编程的系统，比如本教材介绍的 FANUC 0i 数控系统，当使用小数点进行编程时，以毫米（mm）（英制为英寸；角度为度）为输入单位，而当不用小数点进行编程时，数字以微米（μm）为输入单位。以下地址可以指定小数点：X、Y、Z、U、V、W、A、B、C、I、J、K、Q、R 和 F。

【例】 G91 G01 X60.0 F100；（表示刀具向 X 轴正方向移动 60 mm）

G91 G01 X60 F100；（表示刀具向 X 轴正方向移动 0.06 mm）

2. 公、英制编程指令（G21、G20）

坐标功能字是使用公制还是英制，大部分数控系统是使用准备功能指令来选择的，本教材介绍的 FANUC 0i 系统是采用 G21 和 G20 指令来进行公、英制切换。

指令格式：G20

G21

说明：

G20 表示英制输入方式。

G21 表示公制输入方式。

G20 和 G21 属于同组代码，系统默认是 G21。

G20 或 G21 代码一般编在程序的开头，在设定坐标系之前，以单独程序段指定，也可以加在程序段的开始处。公英制切换时，角度数据输入的单位保持不变。

例：G91 G20 G01 X45.0 F100；（表示刀具向 X 轴正方向移动 45 in）

G91 G21 G01 X45.0 F100；（表示刀具向 X 轴正方向移动 45 mm）

3. 绝对坐标与增量坐标指令（G90、G91）

（1）绝对坐标指令

指令格式：G90

说明：

G90 表示绝对坐标。

程序中绝对坐标功能字后面的坐标是以工件坐标原点作为基准的，表示刀具终点的绝对坐标。该坐标系称为绝对坐标系。

【例】 如图 5—2—1 所示刀具轨迹 $O \to A \to B$，用 G90 指令编程。

G90 G01 X40.0 Y30.0 F80；

X20.0 Y50.0；

（2）增量坐标指令

指令格式：G91

说明：

G91 表示增量坐标。

程序中增量坐标功能字后面的坐标是以刀具起点坐标作为基准的，表示刀具终点坐标相对刀具起点坐标的增量。该坐标系称为增量坐标系。其计算公式为：增量坐标值 = 终点坐标值 - 起点坐标值。

【例】 如图 5—2—1 所示刀具轨迹 $O \to A \to B$，用 G91 指令编程。

G91 G01 X40.0 Y30.0 F80；

X -20.0 Y20.0

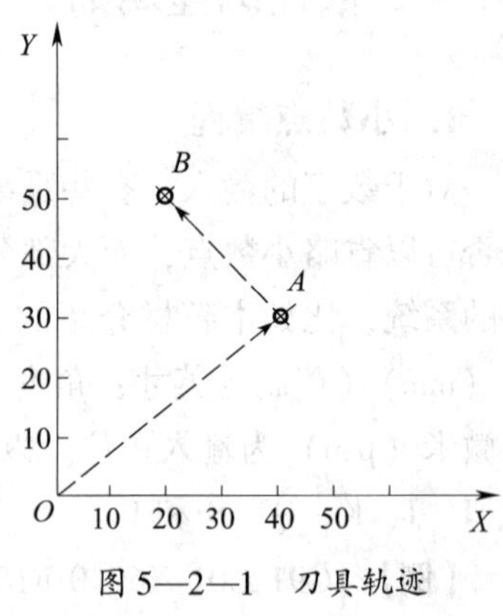

图 5—2—1 刀具轨迹

G90 和 G91 属于同组代码，系统默认指令是 G90。在数控编程中，G90 的编程方式使用较多，因为程序编写方便，程序直观明了，便于校对检查。G90 和 G91 编程方式，可根据具体的加工零件来进行切换。选择合适的编程方式可使编程简化。

如图 5—2—2a 所示，尺寸由一个固定基准给定时，采用 G90 绝对方式编程较为方便。如图 5—2—2b 所示，尺寸是以轮廓顶点之间的间距给出时，则采用 G91 增量方式编程较为方便。

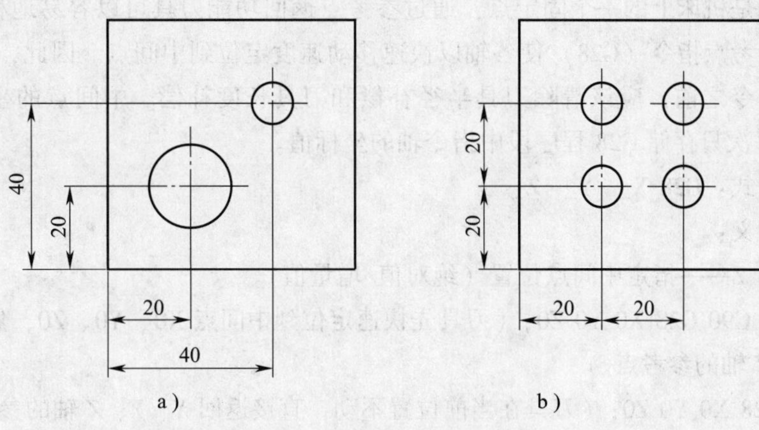

图 5—2—2　G90 与 G91 编程方式的选择

a）G90 绝对方式编程　b）G91 增量方式编程

4. 平面选择指令 （G17、 G18、 G19）

当机床坐标系及工件坐标系确定后，对应地就确定了三个坐标平面，如图 5—2—3 所示，可分别用 G17、G18、G19 指令选择加工平面。

指令格式：G17/G18/G19

说明：

G17 表示 *XY* 平面。

G18 表示 *ZX* 平面。

G19 表示 *YZ* 平面。

G17、G18、G19 属于同组代码，系统默认是 G17。

5. 返回参考点指令 （G27、G28、G29）

对于机床回参考点动作，除可以采用手动返回参考点的操作外，还可以通过编程指令来自动实现。在 FANUC 0i 系统中常见的与返回参考点相关的编程指令主要有 G27、G28、G29，这三种指令均为非模态指令。

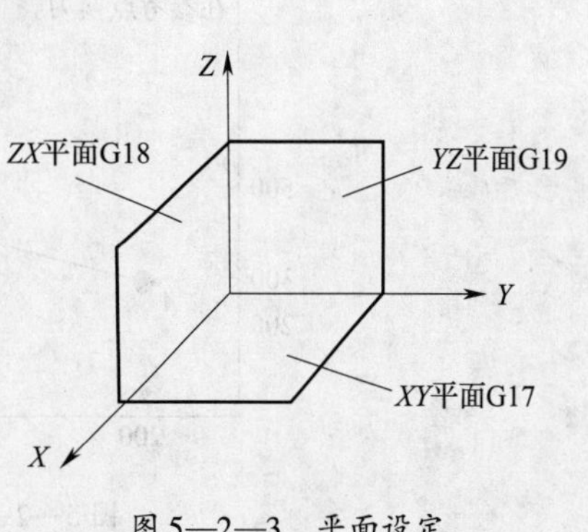

图 5—2—3　平面设定

（1）返回参考点检验指令

返回参考点检验指令（G27）是检查刀具是否已经正确地返回到程序中指定的参考点。G27

指令使刀具以快速移动速度定位。如果刀具已到达参考点，则返回参考点指示灯亮。但是如果刀具到达的位置不是参考点，则显示报警。

指令格式：G27 X_ Y_ Z_

参数含义：

X、Y、Z——指定参考点（绝对值/增量值）。

（2）返回参考点指令（G28）

参考点是机床上的一个固定点，通过参考点返回功能刀具可以容易地移动到该位置。返回参考点指令（G28）使各轴以快速移动速度定位到中间点。因此，为了安全，在执行该指令之前，应该清除刀具半径补偿和刀具长度补偿。中间点的坐标储存在CNC中，每次只存储G28程序段中指令轴的坐标值。

指令格式：G28 X_ Y_ Z_

参数含义：

X、Y、Z——指定中间点位置（绝对值/增量值）。

【例】 G90 G28 X0 Y0 Z0；（刀具先快速定位到中间点X0、Y0、Z0，然后快速返回 X、Y、Z 轴的参考点。）

G91 G28 X0 Y0 Z0；（刀具在当前位置不动，直接返回 X、Y、Z 轴的参考点。）

返回参考点的过程中设定中间点的目的是防止刀具在返回参考点的过程中与工件或夹具发生碰撞。

（3）从参考点返回指令

在一般情况下，执行这条指令，可以使刀具从参考点出发，经过一个中间点到达由这个指令后面X_ Y_ Z_ 坐标值所指令的位置。中间点的坐标由前面的G28所规定，因此这条指令应与G28指令一起使用。

指令格式：G29 X_ Y_ Z_

参数含义：

X、Y、Z——指定从参考点返回的目标点（绝对值/增量值）。

【例】 如图5—2—4所示，说明G28指令与G29指令的执行过程。

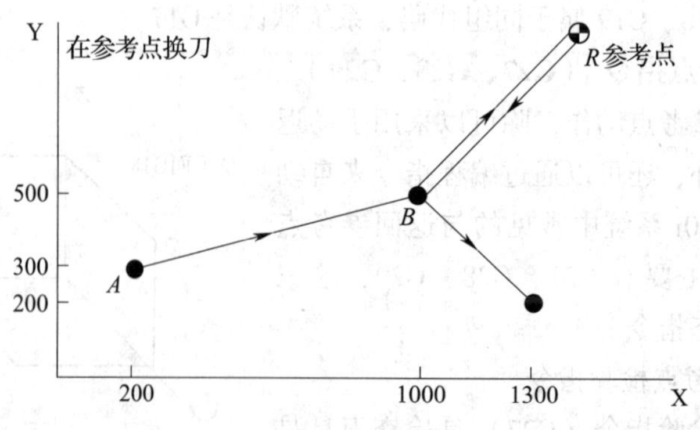

图5—2—4 G28与G29指令动作

刀具回参考点前已定位到 A 点，B 点为中间点，R 点为参考点，C 点为终点。

程序如下：

程序	执行过程
G90 G28 X1000. 0 Y500. 0；	$A \to B \to R$
G29 X1300. 0 Y200. 0；	$R \to B \to C$

以上程序的执行过程为：首先执行 G28 指令，刀具从 A 点出发，以快速点定位方式经过中间点 B，然后返回参考点 R；返回参考点后执行 G29 指令，从参考点 R 出发，以快速点定位方式经过中间点 B，然后定位到终点 C。

二、数控铣床常用编程指令

1. 基本 G 指令

（1）快速点定位指令（G00 或 G0）

指令格式：G00（或 G0）X_ Y_ Z_ ；

参数含义：

X、Y、Z——定位终点坐标，G90 时为终点在工件坐标系中的坐标，G91 时为终点相对于起点的位移量。不运动的轴可以不写。

说明：

1）G00 指定刀具相对于工件以各轴预先设定的速度，从当前位置快速移动到程序段指令的定位目标点。G00 指令中的快移速度由机床参数“快移进给速度”对各轴分别设定，不能用地址 F 指定。

2）G00 一般用于加工前快速定位或加工后快速退刀。移动速度可由面板上的速度倍率旋钮来调整。

3）在执行 G00 指令时，由于各轴以各自速度移动，不能保证各轴同时到达终点，因此联动直线轴的合成轨迹不一定是直线。

【例】 如图 5—2—5 所示，使用 G00 编程：要求刀具从 A 点快速定位到 B 点。

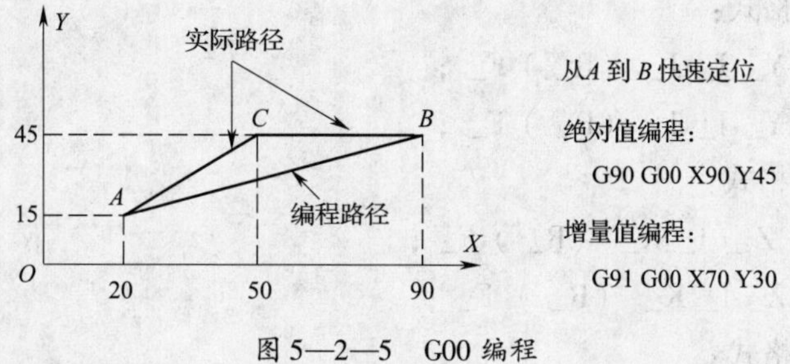

图 5—2—5 G00 编程

当 X 轴和 Y 轴的快进速度相同时，从 A 点到 B 点的快速定位路线为 $A \to C \to B$，即以折线的方式到达 B 点，而不是以直线方式从 $A \to B$。

4）因为G00的移动速度较快，操作者必须格外小心，以免刀具与工件发生碰撞。常见的做法是：当刀具下降时，先移动 *X* 和 *Y* 轴进行定位，然后 *Z* 轴下降到加工深度；当退刀时，先将 *Z* 轴向上移动到安全高度，然后再移动 *X* 轴和 *Y* 轴。程序可编写如下：

当刀具下降时	当刀具退刀时
G00 X_ Y_ ; Z_ ;	G00 Z_ ; X_ Y_ ;

（2）直线插补指令（G01 或 G1）

指令格式：G01 X_ Y_ Z_ F_ ;

参数含义：

X、Y、Z——直线插补的终点，在G90时为终点在工件坐标系中的坐标，在G91时为终点相对于起点的位移量。

F——进给量。

说明：

G01指令刀具以联动的方式，按F规定的合成进给速度，从当前位置按线性路线移动到程序段指令的终点。

【例】 如图5—2—6所示，使用G01编程：要求从 *A* 点直线插补到 *B* 点。

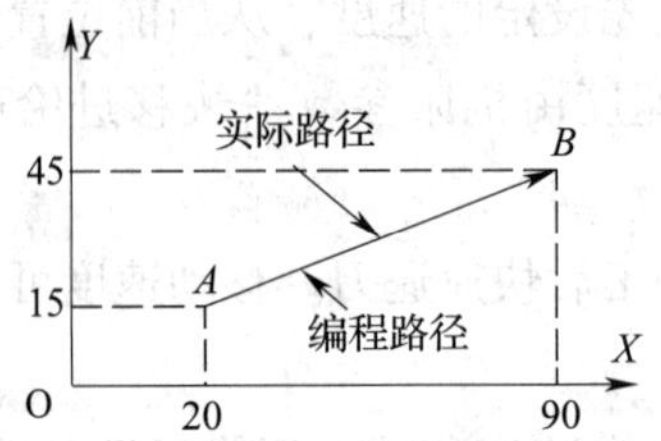

从 *A* 到 *B* 直线插补

绝对值编程：

G90 G01 X90 Y45 F800

增量值编程：

G91 G01 X70 Y30 F800

图5—2—6 G01编程

（3）圆弧插补指令（G02、G03）

XY 平面指令格式：

G17 G02 X_ Y_ I_ J_ （R_ ）F_ ;

G17 G03 X_ Y_ I_ J_ （R_ ）F_ ;

ZX 平面指令格式：

G18 G02 X _ Z _ I_ K_ （R_ ）F_ ;

G18 G03 X_ Z_ I_ K_ （R_ ）F_ ;

YZ 平面指令格式：

G19 G02 Z_ Y_ J_ K_ （R_ ）F_ ;

G19 G03 Z _ Y _ J_ K_ （R_ ）F_;

参数含义：

X、Y、Z——圆弧终点，在 G90 时为圆弧终点在工件坐标系中的坐标，在 G91 时为圆弧终点相对于圆弧起点的位移量。

I、J、K——圆弧圆心点相对于圆弧起点的增量值（等于圆心的坐标减去圆弧起点的坐标，如图 5—2—7 所示），在 G90/G91 时都是以增量方式指定的。

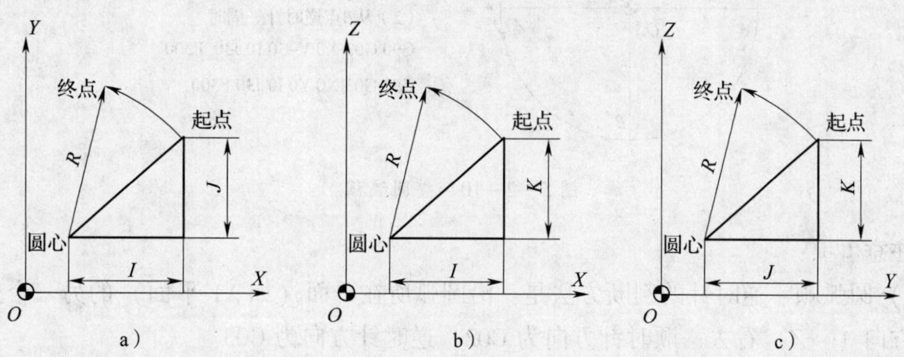

图 5—2—7 I、J、K 的选择

a）XY 平面圆弧 b）ZX 平面圆弧 c）YZ 平面圆弧

R——圆弧半径，当圆弧圆心角小于 180°时，R 为正值，否则 R 为负值。

F——被编程的两个轴的合成进给速度。

说明：

1）G02 为顺时针圆弧插补指令，G03 为逆时针圆弧插补，如图 5—2—8 所示。

2）G02 和 G03 均为模态指令。

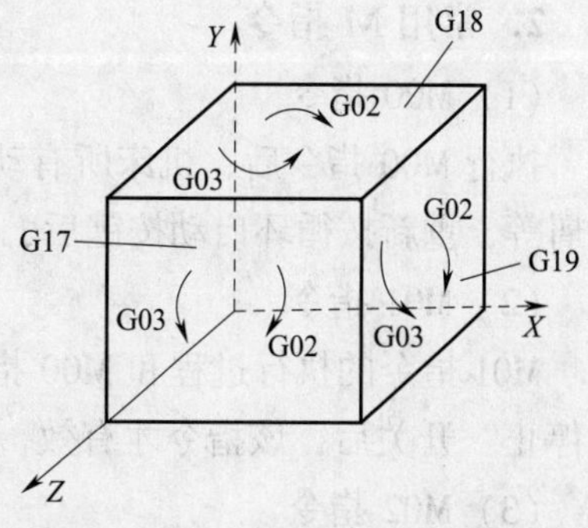

图 5—2—8 不同平面的 G02 与 G03 选择

【例】 使用 G02 对如图 5—2—9 所示圆弧 *a* 和圆弧 *b* 编程。

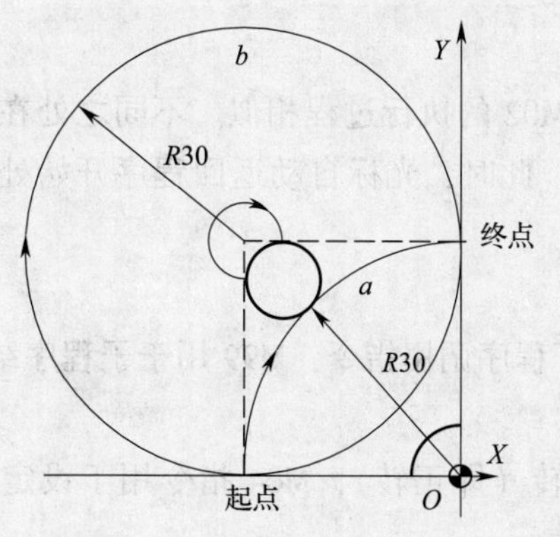

圆弧编程的4种方法组合

（1）圆弧*a*

G91 G02 X30 Y30 R30 F300

G91 G02 X30 Y30 I30 J0 F300

G90 G02 X0 Y30 R30 F300

G90 G02 X0 Y30 I30 J0 F300

（2）圆弧*b*

G91 G02 X30 Y30 R–30 F300

G91 G02 X30 Y30 I0 J30 F300

G90 G02 X0 Y30 R–30 F300

G90 G02 X0 Y30 I0 J30 F300

图 5—2—9 圆弧编程

【例】 使用 G02/G03 对如图 5—2—10 所示的整圆编程。

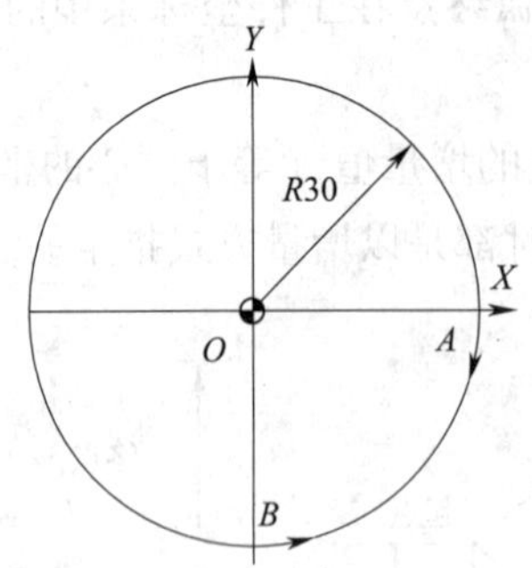

（1）从A点顺时针一周时

G91 G02 X30 Y0 I–30 J0 F300

G91 G02 X0 Y0 I–30 J0 F300

（2）从B点逆时针一周时

G90 G03 X0 Y–30 I0 J30 F300

G91 G03 X0 Y0 I0 J30 F300

图 5—2—10 整圆编程

注意事项：

1）圆弧顺、逆时针的判断方法是：沿圆弧所在平面（如 XY 平面）的另一个坐标的负方向（–Z）看去，顺时针方向为 G02，逆时针方向为 G03。

2）整圆编程时不可以使用 R，只能用 I、J、K。

3）同时编入 R 与 I、J、K 时，R 有效。

2. 常用 M 指令

（1）M00 指令

执行 M00 指令后，机床所有动作均被停止，以便进行一些操作，如精度检测、除切屑等，重新按循环启动按键后，再继续执行 M00 指令后面的程序。

（2）M01 指令

M01 指令的执行过程和 M00 指令相似，不同的是只有按下机床控制面板上的“选择停止”开关后，该指令才有效，否则机床继续执行 M01 指令后面的程序。

（3）M02 指令

M02 指令表示程序结束，该指令执行后，表示本加工程序内的所有内容均已完成，但程序结束后，光标不返回程序开始处。

（4）M30 指令

M30 指令用于程序结束指令，与 M02 的执行过程相似。不同之处在于当程序内容结束后，随即关闭数控机床所有动作，此时，光标自动返回程序开始处，为下一个工件加工做好准备。

（5）M98、M99 指令

在 FANUC 0i 系统中，M98 用于子程序调用指令，M99 用于子程序结束指令。

（6）M03、M04、M05 指令

M03 指令用于设定主轴顺时针旋转（即正转），M04 指令用于设定主轴逆时针旋转（即反转），主轴停转用 M05 指令表示。

（7）M06 指令

M06 指令用于刀具交换。通过 M06 指令可实现机床的自动换刀。M06 指令要配合

T 指令使用。例如："M06 T12;" 表示换 12 刀。

（8）M08、M09 指令

M08 指令表示切削液开，M09 指令表示切削液关。

三、刀具半径补偿指令

1. 刀具补偿功能的概念

数控铣床编程过程中，一般不考虑刀具的长度与半径，而只考虑刀位点与编程轨迹重合。但在实际加工过程中，由于刀具半径与刀具长度各不相同，在加工中势必造成很大的加工误差。数控机床根据实际刀具尺寸，自动改变坐标轴位置，使实际加工轮廓与编程轨迹完全一致的功能，称为刀具补偿功能。

2. 刀具半径补偿指令 （G40、 G41、 G42）

（1）刀具半径补偿开始指令（G41、G42）

指令格式：（G17、G18、G19） $\begin{Bmatrix} G00 \\ G01 \end{Bmatrix}\begin{Bmatrix} G41 \\ G42 \end{Bmatrix}$X __ Y __ （Z __ ）D __ F __；

参数含义：

D——指定刀具半径补偿值。

X、Y——指令坐标轴的移动量。

说明：

1）G41 为左侧刀具半径补偿指令，G42 为右侧刀具半径补偿指令。其判断的方法为：沿刀具进给的方向观察，当刀具中心在零件加工轮廓左侧时，称为刀具左补偿（简称左刀补），如图 5—2—11a 所示；当刀具中心在零件加工轮廓右侧时，称为刀具右补偿（简称右刀补），如图 5—2—11b 所示。

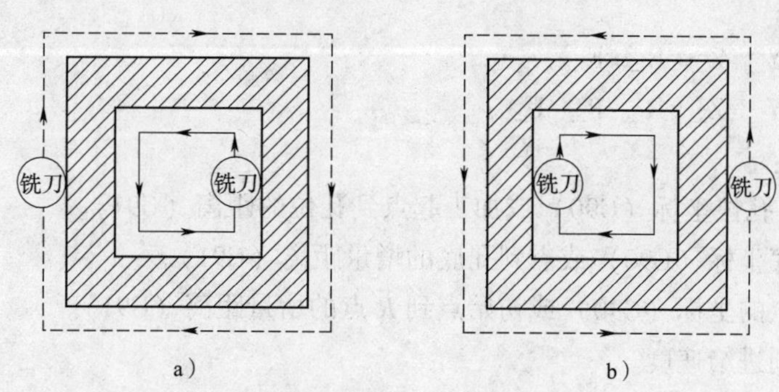

图 5—2—11　刀具半径补偿

a）左刀补　b）右刀补

2）刀具补偿建立前，刀具半径补偿值必须在系统刀具参数表内设置完成，并且刀具半径补偿值应小于工件轮廓凹形轨迹的最小曲率半径，否则系统将无法计算刀具中心轨迹而出现报警。

3）刀具补偿程序段必须有 G01 或 G00 功能及对应的坐标参数才有效，以用来建立刀补。

4）采用刀具半径补偿功能时，数控系统能预读两句程序，所以刀具半径补偿建立后必须在两个程序段内出现在所用加工平面中的坐标轴运动，否则会出现过切现象。

5）刀具补偿的程序内不得出现任何转移加工，如镜像、子程序跳转等。

（2）刀具半径补偿取消指令（G40）

指令格式：G40 G00（G01）X _Y _F _;

参数含义：

X、Y——指令坐标轴移动量。

说明：

1）G40 为刀具半径补偿取消指令。G40 指令必须与 G41 或 G42 指令成对使用，即有建立刀具半径补偿指令就应有取消补偿指令，否则会给后面程序带来问题。

2）编入 G40 的程序段为撤销刀具半径补偿的程序段，必须用 G01 或 G00 指令和对应的坐标参数才有效。

（3）使用刀具补偿功能的优点

1）简化编程。在编程时可以不考虑刀具的半径，直接按图样所给尺寸进行编程，只要在实际加工时输入刀具的半径值即可。

2）可以使粗加工的程序简化。利用有意识地改变刀具半径补偿量，则可用同一刀具、同一程序、不同的切削余量完成加工。

四、钻孔、攻螺纹循环加工指令

1. 钻孔指令

（1）钻孔循环指令（G81）和锪孔循环指令（G82）

指令格式：

G81 X_ Y_ Z_ R_ F_ ;

G82 X_ Y_ Z_ R_ P_ F_ ;

参数含义：

X、Y——孔位坐标（G90）或加工起点到孔位的距离（G91）。

Z——孔底坐标（G90）或点到孔底的增量距离（G91）。

R——*R* 点的坐标（G90）或初始点到 *R* 点的增量距离（G91）。

F——切削进给速度。

说明：

1）G81 指令的动作循环为 *X*、*Y* 坐标定位、快速进给、切削进给、快速返回等动作，如图 5—2—12a 所示。

2）G82 指令的动作与 G81 指令动作相似，唯一区别在于 G82 在孔底增加了暂停，如图 5—2—12b 所示。因此，G82 指令适用于盲孔、锪孔或镗阶梯孔的加工，以提高孔底表面的加工精度，而 G81 指令只适用于一般孔的加工。

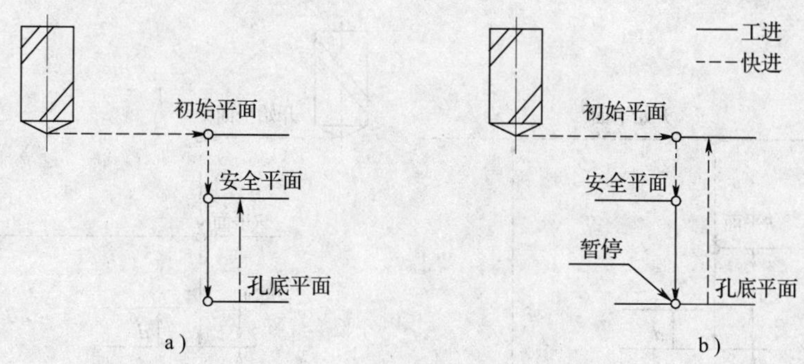

图 5—2—12　G81 循环与 G82 循环动作

a）G81 动作　b）G82 动作

（2）高速深孔往复排屑钻孔指令（G73）

指令格式：

G73 X_ Y_ Z_ R_ Q_ F_ ；

参数含义：

X、Y——孔位坐标（G90）或加工起点到孔位的距离（G91）。

Z——孔底坐标（G90）或点到孔底的增量距离（G91）。

R——*R* 点的坐标（G90）或初始点到 *R* 点的增量距离（G91）。

Q——每次的背吃刀量。

F——切削进给速度。

说明：

1）G73 指令用于深孔加工，如图 5—2—13a 所示。该固定循环用于 *Z* 轴方向的间歇进给，使深孔加工时可以较容易地实现断屑和排屑，减少退刀量，进行高效率的加工。

2）Q 值为每次的背吃刀量（增量值且用正值表示），必须保证 Q > d，退刀用快速，退刀量"d"由参数设定。

（3）深孔往复排屑钻孔指令（G83）

指令格式：G83 X_ Y_ Z_ R_ Q_ F_ ；

参数含义：

X、Y——孔位坐标（G90）或加工起点到孔位的距离（G91）。

Z——孔底坐标（G90）或点到孔底的增量距离（G91）。

R——*R* 点的坐标（G90）或初始点到 *R* 点的增量距离（G91）。

Q——每次的背吃刀量。

F——切削进给速度。

说明：

G83 指令同样用于深孔加工，如图 5—2—13b 所示。它与 G73 略有不同的是每次刀具间歇进给后退至 *R* 平面，此处的"*d*"表示刀具间歇进给每次下降时由快进转为工进的那一点至前一次切削进给下降的点之间的距离，距离由参数来设定。

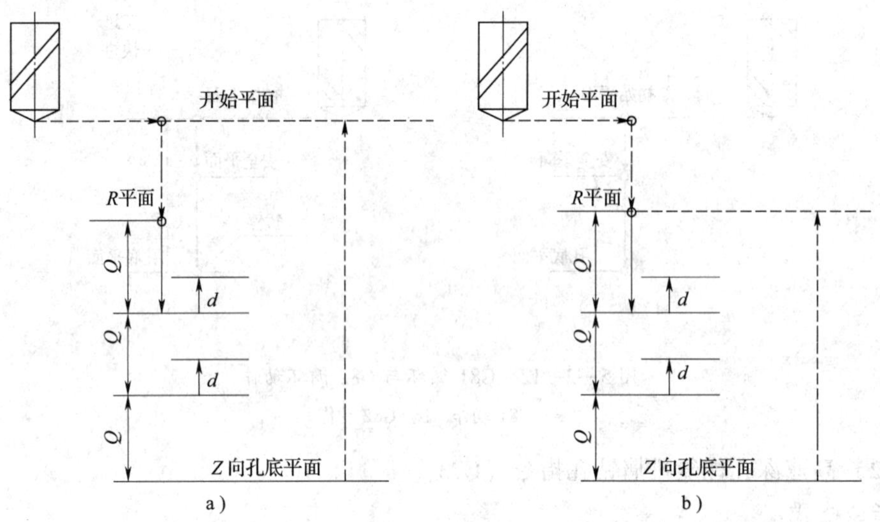

图 5—2—13　G73 循环与 G83 循环动作

a）G73 动作　b）G83 动作

2. 攻螺纹指令（G84、G74）

指令格式：

G84 X_ Y_ Z_ R_ F_ ；

G74 X_ Y_ Z_ R_ F_ ；

参数含义：

X、Y——孔位坐标（G90）或加工起点到孔位的距离（G91）。

Z——孔底坐标（G90）或点到孔底的增量距离（G91）。

R——*R* 点的坐标（G90）或初始点到 *R* 点的增量距离（G91）。

F——切削进给速度。

说明：

（1）G84 表示攻右旋螺纹，G74 表示攻左旋螺纹。

（2）G84 指令使主轴从 *R* 点至 *Z* 点时，刀具正向进给，主轴正转，到孔底时主轴反转，返回到 *R* 点平面后主轴恢复正转，如图 5—2—14 所示。

（3）G74 指令使主轴攻螺纹时反转，到孔底正转，返回到 *R* 点时恢复反转。

（4）攻螺纹结束后与钻孔加工不同，它的返回过程不是快速运动而是进给速度反转退出。

攻螺纹过程要求主轴转速与进给速度成严格的比例关系，因此编程时要求根据主轴转速计算进给速度，计算公式如下：

$$F = NP$$

式中　F——进给速度；

N——主轴转速；

P——螺纹导程（单线为螺距）。

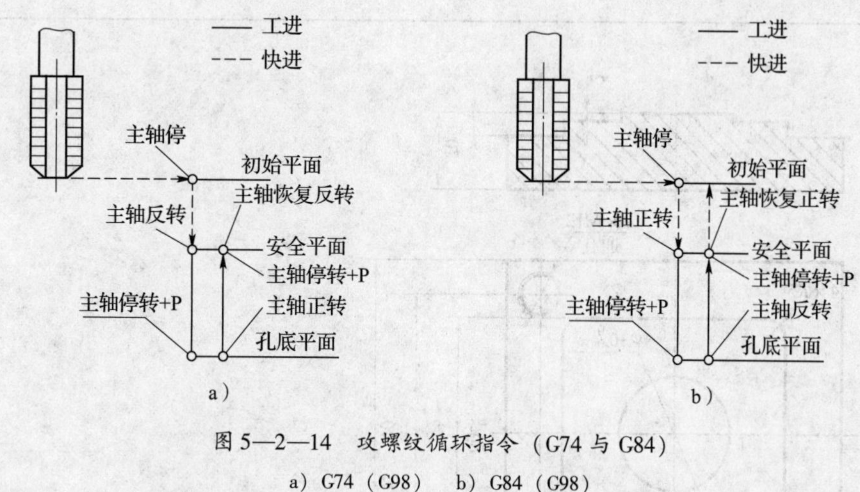

图 5—2—14 攻螺纹循环指令（G74 与 G84）
a）G74（G98） b）G84（G98）

除了使用上面这种传统的柔性攻螺纹的加工方式，应用 G74/G84 指令还可实现刚性攻螺纹加工。使用这种加工方式时，要求数控机床的主轴必须是伺服主轴，以保证主轴的回转和 Z 轴的进给严格地同步，即主轴每转一圈，Z 轴进给一个螺距或导程。由于机床的硬件保证了主轴和进给轴的同步关系，因此使用普通弹簧夹头刀柄即可攻螺纹。

为了和柔性攻螺纹区别，执行刚性攻螺纹需在指令段之前指定 M29 指令，或在包含攻螺纹指令的程序段中指定 M29。M29 表示刚性攻螺纹。

技能训练

模具型芯零件图如图 5—2—15 所示。毛坯：方料，尺寸为 90 mm × 90 mm × 20 mm，材料 45 钢。

一、工艺分析

1. 读图

看懂零件图样，了解图样上有关加工部位的尺寸标注、精度要求、几何精度和表面粗糙度要求，以及其他方面的技术要求。

该零件形状较简单，主要加工内容是圆柱、矩形台阶及攻螺纹加工。

2. 工艺路线

首先应粗、精铣坯料上表面，然后用键槽铣刀粗、精铣两台阶面，螺纹孔采用钻中心孔、钻孔及攻螺纹的工艺加工，如图 5—2—16 所示。加工时，选用平口虎钳装夹零件。其具体工艺路线安排如下：

（1）粗、精铣坯料上表面，粗铣余量根据毛坯情况由程序控制也可手动加工。

（2）用 ϕ20 mm 键槽铣刀粗铣圆柱台阶及矩形台阶，留精铣余量 0.2 mm。

（3）用 ϕ12 mm 键槽铣刀精铣圆柱台阶及矩形台阶，达到图样精度要求。

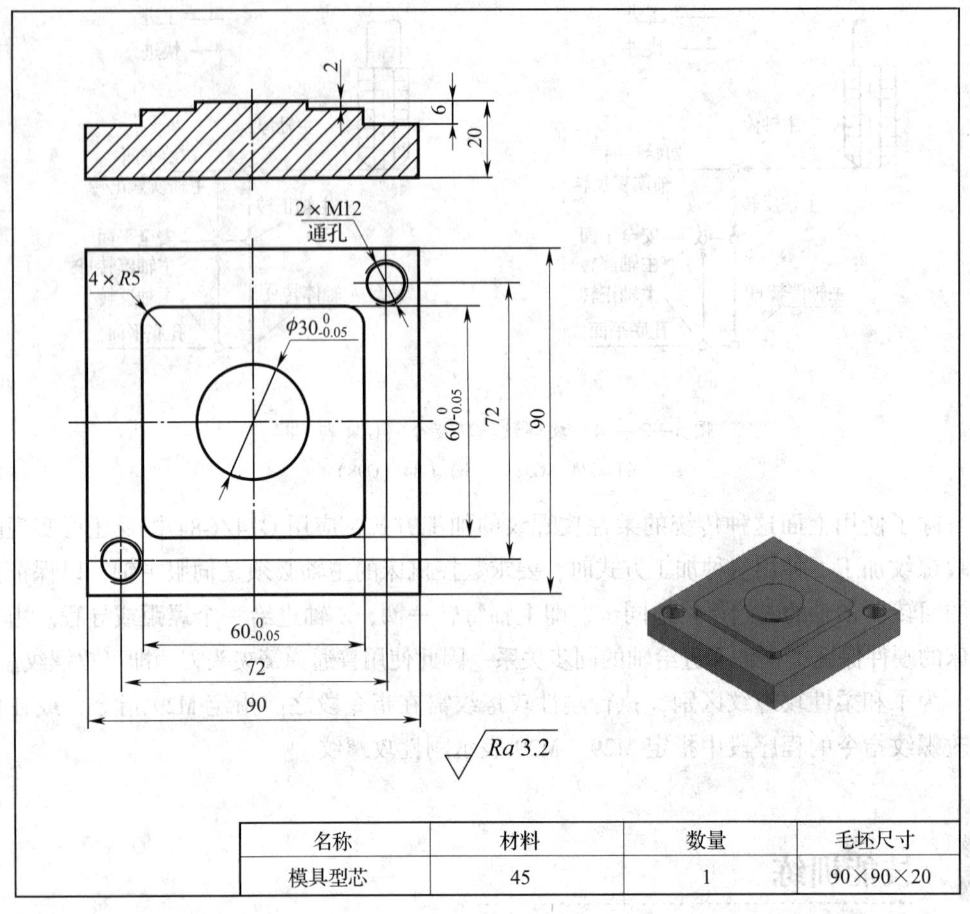

名称	材料	数量	毛坯尺寸
模具型芯	45	1	90×90×20

图 5—2—15　模具型芯零件图

（4）用中心钻钻 2×M12 的中心孔。

（5）用 ϕ10.3 mm 钻头钻 2×M12 的底孔。

（6）用 M12 丝锥攻 2×M12 的螺纹孔。

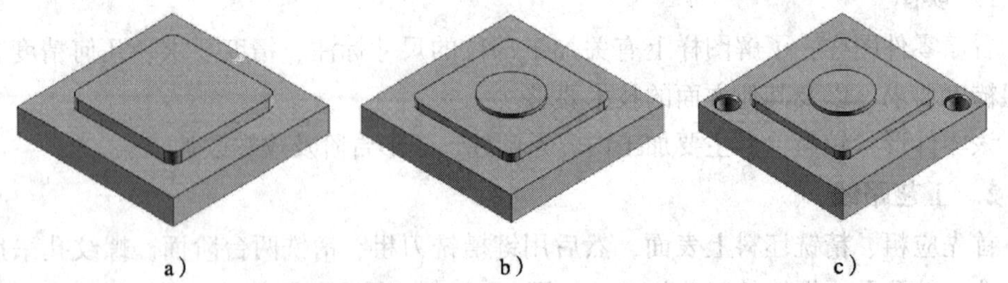

图 5—2—16　加工工艺路线

a）铣矩形台阶面　b）铣圆柱台阶面　c）攻螺纹

3. 刀具及切削用量的选择

根据零件的外形和加工的要求，选择刀具：T1 号刀为 ϕ80 mm 盘铣刀，T2 号刀为

ϕ20 mm 键槽铣刀，T3 号刀为 ϕ12 mm 键槽铣刀，T4 号刀为中心钻，T5 号为 ϕ10. 3 mm钻头，T6 号为 M12 丝锥。刀具及切削用量的选择见表 5—2—1。

表 5—2—1　　刀具及切削用量的选择

刀具号	刀具规格名称	数量	加工内容	主轴转速（r/min）	进给量（mm/min）	备注
T01	ϕ80 mm 盘铣刀	1	铣平面	650	120	
T02	ϕ20 mm 键槽铣刀	1	粗铣两台阶面	350	50	
T03	ϕ12 mm 键槽铣刀	1	精铣两台阶面	600	80	
T04	中心钻	1	钻中心孔	1 500	40	
T05	ϕ10. 3 mm 钻头	1	扩 2 × M12 螺纹底孔	450	60	
T06	M12 丝锥	1	攻 2 × M12 螺纹	100	175	

粗铣两台阶面时，T02 刀具半径补偿号为 D02，补偿值为 10. 2 mm（0. 2 mm 是精加工余量）。精铣两台阶面时，T03 刀具半径补偿号为 D03，补偿值为 6 mm。

4. 填写工序卡片

根据以上分析，该零件的数控加工工序卡见表 5—2—2。

表 5—2—2　　数控加工工序卡

<table>
<tr><th>零件名称</th><th></th><th colspan="2">数　量</th><th>1</th><th colspan="2">年　月</th></tr>
<tr><td>序号</td><td>工序</td><td colspan="3">工艺要求</td><td>工作者</td><td>日期</td></tr>
<tr><td>1</td><td>备料</td><td colspan="3">尺寸为 90 mm × 90 mm × 20 mm
方料 1 块，材料 45 钢</td><td></td><td></td></tr>
<tr><td rowspan="7">2</td><td rowspan="7">数控铣床</td><td>工步</td><td colspan="2">工步内容</td><td>刀具号</td><td rowspan="7"></td></tr>
<tr><td>1</td><td colspan="2">铣平面</td><td>T1</td></tr>
<tr><td>2</td><td colspan="2">粗铣两台阶面</td><td>T2</td></tr>
<tr><td>3</td><td colspan="2">精铣两台阶面</td><td>T3</td></tr>
<tr><td>4</td><td colspan="2">钻中心孔</td><td>T4</td></tr>
<tr><td>5</td><td colspan="2">钻 2 × M12 的底孔</td><td>T5</td></tr>
<tr><td>6</td><td colspan="2">攻 2 × M12 的螺纹孔</td><td>T6</td></tr>
</table>

续表

零件名称		数 量	1		年 月
3	检 验				
4	定位图	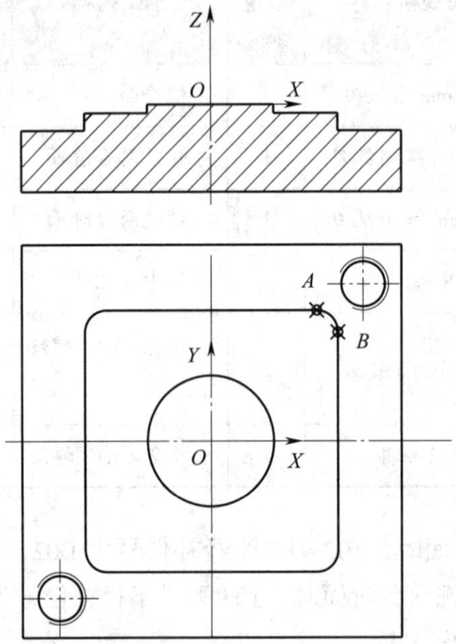			
材料	45 钢		备注：		
规格数量	90 mm×90 mm×20 mm，1 块				

二、程序编制

1. 确定工件坐标系

选择零件两对称轴的交点为工件坐标系 X、Y 轴零点，工件上表面为 Z 轴零点，建立工件坐标系，见表 5—2—2。

2. 确定基点坐标

在编制程序之前要计算每一个基点坐标的数值。如表 5—2—2 所示，经简单计算得到基点坐标：A 点（25.0，30.0）；B 点（30.0，25.0）。

3. 编制加工程序

根据设定的工件坐标系和算得的基点，编制零件程序。

（1）矩形台阶加工程序

参考程序如下：

程序	说明
O0002;	程序名
G90 G94 G40 G17 G21;	程序初始化
G91 G28 Z0.0;	Z 轴回参考点
G90 G54 M03 S350;	绝对值编程，主轴正转，转速 350 r/min
G00 X-60.0 Y0.0 M08;	快速定位到（-60，0），并打开切削液
Z5.0;	快速定位到 Z5.0
G01 Z-6.0 F52;	直线插补到 Z-6.0
G41 D02 G01 X-30.0 Y0.0 F52;	建立刀具半径左补偿，直线插补到点(-30，0)
Y25.0;	
G02 X-25.0 Y30.0 R5.0;	
G01 X25.0;	
G02 X30.0 Y25.0 R5.0;	
G01 Y-25.0;	加工矩形台阶
G02 X25.0 Y-30.0 R5.0;	
G01 X-25.0;	
G02 X-30.0 Y-25.0 R5.0;	
G01 Y3.0;	
G40 G01 X-60.0 Y0.0;	取消刀具半径补偿，直线插补到点(-60，0)
G00 Z20.0 M09;	快速定位到 Z20.0，关闭切削液
G91 G28 Z0.0;	Z 轴回参考点
M30;	程序结束

（2）圆柱台阶加工程序

参考程序如下：

程序	说明
O0002;	程序名
G90 G94 G40 G17 G21;	程序初始化
G91 G28 Z0.0;	Z 轴回参考点
G90 G54 M03 S350;	绝对值编程，主轴正转，转速为 350 r/min
G00 X-60.0 Y0.0;	快速定位到点（-60，0）
Z5.0 M08;	快速定位到 Z5.0
G01 Z-2.0 F52;	直线插补到 Z-2.0
G41 D02 G01 X15.0 Y0.0 F50;	

续表

程序	说明
G02 I15.0 J0.0;	刀具半径左补偿，铣 ϕ30 mm 的圆
G40 G01 X-60.0 Y0.0;	
G00 Z20.0 M09;	刀具快速定位到 Z20.0 的位置
G91 G28 Z0.0;	Z 轴回参考点
M30;	程序结束

（3）孔加工程序

钻中心孔参考程序如下：

程序	说明
O0003;	程序名
G90 G40 G21 G17 G94;	程序初始化
G91 G28 Z0.0;	Z 轴回参考点
G90 G54 M03 S1500;	绝对值编程，主轴正转，转速为 1 500 r/min
G00 X0.0 Y0.0;	快速定位到点（0，0）
Z20.0 M08;	打开切削液，刀具高度到达 Z20.0
G99 G81 X36.0 Y36.0 R5.0 Z-10.0 F40;	钻中心孔
X-36.0 Y-36.0;	
G80 Z20.0 M09;	取消固定循环
G91 G28 Z0.0;	Z 轴回参考点
M30;	程序结束

钻 2×M12 螺纹底孔参考程序如下：

程序	说明
O0004;	程序名
G90 G40 G21 G17 G94;	程序初始化
G91 G28 Z0.0;	Z 轴回参考点
G90 G54 M03 S600;	绝对值编程，主轴正转，转速为 600 r/min
G00 X0.0 Y0.0;	快速定位到点（0，0）
Z20.0 M08;	打开切削液，刀具高度到达 Z20.0
G99 G81 X36.0 Y36.0 R5.0 Z-24.0 F40;	钻孔
X-36.0 Y-36.0;	
G80 Z20.0 M09;	取消固定循环
G91 G28 Z0.0;	Z 轴回参考点
M30;	程序结束

攻 2×M12 螺纹参考程序如下：

程序	说明
O0005；	程序名
G90 G40 G21 G17 G94；	程序初始化
G91 G28 Z0.0；	Z 轴回参考点
G90 G54 M03 S100；	绝对值编程，主轴正转，转速为 100 r/min
G00 X0.0 Y0.0；	快速定位到点（0，0）
Z20.0 M08；	打开切削液，刀具高度到达 Z20.0
G99 G84 X36.0 Y36.0 R5.0 Z-24.0 F175；	铰孔
X-36.0 Y-36.0；	
G80 Z20.0 M09；	取消固定循环
G91 G28 Z0.0；	Z 轴回参考点
M30；	程序结束

三、加工步骤

1. 加工前准备

（1）接通电源。

（2）机床回零。

（3）准备刀具、工具，检查毛坯尺寸和形状，了解毛坯余量。

（4）在平口虎钳上装夹工件，工件伸出钳口 10 mm。

（5）安装刀具。

（6）对刀，并输入各刀具半径及长度补偿参数。

2. 程序调入及调试

（1）调入加工程序。

（2）输入或检查刀具补偿参数。

（3）进行程序校验及加工轨迹仿真。

3. 工件加工

启动程序，数控铣床自动进行零件加工。

四、注意事项

1. 加工完毕，应清除切屑、擦拭机床，机床与环境保持清洁状态。
2. 检查润滑油及冷却液的状态，及时添加或更换。
3. 依次关掉机床操作面板上的电源和总电源。
4. 打扫工作现场，保持清洁状态。

五、评分标准

数控铣削模具型芯评分标准见表5—2—3。

表5—2—3　　数控铣削模具型芯评分标准

考核项目	考核内容及要求	配分	评分标准	检测结果	得分
主要项目	圆柱 $\phi30\ _{-0.05}^{\ 0}$ mm	20	每处超差0.01 mm扣4分		
	矩形 $60\ _{-0.05}^{\ 0}$ mm（两处）	20	每处超差0.01 mm扣4分		
	高度2 mm	10	不正确不得分		
	高度6 mm	10	不正确不得分		
	2×M12	10	不正确不得分		
	零件轮廓正确	8	每处缺陷扣2分，扣完为止		
一般项目	去毛刺	4	每处毛刺扣1分，扣完为止		
	*Ra*3.2 μm	8	每处超差扣该项配分		
设备及工具、量具、刃具的使用维护	常用工具、量具、刃具的合理使用与保养	2	未完成不得分		
	正确操作数控机床，及时发现设备故障	2	未完成不得分		
	数控机床的润滑工作	1	未完成不得分		
	数控机床的保养工作	2	未完成不得分		
安全文明生产	正确执行安全技术操作规程	2	酌情提醒或扣分		
	正确穿戴劳动保护用品	1	未完成不得分		
总分		100			

课题三　数控铣削模具型腔

一、型腔铣削知识

1. 型腔的类型及各自的特点

型腔加工的特点是粗加工时有大量余量要被切除，一般采用分层切削的方法。

(1) 简单型腔

采用分层切削，把每一层入刀点统一到沿 Z 轴的一根轴线上，沿此轴预钻入刀孔，底面与侧面都要留有余量。精加工时，先加工底面，后加工侧面。

(2) 有岛屿类型腔

有岛屿类型腔是简单型腔底面上凸起一个小岛。粗加工时让刀具在内外轮廓中间区域中运动，并使底面、内轮廓、外轮廓留有均匀的余量。精加工时，先加工底面，再加工两侧面。

(3) 有槽类型腔

有槽类型腔是简单型腔底面下还有槽。它的加工方法是两简单型腔的组合，先粗加工各型腔，留余量，再统一精加工各表面。

2. 型腔加工路线

如图 5—3—1a、b、c 所示是铣削型腔的 3 种加工路线。就走刀路线长度而言，图 b 所示路线最长，图 a 所示路线最短。但是，按图 a 所示路线加工的凹槽内壁表面的表面粗糙度最差，而图 b、图 c 所示路线都安排了一次连续铣削加工凹槽内壁表面的精加工走刀路线，可以满足凹槽内壁表面的加工精度和表面粗糙度的要求。最后安排一次连续加工轮廓表面的精加工走刀路线是必要的。另外，图 c 所示走刀路线的总长度比图 b 所示路线短。因此，图 c 所示路线最佳。

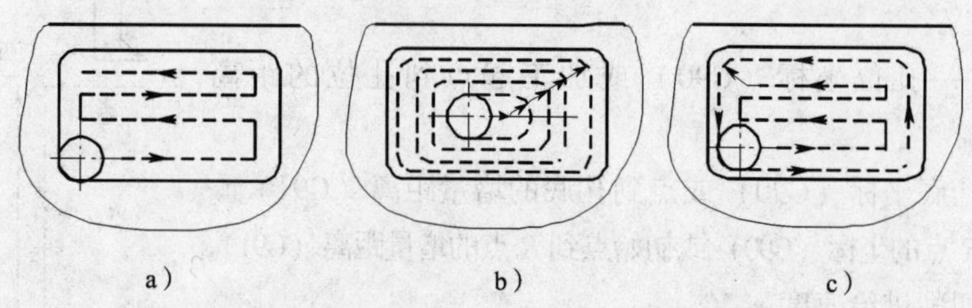

图 5—3—1　型腔加工路线

a) 行切　b) 环切　c) 先行切再轮廓环切

如图 5—3—2 所示是使用平底铣刀分两步加工凹槽，第一步切内腔，第二步切轮廓，刀具边缘部分的圆角半径应符合内槽的图样要求。切轮廓通常又分为粗加工和精加工两步。粗加工时，从凹槽轮廓线向里平移铣刀半径 R 并且留出精加工余量 δ，由此得出的粗加工刀位线形是计算凹槽走刀路线的依据。切削凹槽时，环切和行切在生产中都有应用。两种走刀路线的共同点是都要切净内腔中的全部面积，不留死角，不伤轮廓，同时尽量减少重复走刀的搭接量。环切法的刀位点计算稍复杂，需要一次一次向里收缩轮廓线。偏移轮廓的算法应用局限性稍大，例如当凹槽中带有局部凸台（岛屿）时，对于环切法就难于设计通用的算法。

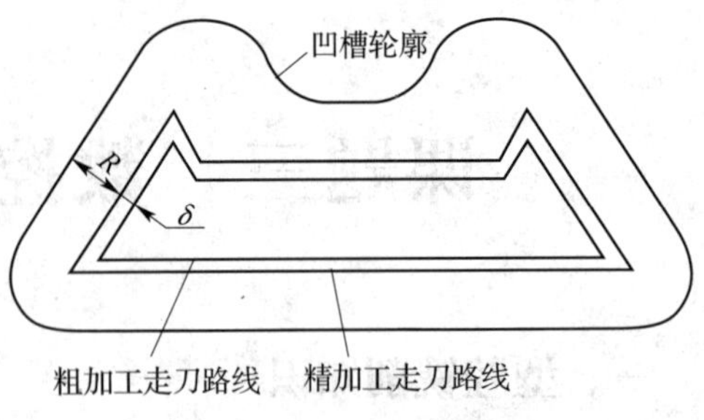

图 5—3—2　凹槽的加工

从走刀路线的长短比较，行切法要略优于环切法。但在加工小面积内槽时，环切法的程序量要比行切法小。

此外，合理地加工对刀点和起刀点分离，合理利用“回零”指令（在坐标平面内实现双向同时“回零”）等，都能缩短刀具路线。建议在确定走刀路线时画一张工序简图，把确定的走刀路线画上去，这样对编制程序能提供许多便利，很有好处。

二、槽的铣削方法

1. 轨迹法

轨迹法切削实际上是进行成型切削。刀具按槽的形状沿单一轨迹运动，刀轨与刀具形状合称为槽的形状。槽的尺寸取决于刀具的尺寸。槽两侧表面，一面为顺铣，另一面为逆铣，因此，两侧加工质量不同。精加工余量由半精加工刀具尺寸决定。

2. 型腔法

为克服轨迹法切削的缺点，可把槽看作细长的型腔，进行型腔加工。

三、铰孔循环指令

指令格式：G85 X_　Y_　Z_　R_　F_ ；

参数含义：

X、Y——孔位坐标（G90）或加工起点到孔位的距离（G91）。

Z——孔底坐标（G90）或点到孔底的增量距离（G91）。

R——R 点的坐标（G90）或初始点到 R 点的增量距离（G91）。

F——切削进给速度。

说明：

这种加工方式，刀具是以切削进给方式加工到孔底，然后又以切削进给方式返回到 R 点平面，因此适用于铰孔，如图 5—3—3 所示。

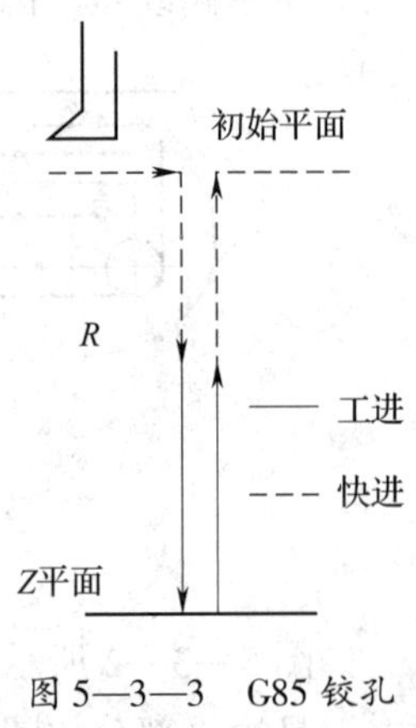

图 5—3—3　G85 铰孔循环指令

技能训练

模具型腔零件图如图 5—3—4 所示。毛坯：方料，尺寸为 90 mm × 90 mm × 20 mm，材料 45 钢。

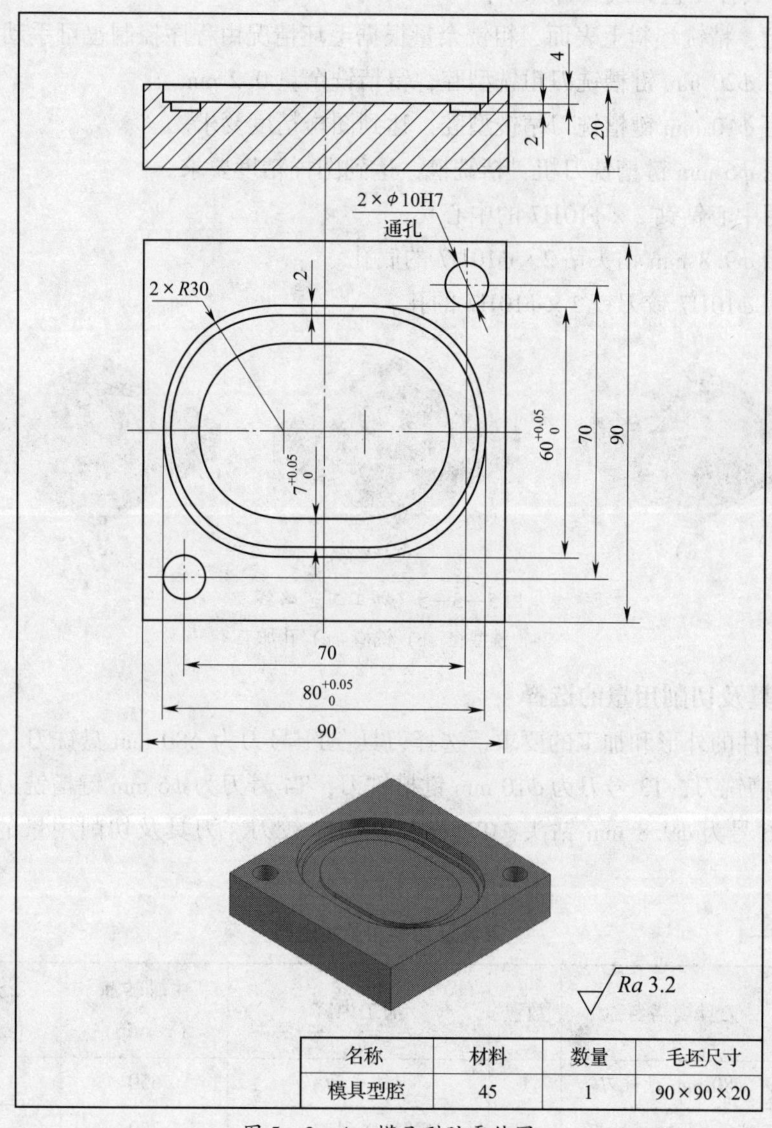

名称	材料	数量	毛坯尺寸
模具型腔	45	1	90 × 90 × 20

图 5—3—4 模具型腔零件图

一、工艺分析

1. 读图

看懂零件图样，了解图样上有关加工部位的尺寸标注、精度要求、几何精度和表面粗糙度要求，以及其他方面的技术要求。该零件形状较简单，主要加工内容是型腔、

槽及铰孔加工。

2. 工艺路线

首先应粗、精铣坯料上表面，然后用键槽铣刀粗、精铣型腔及槽，铰孔采用钻中心孔、钻孔及铰孔的加工工艺保证精度，如图5—3—5所示。零件加工时选用平口虎钳装夹。其具体工艺路线安排如下：

（1）粗、精铣坯料上表面，粗铣余量根据毛坯情况由程序控制也可手动加工。

（2）用 ϕ20 mm 键槽铣刀粗铣型腔，留精铣余量 0.2 mm。

（3）用 ϕ10 mm 键槽铣刀精铣型腔，达到图样精度要求。

（4）用 ϕ6 mm 键槽铣刀粗、精铣槽，达到图样精度要求。

（5）用中心钻钻 2 × ϕ10H7 的中心孔。

（6）用 ϕ9.8 mm 钻头钻 2 × ϕ10H7 的底孔。

（7）用 ϕ10H7 铰刀铰 2 × ϕ10H7 的孔。

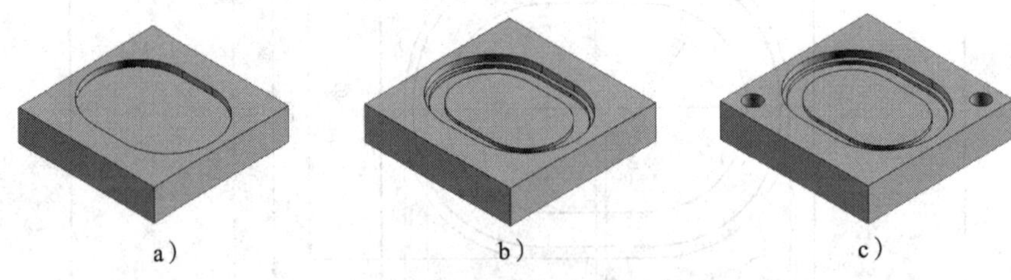

图5—3—5　加工工艺路线

a）铣型腔　b）铣槽　c）孔加工

3. 刀具及切削用量的选择

根据零件的外形和加工的要求，选择刀具：T1号刀为 ϕ80 mm 盘铣刀，T2号刀为 ϕ20 mm 键槽铣刀，T3号刀为 ϕ10 mm 键槽铣刀，T4号刀为 ϕ6 mm 键槽铣刀，T5号为中心钻，T6号为 ϕ9.8 mm 钻头，T7号为 ϕ10H7 铰刀。刀具及切削用量的选择见表5—3—1。

表5—3—1　刀具及切削用量的选择

刀具号	刀具规格名称	数量	加工内容	主轴转速（r/min）	进给量（mm/min）
T01	ϕ80 mm 盘铣刀	1	铣平面	650	120
T02	ϕ20 mm 键槽铣刀	1	粗铣型腔	350	50
T03	ϕ10 mm 键槽铣刀	1	精铣型腔	800	80
T04	ϕ6 mm 键槽铣刀	1	粗、精铣槽	1 000	50
T05	中心钻	1	钻中心孔	1 500	40
T06	ϕ9.8 mm 钻头	1	钻 ϕ10H7 底孔	500	60
T07	ϕ10H7 铰刀	1	铰 ϕ10H7 孔	100	50

粗铣型腔时，T02 刀具半径补偿号为 D02，补偿值为 10.2 mm（0.2 mm 是精加工余量）。精铣型腔时，T03 刀具半径补偿号为 D03，补偿值为 5 mm。

粗铣槽时，T03 刀具半径补偿号为 D03，补偿值为 3.1 mm（0.1 mm 是精加工余量）。精铣槽时，T03 刀具半径补偿号为 D03，补偿值为 3 mm。

4. 填写工序卡片

根据以上分析，该零件的数控加工工序卡见表 5—3—2。

表 5—3—2　　数控加工工序卡

<table>
<tr><th>零件名称</th><th></th><th>数量</th><th colspan="2">1</th><th>年月</th></tr>
<tr><th>序号</th><th>工序</th><th colspan="3">工艺要求</th><th>日期</th></tr>
<tr><td>1</td><td>备料</td><td colspan="3">尺寸为 90 mm×90 mm×20 mm 方料 1 块，材料 45 钢</td><td></td></tr>
<tr><td rowspan="8">2</td><td rowspan="8">数控铣床</td><td>工步</td><td>工步内容</td><td>刀具号</td><td></td></tr>
<tr><td>1</td><td>铣平面</td><td>T1</td><td></td></tr>
<tr><td>2</td><td>粗铣型腔</td><td>T2</td><td></td></tr>
<tr><td>3</td><td>精铣型腔</td><td>T3</td><td></td></tr>
<tr><td>4</td><td>粗、精铣槽</td><td>T4</td><td></td></tr>
<tr><td>5</td><td>钻中心孔</td><td>T5</td><td></td></tr>
<tr><td>6</td><td>钻 ϕ10H7 的底孔</td><td>T6</td><td></td></tr>
<tr><td>7</td><td>铰 ϕ10H7 孔</td><td>T7</td><td></td></tr>
<tr><td>3</td><td>检验</td><td colspan="3"></td><td></td></tr>
<tr><td>4</td><td>定位图</td><td colspan="4"></td></tr>
<tr><td colspan="2">材料</td><td colspan="2">45 钢</td><td colspan="2" rowspan="2">备注：</td></tr>
<tr><td colspan="2">规格数量</td><td colspan="2">90 mm×90 mm×20 mm，1 块</td></tr>
</table>

二、程序编制

1. 确定工件坐标系

选择零件两对称轴的交点为工件坐标系 X、Y 轴零点，工件上表面为 Z 轴零点，建立工件坐标系，见表 5—3—2。

2. 确定基点坐标

在编制程序之前要计算每一个基点坐标的数值。表 5—3—2 中，经简单计算得到基点坐标：A 点（10.0，30.0）；B 点（10.0，28.0）；C 点（10.0，21.0）。

3. 编制加工程序

根据设定的工件坐标系和算得的基点，编制零件程序。

（1）型腔加工程序

参考程序如下：

程序	说明
O0001；	程序名
G90 G94 G40 G17 G21；	程序初始化
G91 G28 Z0.0；	Z 轴回参考点
G90 G54 M03 S350；	绝对值编程，主轴正转，转速 350 r/min
G00 X0.0 Y0.0 M08；	快速定位到点（0，0），并打开切削液
Z5.0；	快速定位到 Z5.0 点
G01 Z－4.0 F52；	直线插补到 Z－4.0
G41 D02 G01 X0.0 Y30.0 F52；	建立刀具半径左补偿，直线插补到点（0，30）
X－10.0；	加工型腔
G03 Y－30.0 R30.0；	
G01 X10.0；	
G03 Y30.0 R30.0；	
G01 X－3.0；	
G40 G01 X0.0 Y0.0；	取消刀具半径补偿，直线插补到点（0，0）
G00 Z20.0 M09；	快速定位到 Z20.0，关闭切削液
G91 G28 Z0.0；	Z 轴回参考点
M30；	程序结束

（2）槽加工程序

参考程序如下：

程序	说明
O0002；	程序名
G90 G94 G40 G17 G21；	程序初始化

续表

程序	说明
G91 G28 Z0.0;	Z 轴回参考点
G90 G54 M03 S1000;	绝对值编程，主轴正转，转速为 1 000 r/min
G00 X0.0 Y24.5 M08;	快速定位到点（0，24.5）
Z5.0;	快速定位到 Z5.0
G01 Z-6.0 F52;	直线插补到 Z-6.0
G41 D03 G01 X0.0 Y28.0 F50;	刀具半径左补偿，铣槽内侧
X-10.0;	
G03 Y-28.0 R28.0;	
G01 X10.0;	
G03 Y28.0 R28.0;	
G01 X-3.0;	
G40 G01 X0.0 Y24.5;	
G41 D03 G01 X0.0 Y21.0 F52;	刀具半径左补偿，铣槽外侧
X10.0;	
G02 Y-21.0 R21.0;	
G01 X-10.0;	
G02 Y21.0 R21.0;	
G01 X3.0;	
G40 G01 X0.0 Y24.5;	
G00 Z20.0 M09;	刀具快速定位到 Z20.0 的位置
G91 G28 Z0.0;	Z 轴回参考点
M30;	程序结束

（3）孔加工程序

钻中心孔参考程序如下：

程序	说明
O0003;	程序名
G90 G40 G21 G17 G94;	程序初始化
G91G28 Z0.0;	Z 轴回参考点
G90 G54 M03 S1500;	绝对值编程，主轴正转，转速为 1 500 r/min
G00 X0.0 Y0.0;	快速定位到点（0，0）
Z20.0 M08;	打开切削液，刀具高度到达 Z20.0
G99 G81 X35.0 Y35.0 R5.0 Z-4.0 F40;	钻中心孔
X-35.0 Y-35.0;	
G80 Z20.0 M09;	取消固定循环
G91 G28 Z0.0;	Z 轴回参考点
M30;	程序结束

钻 2×ϕ10H7 底孔参考程序如下：

程序	说明
O0004；	程序名
G90 G40 G21 G17 G94；	程序初始化
G91 G28 Z0.0；	Z 轴回参考点
G90 G54 M03 S500；	绝对值编程，主轴正转，转速为 500 r/min
G00 X0.0 Y0.0；	快速定位到点（0，0）
Z20.0 M08；	打开切削液，刀具高度到达 Z20.0
G99 G81 X35.0 Y35.0 R5.0 Z－24.0 F40；	钻孔
X－35.0 Y－35.0；	
G80 Z20.0 M09；	取消固定循环
G91 G28 Z0.0；	Z 轴回参考点
M30；	程序结束

铰 2×ϕ10H7 孔参考程序如下：

程序	说明
O0005；	程序名
G90 G40 G21 G17 G94；	程序初始化
G91 G28 Z0.0；	Z 轴回参考点
G90 G54 M03 S100；	绝对值编程，主轴正转，转速为 100 r/min
G00 X0.0 Y0.0；	快速定位到点（0，0）
Z20.0 M08；	打开切削液，刀具高度到达 Z20.0
G99 G85 X35.0 Y35.0 R5.0 Z－22.0 F50；	铰孔
X－35.0 Y－35.0；	
G80 Z20.0 M09；	取消固定循环
G91 G28 Z0.0；	Z 轴回参考点
M30；	程序结束

加工步骤略。

三、评分标准

数控铣削模具型腔评分标准见表 5—3—3。

表 5—3—3　　数控铣削模具型腔评分标准

考核项目	考核内容及要求	配分	评分标准	检测结果	得分
主要项目	型腔 $60^{+0.05}_{0}$ mm、$80^{+0.05}_{0}$ mm	20	每处超差 0.01 mm 扣 4 分		
	槽宽 $7^{+0.05}_{0}$ mm	20	每处超差 0.01 mm 扣 4 分		
	深度 4 mm	10	不正确不得分		
	深度 2 mm	10	不正确不得分		
	2 × ϕ10H7	10	不正确不得分		
	零件轮廓正确	8	每处缺陷扣 2 分，扣完为止		
一般项目	去毛刺	4	每处毛刺扣 1 分，扣完为止		
	*Ra*3.2 μm	8	每处超差扣该项配分		
设备及工具、量具、刃具的使用维护	常用工具、量具、刃具的合理使用与保养	2	未完成不得分		
	正确操作数控机床，及时发现设备故障	2	未完成不得分		
	数控机床的润滑工作	1	未完成不得分		
	数控机床的保养工作	2	未完成不得分		
安全文明生产	正确执行安全技术操作规程	2	酌情提醒或扣分		
	正确穿戴劳动保护用品	1	未完成不得分		
总分		100			

模具零件精密加工

课题一 成型磨削加工简介

成型磨削加工是精加工成型表面的一种方法。它是把复杂成型表面分解成若干个平面、圆柱面等简单形状表面，然后分段磨削，并使用其连接光滑、圆整，达到图样要求。例如，许多形状复杂的凸凹模刃口外形是由一些圆弧与直线组成的，如图 6—1—1 所示，采用成型磨削加工，会使它们在连接处光滑过渡，符合设计要求。

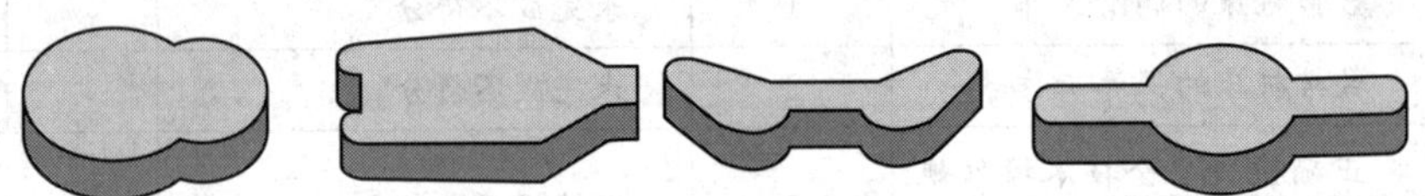

图 6—1—1 凸凹模刃口外形

成型磨削具有高精度、高效率的优点。成型磨削可对热处理淬硬后硬度很高的凸模进行精加工，消除热处理变形对精度的影响；可对电火花加工用电极的成型表面进行精加工，以制造高精度的模具型腔等结构；可对拼装凹模进行精加工，减少钳工工作量，提高生产效率。

一、成型磨削用磨床

成型磨削可以在平面磨床、光学曲线磨床、万能工具磨床和数控成型磨床上进行。采用平面磨床加附件，是用得比较广泛的一种成型磨削方法。常用的国产平面磨床的型号有 M7112、M7120A 等。

1. 平面磨床

如图 6—1—2a 所示为 M7120A 型平面磨床，是一种常用的卧轴矩台平面磨床。它由床身 7、立柱 5、工作台 1、磨头 2、砂轮修整器等主要部件组成。

如图 6—1—2b 所示为平面磨床运动示意图，矩形工作台 1 安装在床身 7 的水平纵向导轨上，由液压传动系统实现纵向直线往复移动，从而带动工件运动，可利用撞块 6 自动控制换向，也可用纵向手轮 9 通过机械传动系统手动操纵往复移动或进行调整工作。工作台上装有电磁吸盘，用于固定、装夹工件或夹具。

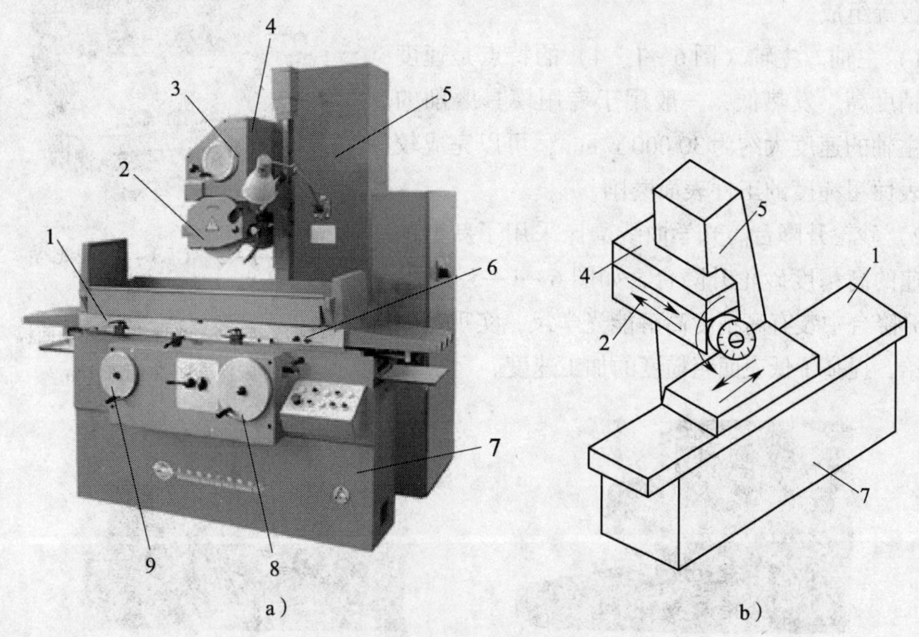

图 6—1—2 M7120A 型平面磨床

a）外形图 b）运动示意图

1—工作台 2—磨头 3—横向手轮 4—床鞍 5—立柱

6—撞块 7—床身 8—升降手轮 9—纵向手轮

装有砂轮主轴的磨头 2 可沿床鞍 4 的水平燕尾导轨移动，由液压传动系统实现磨削时的横向步进进给和调整时的横向连续移动，也可用横向手轮 3 手动操纵。磨头的高低位置调整或垂直进给运动由升降手轮 8 操纵，通过床鞍 4 沿立柱 5 的垂直导轨移动来实现。

2. 光学曲线磨床

光学曲线磨削是利用投影放大原理，在磨削时将放大的待加工工件形状投影与同比例放大的工件设计图进行比较，操纵砂轮将工件设计图线以外的余量磨去，而获得精确型面的一种加工方法。

光学曲线磨削可以加工较小的镶块、样板及带几何型面的圆柱形工件。用光学曲线磨床磨削法和精密平面磨床磨削法互相配合，可以完成大型工件复杂的成型加工。此外，由于金刚石砂轮和立方氮化硼砂轮不能进行成型修整，因此可以用标准形该类砂轮，在光学曲线磨床上成型磨削硬质合金和合金工具钢的工件。常用的光学曲线磨床有 GLS 系列、M 系列，下面以 GLS - C8 型光学曲线磨床为例介绍。

(1) 结构组成

GLS 光学曲线磨床为数控自动光学精密曲线磨床。如图 6—1—3 所示为 GLS－C8 型光学曲线磨床，由床身、坐标工作台、砂轮架、光屏、控制面板等组成。

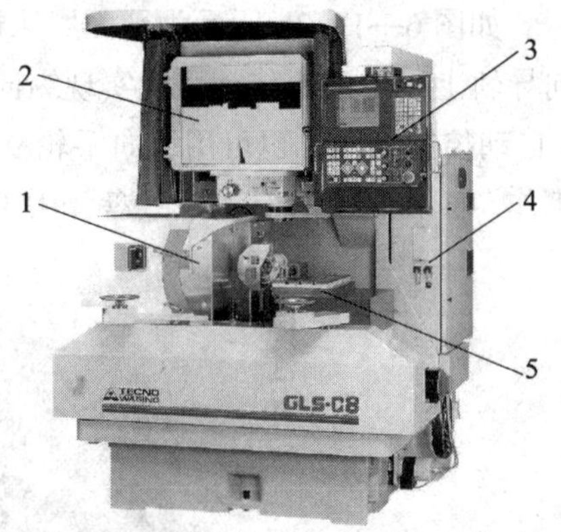

图 6—1—3　GLS－C8 型光学曲线磨床

1—砂轮架　2—光屏　3—控制面板　4—床身　5—坐标工作台

1）主轴。主轴（图 6—1—4）的特点是速度高、精度高、发热低，一般用于专用模具磨削的高速主轴的速度大约为 30 000 r/min，可以完成较低的表面粗糙度的工件表面磨削。

2）砂轮升降台。光学曲线磨床采用了新型的超高速的高精度砂轮升降台，如图 6—1—5 所示。砂轮升降台中装有高精度高解能光学尺，实现超精密进给，提高了低表面粗糙度的加工速度。

图 6—1—4　高精度的高速主轴

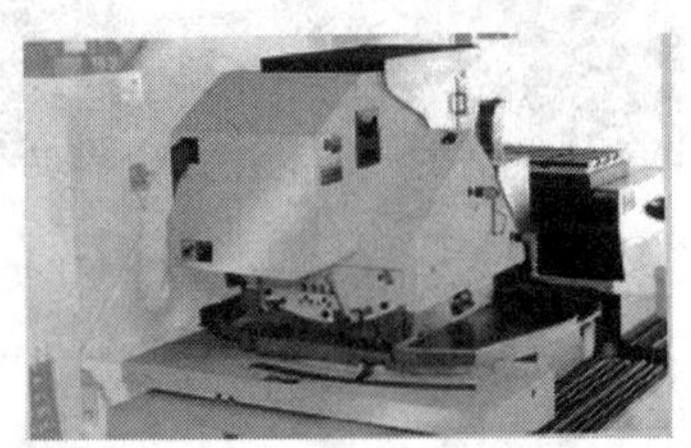

图 6—1—5　新型的砂轮升降台

同时，为了加工多种难磨削材料，减轻砂轮磨削损耗和降低磨削时的发热，光学曲线磨床采用了湿式砂轮盖套（图 6—1—6），可以满足湿式磨削加工。

3）坐标工作台。为了提高加工效率，数控自动光学曲线磨床已对坐标工作台的纵向和横向进给实现数控。使用时，只需要按规定倍数绘制工件设计放大图，安装在光屏上，再用手动进给手轮，将砂轮顶端对准放大图的形状变化点上后，以简单输入方式控制砂轮座纵向和横向进给两轴的数控运转。

4）投影机。投影机的液晶显示屏尺寸为 540 mm × 420 mm，投影倍率为 20 倍、50 倍，如图 6—1—7 所示。为了使投影清晰可见，投影机的显示屏上配备有放大镜，放大镜的倍率有 ×2.2、×4。

图 6—1—6　湿式砂轮盖套

图 6—1—7　投影机的显示屏及放大镜

根据放大倍数，在它上面只能看到工件上 10. 8 mm×8. 4 mm 的轮廓，因此一次只能磨削 10. 8 mm×8. 4 mm 的工件。如果工件的外形尺寸超过这个范围，就要采用分段磨削的方法，放大图就要按一定的基准分段绘制。如图 6—1—8a 所示的工件外形，将其分为三段，把每段曲线放大 50 倍后绘在一张图样上，如图 6—1—8b 所示，然后逐段磨出工件外形。

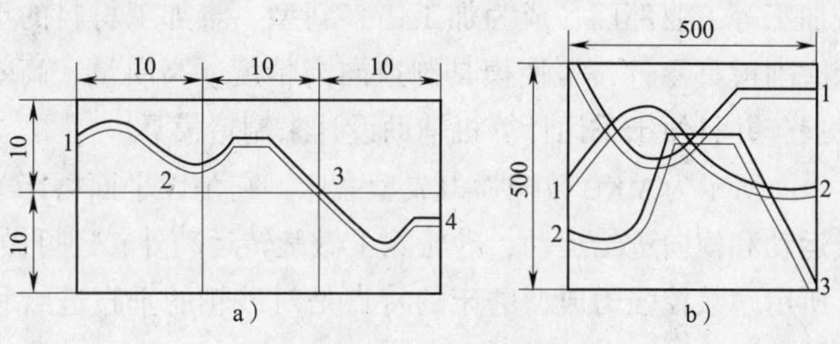

图 6—1—8 光学曲线磨床分段磨削

a）工件 b）放大图

（2）光学曲线磨床的运动

被磨削工件利用专用夹板、精密机床用平口虎钳等固定在坐标工作台上，可以做纵向、横向和升降运动。砂轮做旋转主运动，同时在砂轮架的垂直导轨上做直线往复运动。砂轮架可做纵向和横向的送进运动以及沿垂直轴和水平轴的转动。

（3）光学投影放大系统的工作原理

光学曲线磨床成型磨削前，应根据被磨削工件的尺寸精度，在透明介质（如描图纸、透明薄膜或有机玻璃板）上按 20 倍、50 倍的放大倍数画放大图，线条粗细为 0. 1 ~0. 2 mm。磨削时，把放大图装在光屏上，利用光学投影放大系统把被加工工件和砂轮的阴影影像投影在光屏上，用手操纵磨头做纵向、横向运动，使砂轮的切削刃沿着工件外形磨削，直至工件影像的轮廓与放大图图线全部重合，如图 6—1—9 所示。

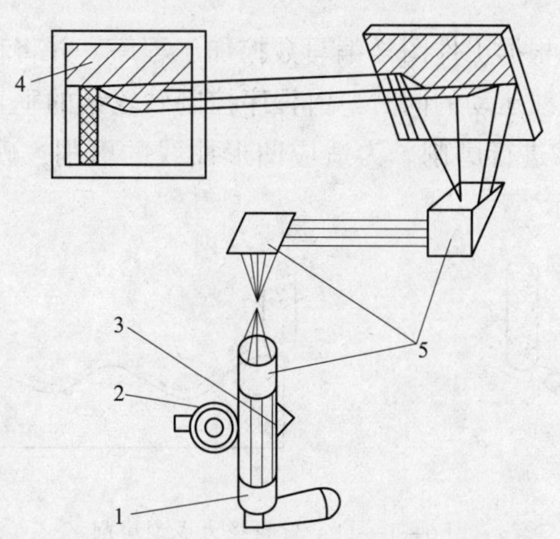

图 6—1—9 光学投影放大系统工作原理

1—光源 2—砂轮 3—工件 4—光屏 5—棱镜

3. 数控强力成型磨床

强力成型磨削又称为缓进给成型磨削，是一种先进的磨削工艺。这项先进技术大大拓宽了平面磨床的加工领域，成功地使平面磨削的加工范畴跳出“平面”，而成为表面磨削。它可以磨削形状轮廓各异的工件。随着数控技术的进步，缓进给强力成型磨削技术也得到进一步的发展，并不断扩大和拓展应用领域，推广到包括航天、航空、汽车、精密机械加工等工业部门，成为加工诸多新型、难加工材料的重要手段。用数控强力成型磨床磨削模具零件，可使模具制造向高精度、高质量、高效率、低成本和自动化的方向发展，并且便于采用计算机辅助设计来制造模具。

如图 6—1—10a 所示为 MKL 数控强力成型磨床。它是以平面磨床为基础，工作台做纵向往复直线运动和横向进给运动，砂轮除了做旋转运动外，还可做垂直进给运动，如图 6—1—10b 所示。数控强力成型磨床的特点是对砂轮的垂直进给和工作台的横向进给运动采用了数控。

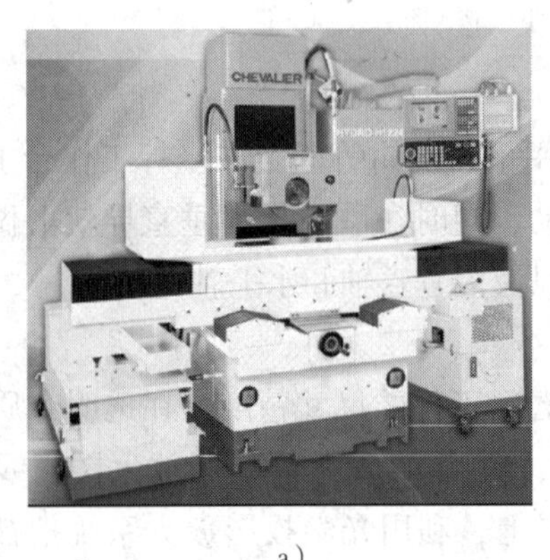

a）

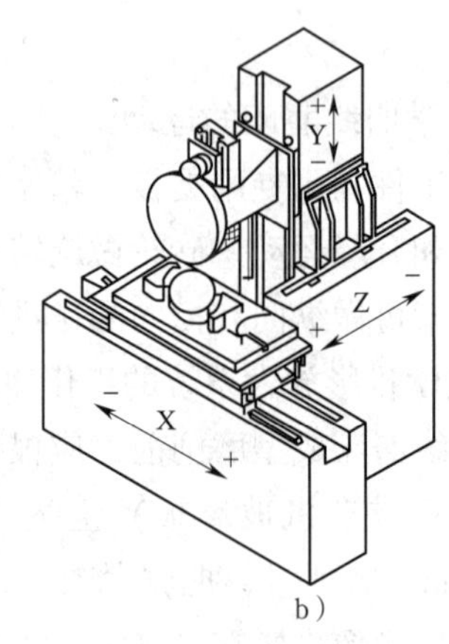

b）

图 6—1—10　MKL 数控强力成型磨床及其运动

a）外形　b）运动

在加工工件时，先根据工件图样编写数控加工程序，并将程序输入数控装置，在机床工作台纵向往复直线运动的同时，由程序控制砂轮架的垂直进给和工作台的横向进给，使砂轮沿着工件进行磨削。为适应凹形曲线的磨削，砂轮应修整成圆形或 V 形，如图 6—1—11 所示。

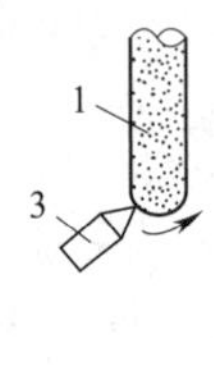

a）

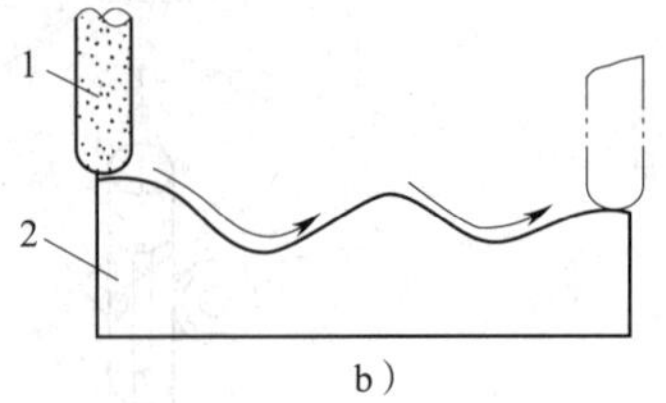

b）

图 6—1—11　数控强力成型磨削

a）修整砂轮　b）磨削加工示意图

1—砂轮　2—工件　3—金刚石

二、成型磨削的方法

成型磨削的方法有两种：成型砂轮磨削法和夹具磨削法。成型砂轮磨削法是利用修整砂轮工具，将砂轮修整成与工件型面完全吻合的相反型面，然后用砂轮磨削工件，即可获得所需要的形状，如图 6—1—12a 所示。夹具磨削法是将工件装夹在专用的夹具上，加工时通过夹具调整工件的位置，移动或转动夹具进行磨削，从而获得所需要的形状，如图 6—1—12b 所示。模具制造中，一般以夹具磨削法为主，以成型砂轮磨削法为辅。为了保证零件质量，提高效率，降低成本，往往需要综合使用两种方法。

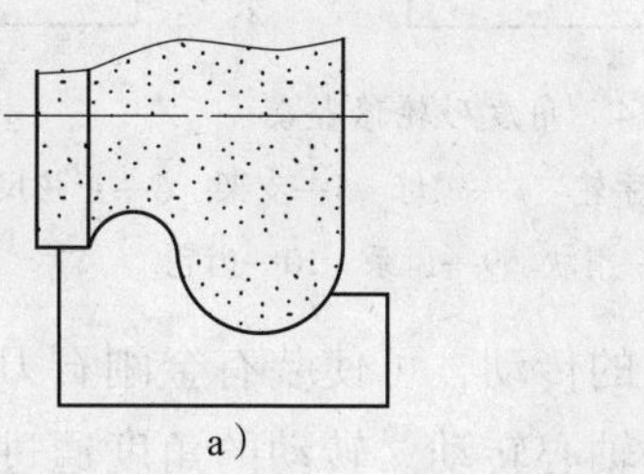

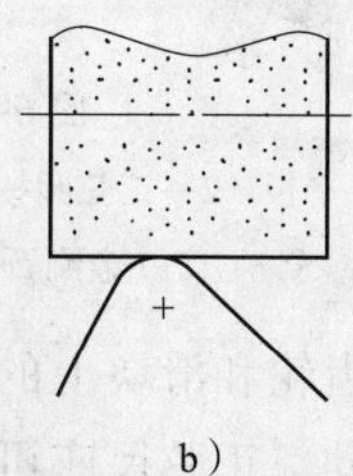

a） b）

图 6—1—12 成型磨削的方法

a）成型砂轮磨削法 b）夹具磨削法

1. 成型砂轮磨削法

首先，在机床工作台上修整砂轮，得到与成型零件形状相反的成型砂轮，如图 6—1—13a 所示。然后，用成型砂轮磨削工件，工件做纵向往复直线运动，成型砂轮高速旋转并做垂直进给，如图 6—1—13b 所示。

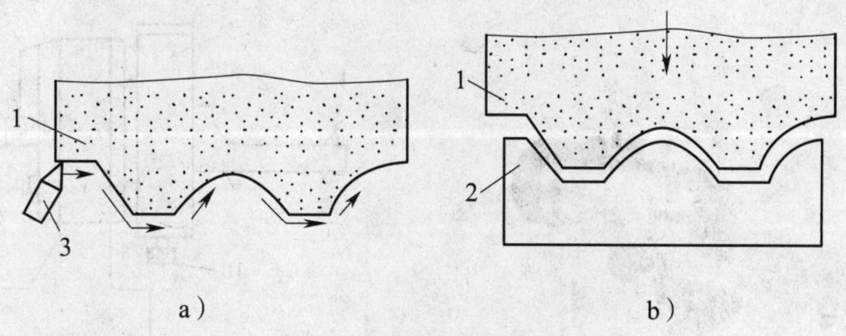

图 6—1—13 成形砂轮磨削

a）修整成型砂轮 b）磨削工件

1—砂轮 2—工件 3—金刚石刀

（1）成型砂轮的修整方法

成型砂轮磨削法中的关键是成型砂轮的修整。成型砂轮的修整有两种方法：车削法和滚压法。车削法主要采用大颗粒天然金刚石作为修整工具，成型砂轮用于单件或小批量工件的磨削；滚压法是用滚压轮修整成型砂轮的方法。

（2）成型砂轮的修整内容

包括砂轮角度、砂轮圆弧、砂轮非圆弧曲面的修整。

1）砂轮角度的修整。一般采用角度砂轮修整器修整砂轮角度，其结构如图6—1—14所示。它是根据正弦原理设计的，可以修整角度为0°～100°的砂轮。

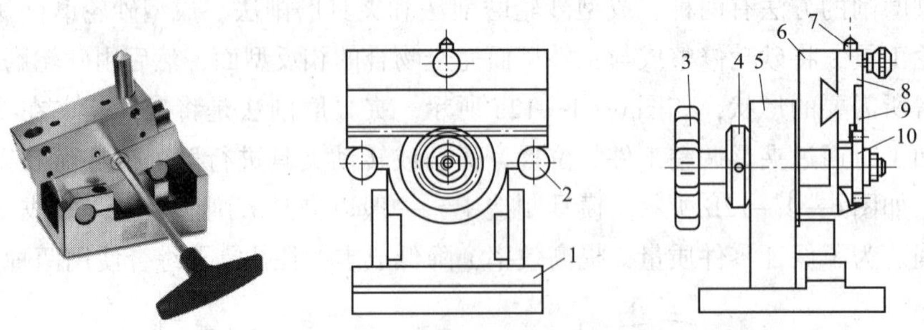

图6—1—14　角度砂轮修整器

1—平板　2—正弦圆柱　3—手轮　4—螺母　5—支架　6—正弦尺座　7—金刚石刀　8—滑块　9—齿系　10—齿轮

旋转手轮通过齿轮和滑块上的齿条的传动，可使装有金刚石刀的滑块沿着正弦尺座的导轨做往复运动。正弦尺座可以绕轴心转动。转动的角度通过在正弦圆柱与平板之间垫量块的方法来控制，当转动至所需要的角度后，用螺母将正弦尺座压紧在支架上。然后旋转手轮，使金刚石刀往复运动即可修整出一定角度的砂轮。

2）砂轮圆弧的修整。修整砂轮圆弧的夹具种类较多，如图6—1—15所示为透视砂轮修整器，用于修整各种角度、凸R、凹R，并可以通过透视镜观察钻石笔尖修整砂轮表面时的接触情况，使修整砂轮可以达到较高的精密度，可以精确地修整细小的圆弧和角度。

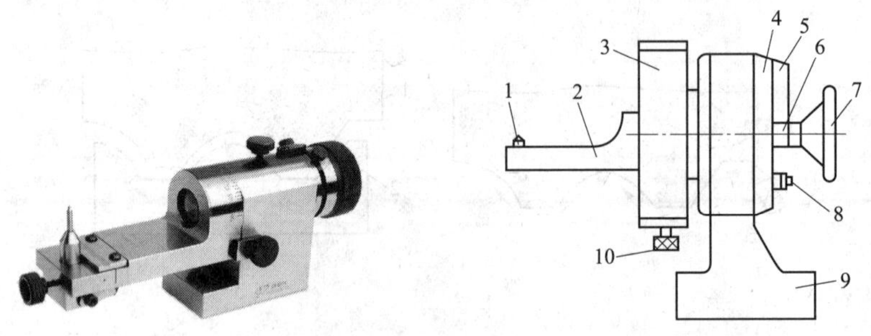

图6—1—15　修整砂轮圆弧的夹具——透视砂轮修整器

1—金刚石刀　2—摆杆　3—滑座　4—刻度盘　5—角度标　6—主轴　7—手轮　8—挡块　9—支架　10—螺杆

根据金刚石刀刀尖的位置不同，透视砂轮修整器可以修整出凸圆弧或凹圆弧的砂轮。当金刚石刀刀尖低于回转中心时，修整出凸圆弧；当金刚石刀刀尖高于回转中心时，修整出凹圆弧。

修整砂轮时，先根据所修砂轮的情况及半径大小计算量块值，并调整好金刚石刀刀尖的位置。然后安装工具，使金刚石刀刀尖处于砂轮下方并在通过砂轮主轴的竖直面内。旋转手轮使金刚石刀绕夹具的主轴来回摆动，则可修整出砂轮的圆弧。

3）砂轮非圆弧曲面的修整。被磨削工件成型表面的形状复杂，且其轮廓不是圆弧曲面时，可用专门的靠模工具修整砂轮，如图 6—1—16 所示。金刚石刀固定在靠模工具上，在支架上装有靠模样板，靠模工具的下部有平面触头。使用时，手持靠模工具，使触头紧靠样板，并沿样板曲线移动，这样便能修整出所需曲面形状的砂轮。修整时，为了保证修出的砂轮形状准确，必须使金刚石刀刀尖在包含砂轮主轴的水平面内运动。

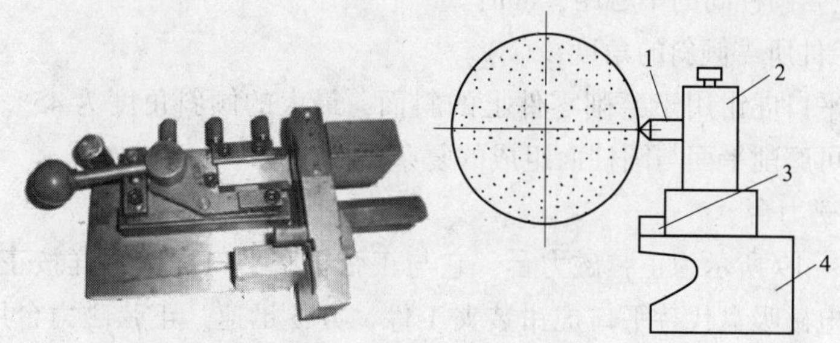

图 6—1—16　用靠模工具修整砂轮

1—金刚石刀　2—靠模工具　3—样板　4—支架

（3）注意事项

1）如果被磨削的工件是凸圆弧，修整后的砂轮轮缘为凹圆弧，则修整砂轮的凹圆弧半径比工件的实际半径大 0.01 ~ 0.02 mm。

2）如果被磨削的工件是凹圆弧，修整后的砂轮轮缘为凸圆弧，则修整砂轮的凸圆弧半径比工件的实际半径小 0.01 ~ 0.02 mm。

3）在夹具上修整成型砂轮时，要保证金刚石刀的正确位置和运动，如图 6—1—17 所示，这样才能保证修整出的砂轮形状正确。

4）在修整成型砂轮时，需在修整前用碳化硅砂条进行粗修整，这样不仅减少了金刚石刀的损耗，同时还提高了修整砂轮的效率。

5）使用成型砂轮磨削时，不应采用单一的砂轮来适应各种形状的磨削，应使每一个砂轮固定一种形状使用，这样可减少砂轮和金刚石刀的损耗，也可减少修整砂轮的时间。

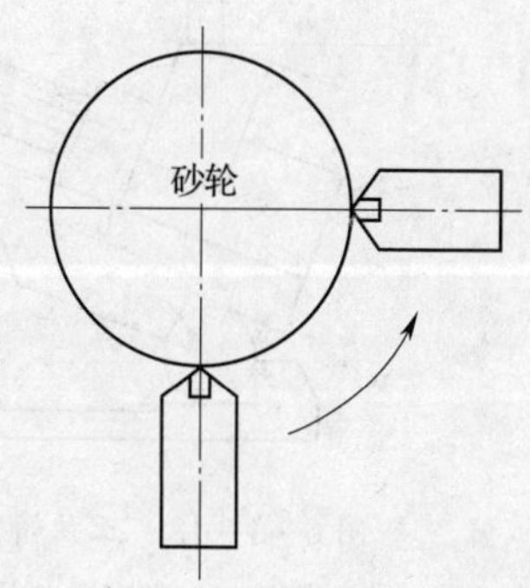

图 6—1—17　修整成型砂轮时金刚石刀的位置

2. 夹具磨削法

夹具磨削法是用夹具将工件夹紧并变更与工作台平面间的相对位置进行成型磨削的方法。夹具磨削法中砂轮不用修整成成型形状。夹具磨削法常用的夹具有精密平口虎钳、正弦精密平口虎钳、正弦磁力台、正弦分度夹具、万能夹具等。其中，精密平口虎钳及其使用已经介绍过，这里不再赘述。

（1）正弦精密平口虎钳

正弦精密平口虎钳由带有精密平口虎钳的正弦尺和底座组成，如图 6—1—18 所示，工件装夹在平口虎钳中，为使工件倾斜一定角度，需在正弦圆柱和底座的定位面之间垫入量块。

垫入的量块高度为：

$$H = L\sin\alpha$$

式中 H——应垫入的量块高度，mm；

L——正弦圆柱间的中心距，mm；

α——工件所需倾斜的角度，(°)。

正弦精密平口虎钳用于磨削零件上的斜面，最大的倾斜角度为45°。若与成型砂轮配合使用，可磨削平面与圆柱面组成的复杂型面。

（2）正弦磁力台

如图6—1—19所示为正弦磁力台，它与正弦精密平口虎钳一样按正弦原理设计，区别仅在于用电磁吸盘代替平口虎钳装夹工件，方便迅速。正弦磁力台用于磨削工件的斜面，其最大倾斜角度为45°，适于磨削扁平工件。

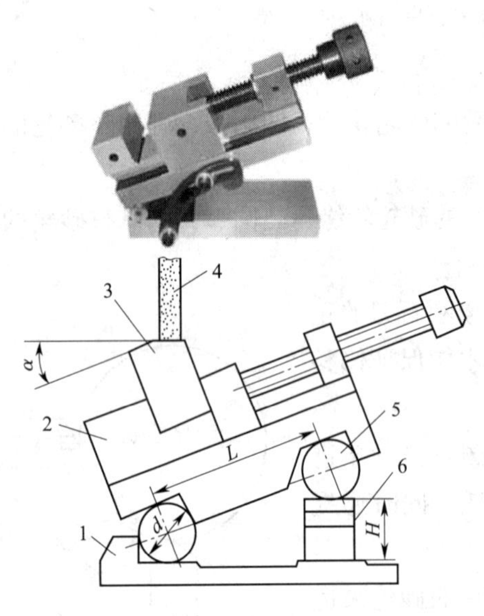

图6—1—18 正弦精密平口虎钳

1—底座 2—精密平口虎钳 3—工件 4—砂轮 5—正弦圆柱 6—量块

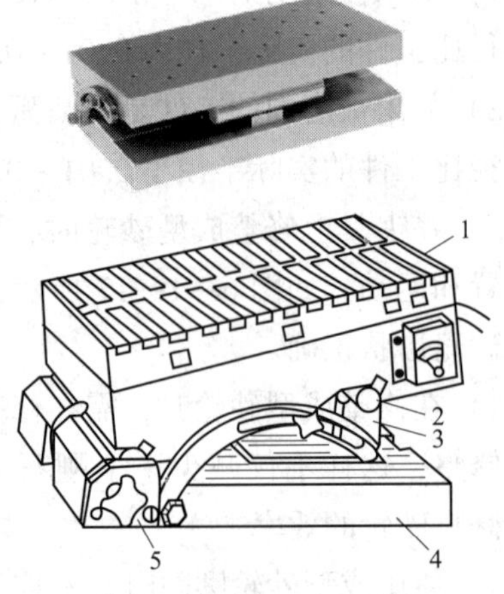

图6—1—19 正弦磁力台

1—电磁吸盘 2—正弦圆柱 3—块规组 4—底座 5—销紧钉

（3）正弦分度夹具

正弦分度夹具可用于磨削具有同一个回转中心的圆柱面和斜面。正弦分度夹具适于磨削有同一个圆心的凸圆弧和多边形，当与成型砂轮配合使用时，还可磨削较复杂的成型表面。

1）正弦分度夹具的结构（图6—1—20）。工件装在两顶尖1、12之间，后顶尖12装在支架内。安装工件时，可以根据工件的长短，调节支架10的位置，使支架在底座的T形轨道中移动，调节好支架位置后，用螺钉锁紧。同时，可以旋转后顶尖手轮

13，使后顶尖移动，以调节顶尖与工件的松紧程度。工件用鸡心夹头和前顶尖连接，转动前顶尖手轮，通过蜗轮 4、蜗杆 7 的传动使主轴 3 回转并通过鸡心夹头带动工件回转。工件的回转是手动的。主轴的后端装有分度盘 5，磨削精度要求不高时，可直接用分度盘的刻度和零位指标来控制工件的回转角度；磨削精度要求高时，可利用分度盘上的正弦圆柱以垫量块的方法控制工件的回转角度。

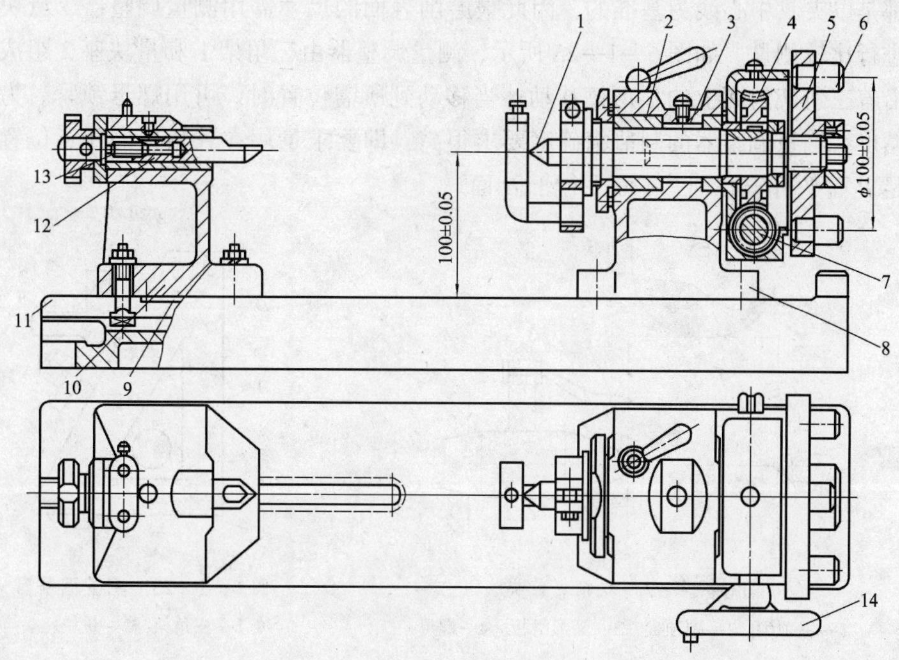

图 6—1—20 正弦分度夹具

1—前顶尖 2—前顶座 3—主轴 4—蜗轮 5—分度盘 6—正弦圆柱 7—蜗杆 8、10—支架 9—T 形槽 11—底座 12—后顶尖 13、14—手轮

2）工件在正弦分度夹具上的装夹方法

①心轴装夹法。如图 6—1—21 所示，工件带有内孔，若该孔中心线为外成型表面的回转中心线，可在孔内装入心轴 1。如果工件上无内孔，可在工件上加工出一个工艺孔，用来安装心轴，利用心轴两端中心孔将心轴和工件安装在分中夹具的两顶尖之间，夹具主轴回转时通过鸡心夹头带动工件一起回转。

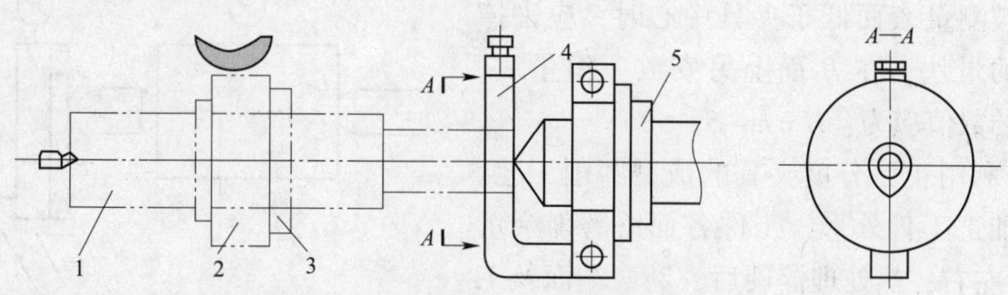

图 6—1—21 心轴装夹

1—心轴 2—工件 3—螺母 4—鸡心夹头 5—夹具主轴

②双顶尖装夹法。如果工件上没有内孔，又不允许在工件上开工艺孔时，可采用双顶尖装夹。工件上除带有一对主中心孔外，还有一个副中心孔，其作用是拨动工件，如图6—1—22所示。采用双顶尖装夹时，要求主、副顶尖与中心孔的锥度配合良好且必须顶紧，才能保证加工精度。但是，副顶尖对工件的推力不能过大，否则会使工件产生歪扭。

3）调整正弦分度夹具中心的高度。用正弦分度夹具磨削工件时，由于磨削圆弧和直线都是以夹具中心线为基准的，因此被磨削表面的尺寸需用测量调整器、量块和百分表进行比较测量。如图6—1—25所示，测量调整器由三角架1和量块座2组成。量块座沿着三角架斜面上的T形槽移动，当移动到所需位置时，可用螺母锁紧。为保证测量精度，测量调整器的制造精确度要求很高，即要求量块在三角架的任意位置上都要满足B面平行于C面，A面平行于D面。

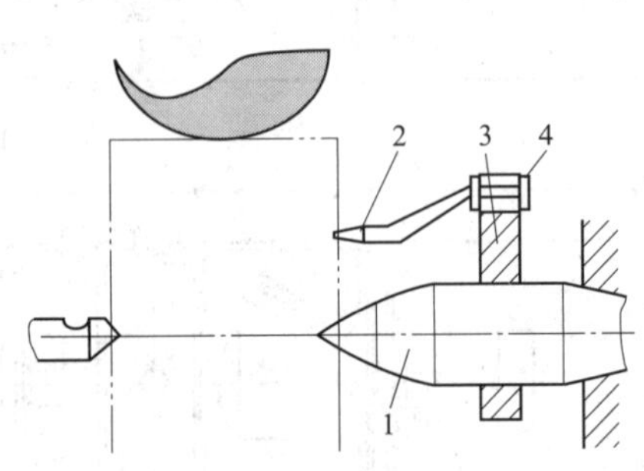

图6—1—22 双顶尖装夹

1—主顶尖 2—副顶尖 3—叉形滑板 4—螺母

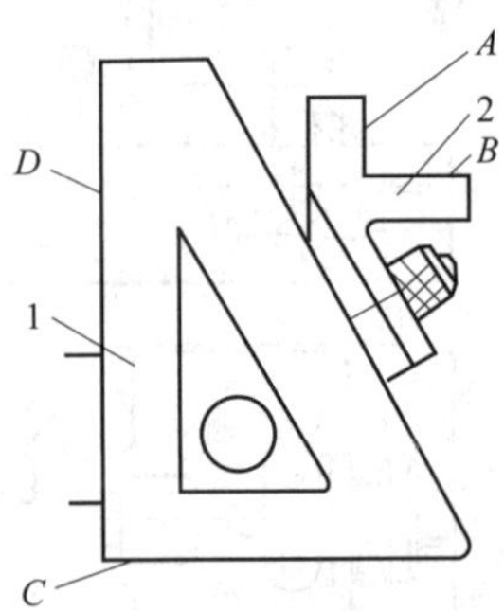

图6—1—23 测量调整器

1—三角架 2—量块座

测量时，首先要调整量块座的位置，使量块座B面能反映出夹具的主轴线高。为测量方便，通常把量块座基准面B调整到比夹具主轴线低50 mm处。调整方法如图6—1—24所示。在夹具的顶尖之间装上一根直径为d的标准圆柱，并在量块座的B面上安放一组（$50+d/2$）mm的量块组和圆柱上读数相同。取下$d/2$的量块组，则50 mm量块的上表面就与夹具中心线等高。

当被测量表面高于夹具中心时，可在50 mm的量块上加上一量块组，使百分表在量块组上表面与被测量表面的读数相同，这组量块的数值应为：$H=h+S$（h是夹具中心高度，S是被测表面到夹具中心的距离）。

当被测量表面低于夹具中心时，应去掉50 mm的量块，在B面上另安放一组量块，量块组的数值应为：$H=h-S$。

4）利用正弦分度夹具的成型磨削工艺。应先粗加工工件外形，工件各面留磨削余量0.2 mm左右；热处理淬硬后，磨两端面及工艺孔；最后，利用正弦分度夹具在平面磨床上进行成型磨削。

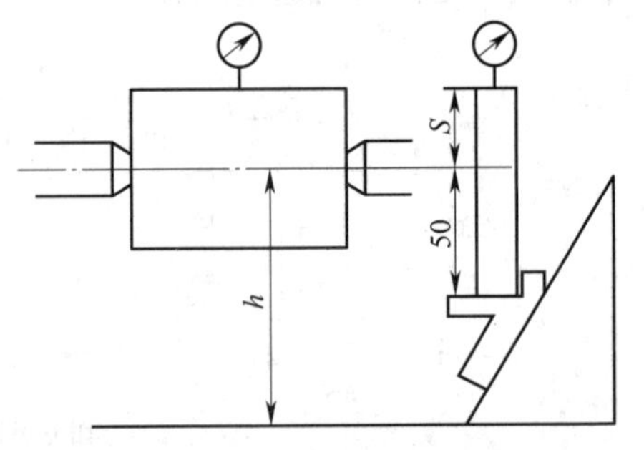

图6—1—24 夹具中心高度的调整

(4) 万能夹具

1) 万能夹具的结构。如图6—1—25所示为万能夹具，它主要由装夹部分、回转部分、十字滑板和分度部分组成。

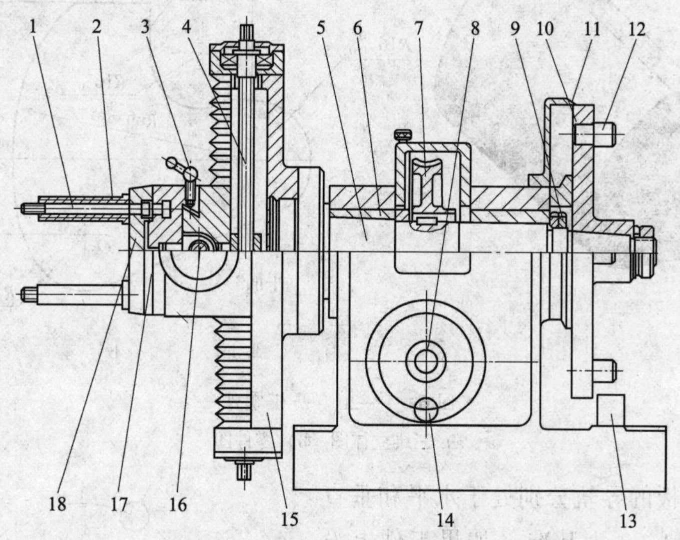

图6—1—25 万能夹具

1—主轴 2—衬套 3—蜗轮 4—蜗杆 5—手轮 6—螺母 7—角度游标 8—正弦分度盘 9—正弦圆柱 10—基准板 11—夹具体 12—纵滑板 13、17—丝杠 14—横滑板 15—转盘 16—手柄 18—端盖

工件通过夹具和螺钉与转盘15连接，用手轮5转动蜗杆4，通过蜗轮3带动主轴1和正弦分度盘8旋转，这样使工件也绕夹具中心旋转。

分度部分用来控制夹具的回转角度。正弦分度盘上有刻度，当对工件回转角要求不高时，可通过角度游标7直接读出转过角度数值。当对回转角度要求精确时，可以利用分度盘上四个正弦圆柱9和基准板10之间垫量块的方法来控制夹具回转的角度，其精度可达10″~30″。由纵滑板12和横滑板14组成的十字滑板，与四个正弦圆柱的中心连线准确重合。旋转丝杆13和17，可使工件在互相垂直的两个方向上移动。当工件移动到所需位置后，转动手柄16将横滑板14锁紧。

2) 万能夹具成型磨削实例。如图6—1—26所示，凸模可用万能夹具进行刃口轮廓的磨削加工，利用凸模端面上的螺孔（图中未画出），用螺钉和垫柱将凸模装夹在万能夹具的转盘上。通过找正使工件的工艺坐标轴与十字滑板的导轨方向保持平行；当各工艺中心分别与夹具主轴的回转轴线重合时，工件的各加工面上都能有较均匀的磨削余量。

为了找正工件的位置，在正弦分度盘的正弦圆柱下垫入量块，使十字滑板的导轨分别与水平和垂直方向的夹角$\alpha=21°6'$。转动转盘，用百分表找正工件上的平面3至水平位置后，将转盘固定在小滑块上，如图6—1—27所示。经过找正后，工艺坐标轴分别与十字滑板的移动方向平行，由于平面3的宽度较平面1、2大，因此以它找正坐标轴位置能获得更高的定位精度。

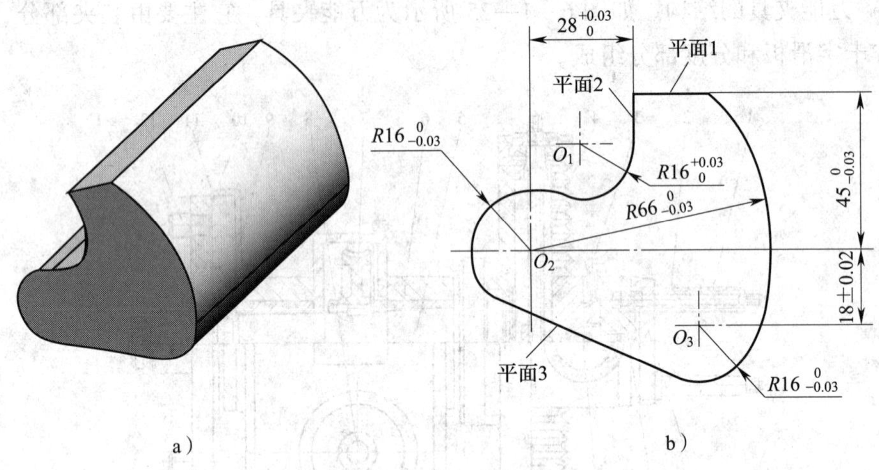

图 6—1—26　凸模零件

a）三维立体图　b）零件图

使十字滑板的导轨分别处于水平和垂直位置，以平面 1、2 为基准（如果工件上没有和两坐标轴平行的平面，可在工件上磨出两个与坐标轴平行的小平面作为工艺基准），将工艺中心 O_2调整到夹具的回转轴线上。调整方法是：在测量调整器上放置尺寸合适的量块，使百分表在量块上表面的读数为“0”，如图 6—1—28a 所示，用十字滑板调整工件的位置，使百分表在平面 1 上的读数等于磨削余量。再将工件顺时针旋转 90°，使平面 2 处于水平位置，如图 6—1—28b 所示，调整工件位置的方法与调整平面 1 相同。

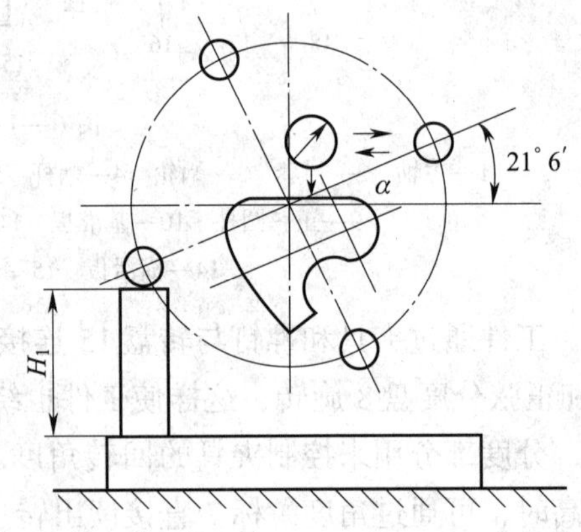

图 6—1—27　校正工件

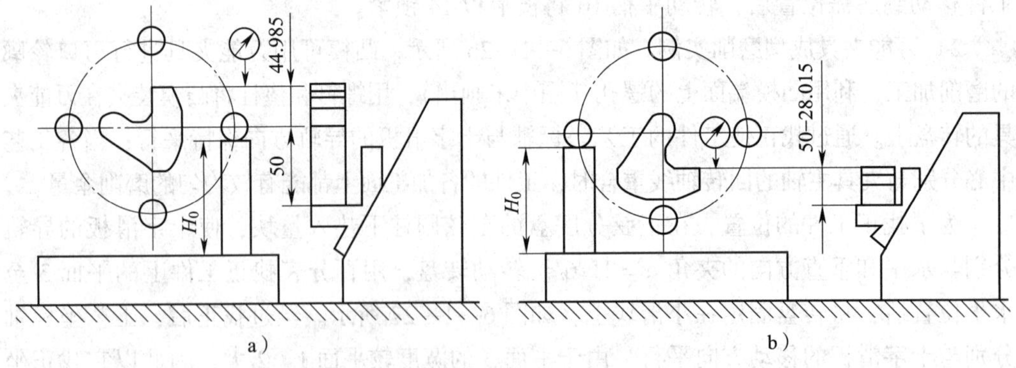

图 6—1—28　调整工艺中心 O_2的位置

调整好工艺中心 O_2 的位置后，转动工件，用量块和百分表检查 $R16$ mm、$R66$ mm 及斜面 3 是否有足够的磨削余量。

以平面 1、2 为测量基准，把工艺中心 O_3、O_1 依次调到夹具的回转轴线上，用量块和百分表检查其余各表面的磨削余量是否足够、均匀。如果工件上某些部位没有余量或余量分布不均匀，还需进行补充调整，直到各表面的磨削余量比较均匀为止。

课题二　坐标镗床加工简介

坐标镗床加工是在坐标镗床上利用精密坐标测量装置，对零件的孔及孔系进行高精度（尺寸精度、几何精度与距离精度）切削加工。该机床利用坐标法原理，采用有误差补偿装置的精密丝杠及精密直尺，并由能提供准确读数（可读出 0.001 mm）的光学装置来实现工作台的精确移动。

坐标镗床上既可以进行钻孔、锪孔、铰孔、镗孔、精铣平面等加工，也可以进行精密划线及检验。坐标镗床适用于各类箱体、缸体和模具上的孔与孔系的精密加工，孔径尺寸精度可达 IT6 ~ IT5，表面粗糙度值可达 $Ra1.25 \sim 0.4$ μm，孔距精度可达 0.005 ~ 0.01 mm。

一、坐标镗床

坐标镗床的规格很多，有立式的和卧式的，有单柱的和双柱的，还有光学、数显、数控等。在模具加工中，常用的坐标镗床是立式坐标镗床，其比较典型的型号为 T4145 型立式坐标镗床。

1. 立式双柱坐标镗床的结构

如图 6—2—1 所示为立式双柱坐标镗床外形图。它由两个立柱 4、7，顶梁 5 和床身 1 组成龙门框架，横梁 3 装在两个立柱上，位置可上下调整，主轴箱 6 装在横梁上，工作台 2 直接支承在床身的导轨上。镗孔坐标位置由主轴箱沿横梁导轨移动和工作台沿床身导轨移动来确定。

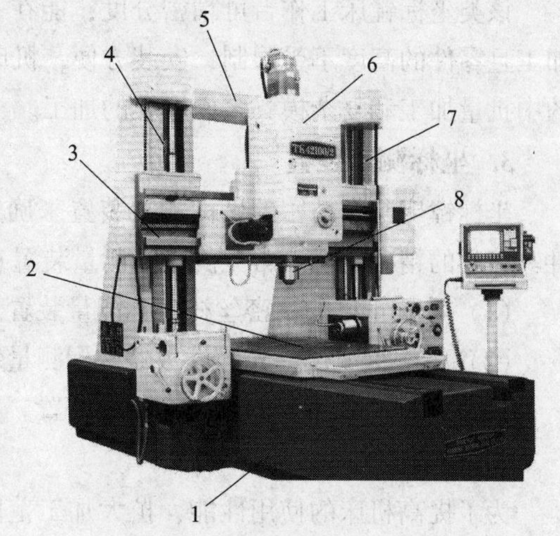

图 6—2—1　立式双柱坐标镗床

1—床身　2—工作台　3—横梁　4、7—立柱　5—顶梁　6—主轴箱　8—主轴

立式双柱坐标镗床的主轴箱悬伸距离小，而且装在龙门框架上，容易保证机床刚度，另外床身和工作台之间层次少，承

载能力强，因此，一般为大、中型机床。由于主轴垂直于工作台面，适用于加工水平尺寸大于高度尺寸的零件，以及被加工孔的轴线垂直于工作台的扁平零件，如模板、凹模、样板等。

2. 卧式坐标镗床的结构

如图 6—2—2 所示为卧式双柱坐标镗床，主轴箱 6 可以沿立柱 5 上下调整位置，主轴 4 是水平安装的，回转工作台 3 通过上滑座 7、下滑座 8 与床身 1 相连。镗孔位置由下滑座沿床身导轨移动和主轴箱的移动来确定。镗孔时的进给运动可由主轴的轴向移动来完成，也可由上滑座沿着下滑座的移动来完成。

图 6—2—2　卧式双柱坐标镗床

1—床身　2、5—立柱　3—回转工作台　4—主轴　6—主轴箱　7—上滑座　8—下滑座

该类坐标镗床工作台可精密分度，能在一次安装中完成几个不同面上的平面孔的加工且零件的高度不受限制，安装方便，机床具有良好的工艺性能，适用于箱体零件的中批量加工和复杂模具多面、孔的加工。

3. 坐标测量装置

坐标镗床是靠精密的坐标测量装置来确定工作台、主轴的位移距离的，以实现工件与刀具的精确定位。常见的坐标测量装置有：

（1）带校正尺的精密丝杆坐标测量装置。

（2）精密刻度尺—光屏读数器坐标测量装置。

（3）光栅—数字显示器坐标测量装置。

4. 主要附件

为了提高机床的使用性能，扩大加工范围，坐标镗床配有较多附件。主要附件有万能转台、光学中心测定器、弹簧中心冲、微调精调孔镗头等。

（1）万能转台

万能转台如图 6—2—3 所示，安装在坐标镗床的工作台上，利用圆盘 2 的 T 形槽可将工件夹紧在圆盘上。旋转手轮 3 可使圆盘和工件绕垂直轴回转任意角度（0°~360°），用于加工在圆周上分布的各孔。圆盘回转的读数精度为 1″。此外，旋转手轮 1 可使圆盘和工件绕水平轴作 0°~90°的倾斜，用于加工与工件轴线成一定角度的斜孔。

（2）光学中心测定器

光学中心测定器外形如图 6—2—4a 所示，其锥尾安装在机床主轴的锥孔内。光源的光线通过物镜照亮工件的定位部分（互相垂直的两基准面或工件上的刻线）。在目镜中可看到工件上刻线的投影，同时还可看到测定器本体内玻璃上的两条（图 6—2—4b）或四条十字刻线（图 6—2—4c）。使用时，只要将测定器对准工件的基准边或基准线，使它们的影像与两条十字线重合，或处于互相垂直的双刻线的中间即可。此时，机床主轴已对准两基准边或基准线的交点。

图 6—2—3 万能转台

1、3—手轮 2—圆盘

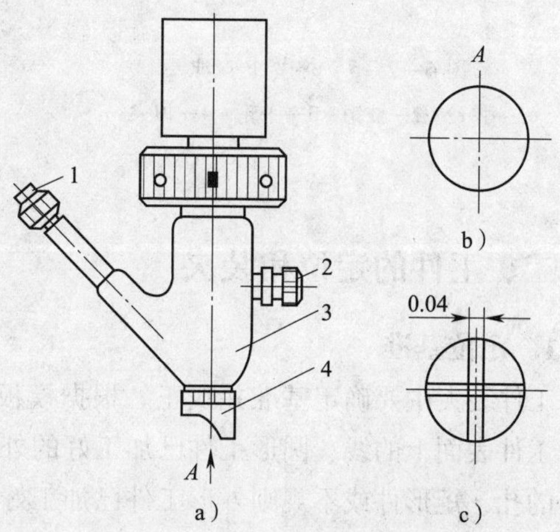

图 6—2—4 光学中心测定器

a）外形 b）两条十字刻线 c）四条十字刻线

1—目镜 2—螺纹照明灯 3—镜体 4—物镜

（3）弹簧中心冲

如图 6—2—5 所示，打样冲点时转动手轮 3，使手轮上的斜面将柱销 2 向上推，从而使顶尖 4 被提升并压缩弹簧 1。当柱销 2 达到斜面最高位置时继续转动手轮 3，则弹簧 1 将顶尖 4 弹下即打出中心点。

（4）微调精镗孔镗头

微调精镗孔镗头是坐标镗床重要的附件之一，假如没有一只性能良好的镗头就无法或者很难镗出合格的孔。如图 6—2—6 所示为微调精调孔镗头，其作用是按被镗孔径的大小精确地调节镗刀刀尖与主轴轴线间的距离。镗头以其锥柄尾 1 插入主轴的锥孔内，镗刀 3 装在滑块刀孔内。旋转带有刻度的调节螺钉 2，可调整镗刀的径向位置，以镗削各种不同直径的孔。调整后用紧固螺钉 5 将车刀 4 锁紧。

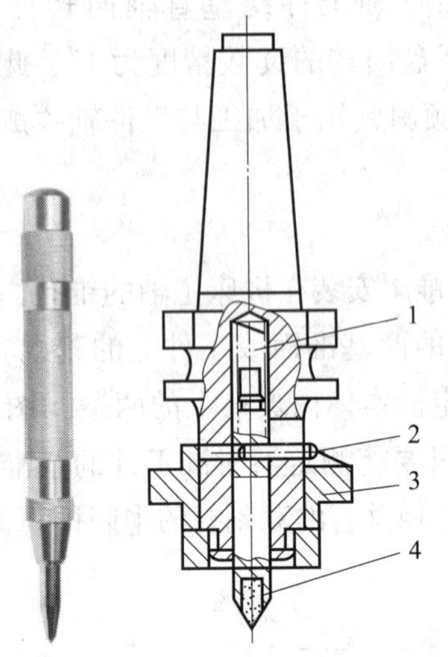

图 6—2—5　弹簧中心冲

1—弹簧　2—柱销　3—手轮　4—顶尖

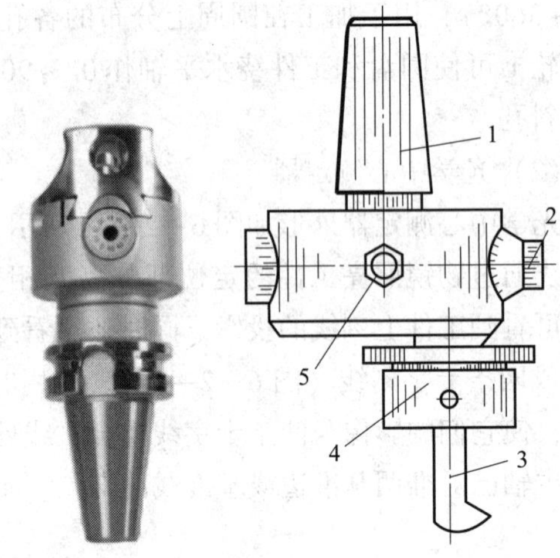

图 6—2—6　微调精镗孔镗头

1—锥柄尾　2—调节螺钉　3—镗刀

4—车刀　5—紧固螺钉

二、工件的定位和装夹

1. 定位基准

工件装夹中要确定基准并找正。根据模板的形状特点，其定位基准主要有以下几种：工件表面上的线、圆形工件已加工好的外圆或孔、矩形件或不规则外形工件已加工好的孔、矩形件或不规则外形工件已加工好的相互垂直的面。

2. 工件的找正方法

工件的找正方法有多种，应根据零件及其要求和设备条件等选定。一般对圆形工件的基准找正是使其轴线与机床主轴轴线重合；对矩形工件是使其侧基准面与机床主轴轴线对齐，并与工作台坐标方向平行，具体说明见表 6—2—1。

表 6—2—1　基准面的找正

方式	简图	说明
外圆柱面找正		百分表架装在主轴孔内，转动主轴找正外圆，使机床主轴轴线与工件外圆轴线重合

续表

方式	简图	说明
内孔找正		与找正外圆相似
用专用槽块找正矩形工件侧基准面	专用槽块	百分表在相差 180° 方向上找正专用槽块，若两侧读数相等，则此时主轴轴线便与侧基准面对齐
用标准槽块找正矩形工件侧基准面	标准槽块 20	首先找正工件侧基准面与工件台坐标方向平行；用百分表找正标准槽块，并记下表的读数。移动工作台并转动主轴，使百分表靠上工件侧基准面，使得表的极值读数与找正标准槽块的读数相等，此时主轴轴线与侧基准面的距离为 1/2 槽宽
用块规辅助找正矩形工件侧基准面	块规	转动主轴使百分表靠上工件侧基准面，得一极值读数。主轴转过 180°，让表靠上与侧基准面贴紧的块规表面，又得一极值读数，两读数之差的 1/2 便是主轴轴线与侧基准面之间的距离

三、坐标镗床加工工艺

坐标镗床是在工件淬火前进行孔加工的，淬火后凹模必然会受到热处理变形的影响，因此，对于精度要求较高的凹模一般都设计成镶拼结构，如图 6—2—7 所示，固定板 1 用普通钢材制造，经过坐标镗床加工各孔后，不进行热处理，这就保证了加工的孔距精度，而凹模镶件 2 是在淬火和磨削后分别压入固定板的各个孔内。

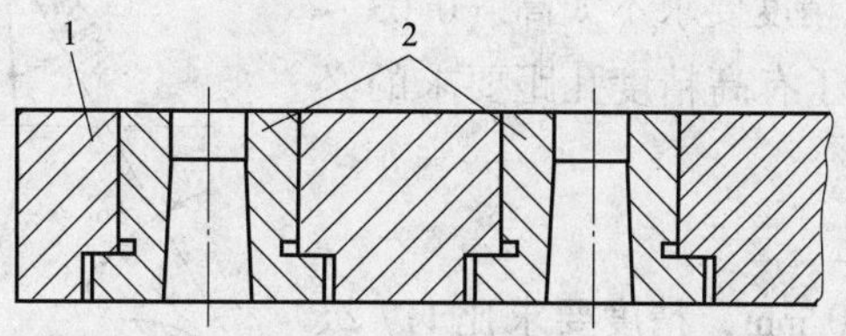

图 6—2—7 凹模结构

1—固定板 2—凹模镶件

在坐标镗床上进行孔加工的方法与被加工孔有关。孔加工的主要方法有钻孔、铰孔和镗孔。

1. 坐标镗床加工方法

(1) 加工步骤

在模板已经安装的基础上，可按下述步骤进行坐标镗床加工：

1) 孔中心定位。根据已换算的坐标值，在各孔中心用弹簧中心冲确定孔的位置(即打样冲点)。

2) 钻定心孔。在孔中心钻定心孔，以防直接钻孔时轴向力导致钻的位置偏斜。

3) 钻孔。以定心孔定位钻孔。钻孔时应根据各个孔的直径按从大到小的顺序钻出所有的孔，以减小工件变形对加工精度的影响。

(2) 精孔钻加工工艺

模具零件上常有各种尺寸的小孔。当没有适当尺寸的铰刀可以铰孔，而且用镗刀镗孔也有困难时，可用精孔钻加工。精孔钻是用麻花钻修磨而成的，直径为0.2 mm、0.25 mm、0.3 mm、0.35 mm、0.4 mm、…、1.5 mm，较大的麻花钻直径为2 mm、2.05 mm、2.1 mm、2.2 mm、2.3 mm、…、8.5 mm。精孔钻的特点是切削刃口两边磨出顶角为8°~10°的修光刃，同时磨出60°的切削刃，如图6—2—8所示。加工时，采用很低的切削速度（2~8 mm/min）和较小的进给量进行扩孔。扩孔余量一般为0.1~0.3 mm。精钻孔的尺寸精度可达IT7~IT6，表面粗糙度值为*Ra*1.6~0.4 μm。

钻孔时要按加工性质要求依粗加工、半精加工、精加工的顺序安排加工工序。为提高生产效率，减少工作台移动的时间，应优先加工相邻的孔。

(3) 铰孔加工工艺

铰孔是坐标镗床工作中常用的孔加工方法，是在钻孔、扩孔或半精镗孔之后，用以减小孔的表面粗糙度值和提高几何形状精度的精加工工序。其加工方法和步骤有：钻中心孔→钻孔→精铰；钻中心孔→钻孔→半精镗→精铰。

铰孔适用于直径小于20 mm的孔，孔的尺寸精度达IT7级，表面粗糙度*Ra*值可达0.2~0.8 μm。由于铰孔是以原有的孔定位的，因此不能纠正孔的位置误差。也就是说，铰孔的孔距精度是难以实现坐标镗床固有的坐标精度的。因此，铰孔加工仅适用于孔距精度要求不太高（0.03~0.05 mm）的情况。对于有高精度孔距要求的必须进行镗孔加工。

(4) 镗孔加工工艺

当孔的直径小于20 mm，精度要求比IT7级低，表面粗糙度*Ra*值大于1.25 μm时，可以用铰孔代替镗孔。

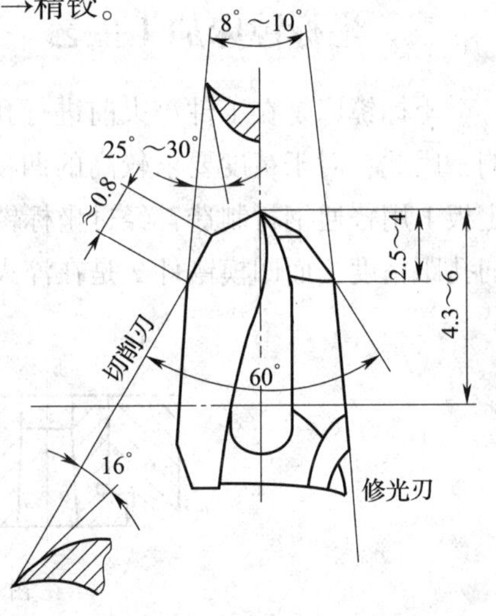

图6—2—8 精孔钻

对于精度要求高于IT7级，表面粗糙度 *Ra* 值小于1.25 μm的孔，在钻孔后应安排半精镗和精镗加工。精镗加工钢件的加工余量为0.08 ~0.14 mm。

当孔的直径超过20 mm，为了保证坐标镗床的精度及提高生产率，一般应在钻好中心孔后预先在钻床、铣床、车床或其他机床上进行孔的粗加工，然后在坐标镗床上镗孔。

2．切削用量的选择

坐标镗床的加工精度和生产率与工件材料、刀具材料及镗削用量有着直接关系，表6—2—2所列为坐标镗床切削加工不同材料的切削用量，表6—2—3所列为在不同加工方式下坐标镗床加工孔的切削用量，可在镗削加工中参考。

表6—2—2　坐标镗床加工不同材料的切削用量

加工材料	硬度	切削速度（m/min）		进给量（mm/r）	背吃刀量（mm）
		镗刀材料为高速钢	镗刀材料为硬质合金		
铸铁	200HBW以下	—	—	粗加工为0.1 ~0.24，精加工为0.04 ~0.07	粗加工为0.4 ~0.5，精加工为0.05 ~0.25
	200 ~250HBW	—	60 ~100		
碳素钢	15 ~23HRC	15	50 ~110		
不锈钢	—	8 ~18	35 ~75		
镍铬钢	23HRC以下	15 ~20	50 ~130		
	23 ~28HRC	10 ~15	35 ~90		
	28 ~31HRC	5 ~10	25 ~60		
铸钢	15HRC以下	1 ~18	50 ~80		
	15 ~31HRC	8 ~16	30 ~60		

表6—2—3　坐标镗床加工孔的切削用量

加工方式	刀具材料	切削深度（mm）	进给量（mm/min）	切削速度（m/min）			
				软钢	中硬钢	铸铁	铜合金
钻孔	高速钢	2 ~5	0.08 ~0.15	20 ~25	12 ~18	14 ~20	60 ~80
扩孔	高速钢		0.1 ~0.2	22 ~28	15 ~18	20 ~24	60 ~90
半精镗	高速钢	0.1 ~0.8	0.1 ~0.3	18 ~25	15 ~18	18 ~22	30 ~60
	硬质合金	0.1 ~0.8	0.08 ~0.25	50 ~70	40 ~50	50 ~70	150 ~200
精钻、精铰	高速钢	0.05 ~0.1	0.08 ~0.2	6 ~8	5 ~7	6 ~8	8 ~10
精镗	高速钢	0.05 ~0.2	0.02 ~0.08	25 ~28	18 ~20	22 ~25	30 ~60
	硬质合金	0.05 ~0.2	0.02 ~0.06	70 ~80	60 ~65	70 ~80	150 ~200

课题三　坐标磨床加工简介

一、坐标磨床加工的基本知识

坐标磨床是在坐标镗床的原理和结构的基础上发展起来的一种精密机床。坐标磨床具有高精度的坐标工作台和高精度的磨削系统，可对高硬度材料、淬硬钢等制作的工件进行各种磨削加工，对消除工件热处理变形、提高加工精度尤为重要。对于位置、尺寸精度和硬度要求高的多孔、多型孔的模板和凹模，是一种较理想的加工方法。采用各种附件，还可以使磨削范围扩大。

但坐标磨床加工的生产效率较低，加工工艺又比较复杂，设备昂贵，所以除非精度及表面粗糙度有特殊要求，一般较少采用。坐标磨床可以加工直径为1 ~20 mm 的高精度孔，加工精度可达5 μm 左右，表面粗糙度 *Ra* 值为0. 4 ~0. 8 μm，最高可达0. 2 μm。

二、坐标磨床的结构

坐标磨床有单柱式和双柱式两类，较常见的 G18 型是美国 Moore 公司生产的基本型坐标磨床，在此基础上又发展了 G18CNC1000 型点位数控坐标磨床和 G18CP 计算机数控连续轨迹坐标磨床。另外 MK2945 型数控坐标磨床在生产中也有应用。

如图 6—3—1 所示为 MK2932B 型坐标磨床主机，由底座 1、数字显示装置 2、高速磨头 3、磨头箱 4、立柱 5 和坐标工作台 6 组成，工作台可沿滑座导轨作横向移动，滑座又可沿底座的导轨作纵向移动。工作台横向、纵向移动的坐标距离分别由安装在滑座和底座内的直线式感应同步器数显测量系统精确测定和显示。横、纵坐标定位精度为 ±0. 002 mm。磨头（砂轮）除绕本身轴线作高速旋转外，还能在主轴和主轴套筒的带动下作行星运动和上下往复运动，以完成磨削工作。磨头箱可沿立柱导轨上下移动以适应不同高度工件的加工。

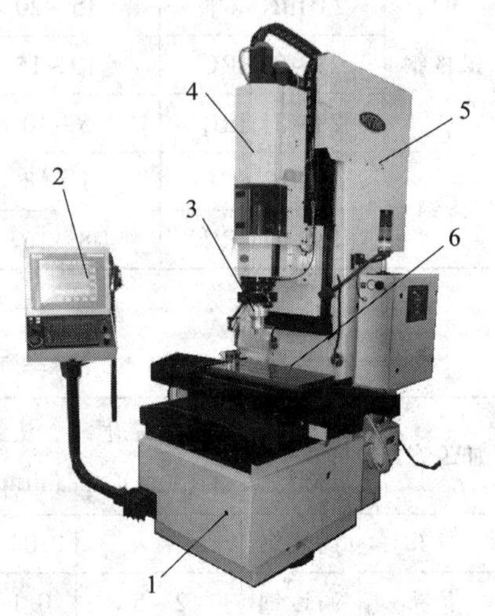

图 6—3—1　MK2932B 型坐标磨床主机

1—底座　2—数字显示装置　3—高速磨头　4—磨头箱　5—立柱　6—坐标工作台

三、工件的找正与定位

坐标磨床工件的找正和定位方法与坐标镗床类似。常用的找正与定位方法如下：

1. 百分表找正

可用来找正工件基准侧面与主轴轴线重合的位置。

2. 开口型端面规找正

找正工件基准侧面与主轴轴线重合的位置。如图 6—3—2 所示，将百分表装在主轴上，用磁性开口型端面规 2 吸在被测工件 1 的侧面，移动工件用百分表测端面规的开口槽面，在 180°方向上读数相等时，再移动工件 10 mm，工件侧基准面与主轴轴线重合时，即可完成找正。

3. 中心显微镜找正

找正工件侧基准面或孔的轴线与主轴轴线重合的位置可用中心显微镜。中心显微镜装在机床主轴上，保证两者中心重合。在显微镜上刻有十字中心线和同心圆，移动工件（工作台）使其侧基准面或孔的轴线对正显微镜的十字中心线。为了确保位置正确，可在 180°方向上找正重合。

4. 心棒、 百分表找正

为找正孔位，可将与小孔相配的心棒（如钻头柄等）插入小孔后再用百分表找正心棒，使小孔和机床主轴轴线重合。

5. 用 L 形端面规找正

当工件侧基准面的垂直度低或工件被测棱边不清晰时，找正工件基准侧面与主轴轴线重合还可用 L 形端面规。如图 6—3—3 所示，将 L 形端面规 2 靠在工件 1 的基面上，移动工件使 L 形端面规标线对准中心显微镜的十字中心线，即表示工件基面已与主轴轴线重合。

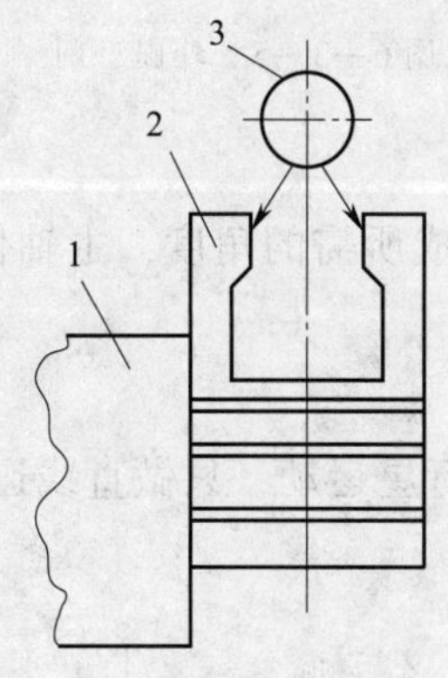

图 6—3—2 开口形端面规找正

1—工件 2—开口型端面规 3—百分表

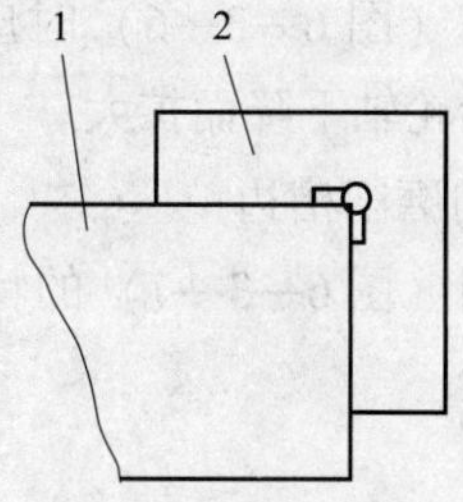

图 6—3—3 L 形端面规找正

1—工件 2—L 形端面规

四、坐标磨床加工的典型磨削方法

坐标磨床加工和坐标镗床加工的有关工艺步骤基本相同。坐标磨床加工和坐标镗床加工一样，都是按准确的坐标位置来保证加工尺寸精度的，只是将镗刀改成了砂轮。

1. 常用磨削方法

当工件定位、找正后，利用工作台的纵横向移动使工件圆弧中心在机床主轴轴线上，然后再进行磨削。

（1）磨削内孔

砂轮做高速回转，主轴作行星运动和往复直线运动，如图 6—3—4 所示，利用行星运动实现砂轮的径向进给。磨削内孔时，砂轮直径与孔径有关系，磨削小孔时砂轮直径取孔径的 3/4，孔径小于 8 mm 时砂轮直径适当增大，当孔径大于 20 mm 时砂轮直径应适当减小。砂轮直径约为心轴的 1.5 倍。心轴直径过小，磨削表面会出现磨削波纹。

砂轮的磨削速度与砂轮的磨料、工件材料等有关，普通砂轮磨削碳素工具钢和合金工具钢时，磨削速度为 25～35 m/s；立方氮化硼砂轮磨削碳素钢和合金钢时，磨削速度为 20～30 m/s；金刚石砂轮磨削硬质合金时，磨削速度为 16～25 m/s。

（2）磨削外圆

外圆磨削也是利用砂轮的自转、行星运动和主轴的直线往复运动实现的，如图 6—3—5 所示。磨削外圆是利用行星运动直径的缩小来实现径向进给的。

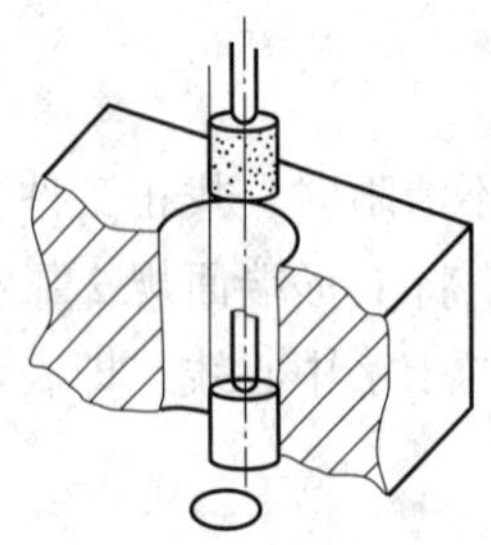
图 6—3—4　内孔磨削

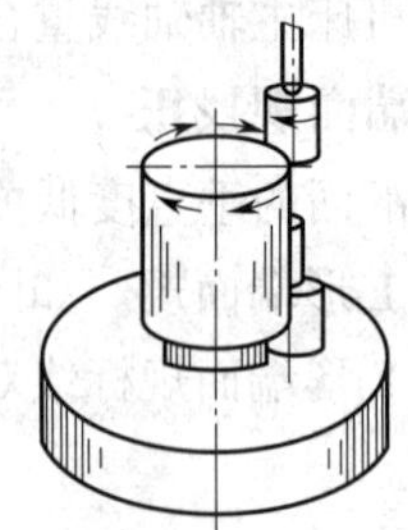
图 6—3—5　外圆磨削

（3）磨削锥孔

锥孔磨削（图 6—3—6）时应注意：将砂轮修成所需的角度，主轴作垂直运动，行星直径随砂轮轴下降而扩大。

（4）横向磨削槽边

横向磨削（图 6—3—7）的特点是：砂轮不做行星运动，只做直线运动，适用于槽边的磨削。

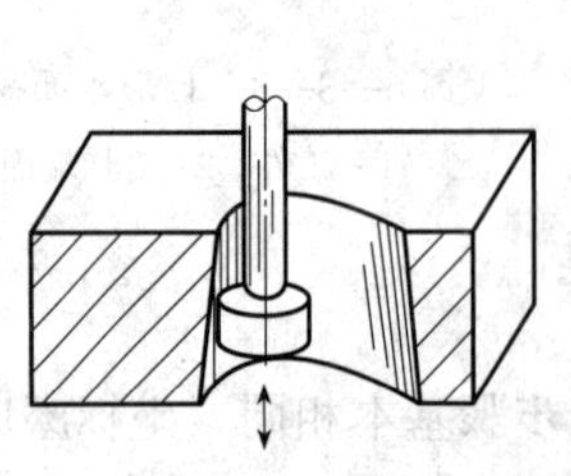
图 6—3—6　锥孔磨削

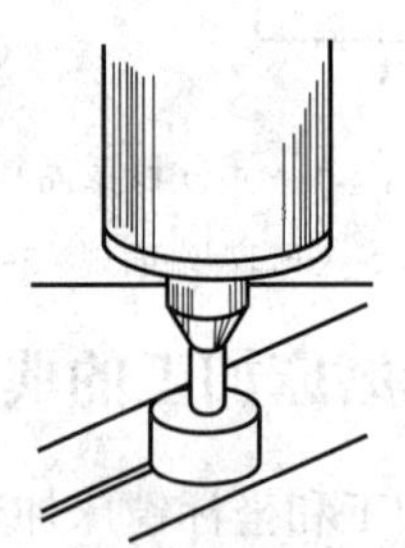
图 6—3—7　横向磨削

（5）端面磨削

端面磨削（图 6—3—8）时应注意：将砂轮底部修成凹面，以提高磨削效率，便于出屑；砂轮直径与孔径相比不能过大，否则易形成凸面；砂轮主轴作向下进给，用砂轮的底部棱边进行磨削。

（6）插磨

插磨是利用专门的磨槽附件进行的，磨削前卸下高速磨头换上磨槽机构，砂轮在磨槽机构上的装夹和运动情况如图 6—3—9 所示。插磨可以对型槽及带清角的内外型腔进行磨削。

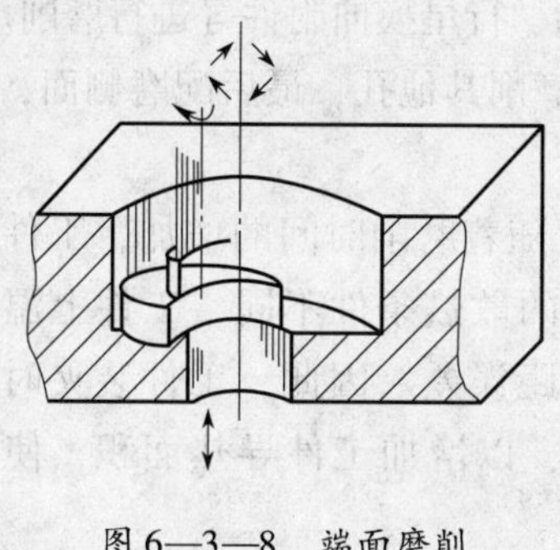

图 6—3—8 端面磨削

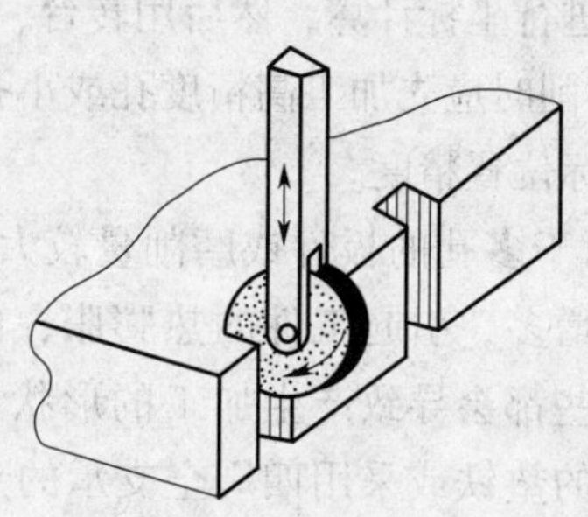

图 6—3—9 插磨

（7）综合磨削

将以上几种基本的磨削方法进行综合运用，可以对一些形状复杂的型孔进行磨削加工，如图 6—3—10、图 6—3—11 所示。图 6—3—10 为磨削凹模型孔。在磨削时用回转工作台装夹工件，逐次找正工件回转中心与机床主轴轴线重合，磨出各段圆弧。图 6—3—11 是利用磨槽附件对清角型孔轮廓进行磨削加工。图中 1、4、6 是采用成型砂轮进行磨削，2、3、5 是利用平砂轮进行磨削。磨削圆心为 O 的圆弧时要使圆心 O 与主轴线重合，操纵磨头来回摆动磨削圆弧至要求的尺寸。

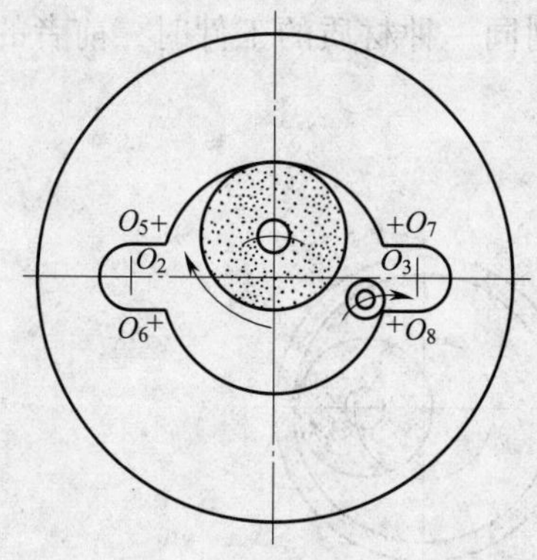

图 6—3—10 磨削凹模型孔

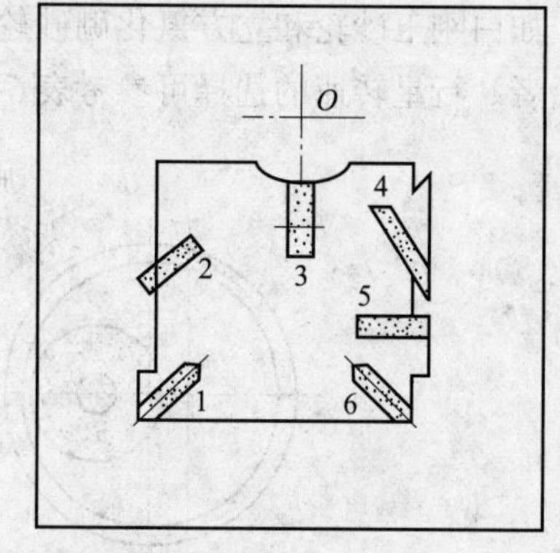

图 6—3—11 磨削清角型孔

2. 用手动坐标磨床与连续轨迹数控坐标磨床加工

根据所用磨床的不同，目前主要有两种磨削方法，即手动坐标磨床加工法和连续

轨迹数控坐标磨床加工法。手动坐标磨床加工是在手动坐标磨床上用点位进给法实现其对工件的内形或外形轮廓的加工。连续轨迹数控坐标磨床加工是在数控坐标磨床上用计算机自动控制实现其对工件型面的加工。连续轨迹数控坐标磨床加工的凸、凹模之间的配合间隙可达 2 μm，而且间隙均匀，其磨削的加工效率是手动坐标磨床加工的 2 ~ 10 倍。

五、坐标磨床加工工艺

1. 为保证零件加工精度，提高磨削效率，对复杂型腔件的加工，一般以工件的中心为基准进行坐标计算，然后用转台、插磨机构、行星换向附件等进行磨削。

2. 磨削时应先加工高精度孔或小孔，然后磨削其他孔，最后配磨侧面，这样可保证孔的坐标位置精度。

3. 对于多孔的板件或磨削量较大的工件，随着磨削时间的增加，工件内部存储的热量也增多，引起工件的热膨胀，由于各点的散热条件不同，工件上温度分布也不均，这些都会导致产生加工的形状误差和孔距误差。因此，工件装夹时，应适当增加底面的垫铁或采用四周全支承的专用垫铁，以增加工件导热面积，使工件各点温度相等。

4. 砂轮在夹头中的夹持长度不应小于 20 mm，弹簧夹头孔与砂轮杆的间隙不能太大，夹头只能有微量的弹性变形。因此，夹紧时，螺母只需转动 30° ~ 45°，就可以夹紧砂轮。砂轮的跳动量不得超过 0. 008 mm。

5. 调整主轴往复运动行程时，砂轮应露出被磨削孔的上、下两端面，露出的高度以砂轮宽度的一半为宜。

6. 采用行星式磨削（图 6—3—12）时，粗磨的走刀量按行星运动公转一圈，砂轮垂直移动距离小于砂轮宽度的 1/2 来设定；精磨的走刀量按行星运动公转一圈，砂轮垂直移动距离小于砂轮宽度的 1/3 ~ 1/2 来设定。另外，还应考虑砂轮、被磨削材质等因素，如白刚玉砂轮和立方氮化硼砂轮在磨削同一种材质的工件时，前者的走刀量应小于后者。行星转速的选择可参考表 6—3—1。

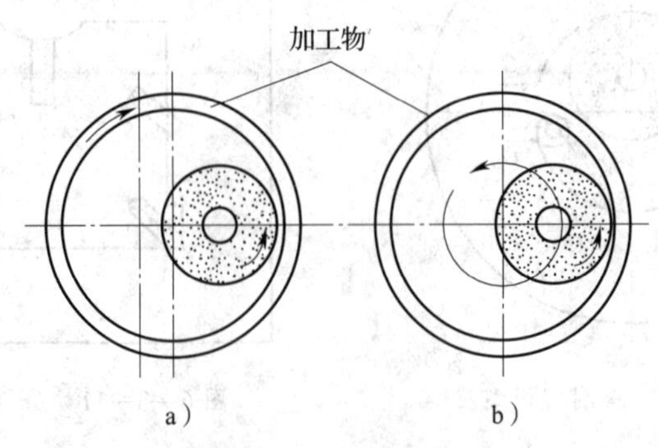

图 6—3—12　磨削形式

a）普通式　b）行星式

表 6—3—1 行星式磨削时的转速表

加工孔径（mm）	300	150	100	80	50	20	10	8	6	1
行星转速（r/min）	5	12	20	40	60	100	190	240	300	300

7. 立方氮化硼砂轮磨削碳素工具钢、合金工具钢时，切削速度为 1 200 ~ 1 800 m/min；普通砂轮磨削碳素工具钢、合金工具钢时，切削速度取 1 500 ~ 2 000 m/min。

8. 装夹工件时，不应引起工件变形，因此工件压紧后，应检查工件是否变形，然后用千分表找正。